QIPING
CHONG ZHUANG
YU AN
QUAN

郝澄 汪洋 编著

气瓶
充装与安全
第二版

化学工业出版社
·北京·

本书内容包括气瓶充装站建站条件及气瓶充装的安全知识、气瓶充装的操作要领，按照压缩气体、液化气体及溶解乙炔等气体充装介质种类的不同，分别介绍了其物化性质、气瓶的使用条件等内容。书中加入了最新版本的有关气瓶充装和气瓶充装站的国家标准、法规，通过学习可以规范、提高气瓶充装操作技能。同时，还列举了大量的气瓶事故，并对事故原因进行了分析。本书还为气瓶充装人员上岗考核、培训提供了模拟试题，供考评人员及气瓶充装人员参考使用。

　　本书可作为气瓶充装人员、气瓶充装站管理人员及相关人员的培训、参考用书。

图书在版编目（CIP）数据

气瓶充装与安全/郝澄，汪洋编著．—2版．—北京：化学工业出版社，2013.1
　ISBN 978-7-122-15631-0

Ⅰ.①气… Ⅱ.①郝… ②汪… Ⅲ.①气瓶—安全技术 Ⅳ.①TH490.8

中国版本图书馆 CIP 数据核字（2012）第 246273 号

责任编辑：辛　田　　　　　　　　　　　文字编辑：冯国庆
责任校对：周梦华　　　　　　　　　　　装帧设计：尹琳琳

出版发行　化学工业出版社（北京市东城区青年湖南街 13 号　邮政编码 100011）
印　　装　大厂聚鑫印刷有限责任公司
787mm×1092mm　1/16　印张 17　字数 420 千字　　2013 年 1 月北京第 2 版第 1 次印刷

购书咨询：010-64518888（传真：010-64519686）　售后服务：010-64518899
网　　址：http://www.cip.com.cn
凡购买本书，如有缺损质量问题，本社销售中心负责调换。

定　　价：48.00 元

序

随着国民经济的快速增长和社会发展，工业气体（氧、氮、氩、氦、天然气、石油液化气及多种气体混合气）被大量使用，与此同时也要求气体的充装工作要更进一步规范化管理，包括气体和气瓶的分类、充装、使用及气瓶的管理规范进行了修订等。因其生产过程危险性大，一旦发生事故会给人们的生命财产造成不可挽救的损失，因此，此项作业一定要保证安全可靠。

本书作者根据工作中的实践体会和培训中的总结及大量信息收集编写了此书，自 2007 年出版以来，读者认为此书通俗易懂、深入浅出、具有普及性，适用于气瓶充装人员学习气体的基础知识、气瓶知识、气瓶充装专业的安全法规知识等，本书也可用作不同种类气瓶充装人员及考评人员选择的上岗考核试题内容。

中国工业气体工业协会秘书长

第二版前言

　　《气瓶充装及安全》自 2007 出版以来对气瓶充装人员学习气体的基础知识、气瓶知识、气瓶充装专业的安全知识、法规知识等方面都有很大的帮助，在不同种类气瓶充装人员的上岗考核、考评人员选择出题及气瓶充装人员复习应试等方面都起了很大的作用。鉴于本专业相当于纲领性文件的《气瓶安全技术监察规程》（TSG R000X—2011 版）的出版，其他与气瓶充装有关国家标准都随之进行修订，如《瓶装压缩气体分类》GB 16163、《气瓶颜色标志》GB 7144、《液化气体气瓶充装规定》GB 14194 及《溶解乙炔气瓶充装规定》GB 13591 的修订；《永久气体气瓶充装规定》GB 14194 修订为《压缩气体气瓶充装规定》；《永久气体气瓶充装站安全技术条件》GB 17264、《液化气体气瓶充装站安全技术条件》GB 17265、《溶解乙炔气瓶充装规定》GB 17266 及《液化石油气气瓶充装站安全技术条件》GB 17267 四标准合并为《气瓶充装站安全技术条件》GB 27550 等，又因为原《容规》修订为《固定式压力容器安全技术监察规程》和《移动式压力容器安全技术监察规程》等多个标准，所以有必要对原书做局部的修订后进行再版，以满足质监局颁布的《气瓶充装许可规则》、《气瓶使用登记管理规则》等要求，满足气瓶充装人员的需要。本书同时删去了一些过期的标准和分析仪器等内容。

　　应一些读者的要求，本书再版中增加了车用天然气气瓶、石油液化气气瓶和混合气充装的内容。

　　由于编者水平有限，书中不足之处在所难免，希望广大读者批评指正。

编者

第一版前言

  气瓶充装是气瓶安全管理八个环节中的一个重要环节。国家质量监督检验检疫总局特种设备安全监察局对气瓶充装环节人员培训及气瓶充装站的建站条件给予了足够的重视，并在2006年颁发了《气瓶充装人员考核大纲》及《气瓶充装许可规则》。本书是根据上述文件内容编写的。内容包括气瓶充装站建站资格和职责及气瓶充装人员上岗考核应具备的气体基础知识、气瓶知识、气瓶充装专业的安全知识、法规知识等，并按照永久气体、液化气体及溶解乙炔等气瓶充装介质种类的不同分别介绍了其物化性质、气瓶的使用条件等内容。本书还根据不同种类气瓶充装人员的考核，编出了不同内容的A、B、C三套理论试题和实操题，全部试题都附有参考答案，便于考评人员选择出题及气瓶充装人员复习应试。

  本书可作为气瓶充装人员、气瓶充装站管理人员及相关人员的培训、参考用书。

  由于编者水平有限，书中不妥之处在所难免，敬请广大读者批评指正。

编者

2007 年 5 月

目录
CONTENTS

第一章
基础知识

▶▶▶▶

第一节 分子的组成和分子运动

一、分子及原子结构

任何物质均由分子组成。按照分子运动学说，分子间有一定距离，并且不停地在做无规则的热运动。分子的这种热运动总是倾向于使分子相互分离。同时物质分子之间又存在着相互作用的吸引力和排斥力，前者使分子彼此趋向结合，后者则使分子彼此趋向分离。这两个矛盾着的因素作用的结果，使物质分子有气、液、固三种聚集状态，传统称为物质三态。

物质在气态时，起支配作用的是分子间的斥力，由于气体分子间的距离很大，气体分子间的吸引力不足以克服分子做不规则运动的分离倾向，所以它可无限制地膨胀，充满任意形状和大小的容器，也因此而具有密度小、可压缩性大等特点，因此气体没有一定的形状和体积。固体分子间的吸引作用力较大，使分子有固定的平衡位置，分子只能以平衡位置为中心作振动，所以固体有一定的形状和体积，并且因为它的分子排列紧密，因而密度大，压缩性小。液体则介于气体与固体之间，分子之间的作用力能够使分子维持一定的平均距离，但又不足以使分子有固定的平衡位置，所以液体只有一定的体积，而无一定的形状。

分子是保持物质化学性质的最小微粒，分子是由原子组成的，原子是由原子核和核外电子组成的，原子核是由质子和中子组成的。原子组成中，质量最大的是中子，质量最小的是电子。在原子组成中，中性不带电的是中子，带正电性的是质子，带负电性的是电子。从原子结构分析，惰性气体原子是最外层电子形成 8 个电子的稳定结构，金属原子的特点是最外层电子是 1～2 个电子结构，非金属原子的特点是最外层电子是 5～7 个电子结构。元素是同一类原子的总称。

构成物质的微粒是分子、原子等，单个这样的微粒是用肉眼看不到的，也难称量，但是实际上必须要称量，所以要建立一个物质的量，称为摩尔，在使用摩尔时，基本单元是分子、原子、离子、电子及其他粒子的组合。它与质量单位在概念上是有根本区别的，当然不能称为质量，但与该基本单元数的质量又有一定的内在联系，它不是质量单位，而是数量单位。1mol 的分子或原子，它的总质量相当于该物质以克为单位时的分子量或原子量，任何物质 1mol 的气体的内分子数目都是相等的，1mol 气体体积在标准状态下都是 22.4L。例如氮的原子量为14，分子量为28；氧的原子量为16，碳的原子量为12，CO_2的分子量为44，1mol氮气与1mol CO_2都是22.4L，也就是28g的氮气与44g的CO_2都是22.4L。

任何物质在不同的外部条件（压力、温度）下，都可以以气体、液体或固体状态存在。而当外部条件变化时，物质分子间的作用力大小和分子运动的剧烈程度也会变化。当外部条件变化到一定程度时，量变引起质变。分子就会重新排列，在热力学中叫做相变。所谓相是指系统内具有相同物理性质和化学性质组成而与数量无关的任何均匀部分，也就是说，每种聚集状态内部性质相同的部分叫相，相与相之间有界面分开。例如水是单相，但冰、水、汽的系统是三相。随着相变，物质的物理性能也发生变化。例如液态水在一个大气压下（101325Pa），当加热到100℃时，就汽化为水蒸气，两者的物理性质就不同了。

当物质以液体状态存在时，分子间引力起主导作用，所以分子聚集在一起。但在液体分子中，动能较高的分子会克服液体表面分子的引力而逸出液面成为气体分子。这种分子转移的过程称为气化过程。气化的逆过程是气体分子相互吸引而凝结成液体的过程，称为液化过程。气化和液化是气液相变的两种相反的过程。

以气瓶充装的气体为例，充装物可以是气态，也可以是气液两态共存，这些充装物在充装、运输和使用过程中会发生一定的变化，外界条件变化，充装物分子运动的剧烈程度也会变化，外界条件变化到一定程度，充装物分子会由量变到质变，分子会重新排列，状态也随之发生转变。但在密封容器如气瓶中，外界条件变化，在温度升高时，液态的充装物逸出液面的气体分子无法逸出容器，只能聚留在液面上空，所以会返回到液体中去。其返回的分子数随液面上空的蒸气密度的增大而增多，随着蒸气密度的不断增大，液体的蒸发速度逐渐减慢。当逸出液面的分子数与返回液体的分子数相等时，就达到了动态平衡。从宏观上看，液体就不再蒸发，气液两相就处于相对稳定的共存状态，这种状态称为饱和状态。在饱和状态下的液体叫饱和液体，其密度叫饱和液体密度，饱和液体面上的蒸气叫饱和蒸气，其密度叫饱和蒸气密度，其压力叫饱和蒸气压（简称蒸气压）。物质处于一定温度下的饱和状态参数（密度、压力）都具有各自的恒定值，其变化主要与温度有关。温度越高，液体分子逸入气相的数目就越多，而且由于液体的膨胀又使蒸气空间缩小，因而蒸气密度就越大，液体密度则相应减小。蒸气密度的增大可以直接反映为蒸气压力的增高。在气瓶充装中，什么样的物质在多高的压力、多高的温度下是气体，要充入气瓶，在79《气瓶安全监察规程》中写到，低压液化气体在60℃时的饱和蒸气压大于1kg/cm^2（0.098MPa）要充入气瓶，89、2000版写到，公称工作压力为1.0～30MPa（表压），（TSG R000X—2011版）《瓶规》适用于正常环境温度（-40～60℃）下使用的、公称工作压力为0.2～35MPa（表压），扩大了范围，只有在国际标准ISO 11622中给气体下了定义，即在压力为$1.013×10^5$Pa温度为20℃时完全是气态，且在50℃时蒸气压超过$3×10^5$Pa的任何物质是气体，要充入气瓶。如充装气液两态共存的气体，在我国都是根据气瓶在最高使用温度60℃时该物质的饱和蒸气压来选择气瓶。如环氧乙烷在60℃时的饱和蒸气压为0.44MPa，加上安全系数后则选择1MPa的气瓶。

二、物质相平衡图

如图1-1所示是物质相平衡图，纵坐标是压力，横坐标是温度，图中ASK以左的物质为固态，ASC以右的物质为气态，两线之间为液态，AS线上的任何一点是气态与固态共存，SK线上任何一点是固态与液态共存，SC线上的任何一点是气态与液态共存，S点是气态、液态、固态三相共存，所以称为三相点。对应的压力 p_s 称为三相点压力，对应的温度 T_s 称为三相点温度，对于固态变气态称为升华温度，对于气态变固态称为凝华温度，C 点是物质的临界点，对应的压力 p_c 称为临界点压力，对应的温度 T_c 称为临界点温度，在临界点，气液不分，界面消失。

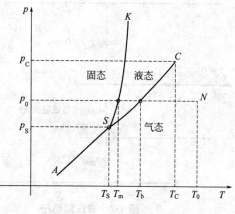

图 1-1 物质相平衡图

N 是标准状态点，对应的压力 p_0 为 1 标准大气压（101325Pa），对应的温度 T_0 为 273K，T_m 和 T_b 是物质处于 1 个标准大气压下的熔点和沸点，以水为例，固态是冰，液态是水，气态是水蒸气，AS、SK、SC 分别代表冰与汽、冰与水、水与汽供存的曲线。

三、气体常用参数及换算

（1）长度的单位及换算　法定单位：米，m。

$$1m = 0.001km（千米） = 100cm（厘米） = 1000mm（毫米） = 3.28ft（英尺）$$

$$1in（英寸） = 25.4mm（毫米）$$

（2）面积的单位及换算　法定单位：平方米，m^2。

$$1m^2 = 10^4cm^2（平方厘米）$$

1 公顷 $= 10^4 m^2$，1 市亩 $= 666.67 m^2$，1 市顷 $=$ 100 市亩，1 公顷 $=$ 15 市亩

（3）体积的单位及换算：法定单位：立方米，m^3。

$$1\ m^3 = 1000dm^3（升）$$

1 英加仑（UK gal）$= 4.546dm^3$（升），1 立方英尺（ft^3）$= 28.3dm^3$（升），

1 美加仑（US gal）$= 3.785dm^3$（升），1 石油桶 $= 42US\ gal = 159dm^3$（升）

（4）力、重力的单位及换算　法定单位：牛（顿），N。

$$1kgf（千克力） = 9.8N$$

（5）质量的单位及换算　法定单位：千克，kg。

$$1t = 1000kg，1 长顿 = 1016kg，1 市斤 = 0.5kg$$

（6）压强　单位面积上所承受均匀地垂直于该面积上的总作用力，即 $p =$ 总作用力/面积。

① 表压　反映了容器内外的压差值，称为表压。在正压时，$p_{表压} = p_{绝对} - p_{大气}$；在负压时，容器用负压或联成表指示为表压，$p_{表压}$（负压或联成表）$= p_{大气} - p_{绝对}$，如图 1-2 所示。

② 绝压　在正压时，容器内如压力为 $5kgf/cm^2$（$1kg/cm^2 = 0.098MPa$），则容器内的实际压力约为 $6kgf/cm^2$（因为地球周围存在的空气有一定的压力，近似等于 $1kgf/cm^2$），此时 $p_{绝对} = p_{表压} + p_{大气}$，在工程热力学计算中，都是采用绝对压力值。绝对压力的表示方法一般是在压力单位后面加注"绝对"两字。如 kgf/cm^2（绝对）、MPa（绝对）[kgf/cm^2 与工程大气压（用 at 表示）在数值上相等，绝对压力用 ata 表示，大气压用 atm 表示]。在负压时，用真空计的毫米汞柱指示的为真空度，是绝对压力。

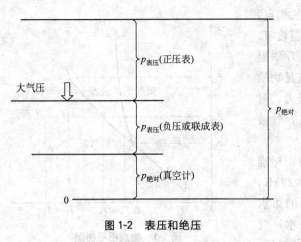

图 1-2　表压和绝压

③ 真空度　真空度的单位，采用单位体积内的分子数即可，如 10^{-12} mmHg（1mmHg＝133.32Pa，下同）的高真空环境中有 3 万多气体分子，但是，实际量度很不方便，便用真空计测量真空度，是指测量处于真空状态下气体稀薄的程度，故采用宏观习惯上的"压强"这个物理量来表征真空度的高低，应当强调的是，"压强"和真空度的物理意义是不同的，真空度越高，压强越低；真空度越低，压强越高。比如低温储罐夹层的真空度为 65Pa 时，认为真空度较低，应抽至较高的真空度（真空度为 2.6Pa 或 2×10^{-2} mmHg）才合适，才能起保温作用。真空度的法定单位为 Pa，另一个常用单位是 mmHg（非法定单位），1mmHg 又叫 1Torr（托）。

在我国推荐－760～10mmHg 为粗真空，10～10^{-3} mmHg 为低真空，10^{-3}～10^{-8} mmHg 为高真空，10^{-8} mmHg 以上为超高真空。其他常用真空度的单位还有十几种，在资料中常出现的，如《气瓶充装站安全技术条件》中 5.9 "充装毒性气体和乙炔的充装站"规定，必须设有回收或处理瓶内余气的设备和装置，不得向大气排放，液化石油气体充装站应设有残液倒空和回收装置，还应有新瓶抽真空设施，抽真空设施应保证新瓶真空度能抽至－83kPa 以上；《压缩气体手册》第 190 页有，钢瓶被抽到最低真空－635mmHg；国产的水环式真空泵说明书中的极限真空度为－0.097MPa 等都表达的是真空度，但是单位都不一致，经换算才能比较表达真空度的高低。

上述"－83kPa"表示的是表压，是从图 1-3 中 1 大气压向下数到－83kPa（到 0 大气压时为－101.3kPa），所以《气瓶充装站安全技术条件》5.9 中的新瓶真空度是在粗真空范围。

水环式真空泵说明书中的极限真空度为"－0.097MPa"，即"－97kPa"，也在粗真空范围。从图 1-3 中"1 大气压"向下数是表压，是用负压联成表计量。从－760mmHg（－0.1013MPa）向上数为绝压。表压－0.097MPa 可换算成－727.8mmHg 或绝压 32.2mmHg 或 4.29.kPa，表压－83kPa 可换算成表压－622.3mmHg 或绝压 137.32mmHg 或 18.3kPa。低温储罐夹层真空度为 2.6Pa 或 2×10^{-2} mmHg 均以绝压计，用真空计测量被列为低真空范围。

④ 压强单位的换算

a. 压强的法定单位：帕（斯卡）Pa，N/m^2，1MPa＝10^6Pa。

b. 1kgf/cm^2（工程大气压）＝0.098MPa＝98066.5Pa。

c. 1bar（巴）＝10^5Pa。

d. 14.2lbf/in^2＝1kg/cm^2。

e. 760mmHg＝1 标准大气压＝1.013×10^5Pa。

f. 1Torr（托）＝1mmHg＝133Pa，10^{-2}mmHg＝1.33Pa。

g. 1 物理大气压（标准大气压）为北纬 45°、温度为 27℃时海面上的压力。

（7）温度　法定单位：摄氏度，℃。

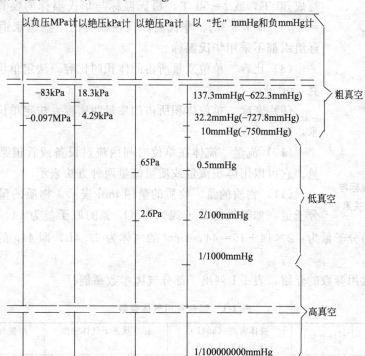

图 1-3 大气压与表压的关系（未按比例）

① 温度 表示物体冷热的程度。温度计有气体的、液体的、电阻的和热电偶的等。

② 温标 标定温度的标准叫温标。常用的温标有三种：摄氏温标、热力学温标和华氏温标。

a. 摄氏温标 摄氏温是国际温标，目前比较通用。摄氏温标取标准大气压下冰融化时的温度为 0℃，水沸腾时的温度为 100℃，将上述两点之间等分成 100 个刻度，每一个刻度就是 1℃。这种温标称为摄氏温标。用摄氏温标量度的℃用符号 t℃表示，例如摄氏 50 度可以写成 50℃，或 $t=50℃$。若温度比 0℃低，则在温度数字的前面加一个负号，读作零下多少摄氏度。例如 −20℃读作零下 20℃，表示比零度低 20℃。

b. 热力学温标 热力学温标是取零下 273 摄氏度，即−273℃为零度，而每度间隔与摄氏温标相同。用热力学温标量度的温度称为热力学温度，用符号 TK 表示。例如热力学温度 80 度可写成 80K，或 $T=80K$。可见，热力学温标与摄氏温标只是起点不同。摄氏温标以纯水的冰点为起点（即为 0℃），而热力学温标的起点（即 0K）要比 0℃低 273℃。所以同一个温度若用热力学温度表示时，它的数值要比摄氏温度的数值大 273，写成公式，即为 $T=(t+273)K$。实际上−273℃（或−273.15℃）是物质分子停止运动时的温度，所以从本质上来讲，热力学温标是以分子停止运动时的温度为起点的。这是因为在热力学中有很多理论分析或计算中要用到它，会经常遇到。图 1-4 表示摄氏温标与热力学温标的关系。

c. 华氏温标 华氏温标则定摄氏零度为华氏 32 度，摄氏 100 度为华氏 212 度，用华氏

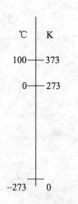

图 1-4　摄氏温标与
热力学温标的关系

温标表示的温度称为华氏温度，用符号 $t\,℉$ 表示。例如华氏 50 度可写成 50 ℉，或 $t＝50\,℉$，摄氏温标与华氏温标的换算公式为：$t/℃＝0.56\,(t/℉－32)$。华氏温标只在欧美的一些国家适用，我国及国际组织都不采用华氏温标。

（8）比容　单位质量所占的体积叫比容。法定单位：立方米每千克，m^3/kg

（9）密度　单位体积所占的质量叫密度。法定单位：千克每立方米，kg/m^3

（10）流量　流体在单位时间内流过设备或管道某处横截面的数量。它可以用体积流量或质量流量两种方法表示。

（11）物质的量　物质的量用 mol 表示，物质的量等于其物质的分子量，如笑气的分子式为 N_2O，氮的原子量为 14，氧的原子量为 16，所以笑气的分子量为：$2×14＋16＝44$，1mol 的气体为 22.4L，即 44g 的笑气标准状态下体积为 22.4L。

根据以上常用参数的介绍，表 1-1 列出了部分气体参数举例。

表 1-1　部分常用气体参数

介质名称	气液容积比	液体密度/(kg/L) (括号中为温度/℃)	标准状态下气体密度 /(kg/m³)	产量/(t/d)与/(m³/h) 的换算数
氧	800	1.14(－183)	1.43	29.13
氮	640	0.8(－196)	1.25	33.3
氩	770	1.37(－186)	1.78	23.4
氖	215	1.2(－246)	5.85	7.1
氦	702	0.125(－269)	0.178	234
氢	786	0.07(－252)	0.089	468
甲烷	519	0.4(－161)	0.715	54
氪	584	2.16(－146)	3.7	
二氧化碳	585	1.155(－50)	1.976	21
一氧化碳	677	0.846(－191)	1.25	
一氧化二氮(笑气)	620	1.226(－89)	1.978	21
氙	523	3.06(－107)	5.85	13.6
六氟化硫	336	2.188(－50.8)	6.52	
丙烷	291	0.58(－44.2)	2	
环氧乙烷	495	0.887(10.45)	1.795	
氯	458	1.5(－34)	3.27	
氨	885	0.683(－34)	0.771	
乙炔	523	0.613(－80)	1.17	
乙烯	454	0.568(－103.6)	1.26	

四、气体热力性质图

1. 液体汽化过程

气体由液态到气态的过程采用公式计算是很困难的，这不仅因为蒸气是实际气体，状态方程要比理想气体复杂得多，而且蒸气在状态变化过程中，往往还要涉及相变。因此，通常在计算中一般都采用查图标的方法，即将气体的各个状态参数间的关系根据试验数据绘在状态坐标上，通过图解进行计算，大都可一目了然，容易掌握和应用，不用计算便可在图上读出结果，而且还可以直观地分析过程及实质。

图 1-5 给出物质从液体、湿蒸气到过热蒸气的气化过程，此过程为一个假定的能自由移动上盖的恒压封闭容器，里面的液体为液氧，液氧的沸点（101.325kPa）为 90K，当温度控制在 80K 时，其过冷度为 10K，即为状态(a)，是过冷液。当温度加热到 90K 时，即为状态(b)，是饱和液，尚未开始气化。此时，给液体继续加热，液体分子部分变成蒸气分子，使液体分子变成蒸气分子所需的热量（用来增加分子的位能）叫汽化潜热。在图中即为状态(c)，称为湿蒸气，蒸气增多使体积膨胀，但温度维持不变，这种温度称为饱和温度，其状态为气液混合物，此时，液体分子变成蒸气分子的分子数目与蒸气分子变成液体分子的分子数目相同，也称为饱和，其温度也称为饱和温度。经继续加热，液体全部变成蒸气但温度仍维持为饱和温度，此时的蒸气叫干饱和蒸气或饱和蒸气，这就是图 1-5 中的状态(d)。干饱和蒸气经继续加热，其温度超过了饱和温度，就是图 1-5 中的状态(e)，过热蒸气。液化过程完全是气化过程的逆过程，气体开始是过热蒸气，随着温度的降低，过热度减小，最后降到饱和温度时形成饱和蒸气，液化过程开始，在液化阶段中，温度将维持饱和温度不变，但一定要继续放出热量才能继续液化，由饱和蒸气全部变成饱和液体所放出的热叫冷凝潜热，在数值上等于汽化潜热，如果饱和液体继续冷却，则形成过冷液体。

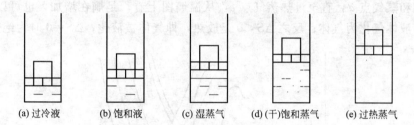

(a) 过冷液   (b) 饱和液   (c) 湿蒸气   (d) (干)饱和蒸气   (e) 过热蒸气

图 1-5　液氧的汽化过程

2. 温熵图

整个汽化过程或液化过程可以在图 1-6 状态坐标图上表示，如果以温度 T 为纵坐标，以熵 S 为横坐标，在图上一个点可以表示一个状态，如图所示，图中 a 点表示过冷液氧，它所对应的温度为 80K。加热过程是熵值增大的过程，同时温度也在升高，该阶段应是一条向右上方倾斜的曲线。当液体温度达到饱和温度（90K）后，气化阶段开始，图中 b 点表示饱和液体点，在气化阶段温度保持不变，但需要吸收热量，即熵应增加，图中 $S_d - S_b$ 表示汽化潜热，所以在 T-S 图上为一条水平线，直至液体全部气化成饱和蒸气的状态，即 d 点，线段 bd 表示了气化过程，在该线上的 c 点表示湿蒸气（气液混合物）。越靠近 d 点表示蒸气的含量越多。当液体全部变成饱和蒸气后，如果对气体继续加热（熵增加），温度又开始升高，所以过热阶段在 T-S 图上表示为一条向右上方倾斜的曲线即 de。由此可见定压（恒压）气化过程在 T-S 图上表示是由三条折线构成，这条线是一条等压线（图中表示的是 $p=1$ 绝对大气压）。在不同的压力下画出等压线有不同的 d 点，连接起来构成了蒸气饱和线；同样，在不同的压力下有不同的 b 点，连接起来构成了液体饱和线，蒸气饱和线和液体饱和线的交点称为临界点，此图的纵坐标为温度，横坐标为熵，所以称为温熵图，如图 1-7 所示。

温熵图的特点是：①每一物质都有自己的温熵图；②温熵图可以表示出物质的气态区、液态区和气液混合区（有的还可表示出固态区）；③通过临界点的温度叫临界温度，通过临界点的压力叫临界压力。临界温度以下，液体饱和线以左的物质为液体，在液体饱和线和蒸

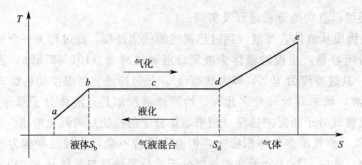

图 1-6　液氧汽化状态坐标图

气饱和线包围下的物质为气液混合态，在蒸气饱和线以右及临界温度以上的部分为气态；④任何物质在临界温度以上，不管压力有多大，也不会变成液体，只有在临界温度以下，气体才有可能变成液体；⑤在常温时气体从高压向低压通过节流阀节流时气体会降温（有些气体如氢、氦气除外），其降温幅度参照图中的等焓线；⑥液态气体从高压向低压通过节流阀节流时，如节流在气液混合区内（如经过 c 点的等焓线），其液体部分气化，气液比例为线段 bc/线段 cd；⑦物质从过冷液体点 a 加热到饱和液体点 b，之后又加热到气液混合物点 c，再往上是饱和蒸气点 d，直至过热蒸气点 e，从温熵图上看，是熵在增加，也可以说 $\Delta S > 0$ 是吸热，即液体气化为气体；反之 $\Delta S < 0$ 是放热，即气体被液化；$\Delta S = 0$ 时为绝热过程。

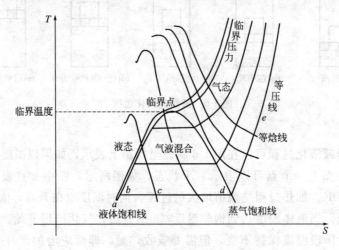

图 1-7　温熵图

按照上面的试验真实地用液氮进行测试可得出图 1-8 氮的温熵图，用此图可以在实际操作中，根据其状态温度和压力判断氮是在气态、液态还是在气液混合态。

如图 1-9 所示是二氧化碳的温熵图，可以在实际操作中，根据其温度和压力判断二氧化碳是在气态、液态、气液混合态还是固态区域。

在二氧化碳的纯化装置中，当二氧化碳在常温、高压、等焓节流时，由于操作不当，气态二氧化碳节流到固态区，有固体出现，会逐渐地堵塞管路，所以可从此图中找到原因。同时此图也为二氧化碳配气提供参考，根据二氧化碳在气瓶中的分压和瓶中气体的温度，可以判断二氧化碳的状态，如果二氧化碳已有液体产生，会影响配气的准确性。又如《焊接绝热气瓶充装规定》第 5.5 条：充液前应用二氧化碳气体加压至 0.8MPa 以上，并在充装过程中持续保持气瓶内压力不低于 0.8MPa。气态二氧化碳增压至 0.8MPa 以上，以防止液态二氧

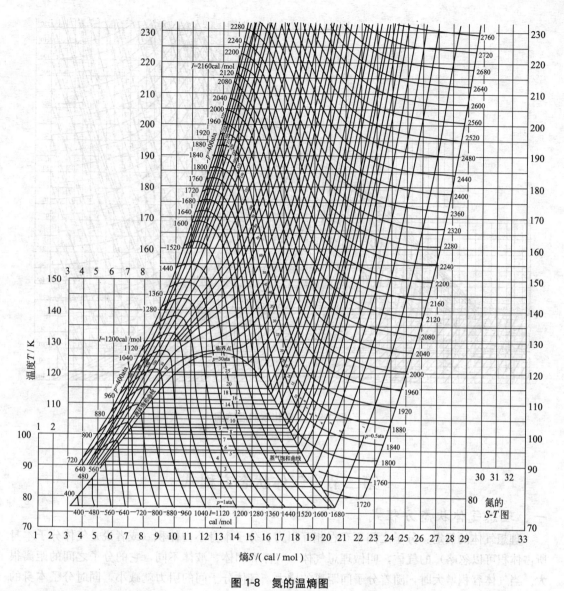

图 1-8　氮的温熵图

1cal=4.18J

化碳从高压储罐进入气瓶的快速降压时产生干冰，造成阀门、管路堵塞，影响充装速度，也有可能发生安全事故。此图还有从 0.2～120ata 的多条等压线和从 70～150kcal/kg 的多条等焓线（1kcal=4.18kJ）。二氧化碳的充装过程是由高压向低压的过程，是减压或节流过程，基本是等焓过程，此过程是沿着等焓线进行的，在充装时一定要避免固体的出现，固体会堵塞管路或阀门。从二氧化碳的 T-S 图上可以看出，不管减压前是气态、液态还是气液混合态，不管减压前的压力有多高，只要减压后的压力在 8ata 以上，是不会进入固态区的，为此可保证二氧化碳安全地充装。

　　要点：①各种气体的临界温度不随压力的高低而变化；②在临界温度以下，所有的气体在加压的情况下，都有变成液体的可能，没有永久是气态的物质；③在临界温度时，气体压力高于临界压力气体才可液化；④气体在低于临界压力时，只要温度低于临界温度，气体也有可能液化；⑤气体在临界温度以上时，不管气体压力有多大，永远不可能被液化。

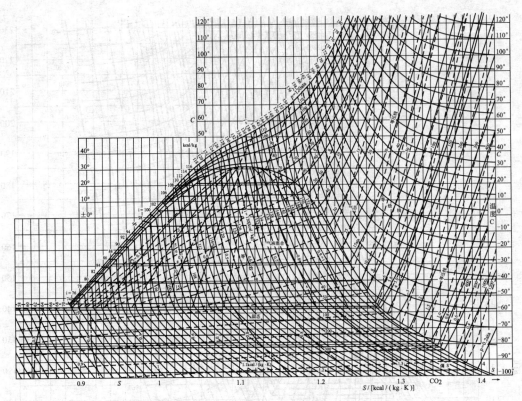

图 1-9　二氧化碳的温熵图

1kcal＝4.18kJ

第二节　气体状态方程式

一、理想气体状态方程式

理想气体的假定：分子之间不存在相互引力、分子本身不占体积（或者说是气体分子本身所占体积可以忽略）的气体，叫做理想气体。气体和固体、液体不同，它的分子之间的距离很大。当气体容积增大时，随着分子间距离的增大，气体分子间的引力就减小，同时分子本身的体积在总容积中所占的比例也减少。当分子间的距离很大时，这个比例就变得很小。在极限情况下，分子间的引力就变为零，分子本身也不占体积。这样的气体就成了理想气体。描述理想气体物理状态的方程式有波义耳-马略特定律、查理定律、盖·吕萨克定律和联合定律。

1. 波义耳-马略特定律

波义耳-马略特定律描述的是：假定气体温度不变，而压力、气体体积发生了变化，这时的变化规律是：压力与体积成反比，即在变化过程中体积减小多少倍，则压力增大多少倍。例如 $6m^3$ 的氧气压入气瓶中变成 40L，体积小了 150 倍，但是压力加大了 150 倍。为什么温度不变时压力与体积成反比呢？这是因为，体积减小时分子密度增大，虽然温度不变时分子运动速度不变，但是由于分子密度加大，于是容器单位壁面积上受到分子碰撞的次数增多，所以压力增大。这一定律如式(1-1) 所示。

$$\frac{p_1}{p_2}=\frac{V_2}{V_1} \tag{1-1}$$

$$\text{或 } p_1V_1=p_2V_2 \quad \text{或 } pV=\text{常数}$$

式中 V_1，V_2——气体在压力为 p_1，p_2 时气体的体积。

要注意的是，公式中的压力值应是绝对压力而不是表压力。

2. 查理定律

查理定律描述的是：假定气体的体积不变，而压力和温度发生变化。这时的变化规律是：压力和温度成正比，即在变化过程中，温度增加多少倍，压力也增加多少倍。例如充装完氧气之后，搁一段时间，瓶内的温度降下来，压力也会下降，这是大家所熟知的，这就是查理定律。为什么体积不变时压力与温度成正比呢？这是因为体积没有变化，而温度升高（降低）时分子运动速度加快（变慢），它碰撞器壁的次数和冲击力都增大（减小）的缘故，这一定律如式(1-2)所示。

$$\frac{p}{T} = \text{const}（常数）$$

$$或 \frac{p_1}{p_2} = \frac{T_1}{T_2} \tag{1-2}$$

$$或 \ p_1 T_2 = p_2 T_1$$

式中 p_1，p_2——气体在温度为 T_1、T_2 时的压力。

要注意的是，公式中的温度应是热力学温度而不是摄氏温度。

3. 盖·吕萨克定律

盖·吕萨克定律描述的是：假定气体的压力不变，而温度和体积发生了变化。这时的变化规律是：气体体积与温度成正比变化，即温度升高多少倍，则体积也增大多少倍。为什么压力不变时体积与温度成正比呢？这是因为温度升高表明分子运动速度加快，这时若体积不变，必然导致气体压力升高。要保持压力不变，只有体积也增大，以保持容器壁单位面积上受到分子的碰撞力不变。换句话说，温度升高时体积也相应地增大才能保持压力不变。这一定律如式(1-3)所示。

$$\frac{V}{T} = 常数$$

$$或 \frac{V_1}{V_2} = \frac{T_1}{T_2} \tag{1-3}$$

$$或 \ V_1 T_2 = V_2 T_1$$

式中 T_1、T_2——气体在体积 V_1、V_2 时的绝对温度。

4. 波义耳-马略特和盖·吕萨克联合定律

上述三定律分别描述了气体物理状态三个参数中的两个参数在第三个参数不变的条件下的关系。但是，如果压力 p、温度 T、体积 V 这三个参数都发生了变化，情况又如何呢？不难看出，如果把这三个方程联解，即可求得其变化规律是：$pV/T = \text{const}$（常数）或 $p_1V_1/T_1 = p_2V_2/T_2$。这个公式表明，当气体的状态发生变化时，虽然 p、V、T 的数值发生了变化，但其压力 p 和体积 V 的乘积与温度 T 的比值却是不变的。式(1-4)描述的规律也叫做"波义耳-马略特和盖·吕萨克联合定律"或简称联合定律。联合定律也可以由气体的压力 p、温度 T、体积 V 这三个参数来表示即：

$$\frac{p_1 V_1}{T_1} = \frac{p_2 V_2}{T_2} \tag{1-4}$$

应用联合定律，即上述公式，就可以根据已知的五个参数求第六个参数。联合定律说明，气体的状态发生变化时，不管压力、体积、温度如何变化，但其压力 p 和体积 V 的乘

积与温度 T 的比值是不变的，亦即此比值是一个常数。即 $pV/T=R$，比值 R 为气体常数。

二、真实气体状态方程式

随着实验技术的发展，特别是化工生产中和低温技术的应用，对于气体的研究也有了新的进展。理论与实验研究表明，建立在理想气体模型基础上的理想气体状态方程式，当压力和温度偏离标准状态时，各种气体或早或迟均发生了理想气体规律的偏离。理想气体遵循 $pV=RT$ 的规律，实际气体则有很大的偏差，在低温、高压时 $pV \neq RT$，温度越低、压力越高，偏差越大，而且不同的气体有不同的偏差程度，为了表示实际气体与理想气体之间的偏差，引入一个物理量，叫做压缩系数，用符号 Z 表示，定义 $Z=pV/(RT)$。波义耳-马略特和盖·吕萨克联合定律可写成式(1-5)。

$$\frac{p_1 V_1}{T_1 Z_1} = \frac{p_2 V_2}{T_2 Z_2} \tag{1-5}$$

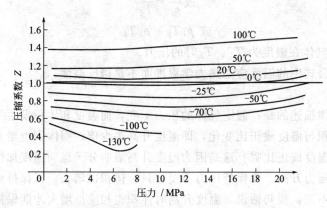

图 1-10　氮在不同温度下的压缩系数

运用理想气体状态方程式时，则 $Z=1$。临界温度高的气体，接近工作温度时，偏离也大。以氮气在 0℃ 时的实验值为例，如图 1-10 所示，在 1~15MPa 之间，实际氮气的体积要比按理想气体状态方程式求得的计算值小（$Z<1$），但相差不大，最大约为 1.5%。随着压力的继续升高，实际体积就要比理想气体状态方程式求得的计算值大（$Z>1$），而且越来越大，200atm（1atm = 101325Pa，下同）时约大 3.5%，600atm 为 52%，到 1000atm 时则超过 100%（本图未绘出）。显然当压力超过 200atm 时，即使作为工程计算，理想气体状态方程式也不够准确了。图 1-11 绘出了实际气体氧、氮、氩、氢、空气及二氧化碳在 15℃ 时不同压力下的压缩系

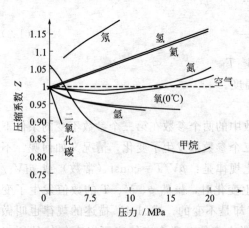

图 1-11　一些气体在 15℃ 时的压缩系数

数。从中可以看到氢、氖、氦等在压力增大之后，压缩系数 Z 值是大于 1 的，而且明显地上升。氧、氩、二氧化碳、甲烷在压力增大之后，压缩系数 Z 值明显地下降，是小于 1 的。如 20℃ 时，公交车天然气气瓶加气终止压力为 25MPa，经理想气体的波义耳-马略特定律 $p_1/p_2=V_2/V_1$ 计算，此时的体积压缩倍数应为 250，而实际上为 297，Z 值为 0.84。

第二章
瓶装压缩气体的分类

▶▶▶▶

第一节 瓶装气体按临界温度和物理状态分类

一、瓶装压缩气体

根据气体的相变情况，处于环境温度下的瓶装气体，按临界温度可以分为三类。第一类是指在 $-50℃$ 下加压时完全是气态的气体，包括临界温度（t_c）低于或者等于 $-50℃$ 的气体，现称压缩气体（原称永久气体）。如常用的有空气（$t_c = -140.6℃$），氧（$t_c = -118.4℃$），氮（$t_c = -146.9℃$），氢（$t_c = -239.9℃$），甲烷（$t_c = -82.5℃$）等，它在瓶内只能以单一的气相存在，原来习惯上称为永久气体。由于 100 多年前科技不太发达，错误地认为这些气体"永久"不会变成液体，所以称为永久气体。现在看来，这种称谓不太科学，现在一些文献中称其为压缩气体。

二、瓶装高压液化气体

按临界温度分，第二类是指包括临界温度（t_c）高于 $-50℃$，且低于或者等于 $65℃$ 的称为高压液化气体，例如二氧化碳（$t_c = 31℃$）、笑气（$t_c = 36.4℃$）、乙烯（$t_c = 9.2℃$）等，这些气体在瓶内的状态，会随环境温度的变化而变化，一般情况下，充装时温度逐渐升高，并且可能高于它的临界温度，此时瓶内的介质就发生相变而成为单一的气相状态，气瓶的最高压力能到多大则取决于气体的充装量，为了考虑气瓶使用的经济性，一般都尽量多装，这样气瓶的工作压力就相对较高，因而习惯上就称这类气体为高压液化气体。由于 2011 版《瓶规》对临界温度划分范围的改变，高压液化气体增加了四种：三氟化硼（临界温度 t_c 为 $-12.2℃$）、四氟化硅（临界温度 t_c 为 $-14.2℃$）、三氟化氮（临界温度 t_c 为 $-39.3℃$）和四氟甲烷（临界温度 t_c 为 $-45.7℃$），这四种气体由压缩（原永久）气体变成高压液化气体，在充装时既要计压力又要计重量，又多了一份安全保证。

三、瓶装低压液化气体

按临界温度分，第三类是指在临界温度（t_c）高于 $65℃$ 的气体，称为低压液化气体。临界温度（t_c）高于 65℃ 的低压液化气体，如常用的氨（$t_c=132.4℃$）、氯（$t_c=144.0℃$）等，它在瓶内始终是气液两相并存（在充装、储存、运输和使用的整个过程），其压力就是液面上方保持动态平衡的饱和蒸气压。这种临界温度较高的液化气体，在瓶内的压力都比较低（一般压力取决于它的饱和蒸气压，而与气体的充装量无关），习惯上称为低压液化气体。

四、低温液化气体

在运输过程中由于温度低而部分呈液态的气体，临界温度（t_c）低于或者等于−50℃。也称为深冷液化气体或者冷冻液化气体。

五、溶解气体

溶解气体是指在压力下溶解于气瓶内溶剂中的气体。

早在 1892 年 12 月，德国科学家维利松用电炉制造电石的方法发明之后，人们就开始用电石生产乙炔，乙炔工业从此诞生，当时乙炔仅用在照明。由于乙炔在热力学上很不稳定，极易发生聚合和分解反应，如果像永久气体和液化气体那样直接充入气瓶中，只要稍微给予一些能量（例如震动），就会引起爆炸，此法不能得到应用，所以，浮筒式乙炔发生器得到了发展。1896 年法国化学家克劳德和赫斯根据试验发现乙炔极易溶解于丙酮，并在气瓶中填入活性炭填料充入丙酮后再充入乙炔，可使乙炔安全地压缩进入气瓶。之后，法国政府专门创办了溶解乙炔的公司。1920 年法商从法国带来了溶解乙炔装置和设备在上海创办了中国炼气公司。从此我国有了生产溶解乙炔的工厂。20 世纪 70 年代使用了硅酸钙填料，是多孔填料，它在一定条件下，在钢瓶内反应、成型，充满容腔，形成一种整体多孔物质，其结构能吸附"溶剂/乙炔"溶液。溶剂用二甲基甲酰胺或丙酮。到 20 世纪 80 年代初，国家劳动总局颁发了《溶解乙炔气瓶安全监察规程》，同时我国也广泛地采用了丙酮溶解乙炔的方法。2011 版《瓶规》将《溶解乙炔气瓶安全监察规程》并入。在 GB 16163《瓶装压缩气体分类》中，乙炔被分类为溶解气体。

溶剂是通过填料吸附，用以溶解和释放乙炔气的一种液体。溶解乙炔溶剂，目前工业上实用的多为丙酮。丙酮对乙炔有较大的溶解度，毒性较小，在工业上易于制取，来源丰富，价廉。

1. 溶剂的作用

（1）增大乙炔瓶的有效容积　由于丙酮对乙炔气的溶解，使得乙炔的充气量大大增加。丙酮在 20℃、0.1MPa 时，1 个体积的丙酮能溶解 20 个体积的乙炔即乙炔瓶中充入丙酮后使乙炔瓶内有效容积扩大 20 倍。

（2）降低乙炔的爆炸性能　当乙炔溶解在丙酮中时，乙炔分子被丙酮分子所隔离，在一定的压力下是不会发生爆炸的。据实验：把乙炔压入装有一定量丙酮的容器中，此时丙酮溶解了乙炔，然后在溶液上方气相中点火，引起了气态乙炔分解爆炸。当乙炔压力为 0.686～0.981MPa（7～10kgf/cm²）时，只有气相部分的乙炔产生爆炸，而溶解在丙酮中的乙炔未产生爆炸。实验表明，在一定压力下丙酮能降低乙炔的爆炸性。溶剂丙酮与固体硅酸钙填料在一定条件下共同起着阻止乙炔分解、提高乙炔瓶安全性能的作用。

2. 填料的作用

（1）均匀地分布溶剂，增加填料的比表面积。

（2）增大气液接触面积。由于多孔填料具有较大的比表面积，从而使溶剂和乙炔的接触面积也较大，保证了乙炔充分地溶解在丙酮中和从丙酮中释放出来。

（3）有效地阻止了乙炔分解爆炸的传播。由于填料的毛细孔非常细小（大部分孔径小于 $2\mu m$），从而把乙炔气体及丙酮液体很好地分隔开，即使某一点的乙炔分子分解时，也不致传播至邻近的乙炔分子，同时，填料毛细孔的固体表面及孔壁对乙炔聚合、分解时产生的热量，具有吸热而起冷却作用，使得乙炔聚合、分解仅局限于一点。

（4）细小的毛细孔还具有阻火作用。当燃烧火焰进入毛细孔时，因不能顺利通过而熄灭，从而达到灭火。

六、吸附气体

吸附气体是指在压力下吸附于气瓶内吸附剂中的气体。氢向装有金属氢化物（吸附剂）储氢装置内充装，金属氢化物储氢装置的主要优点是具有高的单位体积储氢能力和特有的安全性。由于这种高储氢能力的本质在于氢以原子态形式存在于合金之中，所以，已开发的实用储氢合金的单位体积储氢能力略高于液氢，为高压氢（10MPa）的 10 倍。

第二节　气体按可燃性、毒性及腐蚀性分类

一、气体分类用的 FTSC 数字编码

气体的特性主要包括它的可燃性、毒性、状态及腐蚀性等。为了明确每种气体的特性，我国制定的 GB 16163《瓶装压缩气体分类》中，对所有的瓶装气体进行了数字编码（FTSC），根据编码数字，即可对该气体的特性一目了然。FTSC 是由"火灾的潜在可能性"（fire potential）、"毒性"（toxicity）、"气体状态"（state of gas）和"腐蚀性"（corrosiveness）的缩写。FTSC 数字编码用四位阿拉伯数字分别按顺序表示气体的上列四种特性。即第一位数表示反映火灾的潜在可能性（简称燃烧性）；第二位数表示气体的毒性；第三位数表示气体在瓶内的状态；第四位数表示腐蚀性。而每一位数中的每一个阿拉伯数字都表示不同的特性。表 2-1 是我国的气体 FTSC 数字编码。

表 2-1　我国的气体 FTSC 数字编码

			F 燃烧性（第一位数）
0			不燃（惰性）
1			助燃（氧化性）
2			可燃性气体
			（1）可燃气体甲类：在空气中爆炸下限小于 10% 的可燃气体
			（2）可燃气体乙类：在空气中爆炸下限大于等于 10% 的可燃气体
3			自燃气体：在空气中自燃温度小于 100℃ 的可燃气体
4			强氧化性
5			易分解或聚合的可燃性气体
			T 毒性（第二位数）吸入半数致死量浓度 LC_{50}/h
	1		无毒 $LC_{50}>5000\times10^{-6}$
	2		毒 $200\times10^{-6}<LC_{50}\leqslant5000\times10^{-6}$
	3		剧毒 $LC_{50}\leqslant200\times10^{-6}$
			S 状态（第三位数）标示气瓶内气体的状态
		1	低压液化气体
		2	高压液化气体
		3	溶解气体

			S状态(第三位数)标示气瓶内气体的状态
4			压缩气体(1)
5			压缩气体(2),适用于氟、二氟化氧;压力等于或小于3.5MPa
6			低温液化气体(深冷型)
			C腐蚀性(第四位数)
	0		无腐蚀性
	1		酸性腐蚀,不形成氢卤酸的
	2		碱性腐蚀
	3		酸性腐蚀,形成氢卤酸的

燃烧发生的三个必须具备的条件是:可燃物、助燃物、火源。可燃气体与空气的混合物遇着火源能够发生爆炸燃烧的浓度范围称爆炸浓度极限。爆炸下限是指可燃气体在空气中的体积分数在空气中刚刚达到足以使火焰蔓延的最低浓度;爆炸上限是指可燃气体在空气中的体积分数在空气中刚刚达到足以使火焰蔓延的最高浓度。表2-1中气体在空气中爆炸下限小于10%的称为可燃气体甲类,气体在空气中爆炸下限大于等于10%的称为可燃气体乙类。

燃烧的种类有闪燃、燃烧、着火、自燃和爆炸。闪燃是指易燃或可燃液体挥发出来的蒸气与空气混合后,遇火源发生一闪即灭的燃烧现象。燃烧是物质与氧化剂发生强烈化学反应并伴有发光发热的现象。着火是可燃物质在空气中与火源接触,达到某温度发生持续燃烧的现象。自燃是在温度低于100℃以下,物质与空气或氧化剂接触即能自发燃烧。爆炸是物质自一种状态骤然转变到另一种状态,并在释放出大量能量的瞬间产生巨大声响及亮光的现象。

表2-1中LC是由"致死浓度"(lethal concentration)的缩写,下标50是表示在此浓度下试验,有半数(50%)的动物致死,是动物一次染毒(在我国用大鼠2h;在美国分为1h、2h、4h;国际标准用1h)后,观察两周的结果。

压缩气体的编码见表2-2~表2-4。对各种气体的特性就可以从FTSC编码中容易地确定。

例如压缩气体中氟的FTSC编码是4353,它的第一位数字为4,表明它是强氧化性气体;第二位数字为3,表明其为剧毒;第三位数字是5,表明它是压力等于或小于3.5MPa的气体;第四位数字是3,表明它是形成氢卤酸的酸性腐蚀性。高压液化气体见表2-3,如乙烷,它的FTSC编码是2120,它的第一位数字为2,表明它是可燃;第二位数字为1,表明其无毒;第三位数字是2,表明它是高压液化气体;第四位数字是0,表明它无腐蚀性。低压液化气体的编码见表2-4,如二氟二氯甲烷(氟里昂12),它的FTSC编码是0110,这四位数字表明它的特性分别是不燃、无毒、低压液化气体和无腐蚀性。溶解气体见表2-5所示。

二、压缩气体的物化性质

1. 易燃、无毒压缩气体 [以氢气(H_2)和甲烷(CH_4)为例]

(1)氢气

① 用途 气体燃料,石油精炼,制造油脂、硬化油等人造奶油,甲醇、盐酸、氨等的合成,焊接和金属的切割,气象观测,玻璃的熔化,冶金工业,冷却剂(液氢),半导体制造用平衡气、蚀刻气、标准气、零点气、校正气、热氧化、外延、扩散、多晶硅、钨化、离子注入、载流、烧结等。

表2-2 临界温度低于或等于-50℃的气体

序号	UN①	FTSC	气体名称	气体英文名称	化学分子式	别名	分子量	沸点(101.325kPa)/℃	临界温度/℃	燃烧性②	毒性②	腐蚀性②
a组 不燃无毒和不燃有毒气体												
1	1002	1140	空气	air			28.9	-194.3	-140.6	助燃（氧化性）		
2	1006	0140	氩	argon	Ar		39.9	-185.9	-122.4			
3	1045	4353	氟	fluorine	F_2		38.0	-188.1	-129.0	强氧化性	剧毒	酸性腐蚀
4	1046	0140	氦	helium	He		4.0	-268.9	-268.0			
5	1056	0140	氪	krypton	Kr		83.8	-153.4	-63.8			
6	1065	0140	氖	neon	Ne		20.2	-246.1	-228.7			
7	1660	4341	一氧化氮	nitric oxide	NO		30.0	-151.8	-92.9	强氧化性	剧毒	酸性腐蚀
8	1066	0140	氮	nitrogen	N_2		28.0	-195.8	-146.9			
9	1072	4140	氧	oxygen	O_2		32.0	-183.0	-118.4	强氧化性		
10	2190	4353	二氟化氧	oxygen difluoride	OF_2		54.0	-144.6	-58.0	强氧化性	剧毒	
b组 可燃无毒和可燃有毒气体												
11	1016	2240	一氧化碳	carbon monoxide	CO		28.0	-191.5	-140.2	可燃乙类	毒	
12	1957	2140	氘	deuterium	D_2	重氢	4.0	-249.5	-234.8	可燃甲类		
13	1049	2140	氢	hydrogen	H_2		2.0	-252.8	-239.9	可燃甲类		
14	1972	2140	甲烷	methane	CH_4	R-50,沼气	16.0	-161.5	-82.5	可燃甲类		
15	1971	2140	天然气（压缩）	natural gas		CNG				可燃甲类		
c组 低温液化气体（深冷型）												
16	1003	1160	空气（液体）	air(Liquid)	液空		28.9	-194.3	-140.6	助燃（氧化性）		
17	1951	0160	氩（液体）	argon(Liquid)	液氩		39.9	-185.9	-122.4			
18	1963	0160	氦（液体）	helium(Liquid)	液氦		4.0	-268.9	-268.0			
19	1966	2160	氢（液体）	hydrogen(Liquid)	液氢		2.0	-252.8	-239.9	可燃甲类		
20	1972	2160	天然气（液体）	natural gas(Liquid)	以甲烷为主组分 LNG		16.0	-161.5	-82.5	可燃甲类		
21	1977	0160	氮（液体）	nitrogen(Liquid)	液氮		28.0	-195.8	-146.9			
22	1913	0160	氖（液体）	neon(Liquid)	液氖		20.2	-246.1	-228.7			
23	1073	4160	氧（液体）	oxygen(Liquid)	液氧		32.0	-183.0	-118.4	强氧化性		

① "UN"号是指联合国危险货物运输专家委员会在《关于危险货物运输的建议书》（橘皮书）中对危险货物指定的编号。

② 气体的燃烧性为不燃的、毒性为无毒的、腐蚀性为无腐蚀的，在表中均为空白。

表2-3 高压液化气体（临界温度高于-50℃且低于等于65℃的气体）

序号	UN①	FTSC	气体名称	气体英文名称	化学分子式	别名	分子量	沸点(101.325kPa)/℃	临界温度/℃	燃烧性②	毒性③	腐蚀性④
						a组 不燃无毒和不燃有毒气体						
24	1008	0223	三氟化硼	boron trifluoride	BF_3	氟化硼	67.8	-100.3	-12.2		毒	酸性腐蚀
25	1013	0120	二氧化碳	carbon dioxide	CO_2	碳酸气	44.0	-78.5	31.0			
26	2417	0223	碳酰氟	carbonyl fluoride	CF_2O	氟化碳酰	66.0	-84.6	22.8		毒	酸性腐蚀
27②	1022	0120	氯三氟甲烷	chlorotrifluoromethane	CF_3Cl	R-13	104.5	-81.9	28.8			
28	2193	0120	六氟乙烷	hexafluoroethane	C_2F_6	R-116	138.0	-78.2	19.7			
29	1050	0223	氯化氢	hydrogen chloride	HCl	无水氢氯酸	36.5	-85.0	51.5		毒	酸性腐蚀
30	2451	4123	三氟化氮	nitrogen trifluoride	NF_3		71.0	-129.1	-39.3	强氧化性		
31	1070	4120	一氧化二氮	nitrous oxide	N_2O	氧化亚氮,笑气	44.0	-88.5	36.4	强氧化性		
32	2198	0323	五氟化磷	phosphorus pentafluoride	PF_5		126.0	-84.5	18.95		剧毒	酸性腐蚀
33	1955	0223	三氟化磷	phosphorus trifluoride	PF_3		88.0	-151.3	-2.1		毒	酸性腐蚀
34	1859	0223	四氟化硅	silicon tetrafluoride	SiF_4		104.1	-94.8	-14.2		毒	酸性腐蚀
35	1080	0120	六氟化硫	sulfur hexafluoride	SF_6		146.1	-63..8	45.6			
36	1982	0120	四氟甲烷	tetrafluoromethane	CF_4	R-14 四氟化碳	88.0	-128.0	-45.7			
37	1984	0120	三氟甲烷	trifluoromethane	CHF_3	R-23	70.0	-82.2	26.0			
38	2036	0120	氙	xenon	Xe		131.6	-108.1	16.6			
						b组 可燃无毒和可燃有毒气体						
39	1959	2120	1,1-二氟乙烯	1,1-difluoroethylene	$C_2H_2F_2$	偏二氟乙烯,R-1132a	64.0	-84.0	29.7	可燃甲类		
40	1035	2120	乙烷	ethane	C_2H_6		30.1	-88.6	32.2	可燃甲类		
41	1962	2120	乙烯	ethylene	C_2H_4		28.1	-103.8	9.2	可燃甲类		
42	2199	3320	磷烷	phosphine	PH_3	磷化氢	34.0	-87.8	51.9	自燃	剧毒	
43	2203	3120	硅烷	silane	SiH_4	四氢化硅	32.1	-111.4	-3.5	自燃	剧毒	
						c组 可分解或聚合的可燃气体						
44	1911	5320	乙硼烷	diborane	B_2H_6	二硼烷	27.7	-92.8	16.7	分解	剧毒	
45	1860	5120	氟乙烯	fluoroethylene	C_2H_3F	乙烯基氟 R-1141	46.0	-72.2	54.7	聚合		
46	2192	2320	锗烷	germanium hydride	GeH_4		76.6	-88.2	34.9	分解	剧毒	
47	1081	5120	四氟乙烯	tetrafluoroethylene	C_2F_4		100.0	-75.6	33.3	聚合		

表 2-4　低压液化气体（临界温度高于 65℃ 的气体）

序号	UN①	FTSC	气体名称	气体英文名称	化学分子式	别名	分子量	沸点(101.325kPa)/℃	临界温度/℃	燃烧性②	毒性③	腐蚀性④
				a 组　不燃无毒和不燃有毒气体								
48	1974	0110	溴氯二氟甲烷	bromochlorodifluoromethane	$CBrClF_2$	R-12B1	165.4	-3.3	154.0			
49	1741	0213	三氯化硼	boron trichloride	BCl_3	氯化硼	117.0	12.5	176.8		毒	酸性腐蚀
50	1009	0110	溴三氟甲烷	bromotrifluoromethane	$CBrF_3$	R-13B1	148.9	-57.9	66.8			
51	1017	4213	氯	chlorine	Cl_2		70.9	-34.1	144.0	强氧化性	毒	酸性腐蚀
52	1018	0110	氯二氟甲烷	chlorodifluoromethane	$CHClF_2$	R-22	86.5	-40.6	96.2			
53②	1020	0110	氯五氟乙烷	chloropentafluoroethane	C_2ClF_5	R-115	154.5	-39.1	80.0			
54	1021	0110	氯四氟乙烷	chlorotetrafluoroethane	$CHClF_4$	R-124	136.5	-12.0	122.3			
55	1983	0110	氯三氟乙烷	chlorotrifluoroethane	C_2H_2Cl	R-133a	118.5	6.9	150.0		剧毒	
56②	1028	0110	二氯二氟甲烷	dichlorodifluoromethane	CCl_2F_2	R-12	120.9	-24.9	112.0			
57	1029	0110	二氯氟甲烷	dichlorofluoromethane	$CHCl_2F$	R-21	102.9	8.9	178.5			
58	1421	4311	三氧化二氮	dinitrogen trioxide	N_2O_3		76.0	2.0	151.8			
59②	1958	0110	二氯四氟乙烷	dichlorotetrafluoroethane	$C_2Cl_2F_4$	R-114	170.9	3.9	145.7			
60	3296	0110	七氟丙烷	heptafluoropropane	CF_3CHFCF_3	R-227	170.0	-15.6	101.6			
61	1858	0110	六氟丙烯	hexafluoropropylene	C_3F_6	R-1216	150.0	-29.8	86.2		毒	酸性腐蚀
62	1048	0213	溴化氢	hydrogen bromide	HBr	无水氢溴酸	80..9	-66.7	89.8		毒	酸性腐蚀
63	1052	0213	氟化氢	hydrogen fluoride	HF	无水氢氟酸	20.0	19.5	188.0		剧毒	酸性腐蚀
64	1067	4311	二氧化氮	nitrogen dioxide	$NO_2(N_2O_4)$	四氧化二氮	92.8	22.1	158.2	强氧化性	剧毒	酸性腐蚀
65	1976	0110	八氟环丁烷	octafluorocyclobutane	C_4F_8	R-C318	200.0	-6.4	155.3			
66	3220	0110	五氟乙烷	pentafluoroethane	CHF_2CF_3	R-125	120.0	-49.0	66.0			
67	1076	0110	碳酰二氯	phosgene	$COCl_2$	光气	98.9	7.4	182.3		剧毒	酸性腐蚀
68	1079	0313	二氧化硫	sulfur dioxide	SO_2		64.1	-10.0	157.5		毒	酸性腐蚀
69	2191	0210	硫酰氟	sulfuryl fluoride	SO_2F_2		102.0	-55.4	92.0		毒	
70	3159	0110	1,1,1,2-四氟乙烷	1,1,1,2-tetrafluoroethane	CH_2FCF_3	R-134a	102.0	-26.0	101.1			

续表

序号	UN①	FTSC	气体名称	气体英文名称	化学分子式	别名	分子量	沸点(101.325kPa)/℃	临界温度/℃	燃烧性①	毒性②	腐蚀性①
					b组　可燃无毒和可燃有毒气体							
71	1005	2212	氨	ammonia	NH₃		17.0	−33.4	132.4	可燃乙类	毒	碱性腐蚀
72	2676	2311	锑化氢	antimony hydride	SbH₃		124.8	−17.1	173.0	可燃甲类	剧毒	
73	2188	2310	砷烷	arsine	ASH₃	砷化氢	77.9	−62.5	99.9	可燃甲类	剧毒	
74	1011	2110	正丁烷	n-butane	C₄H₁₀	丁烷	58.1	0.5	152.0	可燃甲类		
75	1012	2110	1-丁烯	1-butene	C₄H₈		56.1	−6.2	146.4	可燃甲类		
76		2110	(顺)2-丁烯	cis-butene	C₄H₈		56.1	3.7	162.4	可燃甲类		
77		2110	(反)2-丁烯	tran-2-butene	C₄H₈		56.1	0.9	155.5	可燃甲类		
78	2517	2110	氯二氟乙烷	chlorodifluoroethane	ClF₂CH₃	R-142b	100.5	−9.2	136.5	可燃甲类		
79	1027	2110	环丙烷	cyclopropane	C₃H₆	三甲撑	42.1	−32.9	124.6	可燃甲类		
80	2189	2213	二氯硅烷	dichlorosilane	SiH₂Cl₂		101.0	8.2	176.3	可燃甲类	毒	酸性腐蚀
81	1030	2110	1,1-二氟乙烷	difluoroethane	CF₂CH₃	偏二氟乙烷 R-152a	66.0	−25.0	113.5	可燃甲类		
82	3252	2110	二氟甲烷	difluoromethane	CH₂F₂	R-32	52.0	−51.7	78.1	可燃乙类		
83	1032	2212	三甲胺	dimethylamine	(CH₃)₂NH		45.1	7.4	164.6	可燃甲类	毒	碱性腐蚀
84	1033	2110	三甲醚	dimethylether	C₂H₆O		46.1	−24.8	126.9	可燃甲类		
85	1954	3210	乙硅烷	disilane,disilicoethane	Si₂H₆		62.2	−14.5	150.9	自燃		
86	1036	2212	乙胺	ethylamine	C₂H₅NH₂	氨基乙烷	45.1	16.6	183.4	可燃甲类	毒	碱性腐蚀
87	1037	2110	氯乙烷	ethylchloride	C₂H₅Cl	乙基氯,R-160	64.5	12.3	187.2	可燃甲类		
88	2202	2311	硒化氢	hydrogen selenide	H₂Se		80.9	−42.0	138.0	可燃甲类	剧毒	酸性腐蚀
89	1053	2211	硫化氢	hydrogen sulfide	H₂S		34.1	−60.2	100.4	可燃甲类	毒	
90	1969	2110	异丁烷	isobutane	C₄H₁₀		58.1	−11.7	135.0	可燃甲类		
91	1055	2110	异丁烯	isobutylene	C₄H₈		56.1	−7.1	144.7	可燃甲类		
92	1061	2212	甲胺	methylamine	CH₃NH₂		31.1	−6.3	156.9	可燃甲类	毒	碱性腐蚀
93	1062	2210	溴甲烷	methyl bromide	CH₃Br	甲基溴	95.0	3.6	194.0	可燃乙类	毒	

续表

序号	UN①	FTSC	气体名称	气体英文名称	化学分子式	别名	分子量	沸点(101.325kPa)/℃	临界温度/℃	燃烧性①	毒性①	腐蚀性①
94	1063	2210	氯甲烷	methyl chloride	CH_3Cl	甲基氯	50.5	−23.9	143.0	可燃甲类	毒	
95	1064	2211	甲硫醇	methyl mercaptan	CH_3SH	硫基甲烷	48.1	6.0	196.8	可燃甲类	毒	碱性腐蚀
96	1978	2110	丙烷	propane	C_3H_8		44.1	−42.1	96.8	可燃甲类		
97	1077	2110	丙烯	propylene	C_3H_6		42.1	−47.7	91.8	可燃甲类		
98	1295	2210	三氯硅烷	trichlorosilane	$SiHCl_3$	三氯氢硅	135.5	31.8	206.0	可燃甲类	毒	
99	2035	2110	1,1,1-三氟乙烷	1,1-Trifluoroethane	CHF_3CH_2	R-143a	84.0	−47.6	73.1	可燃甲类		
100	1083	2112	三甲胺	trimethylamine	$(CH_3)_3N$		59.1	2.9	162.0	可燃甲类		碱性腐蚀
101	1075	2110	液化石油气			LPG				可燃甲类		
c组　易分解或聚合的可燃气体												
102	1010	5110	1,3-丁二烯	1,3-butadiene	C_4H_6	联乙烯	54.1	−4.5	152.0	聚合		
103	1082	5210	氯三氟乙烯	chlorotrifliuoroethylene	C_2ClF_3	R-1113	116.4	−28.4	105.8	聚合		
104	1040	5210	环氧乙烷	ethylene oxide	C_2H_4O	氧化乙烯	44.0	10.5	195.8	分解	毒	
105	1087	5210	甲基乙烯基醚	methyl vinyl ether	C_2H_6O	乙烯基甲醚	58.1	5.0	200.0	聚合	毒	
106	1085	5210	溴乙烯	vinyl bromide	C_2H_3Br	乙烯基溴	107.0	15.7	198.0	高温易聚合	毒	
107	1086	5210	氯乙烯	vinyl chloride	C_2H_3Cl	乙烯基氯	62.5	−13.7	156.5	聚合	致癌	

① "UN"号是指联合国危险货物运输专家委员会在《关于危险货物运输的建议书》(橘皮书)中对危险货物指定的编号。

② 2010年停止生产和使用的气体。

③ 气体的燃烧性为不燃的、毒性为无毒的、腐蚀性为无腐蚀的，在表中均为空白。

表2-5　溶解气体

序号	UN①	FTSC	气体名称	气体英文名称	化学分子式	别名	分子量	沸点(101.325kPa)/℃	临界温度/℃	燃烧性②	毒性②	腐蚀性②
108	1001	5130	乙炔	acetylene	C_2H_2	电石气	26.0	84.0	36.3	分解		

① "UN"号是指联合国危险货物运输专家委员会在《关于危险货物运输的建议书》(橘皮书)中对危险货物指定的编号。

② 气体的燃烧性为不燃的、毒性为无毒的、腐蚀性为无腐蚀的，在表中均为空白。

② 制法

a. 水电解法。

b. 煤和焦炭的气化法。

$$C + H_2O \longrightarrow H_2 + CO$$
$$CO + H_2O \longrightarrow CO_2 + H_2$$
$$CO + 3H_2 \longrightarrow CH_4 + H_2O$$
$$CH_4 + H_2O \longrightarrow CO + 3H_2$$

c. 石油或天然气的分解法。

$$C_nH_m + nH_2O \longrightarrow nCO + \left(n + \frac{m}{2}\right)H_2$$
$$C_nH_m + \frac{n}{2}O_2 \longrightarrow nCO + \frac{m}{2}H_2$$
$$CO + H_2O \longrightarrow CO_2 + H_2$$

d. 回收石油化工业副产品气体中的氢。

e. 回收食盐电解副产品气体中的氢。

f. 回收炼钢工业副产品气体中的氢（炼焦炉气、高炉气和转炉气）。

③ 理化性质

分子量	2.016
熔点（101.325kPa）	−259.2℃
沸点（101.325kPa）	−252.8℃
液体密度（−252.766℃，101.325kPa）	70.973kg/m³
气体密度（0℃，101.325kPa）	0.0899kg/m³
相对密度（25℃，101.325kPa，空气=1）	0.0695
比容（21.1℃，101.325kPa）	11.9674m³/kg
临界温度	−239.9℃
临界压力	1297kPa
在空气中可燃范围（20℃，101.325kPa）	4.0%～74.5%
在氧气中可燃范围（20℃，101.325kPa）	4.5%～94%
在空气中爆轰范围（20℃，101.325kPa）	18.3%～59%
在氧气中爆轰范围（20℃，101.325kPa）	15%～90%
在空气中最低燃点（101.325kPa）	570℃
在空气中当量燃烧时火焰温度	1430℃
在空气中当量燃烧时最大火焰速度	2.65m/s
在氧气中可燃范围（20℃，101.325kPa）	4%～94%
在氧气中最低自燃点（101.325kPa）	560℃
在氧气中当量燃烧时火焰温度	2830℃
在氧气中当量燃烧时最大火焰速度	14.36m/s
在氧气中当量燃烧时燃烧热	12761J/m³（高）
	11506J/m³（低）

氢气的压缩系数见表2-6。

表 2-6　氢气的压缩系数

温度 /℃	压缩系数			
	101.325kPa	1013.25kPa	10132.5kPa	50662.5kPa
25	1.001	1.006	1.0613	1.3244
30	1.000	1.006	1.0579	1.3014

氢是在已知气体中最轻的气体。氢在常温常压下是无色、无臭、无味的可燃性气体。它除因缺氧而引起窒息外，还没有发现毒性。氢与空气、氧、卤素的亲和力强。氢气在空气和氧气中有很宽的可燃范围。氢气的燃点较高，但其点火能很小，所以能很容易着火，在微小的静电火花下也容易着火，这是一个具有特殊意义的性质。当它接触明火或遇热时就可燃烧，而且发出几乎看不见的火焰。氢气又是一种高能燃料，当与空气或其他氧化剂结合着火时，以放热或爆炸的方式释放出大量的能量，其反应的猛烈程度取决于燃烧的条件。氢与卤素气体的混合物在日光下也能发生爆炸。氢与一氧化二氮的混合物的爆炸范围为 $5.2\%\sim80\%$，与一氧化氮混合物的爆炸范围为 $13.5\%\sim49\%$。氢气的这一易燃易爆性是极其危险可怕的。氢又是很容易扩散和浸透的气体，它非常容易泄漏，而且易停留在天花板等高处。

低温氢气与常温氢气密度不同，当它从液态氢开始蒸发时比空气重，沉积在地面上，等升温后才开始扩散。冷氢气遇到潮湿空气时能形成浓雾，并由此可看出它扩散的迹象。但在可见到的浓雾外围仍能形成爆炸性混合物。如果氢气云在最初闪速蒸发时着火，就会产生火球。

氢的还原性很强，在高温与金属氧化物、金属氯化物反应游离出金属，所以它一般没有腐蚀性。在白金等催化剂的作用下与有机化合物作用还原醛等不饱和烃。

$$C_2H_2 + H_2 \longrightarrow C_2H_2$$
$$C_2H_4 + H_2 \longrightarrow C_2H_6$$
$$CH_3CHO + H_2 \longrightarrow CH_3CH_2OH$$
$$CH_3COOC_2H_5 + 2H_2 \longrightarrow 2CH_3CH_2OH$$
$$CH_3COCH_3 + H_2 \longrightarrow CH_3CH{-}CH_3$$
$$\overset{|}{OH}$$

氢又能浸入金属的晶格之间使晶格膨胀或变形，造成金属材料的脆化。钢材在高温下而受氢的侵蚀产生如下脱碳反应。

$$Fe_3C + 2H_2 \longrightarrow CH_4 + 3Fe$$

因此对氢气的易燃易爆性应引起足够地重视。

氢气一般充装在高压钢瓶或液化后装在低温容器中，所以除了高压氢气的泄漏引起火灾或爆炸的危险之外，还有被液氢冷烧伤的危险。

（2）甲烷

① 用途　气体燃料，是天然气中的主要成分，可以不经分离和提纯，直接提供民用和工业生产做燃料。压缩天然气是一种最理想的车用代替能源，其应用技术经数十年的发展已日趋成熟，它具有成本低、效益高、无污染、使用便捷等特点，正日益显示出强大的发展潜力。天然气具有辛烷值高、抗爆、抗震性能好、安全性能高、价廉的优点。最突出的是作为燃料，天然气汽车与传统的汽油车相比，可使汽车的 CO 排放量减少 90% 以上，氮氢化合物排放量减少39% 以上，碳氢化合物排放量减少 72% 以上，二氧化硫排放量减少 90% 以上，噪声降低 40%，而且天然气不含铅、苯等致癌的有毒物质，能做到无铅化物排放；与柴油车相比，能做到无颗粒物排放，从而减少环境污染，其社会、经济、环保效益十分显著。由于天然气汽车具有优良的排放性能，因而被誉为"绿色汽车"。另外，甲烷是生产炭黑的原料；甲烷经转化生产甲醇、氨、人造石油；经裂化或部分氧化可生产氢气；经氧化可生产甲醛等。

② 制法

a. 实验室制备　无水乙酸钠和钠石灰混合强热生成甲烷

$$CH_3COONa + NaOH(CaO) \longrightarrow Na_2CO_3 + CH_4\uparrow$$

b. 天然气、石油化工尾气等粗组分原料气提纯制取的甲烷在原料气中含量为 70%～95%，其他杂质为水、氮、氧、氢、一氧化碳、二氧化碳和其他烃类，经精馏、吸附等工艺可得到纯甲烷。

③ 理化性质

分子量	16.04（按 1997 年国际相对原子质量）
熔点（101.325kPa）	90.65K
沸点（101.325kPa）	111.75K
液体密度	$160.4kg/m^3$
气体相对密度（空气=1，0℃，101.325kPa）	0.554
液体相对密度（水=1，−164℃）:	0.42
比容（0℃，101.325kPa）	$1.3953m^3/kg$
临界温度	−82.45℃
空气中可燃范围（20℃，101.325kPa）	5.3%～14%
空气中最低燃点（101.325kPa）	538℃
氧气中可燃范围	8.25%～55.8%

甲烷的压缩系数见表 2-7。

表 2-7　甲烷的压缩系数

p/MPa	T/K		
	273.15	298.15	323.15
0.1013	1.0000	1.0006	1.0012
16.212	0.7425	0.8197	0.8763
20.265	0.7631	0.8290	0.8822

甲烷为无色、无臭、无味、无毒、无刺激性的窒息性气体。在空气中可燃，与空气混合形成爆炸性混合物。在常温下，很难与酸、碱、氧化物发生反应。但在高温下，能与一些物质发生氧化、卤化、热解等反应。甲烷与水蒸气反应生成一氧化碳和氢气；和氯反应生成卤化氢；裂解生成氢和炭；硫氧化生成二硫化碳等。

2. 可燃、有毒、压缩气体 [以一氧化碳（CO）为例]

（1）用途　燃料，还原剂，有机合成的原料，用于制备羰基金属、光气、硫氢化碳、芳香族醛、甲酸、苯六酚、氯化铝、甲醇，用于氢化、甲酰化，用于制备合烃（合成汽油）、合醇（羧酸、乙醇、醛、酮及碳氢化合物的混合物）、锌白颜料、氧化铝成膜、标准气、校正气、在线仪表标准气。

（2）制法

① 碳氢化合物气体（天然气、丙烷、炼油厂气）经过活性炭层脱硫后与水蒸气及 CO_2 混合，然后通过装满镍催化剂的反应管（温度780℃）时，产生一氧化碳。

$$CH_4 + H_2O \longrightarrow CO + 3H_2$$

$$CH_4 + 2H_2O \longrightarrow CO_2 + 4H_2$$

因为在原料气中有 CO_2，优先进行前一个反应。经过脱水及吸收除掉 CO_2 之后从分离塔的塔底和塔顶分别得到 CO 和 H_2。CO 纯度可达 98.6%。

② CO_2 与烧红的煤相互作用。

③ 焦炭或煤的不完全燃烧。

④ 水煤气或煤气中分离出。

⑤ 蚁酸与浓硫酸作用。

（3）理化性质

分子量	28.0104
熔点（三相点 15.3kPa）	-205.1℃
沸点（101.325kPa）	-191.5℃
液体密度（-191.5℃，101.325kPa）	789kg/m³
气体密度（0℃，101.325kPa）	1.2504kg/m³
相对密度（气体，空气=1，101.325kPa）	0.967
比容（21.1℃，101.325kPa）	0.8615m³/kg
气液容积比（15℃，100kPa）	674L/L
临界温度	-140.2℃
空气中可燃范围（20℃，101.325kPa）	12.5%~74%
空气中最低燃点（101.325kPa）	630℃
最易引燃浓度	30%
产生最大爆炸压力的浓度	35.2%

一氧化碳的压缩系数见表2-8。

表 2-8　一氧化碳的压缩系数

温度/℃	压缩系数			
	100kPa	1000kPa	5000kPa	10000kPa
15	0.9996	0.9959	0.9848	0.9845
50	0.9998	0.9988	0.9981	1.0070

一氧化碳在常温常压下为无色、无臭、无味、无刺激性的窒息性气体。空气中可燃，燃烧时发出蓝色火焰。与空气混合形成爆炸性混合物。与酸、碱和水不起反应。在高温高压下，与铁、铬、镍等金属反应生成羰基金属，与氯结合形成光气，与羰基金属结合形成羰基金属化合物。一氧化碳具有还原作用，在室温下有锰及铜的氧化物混合存在时，一氧化碳可氧化成 CO_2，有一种防毒面具就是利用这种原理制成的。

一氧化碳是有毒气体，它是在没有任何刺激的情况下进入人体慢慢引起中毒的。这时，人不仅感觉不到而且还有某种快感，所以它更是危险可怕的气体。

（4）毒性　一氧化碳对人的毒性作用见表2-9。

表 2-9　一氧化碳对人的毒性

浓度/10⁻⁶	作　用	浓度/10⁻⁶	作　用
100	可耐受2~3h	1000~1200	1h后产生不快感但无危险
400~500	在1h内还表现不出明显的作用	1500~2000	在1h内构成危险
600~700	1h后才显出作用	4000	在1h内致死

注：最高允许浓度：200mg/m³。

众所周知，一氧化碳是与人们的日常生活密切相关的有毒气体。它对人体的毒害作用机理大致如下：一氧化碳对血红蛋白的亲和力比氧大 240 倍，而碳氧血红蛋白的离解速度又比氧合血红蛋白小 3500 倍。因此，一氧化碳被吸入人体内后，迅速与血红蛋白结合成碳氧血红蛋白，即一氧化碳置换了血液中的氧。另外，血液中碳氧血红蛋白的大量存在影响氧合血红蛋白的解离作用，造成组织缺氧，引起窒息，并导致一系列的中毒症状。

一氧化碳急性中毒，根据临床表现可分为轻度、中度和重度三级。

轻度中毒表现为头晕、眼花、剧烈头痛、耳鸣、颈部压迫感和搏动感，还有恶心、呕吐、心悸、四肢无力症状，但无昏迷现象。脱离中毒现场，吸入新鲜空气或进行适当治疗之后，症状可迅速消失。

中度中毒除上述症状外，还表现为初期多汗、烦躁、步态不稳、皮肤和黏膜苍白，并随着中毒加重而出现樱桃红色，以面颊、前胸及大腿内侧最为明显，意识蒙眬甚至昏迷。如能及时抢救，可很快苏醒，一般无明显并发症和续发症。

重度中毒除具有一部分或全部中度中毒的症状外，患者可迅速进入不同程度的昏迷状态，时间可持续数小时至几昼夜，往往出现牙关紧闭、强直性全身痉挛、大小便失禁和病理反射。常伴发中毒性脑病、心肌炎、吸入性肺炎、肺水肿及电解质紊乱等。另外，可出现大脑损伤的一系列体征，如体温升高、出汗、白细胞增多、血糖升高、糖尿、蛋白尿等，还可出现血中乳酸增高及乳酸脱氢酶活性增高等生化改变。脑电波异常，重症时表现为波幅变低。

有的重症患者在苏醒之后，经过一段"清醒期"又出现一系列神经系统严重受损的表现，称为"急性一氧化碳中毒神经系统续发症"，其程度与昏迷的深度有密切关系。

一氧化碳的慢性中毒比急性中毒更可怕。慢性中毒时即使是低浓度也会产生后遗症而造成不幸的后果。一氧化碳中毒最严重的后遗症是丧失记忆力、痴呆症及麻痹性障碍。

吸入一氧化碳气体中毒的患者应及时转移至空气新鲜、通风良好之处，安置休息并保持温暖舒适。如果患者处于昏迷状态时应立即送医院诊治。如果呼吸微弱或停止时要立即进行人工呼吸和输氧，呼吸开始恢复后，打开一个亚硝酸戊酯药管嗅闻 15～30s。每隔 2～3min 嗅闻一次，用药量以不超过两个药管为限。然后就医进一步诊治。

千万要注意，对不省人事或呼吸停止者不能轻易地放弃抢救，在医生到来之前尽可能争取时间进行抢救。

3. 助燃（氧化性）、无毒、压缩气体　以空气为例。

（1）用途　呼吸，零点气（合成空气），空分原料。

（2）制法　自然存在。

（3）理化性质　干燥空气的正常组分见表 2-10。

表 2-10　干燥空气的正常组分

组　分	体积分数/%	组　分	体积分数/%
N_2	78.09	He	5.239×10^{-4}
O_2	20.94	Kr	1.139×10^{-4}
Ar	0.93	H_2	0.5×10^{-4}
CO_2	0.033	Xe	0.086×10^{-4}
Ne	18.18×10^{-4}	Rn	6×10^{-4}

分子量（平均值）　　　　　　　　　　　　28.96
冷凝点（101.325kPa）　　　　　　　　　　-191.35℃
液体沸点（101.325kPa）　　　　　　　　　-194.35℃
液体密度（-194.35℃，101.325kPa）　　　876.21kg/m³
气体密度
　　-194.35℃，101.325kPa　　　　　　3.271kg/m³
　　0℃，101.325kPa　　　　　　　　　　1.2931kg/m³
比容（21.1℃，101.325kPa）　　　　　　　0.8303m³/kg
临界温度　　　　　　　　　　　　　　　　140.6℃
临界压力　　　　　　　　　　　　　　　　3769kPa

空气的压缩系数见表 2-11。

表 2-11　空气的压缩系数

温度/K	压缩系数		
	101.325kPa	1013.2kPa	10132.5kPa
300	0.99970	0.99797	0.9933
350	1.00002	1.00021	1.0176

自然状态下的空气是一种无色、无臭、无味的混合气体。空气中的氧是人呼吸不可缺少的，一般人每次呼吸的空气量约为 500mL，每人每天需吸入 12m³ 左右的空气。地球周围的空气，即大气，可分为对流层、平流层和电离层三部分。对流层是靠近地面、密度最大的一层，其厚度为 10～12km。离地面越高，空气中含氧量越少。在 20℃和 101.325kPa 时空气在水中的溶解度为 18.68cm³/cm³。人类的正常生存需要清洁、无污染的空气。空气中的含氧量减少或混入其他有害物质，都会对人体产生不良后果。

4. 强氧化性、无毒、压缩气体　以氧气（O_2）为例。

（1）用途　化工和冶金中的强氧化剂，制造水煤气和天然气、低温氧化石油气，用于焊接及切割金属、火箭发动机、输氧呼吸装置、空气净化、液态氧炸药、制冷剂、染料、半导体制造用等离子蚀刻、氧化扩散、化学气相淀积、标准气、校正气、零点气、在线仪表标准气、医疗气、光导纤维的制备。

（2）制法

① 空分。

② 水电解。

（3）理化性质

分子量	32.0
熔点（101.325kPa）	−218.8℃
沸点（101.325kPa）	−183.0℃
液体密度（90.18K，101.325kPa）	1141kg/m³
气体密度（0℃，101.325kPa）	1.4289kg/m³
相对密度（气体，25℃，101.325kPa，空气＝1）	1.105
比容（21.1℃，101.325kPa）	0.7554m³/kg
气液容积比（15℃，100kPa）	854L/L
临界温度	−118.6℃
临界压力	5043kPa

氧的压缩系数见表 2-12。

表 2-12　氧的压缩系数

温度/K	压缩系数			
	100kPa	1000kPa	10000kPa	50000kPa
300	0.9994	0.9941	0.9542	1.1572
350	0.9998	0.9979	0.9870	1.1722

氧在常温常压下为无色、无臭、无味的气体，液化后呈蓝色。氧本身不燃烧，但能助燃。氧的化学性质活泼，能与多种元素化合发出光和热，也即燃烧。当氧与易氧化物质反应产生的热蓄积到一定程度时就会自燃。当空气中氧的浓度增加时火焰的温度和火焰长度增加，可燃物的着火温度下降。氧与氢的混合气具有爆炸性（见氢项）。液氧和有机物及其他易燃物质共存时，特别是在高压下，也具有爆炸的危险性，与其他物质的危险反应见表 2-13。

表 2-13　氧与其他物质的危险反应

反应物		状况	反应结果	附注
气氧	丙酮	在空气中	爆炸	
	苯二氯胺	在空气中	爆炸	
	松节油	在空气中	爆炸	
	活性炭+氧化铁	在空气中	爆炸	氧化铁为催化剂
	活性炭+磷	在空气中	爆炸	磷吸收氧放出热量
	乙醚	生成过氧化物	爆炸	
	氢、甲烷、乙炔、硫、金属粉末	点火摩擦	爆炸	
	木炭粉末(含铁锌)	在空气中	爆炸	
	碳化钙	加热	爆炸	
	锌箔	加热	爆炸	碳化钙和水分起爆炸反应
液氧	活性炭	在空气中	爆炸	在室温
	木炭粉末	在空气中	爆炸	在室温
	乙醚	在空气中	爆炸	在室温
压缩氧	乙醛、乙醇及有机物	接触	燃烧及爆炸	
	铁粉	摩擦	燃烧	
	铁锈	摩擦	燃烧	

(4) 毒性　氧是空气的主要成分之一，占正常空气体积的21.0%，是一切动植物内的组成成分。氧参与有机体内的各种代谢过程，是生命活动必不可缺的元素之一。但是，正常人体只需要一定浓度的氧，氧的浓度过高或过低都对人有害。氧的分压过低会导致缺氧症，氧的分压过高会引起"氧中毒"。

在常压下，氧的浓度超过40%时，就有发生氧中毒的可能性。人的氧中毒主要有两种类型。

① 肺型　主要发生在氧分压为1~2atm (1atm＝101325Pa)，相当于吸入氧浓度为40%~60%。开始时，胸骨后稍有不适感，伴轻咳，进而感胸闷、胸骨后有烧灼感和呼吸困难、咳嗽加剧。严重时可发生肺水肿、窒息。

② 神经型　主要发生于氧分压在3atm以上时，相当于吸入氧浓度80%以上。开始多出现口唇或面部肌肉抽动、面色苍白、眩晕、心动过速、虚脱，继而出现全身强直性癫痫样抽搐、昏迷、呼吸衰竭而死亡。

正常成年人在安静状态下，每分钟约耗氧250mL，即每天需氧量约360L，但体内储存的氧仅1.5L左右，即使储存的氧全部被利用也只够组织消耗4~5min。因此，机体必须不断地自外界吸入氧气，才能维持正常生命活动。

如果氧的供给不足或由于体内氧的代谢过程发生障碍，无法获得足够的氧或正常利用氧，以致产生机体的一系列变化，甚至危及生命，这就称为"缺氧"。不同程度缺氧的主要表现见表2-14。

表 2-14　不同程度缺氧的主要表现

氧浓度(常压时)/%	主　要　表　现
14~16	呼吸加深加快、脉率增速、脉搏加强、血压升高、肢体肌肉协调动作稍差
10~14	疲乏无力、精神不集中、反应迟钝、思维紊乱
6~10	头晕、头痛、恶心、呕吐、意识蒙眬、紫绀
6以下	心音低钝、脉搏微弱、血压下降、潮式呼吸或呼吸停顿、抽搐、瞳孔扩大、继而心跳呼吸停止、死亡

液态氧能刺激皮肤和组织，引起冷烧伤。从液态氧蒸发的氧气易被衣服吸收，而且遇到

任何一种火源均可引起急剧地燃烧。

氧中毒治疗应及时，加强通风，改吸空气，安静休息，保持呼吸道通畅，给予镇静、抗惊厥药物，防止肺部继发感染。动物实验证明大剂量维生素 C 对氧中毒有一定疗效，可以采用。预防在于合理使用氧，使用高压氧时，应严格控制次数和时间。

缺氧的救治，关键在于除去造成缺氧的原因和防治脑水肿。一般应立即撤离现场，吸入氧气，宜用正压给氧，有条件时，可采用高压氧治疗。心跳呼吸停止时，要进行人工呼吸，心脏按压，尽快地使患者复苏。

5. 强氧化性、剧毒、酸性腐蚀性、压缩气体〔以氟（F_2）为例〕

（1）用途　火箭燃料中的氧化剂，分离铀同位素，金属的焊接和切割，电镀，玻璃加工，卤化氟的原料，氟化物、含氟塑料、氟橡胶等的制造，以及用于药物、农药、杀鼠剂、冷冻剂、等离子蚀刻。

（2）制法

① 电解熔融 KF·2H 混合物

② 从含氟矿石中制得。

（3）理化性质

分子量	37.9968
熔点（101.325kPa）	$-219.62℃$
沸点（101.325kPa）	$-188.1℃$
液体密度（$-188.1℃$）	$1507kg/m^3$
气体密度（25℃，101.325kPa）	$1.554kg/m^3$
临界温度	$-128.8℃$
临界压力	5215kPa

氟在常压下为具有刺激性臭味的淡黄色有毒气体。氟是在非金属元素中最活泼的，反应性极强，在自然界中没有元素状态的氟。它是助燃性气体。在室温下能与大多数可氧化物质或有机物强烈反应而燃烧。它和甲烷在一起时能发生爆炸，与硝酸反应生成具有爆炸性的气体硝酸氟。氟遇水反应产生氟化氢、氧化氟、臭氧、过氧化氢、氧等，容易引起燃烧。可与液态氧或氮混合。氟与一些物质混合接触时的危险性见表 2-15。

表 2-15　氟与一些物质混合接触时的危险性

混合接触 危险物质名称	化学式	摘　要	混合接触 危险物质名称	化学式	摘　要
铜	Cu	在常温下有着火的危险性	一氧化碳	CO	有爆炸反应的危险性
铅	Pb	有猛烈着火的危险性	乙炔	C_2H_2	有激烈反应的危险性
氨	NH_3	有起火、爆炸的危险性	溴化氢	HBr	低温下有激烈的反应的危险性
一氧化氮	NO	有立即反应而起火的危险性	二氧化硫	SO_2	根据条件可能爆炸
氢	H_2	有激烈爆炸的危险性	硫化氢	H_2S	在常温下有起火的危险性

（4）毒性　人一吸入 TCL_0：$25×10^{-6}$·5min，对眼有刺激性。最高允许浓度：$0.1×10^{-6}$（$0.2mg/m^3$）。

氟是剧毒性气体，能刺激眼、皮肤、呼吸道黏膜。由于它立即与水反应生成氟化氢，所以在大多数情况下显出与氟化氢同样的毒性。

当氟浓度为 $5×10^{-6}$～$10×10^{-6}$ 时，对眼、鼻、咽喉等黏膜开始有刺激作用，作用时间长时也可引起肺水肿。与皮肤接触可引起毛发的燃烧，接触部位凝固性坏死、上皮组织碳化等。慢性接触可引起骨硬化症和韧带钙化。吸入氟的患者应立即转移至无污染的安全地方休息，并保持温暖舒适。眼睛或皮肤受刺激时迅速用水冲洗之后就医诊治。

6. 不燃、有毒、酸性腐蚀、永久气体［以三氟化硼（BF_3）为例］

（1）用途　有机合成催化剂、火箭的高能燃料、核技术、半导体制造用掺杂气、离子注入气、光导纤维制造、烟熏剂。

（2）制法

① 在硼酐与氟石的混合物中加入浓硫酸：$B_2O_3 + 3CaF_2 + 3H_2SO_4 \longrightarrow 2BF_3 + 3CaSO_4 + 3H_2O$。

② 氟化氢与硼砂反应。

③ 硼与氟直接化合

④ 氧化硼与碳的混合物在氟气流中加热。

（3）理化特性

分子量	67.805
熔点（101.325kPa）	$-127.1℃$
沸点（101.325kPa）	$-99.8℃$
液体密度（$-100.3℃$，101.325kPa）	$1589kg/m^3$
气体密度（20℃，101.325kPa）	$2.867kg/m^3$
临界温度	$-12.2℃$
临界压力	4985kPa

三氟化硼在常温常压下为具有刺鼻恶臭和强刺激性的无色、有毒、腐蚀性气体，不燃烧。在潮湿空气中产生浓密的白烟，因此大量泄漏时生成大量烟雾，产生浓厚的烟幕效果。溶于冷水，在热水中水解，而且激烈地分解生成硼酸和氟化氢，并进一步生成氟硼酸和硼氟氧酸。

$$BF_3 + 3H_2O \longrightarrow H_3BO_3 + 3HF$$
$$BF_3 + HF \longrightarrow H[BF_4]$$
$$H[BF_4] + H_2O \longrightarrow H[BOF_2] + 2HF$$

三氟化硼在乙醇中也分解。易与乙醚形成稳定的络合物。溶于硫酸、乙烷、丙烷、戊烷、石脑油、二硫化碳、四氯化碳、氯仿、二氯苯、硝基苯。可与除镁以外的碱金属、碱土金属激烈反应，生成硼和金属氟化物，并发出高热，能引起着火。与其他氯化物反应，可取代氯离子。

$$AlCl_3 + BF_3 \longrightarrow AlF_3 + BCl_3$$

三氟化硼能腐蚀玻璃。在水中的溶解度为 $1.057cm^3/cm^3$（0℃，101.325kPa）。

（4）毒性　小鼠吸入 LC_{50}：$3460mg/(m^3 \cdot 2h)$。最高允许浓度：$1mg/m^3$。

三氟化硼被吸入体内后，除了它本身的毒性外，其水解产物氢氟酸也产生毒性作用。其毒性作用主要表现在对眼、皮肤、呼吸道黏膜的强烈刺激作用，并引起化学灼伤。长期吸入能导致肺水肿。此外，对心脏、肾、胃及骨也有损伤。

急性中毒以干咳、气急、胸闷、胸部紧迫感为主。部分患者出现恶心、食欲减退、流涎。吸入量多时，有震颤及抽搐症状，也可引起肺炎。慢性影响以头痛、头晕、乏力等神经衰弱症状为主，也可出现黏膜刺激症状。

7. 不燃、无毒、压缩气体［以氮气（N_2）为例］

（1）用途　化肥、氨、硝酸等化合物的制造，惰性保护介质，速冻食品、低温粉碎等的制冷剂、冷却剂，电子工业中的外延、扩散、化学气相淀积、离子注入、等离子干刻、光刻等，还用作标准气、校正气、零点气、平衡气等。

（2）制法

① 空气分离法。

② 氨或亚硝酸铵的分解法：$NH_4NO_2 \longrightarrow N_2 + 2H_2O$。

③ 在铜屑上通过氧化氮。

（3）理化性质

分子量	28.0134
熔点（三相点，12.53kPa）	−210.0℃
沸点（101.325kPa）	−195.8℃
临界温度	−146.9℃
临界压力	3400kPa

在常温常压下，氮为无色、无臭、无味的惰性气体。氮在空气中约占78.1%。液态氮也是惰性，比水轻，但在高温下与氧化合。在空气中不燃烧。在高温、高压下，有催化剂存在时与氢合成氨。

$$N_2 + O_2 \longrightarrow 2NO$$
$$N_2 + 3H_2 \longrightarrow 2NH_3$$

氮本身无毒，无刺激性，吸入的氮气仍以原形通过呼吸道排出。然而，空气中含氮量增加会造成氧的稀释，影响人的正常呼吸。高浓度的氮气可引起窒息。液氮接触皮肤能引起冷烧伤。

吸入高浓度氮气的患者应迅速转移至空气新鲜处，安置休息并保持温暖。皮肤接触液氮时应即用水冲洗，如果产生冻疮，必须就医诊治。

三、低压液化气体的物化性能

低压液化气体可有三类，见表2-16。

表2-16　低压液化气体分类

组　别	气 体 名 称
1. 不燃无毒和不燃有毒、酸性腐蚀气体	氯、溴化氢、二氧化硫、二氧化氮、碳酰二氯(光气)、氟化氢、六氟丙烯(全氟丙烯)、二氟二氯甲烷(R-12)、一氟二氯甲烷(R-21)、二氟氯甲烷(R-22)、四氟二氯乙烷(R-114)、二氟溴氯甲烷(R-12B₁)
2. 可燃无毒和可燃有毒、碱性腐蚀气体	氨、硫化氢、丙烷、环丙烷、正丁烷、异丁烷、丙烯、异丁烯、1-丁烯、二氟氯乙烷(R-142b)、1,1,1-三氟乙烷(R-143a)、1,1-二氟乙烷(R152a)、氯甲烷(甲基氯)、氯乙烷(乙基氯)、溴甲烷(甲基溴)、一甲胺、二甲胺、三甲胺、乙胺、二甲醚
3. 易分解或聚合的可燃气体	1,3-丁二烯、三氟氯乙烯、溴乙烯、甲基乙烯基醚、环氧乙烷

1. 强氧化性、剧毒、酸性腐蚀、低压液化气体（以氯为例）

（1）用途　有机和无机氯化物的制造，杀虫剂，溶剂，消毒剂，漂白剂，去污剂，甘油，塑料，香料，农药，药品，冶炼，橡胶，干刻，光纤维，晶体生长，热氧化，标准气，校正气。

（2）制法

① 电解氯化钠、氯化钾、氯化镁等溶液。

② 电解熔融碱金属和碱土金属氯化物。

③ 氯化氢与空气混合，通过加热的铜盐，此时HCl被氧化而制得氯气。

④ 氯化氢通入加热的（250～300℃）三氧化二铁和氯化钾的混合物，此时所生成的氯化铁在 275～500℃的温度下继续与氧气反应得到氯气。

（3）理化性质

分子量	70.906
熔点	-100.98℃
沸点（101.325kPa）	-34.05℃
液体密度（-34.1℃，101.325kPa）	1562.5kg/m³
气体密度（20℃，101.325kPa）	2.980kg/m³
气液容积比（15℃，100kPa）	421L/L
临界温度	144℃
临界压力	7710kPa
蒸气压（60℃）	1.68MPa

氯在常温常压下为具有强刺激性窒息气味的黄绿色有毒气体，易液化，呈深黄色。氯是极强的氧化剂。氯在空气中不燃烧，它是助燃性气体。一般的可燃物大都能在氯气中燃烧，就像在氧气中燃烧一样。干燥的氯在低温下不是很活泼，但遇水时首先生成次氯酸和盐酸，次氯酸可再分解为盐酸和初生态氧，这是氯作为氧化剂的基本反应。氢等一般的可燃性气体或蒸气都能与氯气形成爆炸性混合物。此种混合气体可因日光、加热或遇火星而爆炸。氯也能与许多化学物品，如乙炔、松节油、乙醚、氨气、燃料、润滑剂、烃类、大多数塑料、某些金属粉末猛烈反应，发生爆炸或生成爆炸性产物。与砷烷、磷烷、硫化氢反应生成氯化氢。与金属氧化物反应生成氯化物或含氧氯化物。与金属、溴化物、碘化物反应生成氯化物。与亚硫酸、亚硝酸反应，分别生成硫酸盐和硝酸盐。

完全干燥的氯气在常温下与铁不作用，但是，含水分的氯气与铁作用生成盐酸和次氯酸盐，因而增强其腐蚀性。它能腐蚀以铁为首的大部分金属。浸了氨水的布接触氯气时会产生氯化铵白烟，此现象可用于气体的检漏。氯气溶于水、碱溶液、二硫化碳、四氯化碳和乙醇等有机溶剂。氯在水中的溶解见表 2-17。

表 2-17　氯在水中的溶解

温度/℃	0	40	80
吸收系数	4.610	1.414	0.672

（4）毒性　最高允许浓度：1mg/m³

不同浓度氯气对人体的危害作用见表 2-18。

表 2-18　不同浓度氯气对人体的危害作用

氯气浓度		危害程度
/×10⁻⁶	/(mg/m³)	
0.2～0.5	0.6～1.5	无任何不良作用
0.5	1.5	稍有气味
1～3	3～9	有明显气味,刺激眼、鼻
6	18	刺激咽喉
30	90	咳嗽发作
40～60	120～180	不能呼吸,丧失意志,30～60min 死亡
100	300	瞬间就可引起呼吸困难,脉搏减少,紫绀,造成致命损害
900	2700	立即死亡
10000	30000	一般过滤性防毒面具失去保护作用

氯与人体内的水分作用形成盐酸和初生态氧，并有可能形成臭氧，因而它具有强烈的刺激性。吸入后能损伤呼吸道及支气管黏膜，引起黏膜的烧灼、肿胀和充血。作用于肺泡会导致肺水肿，还损伤中枢神经系统，引起各种症状。

急性吸入中毒症状有感觉胸部发紧、呛咳、流泪、头痛、恶心、呕吐、胸骨后部疼痛、声音嘶哑、引起鼻咽喉气管或支气管发炎、肺水肿、昏迷、休克等。

长期接触低浓度氯气慢性中毒的症状有：眼黏膜刺激、流泪、结膜充血、咳嗽、咽烧灼感、慢性支气管炎、肺气肿、肺硬化、神经衰弱、牙齿发黄无光泽、牙龈炎、口腔炎、食欲不振、慢性肠胃炎、皮肤烧灼感、发痒、痤疮样皮疹等。

吸入氯气的患者应迅速转移到通风良好、空气新鲜的无污染处，安置休息并保持温暖舒适。如果呼吸微弱或停止，应立即进行输氧或人工呼吸，并尽快求医诊治。根据情况可以使用支气管扩张及解充血剂。饮下加入 1～2 匙甘油的矿泉水后进一步喝含有黄油的咖啡也有疗效。

2. 不燃、毒、酸性腐蚀、低压液化气体

(1) 二氧化硫

① 别名　亚硫酸酐、亚硫酐。

② 用途　制备 H_2SO_4、Na_2S 等无机硫化物，有机物合成，熏蒸剂，杀虫剂，水果蔬菜的保鲜剂，消毒用杀菌剂，漂白剂，造纸工业，鞣皮，制冷剂，石油精炼，镁的冶炼，防腐剂，标准气，校正气，在线仪表标准气。

③ 制法

a. 熔烧硫铁矿。

b. 在通氧条件下燃烧硫化物或硫黄。

c. 工业废气中回收。

d. 酸作用于金属硫化物或硫酸作用于金属（电位序在氢以下的）。

$$Cu+2H_2SO_4 \longrightarrow CuSO_4+SO_2+2H_2O$$

④ 理化性质

分子量	64.063
熔点（101.325kPa）	-75.5℃
沸点（101.325kPa）	-10.0℃
液体密度（-10℃，101.325kPa）	1458kg/m³
气体密度（-10.01℃，101.325kPa）：	3.049kg/m³
气液容积比（15℃，100kPa）	535L/L
临界温度	157.6℃
临界压力	7884 kPa
蒸气压（60℃）	1.01MPa

二氧化硫在常温常压下为具有强烈辛辣窒息性刺激臭的无色气体。极易液化。在空气中不燃烧，不助燃。在室温，绝对干燥的 SO_2 反应能力很弱，只有强氧化剂才可将 SO_2 氧化成 SO_3。氧仅能在催化剂存在时才能使 SO_2 氧化为 SO_3。常温下，潮湿的 SO_2 与 H_2S 起反应析出硫。在高温及催化剂存在的条件下可被氢还原成为 H_2S，被一氧化碳还原成为硫。对铜、铁不腐蚀。可溶于水、硫酸、乙酸、甲醇、乙醇、氯仿、乙醚、苯、甲苯、硝基苯、丙酮、液体樟脑等。

水中溶解度为：

| 0℃，101.325kPa | 22.83g/100g |
| 20℃，101.325kPa | 11.28g/100g |

⑤ 毒性　最高允许浓度：5×10^{-6}（13mg/m³）。

二氧化硫气体主要经呼吸道吸入，对局部有刺激和腐蚀作用。

二氧化硫对人体的作用见表 2-19。

表 2-19　二氧化硫对人体的作用

浓度/10^{-6}	作　用	浓度/10^{-6}	作　用
0.3	敏感者能感觉出臭味	10～15	引起咳嗽及强烈刺激眼黏膜
0.5～1.0	普通人能判别出	20	刺激眼结膜、咳嗽加剧
1～2	整个体表都会感到刺激	30～40	感到呼吸困难
2～5	出现轻度咳嗽	50～100	可耐受 0.5～1h，但能出现病害
6～12	鼻、咽部有刺激感，可耐数小时	400～500	短时间内危及生命

急性中毒症状有眼、鼻、咽部的刺激、咳嗽、声音嘶哑、眼睑水肿、皮肤起水疱、角膜上皮损伤、化脓性结膜炎、胸部难受、呼吸困难、吞咽困难、紫绀、意识不清及死亡。

慢性中毒的症状有喉炎、味觉和嗅觉障碍、过度疲乏、头昏、头痛、慢性咳嗽、咳痰、呼吸阻力增加、慢性鼻炎、支气管炎、肺气肿、肺硬化、胃肠功能障碍、慢性结膜炎、牙齿酸蚀症等。

接触液体二氧化硫可造成冷灼伤。

吸入二氧化硫的患者应迅速离开污染区，到空气新鲜之处。如果呼吸微弱或停止，要进行输氧或人工呼吸。对可能有肺水肿者不能进行人工呼吸，而应给予输氧。眼睛受伤时立即用水冲洗，如有条件也可用2％～3％的碳酸氢钠溶液进行冲洗。

（2）氟化氢

① 别名　（无水）氢氟酸。

② 用途　制备氟里昂气及其他氟化物，乙醇、乙醛、乙醚的溶剂（液态氟化氢），聚合、烃化等反应的催化剂，玻璃雕刻，杀菌剂，清洗金属，清洗铸件，电镀，滤纸的处理，矿石类的分析，锗、硅的蚀刻剂。

③ 制法

a. 萤石和浓硫酸作用

$$CaF_2 + H_2SO_4 \longrightarrow 2HF + CaSO_4$$

b. 萤石和硝酸作用

$$CaF_2 + 2HNO_3 \longrightarrow Ca(NO_3)_2 + 2HF$$

c. 氟与氢合成

$$F_2 + H_2 \longrightarrow 2HF$$

④ 理化性质

分子量	20.0064
熔点（三相点）	-83.4℃
沸点（101.325kPa）	19.5℃
液体密度（20℃，101.325kPa）	968kg/m³
气体密度（25℃，101.325kPa）	2.201kg/m³
临界温度	188.0℃

临界压力	6485kPa
蒸气压（60℃）	0.28MPa

氟化氢在 60℃时的饱和蒸气压为 0.28MPa，而《瓶规》中选用公称压力为 2MPa 的气瓶。氟化氢在 FTSC 中的编码为 0203，是毒性、能形成氢卤酸的酸性腐蚀气体，在充装、运输及使用上都应取较高的安全系数，所以也是做到了宽打窄用，万无一失。

氟化氢是具有刺鼻恶臭和强烈刺激性的无色有毒腐蚀性气体。不燃烧。在常温常压下为易流动的无色发烟性液体。易溶于水，通常配成 $50\%\sim60\%$ 的水溶液，即氢氟酸。它有聚合作用，所以在水溶液中以 H_2F_2 或 H_3F_3 的形式存在。氟化氢遇空气中的水分则溶解而呈烟雾状。

氟化氢的腐蚀作用非常强，许多材料都受它的侵蚀。能与大多数金属作用生成氟化物和氢。与碱土金属、碱金属、银、铅、锌、汞及铁等的氧化物、氢氧化物反应生成水和氟化物。与卤化物激烈反应生成氟化物及卤化氢。有氧存在时，也与铜容易起反应。对水的亲和力强。能起到有机化合物的脱水剂、氟化反应的试剂、聚合反应的促进剂、加水分解反应的催化剂作用。具有对玻璃等硅酸盐腐蚀的特性。

$$4HF+SiO_2 \longrightarrow SiF_4+2H_2O$$

⑤ 毒性　人吸入 TCL_0：32×10^{-6}（刺激性）。

最高允许浓度：$0.5mg/m^3$

氟化氢被吸入后与体内的水分形成氢氟酸，并由此产生其毒性作用。它能通过尿排出，但长期接触能蓄积于骨骼中。

氟化氢具有的特殊刺激作用和强烈腐蚀作用，可直接作用于细胞的蛋白质引起变性、坏死，并可向纵深发展。它可使上呼吸道产生血性溃疡和肺水肿。它能抑制琥珀酸脱氢酶而影响细胞呼吸。氟与骨髓或体液中的钙结合成较难溶的氟化钙，使钙磷代谢紊乱，从而对骨髓产生不良影响，引起骨质硬化和骨质疏松，并使牙冠钙化不全，釉质受损。

高浓度的氟化氢既侵入皮肤，也侵犯胃及神经系统。

接触氟化氢出现的症状有刺激眼、鼻、咽、喉、气管、支气管，引起眼、鼻、咽喉黏膜的充血和炎症，出现结膜炎、角膜灼伤、有溃疡的严重皮肤灼伤。吸入后出现咳嗽、吐血、胸骨后疼痛、呼吸困难、支气管炎、肺炎，也出现恶心、呕吐、腹痛、腹泻、黄症、尿少、蛋白尿、血尿以及紫绀、肌痉挛、惊厥、休克等。

长期接触低浓度氟化氢可引起牙齿腐蚀症，易患牙龈炎；并可发生干燥性鼻炎，鼻黏膜干燥而易出血，鼻甲萎缩，嗅觉失灵，严重者鼻黏膜溃疡穿孔；以及引起慢性咽喉炎，咽部黏膜充血，声音嘶哑；也可出现骨质增生和韧带的钙沉着而导致运动的障碍。

眼睛受伤时，立即用水冲洗，后再用 3.5% 的硫酸镁充分洗涤。皮肤接触时立即用水冲洗后再用饱和碳酸钠溶液或 3% 的氨水洗涤。为避免因使用氨水而残余的强烈疼痛，可用 20% 的硫酸镁溶液洗涤后再进行石灰、消石灰或硫酸镁的热敷。水冲洗后的灼伤处也可涂敷氧化镁甘油软膏或稀氨水，或者涂以水溶性钙剂。

3. 不燃、剧毒、酸性腐蚀、低压液化气体（以碳酰二氯为例）

(1) 别名　光气、氧氯化碳。

(2) 用途　有机合成、染料、药品、纤维处理剂、除草剂、炸药的稳定剂、橡胶、农药、紫外线吸收剂、增塑剂、合成泡沫、氯化剂。

（3）制法

① 一氧化碳和氯的光合成法。

② 一氧化碳和氯在活性炭催化剂作用下合成。

③ 高温下金属氯化物和一氧化碳反应。

④ 四氯化碳和发烟硫酸反应。

⑤ 用铬酸氧化脂肪族氯化物。

⑥ 含有多氯的碳氢化合物进行氧化。

⑦ 焦炭、氧气和氯气合成而得。

（4）理化性质

分子量	98.9164
熔点	$-127.8℃$
沸点（101.325kPa）	7.6℃
液体密度（7.55℃，101.325kPa）	1410kg/m³
气体密度（25℃，101.325kPa）	4.119kg/m³
气液容积比（15℃，100kPa）	337L/L
临界温度	182.0℃
临界压力	5674kPa
蒸气压（60℃）	0.43MPa

碳酰二氯（光气）在60℃时的饱和蒸气压仅为0.43MPa，而《瓶规》中选用公称压力为5MPa的气瓶。碳酰二氯（光气）在FTSC中的编码为0303，是剧毒、能形成氢卤酸酸性腐蚀的气体；在充装、运输及使用上都应取较高的安全系数，所以也是做到了宽打窄用，万无一失。

碳酰二氯在常温常压下为具有窒息性不愉快气味（腐败的苹果味，发霉的干草味）的无色、有毒气体，工业品略带黄色。易液化。在空气中不燃烧。在常温及没有水分时相当稳定，但是遇潮湿空气时因生成HCl而发烟。遇水和醇分解成HCl。在冷水中分解相当缓慢，而在热水中分解相当快：$COCl_2 + H_2O \Longrightarrow 2HCl + CO_2$。受到光和热的作用（约200℃），开始分解为$Cl_2$与CO，比空气重，常聚集在低洼地方经久不散。相当活泼，是有效的氯化剂。与氨作用生成尿素，容易与胺类发生作用。溶于水，并缓慢水解成盐酸和二氧化碳。易溶于苯、甲苯、二甲苯、硝基苯、氯苯、乙酸、冰乙酸、四氯乙烷、氯仿。液态碳酰二氯是某些化学物质的良好溶剂，它可被活性炭、浮石、碱石灰及乌洛托品吸附和中和。商品一般以甲苯溶液的形式出售。

（5）毒性　家兔吸入LC_{50}：$3211 \times 10^{-6} \cdot 1min$。

最高允许浓度：0.1×10^{-6}（$0.4mg/m^3$）

碳酰二氯是高毒的毒气之一。碳酰二氯被吸入后对呼吸道的刺激作用较小，暂时无症状出现。这样，吸入的大部分气体进入肺的深部，然后在那里缓慢水解成盐酸。这个水解产物盐酸强烈作用于肺泡，引起肺部淤血、肺水肿，使血液循环不正常，心肺机能发生障碍。而且又进一步引起肾脏和中枢神经系统的障碍，并最后导致中毒死亡。

吸入碳酰二氯后的症状有咳嗽、咽痛、口渴、呕吐、黏膜充血、呼吸困难、咳出泡沫性痰液、全身倦怠、胸闷、胸痛、发烧、紫绀、休克等。

碳酰二氯对人体的作用和浓度之间的关系见表2-20。

表 2-20 碳酰二氯对人体的作用和浓度之间的关系

浓 度		作用时间	症 状
/(mg/L)	/×10⁻⁶		
	0.5～1.0		闻到气味的最低浓度
0.005～0.01	1.25～2.5	长时间	没有反射的防御反应
0.0125	3.1	长时间	有刺激咽喉的症状
0.016	4.0	长时间	有刺激眼睛的症状
0.019	4.8	长时间	发生咳嗽
0.02	5.0	1min	难以忍受
0.04	10.0	几分钟	刺激呼吸器官和眼睛,无力
0.05	12.5	0.5～1h	有生命危险
0.08	20.0	1～2min	发生严重的肺障碍
0.10	25.0	短时间	急性死亡
0.36	90.0	0.5h	死亡

吸入碳酰二氯时,应立即把患者转移至无污染、通风良好之处,安置休息并保持温暖舒适。呼吸微弱时要输氧、服扩大支气管的药和解除充血剂。咳嗽时可用可待因。若需要还可服止痛药,同时尽快就医诊治。

4. 不燃、无毒、低压液化气体

（1）二氟二氯甲烷

① 别名 氟里昂 12。

② 用途 刻蚀气、制冷剂、气溶杀虫药、止血剂、喷射剂、塑料发泡剂、低温萃取溶剂、探漏、标准气、校正气、低温空调、食品储藏、膨胀剂、气相绝缘材料。

③ 制法 四氯化碳和无水氢氟酸在五氯化锑催化剂存在下反应制得。

④ 理化性质

分子量	120.914
熔点（101.325kPa）	-158.0℃
沸点（101.325kPa）	-29.8℃
液体密度（-29.78℃，101.325kPa）	1486kg/m³
气体密度（0℃，101.325kPa）	5.398kg/m³
气液容积比（15℃，100kPa）	292L/L
临界温度	111.8℃
临界压力	4125kPa
蒸气压（60℃）	1.42MPa

二氟二氯甲烷在常温常压下为无色、无味、无毒气体。在空气中不燃烧,但是当与火焰或热金属接触时分解放出有毒气体。不溶于水、轻微水解。溶于制冷工业用润滑油、丁烷、苯、甲苯等碳氢化合物以及四氯化碳等氯化溶剂、乙醇、酮类、酯类和一些有机酸。不溶于正二醇、甘油、酚和蓖麻油。

⑤ 毒性 最高允许浓度：1000×10^{-6}（4950mg/m³）

注：二氟二氯甲烷（氟里昂 12）是破坏大气层的受控物质,在我国 2010 年 1 月 1 日起停止生产和消费。

（2）二氟氯甲烷

① 别名 氟里昂 22,一氯二氟甲烷。

② 用途 制冷剂、气溶杀虫药喷射剂、氟化物生产、检漏、有机合成制造聚四氟乙烯

的中间体。

③ 制法　氯仿和无水氢氟酸在五氯化锑催化作用下制得。

$$CHCl_3 + 2HF \xrightarrow{SbCl_5} CHF_2Cl + 2HCl$$

④ 理化性质

分子量	86.47
熔点 (101.325kPa)	−160℃
沸点 (101.325kPa)	−40.78℃
液体密度 (−40.78℃, 101.325kPa)	1413kg/m³
气体密度 (20℃, 101.325kPa)	3.74kg/m³
气液容积比 (15℃, 100kPa)	385L/L
临界温度	96.0℃
临界压力	4977kPa
蒸气压 (60℃)	2.32MPa

二氟氯甲烷在常温常压下为无色、无毒气体，具有十分弱的发甜气味。不燃烧。化学性质稳定。在室温下，与酸、碱和润滑油不起作用。但是与可燃物混合燃烧时可先分解出有毒气体。火灾时放出盐酸和氢氟酸的烟雾。在 25℃、101.325kPa 时在水中的溶解度为 0.30%（质量分数），在 4.4℃时水在二氟氯甲烷中的溶解度为 0.069%（质量分数）。能溶解于丁烷、苯、甲苯等碳氢化合物、四氯化碳等氯化物、乙醇、酮、酯和一些有机酸中。不溶解于制冷工业用润滑剂、正二醇、甘油、酚、蓖麻油等。

⑤ 毒性　一氯二氟甲烷为低毒物质。

豚鼠急性吸入 $160000 \times 10^{-6} \cdot 55min$，可发生肌肉颤动、痉挛，停止接触后上述症状消失。吸入 $400000 \times 10^{-6} \cdot 15min$，可出现麻醉症状，吸入 $580000 \times 10^{-6} \cdot 8min$，动物死亡。

最高允许浓度：1000×10^{-6}（3500mg/m³）

人吸入高浓度一氯二氟甲烷气体可引起眩晕、动作失控、恶心、呕吐、麻醉等症状。皮肤接触液体一氯二氟甲烷可引起皮肤刺激或冻伤。

注：二氟氯甲烷（氟里昂 22）是破坏大气层的受控过渡性物质，在我国 2020～2040 年之间受限。

(3) 二氟溴氯甲烷

① 别名　哈龙 1211 灭火剂。

② 用途　灭火剂。

③ 理化性质

分子量	165.38
熔点 (101.325kPa)	−159.5℃
沸点 (101.325kPa)	−4℃
液体密度 (−4℃, 101.325kPa)	1889kg/m³
气体密度 (−4℃, 101.325kPa)	7.76kg/m³
气液容积比 (15℃, 100kPa)	267L/L
临界温度	153.75℃
临界压力	4254kPa
蒸气压 (60℃)	0.62MPa

二氟溴氯甲烷在常温常压下为略带芳香味的低毒、无色气体。在空气中不燃烧。在水中很轻微地水解，溶解量很小。可溶于丁烷、苯、甲苯等碳氢化合物以及四氯化碳等氯化物溶

剂、己醇、丙酮、酯和一些有机酸。不溶于甘醇、甘油、酚和蓖麻油。

二氟溴氯甲烷是一种低毒、不导电的液化气体灭火剂，它对金属的腐蚀性极小，在干燥的状态下，可以储存在钢、铝、铜等制成的容器里，而且长期储存也不会变质。它的绝缘性能良好，其绝缘电阻率为 $90.0 \times 10^{12} \Omega \cdot m$，气态穿击电压为 36.6kV/cm，液态击穿电压为 22.9kV/cm。因此，它可用来扑救高压电器设备的火灾。它还适用于扑灭油类、有机溶剂、精密仪器、文件档案等的火灾。灭火效率比二氧化碳灭火剂高 4 倍多，而且灭火后不留痕迹。它的抑爆峰值为 6.76。因此，在有爆炸性气体存在的库房或容器中，充灌 1211 灭火剂，使其浓度达到 6.76% 以上，就能抑制其燃烧或爆炸。因此，在船舶、油罐、油田、矿井等的灭火中广泛应用 1211 灭火剂。

④ 毒性 二氟溴氯甲烷是毒性较低的物质，但是，当与可燃性气体的混合物燃烧时，能分解出毒性高的气体。当温度超过 800℃ 时，它将全部分解，分解产物有 HF、HCl、HBr、Cl_2、Br_2 及少量 COF_2、$COCl_2$ 和 $COBr_2$。

通过试验证明，人在 4%～5% 浓度的"1211"灭火剂场所中，其最大安全时间可达 1min；在低于 4% 浓度时，停留数分钟不致产生严重影响。但是，当浓度达到 5%～10% 或更高时，对人有中毒的危险。

在灭火的过程中，"1211"灭火剂与火焰或高温（500℃以上）的灼热物品接触时，就会分解出毒性高的产物，而且灭火过程越长，有毒的分解产物就越多。因此，在设计"1211"灭火系统时，时间控制得应短些，一般不超过 10s。

注：二氟溴氯甲烷（哈龙 1211）是破坏大气层的受控物质，在我国 2010 年 1 月 1 日起停止生产和消费。

其他灭火剂如哈龙 1301、哈龙 2402 等都是破坏大气层的受控物质，在我国 2010 年 1 月 1 日起停止生产和消费。

(4) 七氟丙烷（C_3HF_7）

① 别名 R227。灭火剂名称：HFC227ea。商品名：FM200。分子式：CF_3CHFCF_3

② 用途 灭火剂，七氟丙烷是以物理方式和部分化学方式灭火的气体灭火剂，其特点是无色、几乎无味、无毒、不导电、灭火后不产生固体、不污染环境、对大气臭氧层无破坏作用，是卤代烷 1211、1301 灭火剂等的代替产品［其他的灭火剂还有三氟甲烷（CHF_3）、六氟丙烷（$CF_3CH_2CF_3$）、五氟乙烷（CF_3CHF_2）等］。

③ 制法 以 C_3 含卤烷烃通过氟化或氢化卤可制成。

④ 理化性质

分子量	170
临界温度	101.7℃
凝固点	−131.1℃
临界压力	29.12×10^5 Pa
1.013×10^5 Pa 绝对压力下的沸点	−16.4℃
20℃时蒸气压	3.91×10^5 Pa
20℃时液体密度	1407kg/m^3
20℃时饱和蒸汽密度	31.176kg/m^3

⑤ 毒性 与 1301 相当。

⑥ 50℃时的充装系数 1.2kg/L。

5. 可燃、毒、碱性腐蚀、低压液化气体（以氨为例）

（1）别名　液氨。

（2）用途　氮肥、铵盐、硝酸、尿素、丙烯腈、三聚氰酰胺、丙烯酰胺、氢氰酸、无机试剂、药品、染料、酸性中和剂、橡胶氧化剂、金属表面氮化、制冷剂、半导体用气体、氧化、氮化膜、化学气相淀积、标准气、校正气、在线仪表标准气。

（3）制法　氢和氮在高温高压时在催化剂的作用下合成而得。

（4）理化性质

分子量	17.031
熔点（101.325kPa）	−77.7℃
沸点（101.325kPa）	−33.4℃
液体密度（−73.15℃，8.666kPa）	729kg/m³
气体密度（0℃，101.325kPa）	0.7708kg/m³
气液容积比（15℃，100kPa）	947L/L
临界温度	132.4℃
临界压力	11277kPa
空气中的燃烧界限	15%～27%
氧气中的燃烧界限	14%～79%
蒸气压（60℃）	2.52MPa

氨在常温常压下为具有特殊刺激性恶臭的无色、有毒气体，比空气轻。氨在常温下稳定，但是在高温分解成氢和氮。一般在101325Pa下450～500℃时分解，如果有铁、镍等催化剂存在，可在300℃时分解。

$$2NH_3 \longrightarrow 3H_2 + N_2$$

在空气中可燃，但一般难以着火，如果连续接触火源则会燃烧，有时也能引起爆炸。如果有油脂或其他可燃性物质，则更容易着火。在氧气中燃烧时发出黄色火焰，并生成氮和水。

$$4NH_3 + 3O_2 \longrightarrow 2N_2 + 6H_2O$$

氨在一氧化二氮中也能发生爆炸，爆炸浓度范围为2.2%～72%。氨被氧、空气和其他氧化剂氧化后生成氧化氮、硝酸等。与酸或卤素发生激烈反应，并有时引起飞散或爆炸。

$$2NH_3 + 3Cl_2 \longrightarrow N_2 + 6HCl$$

氨呈碱性，具有强腐蚀性，无水氨对大多数普通金属不起作用，但是如果混有少量水分或湿气，则不管气态或液态都与铜、银、锡、锌及其合金发生激烈作用。又易与氧化银或汞反应生成爆炸性化合物，与钠、镁等金属反应。

$$2NH_3 + 2Na \longrightarrow 2NH_2Na + H_2$$
$$2NH_3 + 3Mg \longrightarrow Mg_3N_2 + 3H_2$$

氨与水不反应，但易溶于水，并生成氢氧化铵，即氨水。氨水中氨的含量随浓度和压力而变化。氨水作为弱碱可与酸反应。在101325Pa压力下氨在水中的溶解度见表2-21。

表2-21　在101325Pa压力下氨在水中的溶解度

温度/℃	−30	0	30	60
溶解度/[g(NH₃)/g(H₂O)]	6.143	0.8975	0.41	0.168

氨溶于甲醇、乙醇、二氯甲烷和乙醚。20℃时在100g乙醇中的溶解度为14.8g。

液氨的蒸发潜热仅次于水，0℃时为301.8cal/g（1cal＝4.18J）。因此具有类似水的性质，可溶解许多物质。其溶液也显示出许多与水溶液类似的性质。液氨能溶解铵盐、各种金属硝酸盐、碘化物、酯类、酚类和胺类。

（5）毒性 最高允许浓度：25×10^{-6}（$18mg/m^3$）。

不同浓度的氨对人体的作用见表 2-22。

表 2-22 不同浓度的氨对人体的作用

浓度/$\times 10^{-6}$	作 用	浓度/$\times 10^{-6}$	作 用
20	任何人都可感到臭味	约 700	几分钟内可严重侵蚀眼、鼻，小于 0.5h 不会造成永久性影响
>25	有毒范围	>1000	激烈咳嗽、支气管痉挛，肺水肿引起窒息
25	最高允许浓度	>2000	吸入 30min 则有危险
100	开始引起黏膜刺激，可耐 6h	>5000	短时间内就有死亡
<500	眼睛、鼻子感到强烈的刺激，可耐 0.5~1h		

氨主要通过呼吸道被吸入，此外，也可以通过皮肤被吸收。氨吸入体内后很快转变成尿素。吸入高浓度氨气会引起喷嚏、流涎、咳嗽、恶心、头痛、出汗、脸面充血、胸部痛、呼吸急促、尿频、眩晕、窒息感、不安感、胃痛、闭尿等症状。刺激眼睛引起流泪、眼疼、视觉障碍。皮肤接触后引起皮肤刺激、皮肤发红、可致灼伤和糜烂。慢性中毒时出现头痛、噩梦、食欲不振、易激动、慢性结膜炎、慢性支气管炎、血痰、耳聋等。

吸入氨气的患者应立即转移到安全区休息并保暖。咳嗽时可服可待因。呼吸微弱或停止时立刻进行输氧或人工呼吸，并速叫医生来诊治。

皮肤接触时，立刻用水冲洗后再用肥皂水洗净，然后涂上用 5% 的乙酸、柠檬酸、酒石酸或盐酸浸湿的敷料，也可以用 2% 以上的硼酸水湿敷。被液氨冻伤时，首先要适当解冻后脱下冻结的衣服。脱衣时要注意不要扯破皮肤，特别要注意清洗腋窝及会阴等潮湿部位。

眼睛受伤时，先用水清洗，或用 0.5%~1% 的明矾溶液洗涤，然后滴入凡士林油或橄榄油。剧烈疼痛时，可滴入 1~2 滴的奴佛卡因或滴入 1 滴 0.5% 的地卡因肾上腺素（1:1000）溶液。

6. 易燃、剧毒、酸性腐蚀、低压液化气体（以硫化氢为例）

（1）用途 化学分析、金属的精制、各种工业试剂、农药、医药品、荧光体、电发光、半导体光电曝光计、硫及各种硫化物的制备、有机合成的还原剂、标准气、校正气、等离子干刻。

（2）制法

① 硫化铁与稀硫酸作用。

② 从含有硫化氢的各种工业气体中回收。

③ 油脂、石油和硫黄的热分解。

④ 氢和硫黄的直接合成。

（3）理化性质

分子量	34.08
熔点（三相点）	$-85.5℃$
沸点（101.325kPa）	$-60.3℃$
液体密度（$-60.2℃$，101.325kPa）：	$914.9kg/m^3$
气体密度（0℃，101.325kPa）	$1.539kg/m^3$
气液容积比（15℃，100kPa）	638L/L
临界温度	$100.4℃$

临界压力	9010kPa
蒸气压（60℃）	4.39MPa
空气中的爆炸界限	4.0%～44.0%

硫化氢在常温常压下为具有臭鸡蛋味和甜味的无色、有毒气体。易燃，在空气中燃烧时发出浅蓝色火焰，并能与空气混合形成爆炸性气体。400℃时开始分解，1700℃时完全分解成组分元素。硫化氢比空气重，所以它容易聚积在低洼处，而且能扩散到很远，能被远处的火源引燃。与 Cl_2、Br_2 激烈反应。腐蚀铜和铜合金。含水分的硫化氢腐蚀碳钢，并与几乎所有的金属起反应生成硫酸盐使其呈黑色。与发烟硝酸、浓硝酸或其他强氧化剂发生激烈反应，并能发生爆炸。硫化氢易溶于水、乙醇、石油、二硫化碳、四氯化碳。硫化氢在水中的溶解度见表2-23。

表 2-23　硫化氢在水中的溶解度

温度/℃	0	20	40	60
吸收系数/($cm^3/cm^3 H_2O$)	4.67	2.582	1.660	1.190

（4）毒性　最高允许浓度：10×10^{-6}（$15mg/m^3$）。

硫化氢对人体的作用见表2-24。

表 2-24　硫化氢对人体的作用

浓度/$\times10^{-6}$	作　用
0.025	人的嗅阈
0.3	明显地嗅到
5～10	臭味更强
10～20	对人的损害浓度,虽无全身作用,但接触 6h 则引起眼部炎症
27	臭味强烈,不愉快,但还不是不能耐受
>100	失去嗅觉
100～150	长时间以后出现毒害作用
170～260	可忍耐 0.5～1h,有后遗症
360～500	吸入 0.5～1h 则有危险
420～600	在 0.5～1h 内急性死亡或以后死亡
850～1000	立即死亡

硫化氢主要经呼吸道吸入。当接触的浓度超过 100×10^{-6} 时，在尚未引起皮肤症状的短时间内，就能从肺吸收后进入血液中，进入血液中的硫化氢被氧化成为无毒的硫酸盐和硫代硫酸盐，然后主要通过尿道排出。还有一部分游离的硫化氢，经肺呼出，在体内无蓄积作用。

硫化氢在体内代谢变成无毒物以前，仍以游离状态与机体反应，引起急性全身中毒症状。主要表现为中枢神经系统的症状和组织缺氧引起的窒息症状。

低浓度的硫化氢，人可以嗅到其臭味，但当浓度高时，由于嗅神经麻痹和疲劳，反而不易嗅到臭味。

硫化氢在潮湿的黏膜表面迅速溶解，并与体液中的钠离子结合成碱性的硫化钠（Na_2S），引起强烈的局部刺激和腐蚀作用。

硫化氢急性中毒可分轻、中、重三种。

轻度中毒：最先出现羞明、流泪、眼刺痛、异物感以及呛咳、流鼻涕、咽喉部烧灼感等上呼吸道黏膜刺激症状，而后感到头昏、头胀、眩晕、窒息感，当场可昏倒。轻度中毒者脱离现场后，经过 1～2 天，可逐渐恢复。一般无后遗症。

中度中毒：浓度在 200～300mg/m³ 以上，表现出一系列神经系统症状，如头痛、头晕、无力、呕吐、共济失调、意识障碍，同时引起上呼吸道炎症及消化道症状。眼刺痛明显，对光反应敏感及眼睑痉挛。

重度中毒：浓度在 700mg/m³ 以上，通常首先出现头晕、心悸、呼吸困难、行动迟缓、谵妄、躁动不安、癫痫样抽搐而进入昏迷状态，最后因呼吸麻痹而死亡。也有的患者昏迷和抽搐持续数小时，或反复发作。间歇期内似有病情好转，但很快又出现昏迷。也可发生支气管炎、肺炎、肺水肿或中毒性脑病。

慢性中毒主要是对眼睛的损害。症状依硫化氢浓度和接触时间有轻有重。一般有眼的痒痒感、眼痛、眼内异物感、明显的炎症、肿胀，也有神经过敏、咳嗽、恶心、头痛、食欲不振等症状。

对呼吸停止者根据情况可以注射中枢神经兴奋剂；有抽搐时给予解痉剂；昏迷者应加压给氧，同时给予 50% 葡萄糖、半胱氨酸、细胞色素 C 和维生素 C。可静脉注射 10% 的硫代硫酸钠 20～40mL 做解毒剂。使用镇静剂，但要避免呼吸抑制剂。

7. 易燃、无毒、低压液化气体

（1）丙烷

① 别名 二甲基甲烷。

② 用途 有机合成、燃料、溶剂、制造乙烯和丙烯等、冷冻剂、标准气、校正气、等离子干刻。

③ 制法 从天然气或石油气中分离。

④ 理化性质

分子量	44.097
熔点（101.325kPa）	−187.7℃
沸点（101.325kPa）	−42.1℃
液体密度（231.10K，101.325kPa）	582.5kg/m³
气体密度（273.15K，101.325kPa）	2.005kg/m³
气液容积比（15℃，100kPa）	311L/L
临界温度	96.8℃
临界压力	4266kPa
蒸气压（60℃）	2.02MPa
空气中的燃烧界限	2.2%～95%

丙烷在常温常压下为无色、无味、无毒的气体。它能与空气形成爆炸性混合物。化学活性低，脱氢后变成丙烯，可被空气氧化成甲醛。微溶于水，能溶于乙醇和醚。在 17.8℃ 时，100 体积的水能溶解 6.5 体积的丙烷。

⑤ 毒性 最高允许浓度：1000×10^{-6}（1800mg/m³）。

丙烷是一种麻醉性气体，吸入后有轻度麻醉和刺激作用。人在 10% 浓度下仅有轻度头昏，无刺激症状，在 1% 浓度下无影响。吸入较高浓度的丙烷和丁烷的混合气可引起头晕、头痛、兴奋或嗜睡、恶心、呕吐、流涎、血压轻度降低、脉缓、神经反射减弱，严重者出现麻醉状态，意识丧失。

（2）二甲醚

① 别名 甲醚、氧二甲。

② 用途 制冷剂、溶剂、萃取剂、烟雾喷射剂、焊接、切割、合成橡胶和二甲基硫酸

盐的制造、聚合物的催化剂和稳定剂。

③ 制法

a. 甲醇用硫酸除水。

b. 甲醇在氧化铅上高温加压除水。

c. 甲醇或乙酸生产过程中的副产品。

④ 理化性质

分子量	46.069
熔点	$-141.5℃$
沸点（101.325kPa）	$-24.8℃$
液体密度（$-24.8℃$，101.325kPa）	734.7 kg/m³
气体密度（25℃，101.325kPa）	1.9185 kg/m³
临界温度	126.9℃
临界压力	5268.9kPa
蒸气压（60℃）	1.35MPa
空气中的燃烧界限	3.4%～27%

二甲醚在常温常压下为具有醚类特有气味的无色易燃气体。比空气重。能与空气形成爆炸性混合物，遇火星和高热有燃烧爆炸的危险。二甲醚性质活泼，可与 O_2、O_3、HNO_3 和铬酸酐发生爆炸性反应。在氧气存在下长期放置或放在玻璃瓶中受阳光照射，都能产生不稳定的过氧化物，受热即爆炸。能溶于水、醇和乙醚。

⑤ 毒性　二甲醚是麻醉性物质，其麻醉性为乙醚的 1/4。人吸入 154.42g/m³（8.2%）的二甲醚 30min，就可出现轻度麻醉，如果吸入 940.5g/m³（50%）的二甲醚，就有极不愉快的感觉，即使吸入高浓度的氧气，仍有显著的窒息感。它有产生脑充血的危险性，所以它不用作麻醉剂。皮肤接触液体能造成冻伤。

暴露在二甲醚蒸气中时出现的症状有眼睛和鼻黏膜刺激、视觉模糊、头疼、恶心、眩晕、失去知觉。皮肤接触后可出现刺激、毛细血管扩张、发红、水肿、起疱等。长期反复接触可使皮肤敏感性增加。

（3）丙炔（C_3H_4）

① 用途　抗早孕药米非司酮及其他中间体。

② 理化性质

分子量	40
熔点	$-141.5℃$
沸点（101.325kPa）	$-23.3℃$
液体密度（$-24.8℃$，101.325kPa）	641.2 kg/m³
气体密度（25℃，101.325kPa）	1.9185 kg/m³
临界温度	130℃
临界压力	5.6MPa
蒸气压（60℃）	1.4MPa

丙炔为无色气体，微溶于水、乙醇、乙醚。

③ 50℃时的充装系数　0.54kg/L。

（4）液化石油气　液化石油气的主要成分有：丙烷（C_3H_8）、丙烯（C_3H_6）、正丁烷（C_8H_{10}）、异丁烷（C_4H_{10}）、1-丁烯（C_4H_8）、顺丁烯-2（C_4H_8）、反丁烯-2（C_4H_8）、异丁烯（C_4H_8）八种，除上述八种外，还含有戊烷（即残液）、硫化物和水等杂质。

① 质量标准　液化石油气作为一种新型气体燃料，在我国已被广泛应用。当前液化石油气加工应用技术正在向纵深发展，所以对液化石油气的质量标准要求越来越高。我国对液化石油气的质量标准作了规定，见表 2-25。

表 2-25　液化石油气质量标准

项　目		规定含量	
		指　标	检测方法
蒸气压(37.8℃)/kPa	≤	1380	GB/T 6602
C_5 及 C_5 以上(体积分数)/%	≤	3	SH/T 0230
蒸发残留物/(mL/100mL)	≤	0.0520	SY/T 7509
铜片腐蚀/级	≤	1	SH/T 0232
总硫含量/(mg/m³)	≤	343	SH/T 0222
游离水		无	目测

② 液化石油气物化特性　液化石油气是丙烷、丙烯、丁烷、丁烯等多种成分组成的易燃易爆气体混合物，在一定压力条件下的液化气体，液化石油气无色透明，气化后的石油气有一种特殊的臭味，由于它比空气重（在气态下比空气重 2 倍左右），易在地面扩散，积聚在低洼处。

a. 在空气中的爆炸界限为 1.8%～9.5%，液化石油气的爆炸范围虽然不宽，但因其下限小，所以一旦泄漏时容易引起爆炸。又由于液化石油气比空气重，一旦泄漏易在地面及低洼处积存，更容易形成爆炸隐患。

b. 自燃点为 446～480℃。

c. 毒性：液化石油气在高浓度时，使人因缺氧而引起窒息，最高允许浓度为 1000×10^{-6}（1800mg/m³）。液体触及皮肤可能造成冻伤。

d. 液化石油气的饱和蒸气压随温度的升高而急剧增加，以丙烷为例，10℃时丙烷的饱和蒸气压为 0.65MPa，20℃ 时即为 0.85MPa，30℃ 时为 1.09MPa，40℃ 时为 1.40MPa，60℃时为 2.14MPa。

e. 液态的液化石油气膨胀系数也比较大，一般是水的 10～16 倍。由于液态的液化石油气膨胀系数大，在满液的气瓶中，温度每升高 1℃，压力将增大 10～20kg/cm²（1kg/cm² ＝ 0.098MPa）。

f. 液化石油气的充装系数为 0.425kg/L。

g. 液化石油气气液比在 250 以上，即 1L 的液体液化石油气完全气化后，体积在 250L 以上。

h. 临界温度：丙烷的临界温度为 96.8℃，在 15℃时将丙烷加压 0.7～0.8MPa，丙烷气即可液化。丁烷的临界温度 152.8℃，在 15℃时将丁烷加压 0.4～0.5MPa，丁烷气即可液化。

8. 易燃、剧毒、低压液化气体（以溴甲烷为例）

（1）别名　甲基溴 。

（2）用途　农业上杀虫熏蒸剂、冷冻剂、在有机合成中的甲基剂、低温溶剂。

（3）制法　由溴化钠、甲醇和硫酸反应制得。

（4）理化性质

分子量　　　　　　　　　　　94.939

熔点（101.325kPa）　　　　　−93.6℃

沸点（101.325kPa）　　　　　3.56℃

液体密度（3.56℃，101.325kPa）	1721.2kg/m³
气体密度（20℃，101.325kPa）	3.97kg/m³
气液容积比（15℃，100kPa）	423L/L
临界温度	194.0℃
临界压力	5220kPa
蒸气压（60℃）	0.52MPa
空气中的燃烧界限	13.5%～14.5%

溴甲烷在常温常压下为具有氯仿灼味的无色、有毒气体。有挥发性，不易燃烧，在纯氧中可燃。遇明火、高温以及铝粉、二甲亚砜有燃烧爆炸危险。难溶于水，能溶于乙醇、乙醚及氯仿。其液体能与冷水结合生成水合物结晶，对橡胶有渗透性。

（5）毒性　大鼠吸入 LC_{50}：$514×10^{-6}$。最高允许浓度：1mg/m³。

溴甲烷的毒性比氯甲烷强。它也可经皮肤吸收而中毒。人吸入高浓度蒸气时可引起头痛、眩晕、恶心、呕吐、虚弱、视力障碍、运动失调、震颤、痉挛、神志不清、昏迷、昏睡等症状。吸入低浓度蒸气时，初期不显症状，而数日后才开始呈现痉挛、视力障碍等症状，严重时可引起发狂、人事不省、昏睡而致死。蒸气能损眼睛，液体能引起皮肤烧伤，并且往往是经过数小时才能察觉，先是感到瘙痒、发红，随后发生水泡。

9. 分解、毒、低压液化气体（以环氧乙烷为例）

（1）别名　氧化乙烯。

（2）用途　多种产品的合成中间体、杀菌剂、熏蒸剂。

（3）制法

① 乙烯直接氧化（在高温和银催化剂存在下）。

② 氧化醇法。

（4）理化性质

分子量	44.054
熔点	−112.5℃
沸点（101.325kPa）	10.5℃
液体密度（10.45℃，101.325kPa）	887kg/m³
气体密度（20℃，101.325kPa）	1.795kg/m³
气液容积比（15℃，100kPa）	467L/L
临界温度	195.8℃
临界压力	7190kPa
蒸气压（60℃）	0.44MPa
空气中的燃烧界限	3.0%～100%

环氧乙烷在常温常压下为易燃性无色气体。它能以任意比例与水、醇、乙醚及其他大部分溶剂互溶。它极不稳定，与苛性钠、氯化镁、氨、醇、胺、CaO和Ca(OH)₂反应时出现燃烧或爆炸，必须引起充分注重。液体环氧乙烷常与惰性气体装在一起，以使其气相失去可燃性。在液相环氧乙烷上面有足够压力的氮气可避免其爆炸的危险性。

（5）毒性　最高允许浓度：$10×10^{-6}$（20mg/m³）。

环氧乙烷为中等毒性物质。主要是影响神经系统，具有麻醉性。接触时间长时也能引起嗅觉麻木。环氧乙烷的水溶液具有很强的刺激性，能引起皮肤烫伤。症状有眼鼻刺激、嗅觉麻木、咳嗽、呼吸困难、呕吐、肺气肿、肺水肿、昏迷。因烫伤引起的水泡，可将水泡抽干涂以固体油膏并包扎，一般很快就会治愈。因吸入环氧乙烷产生持久恶心、呕吐者，可采用肌肉注射芬纳巴比妥（乙格林）就可有效地控制住。

四、高压液化气体的物化性能

高压液化气体可有以下三类，见表 2-26。

表 2-26　高压液化气体的物化性质分类

组　别	气　体　名　称
1. 不燃无毒和不燃有毒气体	氙、二氧化碳、氧化亚氮、六氟化硫、氯化氢、三氟氯甲烷、三氟甲烷、六氟乙烷
2. 可燃无毒和自燃有毒气体	乙烷、乙烯、偏二氟乙烯、磷烷、硅烷
3. 易分解或聚合的可燃气体	氟乙烯、乙硼烷

1. 不燃、无毒、无腐蚀、高压液化气体

（1）氙　Xe

① 用途　用于闪光灯、深度麻醉剂、激光器、焊接、难熔金属切割、标准气、特种混合气等。

② 制法　从空分法所得液氧中提取。

③ 理化性质

分子量	131.30
熔点	−111.8℃
沸点（101.325kPa）	−108.1℃
液体密度（108.1℃，101.325kPa）	3057kg/m³
气体密度（0℃，101.325kPa）	5.887kg/m³
气液容积比（15℃，100kPa）	550L/L
临界温度	16.6℃
临界压力	5838kPa

氙本身无毒，人吸入后以原形排出，但在高浓度时有窒息作用。氙有麻醉性，它和氧的混合物（20%Xe，80%O₂，）是对人体的一种麻醉剂。

（2）二氧化碳

① 别名　碳酸酐、碳酸气、碳酐、干冰（固体）、无水碳。

② 用途

a. 干冰　青霉素制造，鱼类、奶油、奶醋、冰糕等的保存，低温输送，灭火剂，冷却剂。

b. 液体二氧化碳　冷却剂、焊接、铸造工业、清凉饮料、灭火剂、碳酸盐类的制造以及杀虫剂、氧化防止剂、植物生长促进剂、发酵工业、药品（局部麻醉）、制糖工业、胶和动物胶制造等。

c. 二氧化碳气体　在半导体制造中氧化、扩散、化学气相淀积，蔬菜保鲜，某些反应的惰性介质，石墨反应器的热载体，输送易燃液体的压入气体，标准气，校正气，在线仪表标准气，特种混合气。

③ 制法

a. 煅烧石灰石。

b. 天然气、发酵气、石油精炼副产品气、合成氨工业的副产品气等，这些气体经物理和化学的净化法进行净化，除去杂质，压缩到 80atm（1atm＝101325Pa）可得液体二氧化碳，把它再经过细孔喷射口导入"雪花"贮槽并绝热膨胀，可得雪片状固态凝结物，把这种

雪片状固态凝结物装在金属框中压缩成形得干冰。

④ 理化性质

分子量	44.011
熔点（517.97kPa）	−56.6℃
升华点（101.325kPa）	−78.5℃
液体密度（273.15K，3485kPa）	929.5kg/m³
气体密度（0℃，101.325kPa）	1.977kg/m³
气液容积比（15℃，101.325kPa）	845L/L
临界温度	31.0℃
临界压力	7381.5kPa

二氧化碳在常温常压下为无色、无臭、稍带酸味的气体。比空气重。液化后变成无色、无臭的液体，可挥发。固化后变成白雪一样的薄片或立方体。在气、液、固三态均不燃烧，也不助燃。二氧化碳稍微呈惰性，对许多金属几乎无影响，但有水分时生成碳酸而腐蚀普通钢。与强碱起剧烈反应形成碳酸盐，在高温能被铁、锌和某些其他的金属以及碳还原成一氧化碳。在 350～400℃，有镍存在的条件下（或在200℃，有氧化铜存在的条件下）可被氢还原为甲烷。在赤热的温度下与钙反应，生成碳化钙和氧化钙，在同样温度下与氨反应生成尿素，有铜存在时与二硫化碳反应可生成硫和一氧化碳。与许多有机化合物反应，可将这些化合物羰基化。能溶于水、烃类及大多数有机溶剂中。

⑤ 毒性　最高允许浓度：5000×10⁻⁶（9000mg/m³）。

人吸入二氧化碳仍以原形从呼气中排出。在空气中大约有0.03%（约300×10⁻⁶）的二氧化碳，此时，根据生物体正常的物质代谢，在肺泡中含有6%的二氧化碳。但是，如果环境中的二氧化碳浓度增加，肺泡内二氧化碳的浓度也增加，从而血液中二氧化碳的浓度增加，使血液的pH值发生变化。这种变化刺激呼吸，条件反射地放出过剩的二氧化碳，因此呼吸自然变急。长时间吸入高浓度的二氧化碳，将引起代谢障碍，特别是因中枢神经的沉滞而逐渐陷入沉睡。

当空气中的二氧化碳浓度超过3%时会出现呼吸困难、眩晕、呕吐等症状，浓度超过10%时，可引起视力障碍、痉挛、呼吸加快、血压升高、意识丧失等，浓度超过25%时，能出现中枢神经的抑制、昏睡、痉挛以及窒息死亡。

如果皮肤接触固体或液体二氧化碳，能引起冻伤。

（3）六氟化硫

① 用途　电子设备、雷达波导、粒子加速器、变压器、避雷器等的气体绝缘体，制冷剂，示踪装置，医疗，半导体制造中的蚀刻，化学气相淀积，标准气，检漏气体，色谱仪的载气。

② 制法　在高温下硫和氟反应制得。

$$S+3F_2 \longrightarrow SF_6$$

③ 理化特性

分子量	146.054
熔点（224kPa）	−50.8℃
升华点（101.325kPa）	−63.7℃
液体密度（−50.8℃）	21880kg/m³
气体密度（0℃，101.325kPa）	6.52kg/m³
临界温度	45.5℃
临界压力	3759kPa

六氟化硫在常温常压下为无色、无臭、无毒的气体。不燃烧，对热稳定，化学性质不活泼。在 500℃ 以上炽热状态下也不分解，在 800℃ 以下很稳定。在 250℃ 时与金属钠反应。没有腐蚀性，可以采用通用材料贮存，不腐蚀玻璃。电绝缘性能和消弧性能好，绝缘性能为空气的 2～3 倍，而且气体压力越大，绝缘性能越好。药物学性质不活泼，无毒。微溶于水，在乙醇和醚中溶解的比在水中多一些。不溶于盐酸和氨。水中的溶解度为：$5.4 cm^3 SF_4/kg H_2O$（SF_6 分压为 101.325kPa，25℃）。介电常数为 1002049（气体，101.325kPa，25℃）。

④ 毒性　最高允许浓度：10×10^{-6}（$12mg/m^3$）。

六氟化硫在生理学上是不活泼的，在药理学上认为是惰性气体。但是当含有 SF_4 等杂质时便变成有毒物质。当吸入高浓度六氟化硫时可出现呼吸困难、喘息、皮肤和黏膜变蓝、全身痉挛等窒息症状。

2. 强氧化性、无毒、高压液化气体［以氧化亚氮（N_2O）为例］

（1）别名　一氧化二氮、笑气。

（2）用途　牙科、外科、妇产科用麻醉剂，探漏，制冷剂，助燃剂，防腐剂，化工原料，原子吸收光谱用气，半导体制造用平衡气，氧化，化学气相淀积，标准气，医疗气，烟雾喷射剂，真空和带压检漏。

（3）制法

① 硝酸铵热分解法

$$NH_4NO_3 \longrightarrow N_2O + 2H_2O$$

② 硝酸钠与硫酸铵反应

$$2NaNO_3 + (NH_4)_2SO_4 \xrightarrow{230℃} 2N_2O + Na_2SO_4 + 4H_2O$$

③ 氨的接触氧化

$$2NH_3 + 2O_2 \longrightarrow N_2O + 3H_2O$$

（4）理化性质

分子量	44.013
熔点（三相点）	−90.8℃
沸点（101.325kPa）	−88.5℃
液体密度（88.33℃，101.325kPa）	1281.5kg/m³
气体密度（0℃，101.325kPa）	1.977kg/m³
气液容积比（15℃，100kPa）	662L/L
临界温度	36.4℃
临界压力	7254kPa

氧化亚氮在常温常压下为稍有甜味的无色、无臭、麻醉性气体，液化后也无色。物理性质和二氧化碳非常相似。液体氧化亚氮在 20℃ 有约 50atm（1atm＝101325Pa）的蒸气压，当把它从喷嘴喷射出并进行绝热冷却时便成为固体干冰。在常温时比较稳定，但是加热到 300℃ 以上时开始分解，500℃ 时分解明显，900℃ 时完全分解成氮和氧。在空气中不燃烧，但能助燃。性质较稳定，不与水、酸和碱溶液反应，与氧气混合也不生成危险的二氧化氮。与 O_2、O_3、H_2、卤素、碱金属、PH_3、H_2S、王水不起反应。高温时它是强氧化剂。与金属、碳、硫黄激烈反应。在碱金属的沸点时与其作用生成亚硝酸盐。与可燃性气体形成爆炸性气体，把氢、氨、一氧化碳及其他某些易燃物和氧化亚氮的混合物加热时可发生爆炸。在 300℃ 以上温度可氧化有机物。它是一种麻醉剂，可用于外科手术。可溶于水、乙醇、浓硫酸，易溶于醚和脂肪油中。在 0℃、101.325kPa 时的溶解度：在水中为 67.5mL/100mL，

在甲醇中为 332mL/100mL，在乙醇中为 299mL/100mL，在丙酮中为 603mL/100mL。

（5）毒性 氧化亚氮被吸入后以原形由肺排出，只有极少部分有可能转变为一氧化氮。刺激性比其他氮的氧化物低。人吸入 90% 以上的氧化亚氮气体时，可引起深度麻醉，这时颜面肌肉挛缩，看起来像是在笑，因此得名叫做笑气。从麻醉中苏醒过来后心情愉快，所以一般认为它对细胞没有毒作用。长期吸入有窒息危险。

3. 不燃、有毒、酸性腐蚀、高压液化气体（以氯化氢为例）

（1）别名 无水氯化氢。

（2）用途 电池、药品、染料、化肥、玻璃加工、金属清洗、有机合成、腐蚀照相、陶器制造、食品处理、无机氯化物制造、橡胶、催化剂、电子气、标准气、外延、扩散、氧化、蚀刻、化学气相淀积、发光二极管。

（3）制法

① 食盐电解

$$NaCl + H_2O \longrightarrow NaOH + HCl$$

② 氢气和氯气直接合成

$$Cl_2 + H_2 \xrightarrow{\text{光或燃烧}} 2HCl$$

③ 在加热的情况下浓硫酸与食盐反应

$$2NaCl + H_2SO_4 \longrightarrow 2HCl + Na_2SO_4$$

④ 理化性质

分子量	36.461
熔点（101.325kPa）	−114.2℃
沸点（101.325kPa）	−85.0℃
液体密度（−85.1℃，101.325kPa）	1191kg/m³
气体密度（25℃，101.325kPa）	1.500kg/m³
气液容积比（15℃，101.325kPa）	772L/L
临界温度	51.4℃
临界压力	8258kPa

氯化氢在常温常压下为具有刺激性臭味的无色、有毒气体。盐酸为氯化氢的水溶液，是无色或微黄色的液体。在空气中不燃烧，热稳定，到约 1500℃ 才分解。与氟激烈反应，与许多金属反应生成氯化物和氢，与氨激烈反应生成氯化铵白烟，与乙烯混合形成爆炸性气体。氯化氢与水不反应但易溶于水，空气中常以盐酸烟雾的形式存在。浓盐酸因氯化氢蒸气而在空气中发烟。易溶于乙醇和醚，也能溶于其他多种有机物。

⑤ 毒性 大鼠吸入 LC_{50}：$4701 \times 10^{-6} \cdot 30min$。最高允许浓度：$5 \times 10^{-6}$（7mg/m³）。

氯化氢主要以其刺激性和腐蚀性危害人体。由于氯化氢的刺激性强，人不能忍受其高浓度，必然想法避免其吸入，所以吸入高浓度氯化氢的情况较少。气态氯化氢刺激黏膜，可产生鼻中隔溃疡，刺激眼睛引起结膜炎及浅表性角膜炎，刺激皮肤可引起暂时性的刺激炎症。

氯化氢对人体的作用见表 2-27。

表 2-27 氯化氢对人体的作用

浓度/×10⁻⁶	作　　用
1	嗅觉浓度
大于 2.5	有毒气体范围
5	最高允许浓度

浓度/×10⁻⁶	作 用
9	出现障碍,但可忍耐 6h
10	刺激性浓度
35	可以忍耐 10min,但引起打喷嚏刺激喉头、嗓音嘶哑、有窒息感及胸部压迫感
10~50	可以工作,如果长时间吸入则无法工作
40~90	可以忍耐 0.5~1h,以后并不出现障碍
1000~1350	在 0.5~1h 内就有危险
1250~1750	在 0.5~1h 内死亡或 1h 后死亡

氯化氢局部作用引起的症状有结膜炎、角膜坏死、损伤皮肤和黏膜,导致具有剧烈疼痛感的烧伤。吸入后引起鼻炎、鼻中隔穿孔、牙糜烂、喉炎、支气管炎、肺炎、导致头痛和心悸、有窒息感。咽下时,刺激口腔、喉、食管及胃,引起流涎、恶心、呕吐、肠穿孔、寒战及发热、不安、休克、肾炎等。

长时间接触低浓度氯化氢可使皮肤干燥并变为土色 ,也可引起咳嗽、头痛、失眠、呼吸困难、心悸亢进、胃剧痛等情况。而慢性中毒者的最明显症状是牙齿表面变得粗糙、特别是门牙产生斑点。

吸入氯化氢的患者应立即转移至通风良好的无污染区休息并保持温暖舒适,并速求医诊治。眼部受刺激时马上用水充分冲洗后就医诊治。皮肤受刺激时迅速用水冲洗 ,再用肥皂洗净后涂氧化镁甘油软膏,或者用大量水冲洗后用 5％的碳酸氢钠水溶液洗涤中和,然后再用净水冲洗。

4. 易燃、 无毒、 高压液化气体

（1）乙烷

① 别名　甲基甲烷、二甲基、乙基氢化物

② 用途　蚀刻气、标准气、校正气、冶金工业热处理,制备乙烯、氯乙烯、氯乙烷、乙醛、乙醇、氧化乙二醇等,用于燃料、冷冻剂。

③ 制法　从天然气、焦油气、石油裂解气分馏制得。

④ 理化性质

分子量	30.07
三相点	−183.3℃
沸点 (101.325kPa)	−88.6℃
液体密度 (−88.263℃,101.325kPa)	546.5kg/m³
气体密度 (0℃,101.325kPa)	1.35 kg/m³
临界温度	32.4℃
临界压力	4914.3kPa
空气中可燃范围 (20℃,101.325kPa)	3％~12.4％
空气中化学当量燃烧时火焰温度	1960℃
空气中化学当量燃烧时最大火焰速度	0.4m/s
氧气中可燃范围 (20℃,101.325kPa)	3％~66％

乙烷在常温常压下为无色、无味的气体。极易燃烧,引起火灾的危险性很大。能与空气形成爆炸性混合物。在 300℃左右分解出乙烯,在 1200~1300℃时分解出乙炔。卤化后生成氯乙烷和其他卤化物。微溶于水、乙醇和丙酮,能溶于苯。在 0℃、101.325kPa 时,在水中的溶解度为 0.0982cm³/cm³。

⑤ 毒性　人吸入 $LC_{50}=1000\times10^{-6}$。乙烷是具有麻醉和窒息作用的气体。

对乙烷气主要是对其易燃易爆性应引起足够的注意。泄漏气体可用活性溶液检查。

（2）乙烯

① 用途　标准气、校正气、生产聚乙烯、氧化乙烯、氯乙烯、乙酸乙烯、乙基苯、苯乙烯、乙醛、合成乙醇、乙基氯、乙丙橡胶等的原料，香蕉等水果的成熟剂，冷冻剂，焊接和切割，合成纤维等。

② 制法

a. 天然气分离或石油气裂化而得。其具体方法有管状分解法、接触分解法、部分氧化法和热介质分解法（移动床法或流动床法）。

b. 由电石气制得。

③ 理化性质

分子量	28.054
三相点（0.1kPa）	−169.2℃
沸点（101.325kPa）	−103.7℃
液体密度（−103.72℃，101.325kPa）	567.20kg/m³
气体密度（0℃，101.325kPa）	1.26 kg/m³
气液容积比（15℃，100kPa）	482L/L
临界温度	9.9℃
临界压力	5120kPa
空气中可燃范围（20℃，101.325kPa）	3.1%～32%
空气中最低燃点（101.325kPa）	520℃
空气中化学当量燃烧时火焰温度	2357℃
空气中化学当量燃烧时最大火焰速度	0.74m/s
氧气中可燃范围（20℃，101.325kPa）	2.9%～80%

乙烯在常温常压下为略具有烃类特有甜气味的无色麻醉性气体。化学性质活泼，能与空气形成爆炸性混合物，极易燃易爆。能在阳光照射下与氯气激烈化合而产生爆炸。能与氧化剂强烈反应，遇火星、高热、助燃气体都有燃烧爆炸的危险。微溶于醇、酮、苯，溶于醚。在25℃时，大约9份水才能溶解1份乙烯。

④ 毒性　最高允许浓度：100mg/m³

乙烯与氧的混合气对温血动物有麻醉作用。人吸入70%～90%的乙烯与氧的混合气时立刻引起麻醉，无明显兴奋期，苏醒也较快。对眼、鼻、喉及呼吸道黏膜的刺激很轻，而且往往脱离接触数小时即可消失。苏醒后无副作用和后遗症。当吸入25%～45%的乙烯时可使痛觉消失，但意识不受影响。长期接触低浓度乙烯有头晕、头痛、倦怠乏力、睡眠障碍、心悸、记忆力减退、思维不集中等神经衰弱症状和胃肠功能紊乱症状。液态乙烯可引起皮肤灼伤。

5. 自燃、剧毒、高压液化气体（以磷烷为例）

（1）别名　磷化氢、膦、磷化三氢。

（2）用途　缩合催化剂、聚合引发剂、磷的有机化合物制备、发生气体、外延生长、扩散、离子注入、蚀刻、化学气相淀积、粮仓的杀虫药。

（3）制法

① 把黄磷和苛性碱水溶液一起煮沸。

$$8P+3NaOH+9H_2O \longrightarrow 3NaH_2PO_4+5PH_3$$

② 磷和氢在加压下直接化合，或初生态氢与白磷作用。

$$2P + 3H_2 \longrightarrow 2PH_3$$

③ 把金属磷化物用水或酸水解。

④ 把碘化磷用氢氧化钾分解。

⑤ 亚磷酸加热分解。

$$5H_3PO_3 \longrightarrow 2P_2O_5 + 5H_2O + PH_3 + H_2$$

⑥ 以氢化铝键还原卤化磷。

$$4PCl_3 + 3LiAlH_4 \longrightarrow 4PH_3 + 3LiCl + 3AlCl_3$$

（4）理化性质

分子量	34.00
熔点（101.325kPa）	$-133.8℃$
沸点（101.325kPa）	$-87.7℃$
液体密度（$-87.77℃$，101.325kPa）	$740kg/m^3$
气体密度（0℃，101.325kPa）	$3.922kg/m^3$
气液容积比（15℃，100kPa）	510L/L
临界温度	51.6℃
临界压力	6535kPa
爆炸界限	1.3%～98%

磷烷在常温常压下为具有令人讨厌的大蒜和臭鱼味的无色、有毒气体。在空气中能燃烧，如果含有少量 P_2H_4，则在室温空气中也能自燃（纯的磷烷在149℃以下不着火），而且容易发生爆炸。它在燃烧时发出光亮火焰，并产生磷酸和红磷各种比例的混合物。水分能助长磷烷的燃烧。在氧气中发生爆炸性燃烧。在常温时稳定，但在375℃时会自行分解。与卤素气体起激烈反应，与卤化氢反应生成磷盐。

$$PH_3 + 3X_2 \longrightarrow 3HX + PX_3$$

$$PH_3 + HX \longrightarrow PH_4X$$

磷烷的碱性比氨弱，还原性比氨强。当磷烷通过加热的金属丝时，在金属丝上生成氢和金属磷化物。

$$6PH_3 + 2Al \longrightarrow 2AlP_3 + 9H_2$$

磷烷微溶于水，在17℃时100mL的水能溶解26mL的磷烷，在20℃时能溶解20mL。易溶于乙醇、乙醚和氯化亚铜。

（5）毒性　最高允许浓度：$0.1mg/m^3$。

磷化氢对人体的作用见表2-28。

表2-28　磷化氢对人体的作用

浓度/$\times 10^{-6}$	作　用	浓度/$\times 10^{-6}$	作　用
大于0.15	毒作用范围	150	在1h内无严重影响
1.4～2.8	可以嗅到臭气	290～430	在0.5～1h内达到危险状态
7	在数小时内出现中毒，也有致死者	400～600	在0.5～1h内立即死亡或逐渐死亡
100～190	可以耐受0.5h	2000	立即死亡

磷烷为剧毒物质，它主要经呼吸道吸入体内。进入体内的磷烷通过血液分布到全身各个器官和组织，而其中以肝、肾、脾中含量为最高。磷烷在体内经代谢分解，最终以无机磷和

磷酸盐的形式经尿排出。少量磷烷以原形经肺呼出。

磷烷的毒作用主要是损害中枢神经系统以及肝、肾、心脏等实质脏器。它作用于细胞的呼吸酶，抑制细胞色素氧化的活性，使细胞发生内窒息，从而产生细胞代谢障碍。

磷烷中毒的特征是它在不刺激呼吸道黏膜的情况下被吸入而直接导致急性中毒死亡。吸入磷化氢引起急性中毒，多在吸入后 $1\sim3h$ 发病，个别的在长达 24h 之后才发病。中毒后的症状，轻时有难受、胸部感到受压、胸骨内疼痛、咳嗽、眩晕、耳鸣、呼吸困难、头部麻痹、后头部剧痛、食欲不振、突然摔倒等，重时有四肢痉挛、步行困难、瞳孔扩大、肺及支气管充血和出血、内脏器官的脂肪积聚、肺水肿等并可在 24h 内死亡。

长期接触低浓度磷化氢可出现头晕、头痛、失眠、无力、恶心、食欲不振、鼻干、嗅觉减退等症状。吸入磷烷的患者应迅速转移至无污染区，安置休息并保持温暖舒适。对呼吸微弱或停止者，应立即进行输氧或人工呼吸，注射强心剂，服用加糖的浓茶和咖啡。咳嗽可服可待因。

6. 自燃、高压液化气体（以硅烷为例）

（1）别名　单硅烷、硅甲烷、甲硅烷、四氢化硅。

（2）用途　氯硅烷类及烷基氯硅烷类的骨架结构，硅的外延生长、多晶硅、氧化硅、氮化硅等的原料，太阳能电池，光导纤维，有色玻璃制造，化学气相淀积。

（3）制法

① 硅化镁法　使硅和镁的混合粉末在约 500℃ 的氢气中反应，把生成的硅化镁和氯化铵在低温液态氨中反应，可得到硅烷。将其在用液氮冷却的蒸馏装置中精制后可得到纯硅烷。

② 不均化反应法　使硅粉末、四氯化硅和氢在加热到 500℃ 以上的流动床炉中反应，得到三氯硅烷。用蒸馏法分离三氯硅烷。在催化剂存在下通过不均化反应得到二氯硅烷。所得的二氯硅烷为与四氯化硅、三氯硅烷的混合物，所以用蒸馏法精制后得纯二氯硅烷。使用不均化反应催化剂由二氯硅烷得到三氯硅烷和单硅烷。所得的单硅烷用低温高压蒸馏装置提纯。

③ 用盐酸处理硅镁合金

$$Mg_2Si + 4HCl \longrightarrow 2MgCl_2 + SiH_4$$

④硅镁合金与溴化铵在液氨中反应

$$Mg_2Si + NH_2Br \xrightarrow{NH_3} MgBr_2 + NH_3 + SiH_4$$

⑤ 以氢化铝锂、氢化硼锂等作为还原剂，在乙醚中还原四氯硅烷或三氯硅烷

$$SiCl_4 + LiAlH_4 \xrightarrow{乙醚} SiH_4 + AlCl_3 + LiCl$$

$$4SiHCl_3 + 3LiAlH_4 \xrightarrow{乙醚} 4SiH_4 + 3AlCl_3 + 3LiCl$$

（4）理化性质

分子量	32.118
熔点（101.325kPa）	−185.0℃
沸点（101.325kPa）:	−111.5℃
液体密度（−185℃）:	711kg/m³
气体密度（0℃，100kPa）	1.42kg/m³
气液容积比（15℃，100kPa）	412L/L
临界温度	−3.4 ℃
临界压力	4843kPa

爆炸界限 $0.8\%\sim98\%$

硅烷在常温常压下为具有恶臭的无色气体。在室温下着火，在空气或卤素气体中发生爆炸性燃烧。即使用其他气体稀释，如果浓度不够低，仍能自燃。硅烷在氧气中含 2%、氮气中含 2.5%、氢气中含 1% 时，它仍能着火。硅烷浓度在小于 1% 时不燃，大于 3% 时自燃，1%～3% 时可能燃烧。

$$SiH_4 + 2O_2 \longrightarrow SiO_2 + 2H_2O$$

燃烧产物为粉状氧化硅和水，火焰温度较低，在氢气中含 3% 的硅烷时为 500～600℃。常温下稳定，在 300℃ 开始分解，600℃ 时分解加速，1000℃ 时完全分解成硅和氢。

$$SiH_4 \longrightarrow Si + 2H_2$$

在中性或酸性水中比较稳定，但是在碱性水溶液中容易分解。

$$SiH_4 + 2H_2O \longrightarrow SiO_2 + 4H_2$$
$$SiH_4 + 2KOH + H_2O \longrightarrow K_2SiO_3 + 4H_2$$

硅烷是强还原剂，与重金属卤化物激烈反应，与氯、溴发生爆炸性反应，与四氯化碳激烈反应。因此对硅烷不能使用氟里昂灭火剂。硅烷不溶于乙醇、乙醚、苯、氯仿和四氯化硅。不与润滑油、脂肪反应。对几乎所有的金属无腐蚀性。有时，玻璃中的碱成分也能分解硅烷。溶解在二硫化碳中的硅烷遇到空气也可发生爆炸。

（5）毒性　小鼠吸入 LC_{50}：$9600 \times 10^{-6} \cdot 4h$。有毒气体范围：$> 0.25 \times 10^{-6}$。最高允许浓度：$0.5 \times 10^{-6}$（$0.7 mg/m^3$）。

硅烷能强烈刺激呼吸道。吸入硅烷及其燃烧产物引起的中毒症状有头疼、眩晕、发热、恶心、出汗、苍白、危脉、半晕厥状态等。

7. 分解、剧毒、高压液化气体（以乙硼烷为例）

（1）别名　硼乙烷、二硼烷。

（2）用途　火箭和导弹的高能燃料、金属焊接、制药及香料工业、有机合成中的还原剂、烯烃类聚合的催化剂、橡胶硫化剂、硼氢化合物中间体、半导体制造中的扩散和氧化、外延成长、化学气相淀积、精细陶瓷。

（3）制法

① 在乙醚或四氢呋喃溶液中存在下列反应：

$$8BF_3 + 6LiH \longrightarrow B_2H_6 + 6LiBF_4$$
$$2BF_3 + 6NaH \longrightarrow B_2H_6 + 6NaF$$
$$4BCl_3 + 3LiAlH_4 \longrightarrow 2B_2H_6 + 3AlCl_3 + 3LiCl$$

② 金属硼氢化物的分解：

$$2NaBH_4 + 2HCl \longrightarrow B_2H_6 + 2NaCl + 2H_2$$

③ 硼酸或无水硼酸的还原：

$$2B(OH)_3 + 2Al + 3H_2 \longrightarrow B_2H_6 + 2Al(OH)_3$$

④ 金属硼化物的还原。

⑤ 三烷基硼与氢在 140～200℃ 及 200～260kg/cm²（1kg/cm² = 0.098MPa）压力下反应。

（4）理化性质

分子量   27.668

熔点（101.325kPa）   −164.9℃

沸点（101.325kPa）   −92.8℃

液体密度（−92.5℃，101.325kPa）	421kg/m³
气体密度（−92.5℃，101.325kPa）	1.29kg/m³
气液容积比（15℃，100kPa）	362L/L
临界温度	16.7℃
临界压力	4002kPa
爆炸界限	0.9%～98%

乙硼烷在常温常压下为具有令人厌恶、难闻、窒息味的无色气体。很不稳定，在室温能缓慢分解成氢和高级硼烷。温度越高越不稳定，分解加速。分解产物也随温度高低而变化，到500℃时完全分解成氢和硼。

$$2B_2H_6 \longrightarrow B_4H_{10} + H_2$$
$$B_2H_6 \longrightarrow 2B + 3H_2$$

乙硼烷商品通常都用氮、氢、氦或氢气稀释。在空气中能自燃，在室温干燥状态下一般不燃烧，但只要与潮湿空气接触，即使在低温也能发生爆炸性燃烧，发生绿色火焰。

$$B_2H_6 + 3O_2 \longrightarrow B_2O_3 + 3H_2O$$

遇水激烈分解成氢和硼酸。

$$B_2H_6 + 6H_2O \longrightarrow 2B(OH)_3 + 6H_2$$

与氯气发生爆炸性反应。除了与卤素反应外，还能与四氯化碳反应，而且都生成氢气。

$$B_2H_6 + 3Cl_2 \longrightarrow 2BCl_3 + 3H_2$$
$$2B_2H_6 + 3CCl_4 \longrightarrow 4BCl_3 + 3C + 6H_2$$

能与氨、甲醇、乙醛、乙醚及锂、钾、钠、钙、铝等金属猛烈反应。

$$3B_2H_6 + 6NH_3 \longrightarrow 3(B_2H_6 \cdot 2NH_3)$$
$$4CH_3OH + B_2H_6 \longrightarrow 2HB(OCH_3)_2 + 4H_2$$
$$4CH_3CHO + B_2H_6 \longrightarrow 2HB(OC_2H_5)_2$$
$$4CH_3COCH_3 + B_2H_6 \longrightarrow 2HB(OC_3H_7)_2$$
$$2Na + 2B_2H_6 \longrightarrow NaBH_4 + NaB_3H_8$$

能与金属氢化物反应。能与氧化物的表面反应呈现出强原剂效应。

乙硼烷易溶于二硫化碳、乙烷、戊烷、乙醚等。

（5）毒性　大鼠吸入LC_{50}：$50 \times 10^{-6} \cdot 4h$。有毒气体范围：$>0.05 \times 10^{-6}$。嗅觉浓度：$3 \times 10^{-6}$。最高允许浓度：$0.1 \times 10^{-6}$（0.1mg/m³）。

乙硼烷对黏膜有较强的刺激作用，吸入后会很快侵袭至肺部并引起肺水肿和出血。长时间接触乙硼烷会损伤肝和肾。接触皮肤能引起严重的局部炎症并能导致皮炎。乙硼烷还能使嗅觉器官失灵。其毒性比光气和HCN还大。

乙硼烷急性中毒时一般出现胸部紧束感、咳嗽、呼吸困难、前胸痛、恶心、呕吐等症状。有时，这些症状在中毒后24h才呈现出来。

长期接触低浓度乙硼烷时，除了呼吸系统轻度刺激症状之外，还会出现头痛、丧失嗅觉、晕眩、嗜睡、神经官能症、惊厥、肌弛缓、震颤、痉挛、昏迷、脚部紧张感、寒冷等症状。

吸入乙硼烷的患者，应立即转移至通风良好的无污染区，安置休息并盖毛毯等保暖。如果呼吸微弱或停止，应马上进行输氧或人工呼吸，同时速叫医生来诊治

当眼睛或皮肤触伤时，立即用水冲洗患处，至少要冲洗15min。也可用3%的氨水或1%～5%的三乙醇胺（三羟基代三乙胺）冲洗受伤的皮肤，然后进一步求医诊治。

五、乙炔物化性能

1. 用途

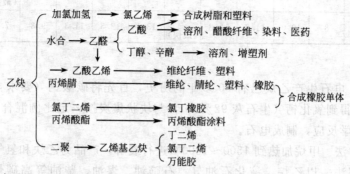

乙炔在有机合成工艺中有极重要的地位，是有机合成工业原料之一，常被人称为有机合成"工业之母"。

乙炔的焊接和切割反应方程式为：$2C_2H_2 + 5O_2 \longrightarrow 4CO_2 + 2H_2O + 22.998MJ$

从反应方程式中可以看到，$1m^3$ 乙炔完全燃烧时，理论上需要 $2.5m^3$ 氧气。氧-乙炔混合气体燃烧最高温度时乙炔含量为 45%，温度为 3150℃，乙炔含量为 27% 时乙炔的发火速度最快为 13.5m/s。

另外，乙炔还广泛用于金属喷镀、表面淬火和热加工。

乙炔在医药上可用于加工合成避孕药。

乙炔在仪器分析上，用做原子吸收光谱的燃气，有分析结果准确的优点。

气体火焰加工最常用的可燃气体是乙炔气，表 2-29 是各种可燃气体的气焊、气割及工艺加工的比例。

表 2-29　各种可燃气体的气焊、气割及工艺加工的比例　　　　单位：%

工艺方法	乙炔	丙烷	天然气	以丙烯为基的气体	甲基乙炔丙二烯（MAPP）	其他
手工气割	60	30	3	2	3	2
机器气割	49	34	8	2.5	3	3.5
表面气割	72	15	4	3.5	2.5	2
气焊	100	—	—	—	—	—
火焰堆焊	82	11	0.5	2	2.5	2
手工硬钎焊	57.5	27	6.5	1	2.5	5.5
软钎焊	30	50	9	1	2	8
机械化硬钎焊	31	49	11	3	3	3
焊前预热	33	47	15	1	2	2
消除内应力	28	56	12	1	2	1
热成形	34.5	47.5	7	3	5	3
火焰矫直	64	26	4	1.5	2.5	2
表面淬火	66	22	8.5	1	1.5	1
表面缺陷消除	46	35	16	1	1	1
钢和混凝土的火焰清理	76	13	2	1	7	1
火焰喷涂	67	20	3	2	4	4
平均	56	30	6.8	1.6	2.7	2.7

氧-乙炔混合气的火焰最高温度和发火速度见表 2-30。

表 2-30 氧-乙炔混合气的火焰最高温度和发火速度

乙炔含量/%	12	15	20	25	27	30	32	35	40	45	50	55
火焰最高温度/℃	—	2920	2924	2960	2970	2990	3010	3060	3140	3150 (最高)	3070	2840
发火速度/(m/s)	8	10.0	11.8	13.3	13.5 (最快)	13.1	12.5	11.3	9.3	7.5	6.7	—

2. 制法

① 电石法 电石生产乙炔已有 50 多年的历史，首先将碳酸钙（要求含石灰石 96％ 以上）进行焙烧，得到氧化钙（生石灰 92％），再与块状焦炭按一定比例混合，在高温电弧炉中熔融，进行化学反应，制成电石。

② 甲烷裂解法 甲烷加热到 1500～1600℃ 进行裂解，产品为乙炔和氢气。

③ 烃类裂解法 以乙烷、液化石油气、石脑油、煤油、柴油等高碳烃类为原料经过 100℃ 以上的反应，有利于乙炔的产生；经过 1000℃ 以下的反应，有利于乙烯的形成。

3. 物理化性质

分子量	26
熔点	$-85℃$
沸点（101.325kPa）	$-82.4℃$
液体密度（$-80℃$，101.325kPa）	$613kg/m^3$
气体密度（20℃，101.325kPa）	$1.17kg/m^3$
临界温度	35.18℃
临界压力	6.19MPa
空气中的燃烧界限	2.3％～100％

常温常压下（20℃、101.325kPa）纯乙炔是无色、无臭的可燃气体。纯乙炔有香味，不纯时有大蒜样的臭味。乙炔能溶于许多液态溶剂中，其溶解度的大小因温度、压力和溶剂种类的不同而不同。表 2-31 为乙炔在丙酮中的溶解度。

表 2-31 乙炔在丙酮中的溶解度

温度/℃	-20	-15	-10	-5	0	5	10	15	20	25	30	35	40
溶解度（体积分数）/%	52	47	42	37	33	29	26	23	20	18	16	14.5	13

同时鉴于乙炔在丙酮中的溶解度随着乙炔压力的升高而加大，如 20℃，乙炔压力在 $1kg/cm^2$（$1kg/cm^2 = 0.098MPa$，下同）时对丙酮的溶解度为 0.027kg/kg，在 $5kg/cm^2$ 时对丙酮的溶解度为 0.14kg/kg，在 $15kg/cm^2$ 时对丙酮的溶解度为 0.55kg/kg，所以要在一定的压力下使乙炔溶解到丙酮中，但是如上所述，压力不可太高。限定温度为 15℃ 时，限定压力为 1.5MPa；40℃ 时限定压力为 2.5MPa。乙炔又有高压液化气体的特性，所以充装时要计量，即不可满液；因为超压有危险，又要计压力。

乙炔在不同溶剂中的溶解度见表 2-32。

表 2-32 乙炔在不同溶剂中的溶解度

项 目	苯	乙醇	饱和盐水	石灰乳	汽油	DMP[二甲基(替)甲酰胺]	工业乙酸甲酯
温度/℃	15	18	25	15	15	20	15
溶解度（体积分数）/%	4.0	6.0	0.32	0.75	5.7	33～37	14.8

乙炔的临界温度为 35.7℃，临界压力 6.19MPa，是高压液化气体。但是压缩乙炔时压力不可太高。因为压力太高时，乙炔会分解，易发生爆炸。如图 2-1 所示：当压力高时乙炔的点火能很低，在 2.5MPa 压力时，乙炔的最小点火能量仅为 0.2mJ，在 0.5MPa 压力时，乙炔的最小点火能为 17mJ。为了乙炔的安全生产和运输，废止以前移动式的现场乙炔发生器对环境的污染，采用了乙炔溶解在丙酮中的运输方法。

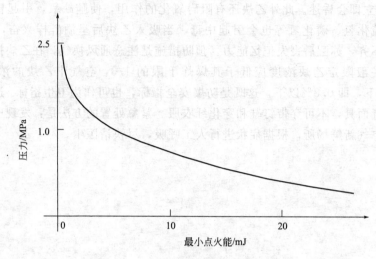

图 2-1　乙炔压力与最小点火能关系

另外，乙炔在温度低于 16℃ 的任何压力下，都可以与水产生水合晶体。

4. 乙炔的化学特性

乙炔的化学性质非常活泼，容易和其他物质起化学反应，而且乙炔的氧化、加成、聚合、分解等反应大都是放热反应，释放出大量能量，甚至发生爆炸。

① 乙炔与空气或氧气混合，能在极宽的范围内形成爆鸣气（在空气中体积范围为 2.3%~100%；在氧气中为 2.3%~100%），仅需 0.02mJ 的能量即可点燃。特别容易被氧化剂氧化，氧化时三键断裂生成 CO_2。

② 乙炔与氢接触生成乙烯和乙烷。乙炔在催化剂作用下，可与一分子氢加成生成乙烯，当氢过量时，可进一步加氢生成乙烷。

③ 乙炔与氯能进行加成反应生成二氯乙烯及四氯乙烷，乙炔与氯发生反应猛烈，甚至发生爆炸。因此严禁乙炔与氯接触，禁止用四氯化碳灭乙炔火场。

④ 一分子乙炔能和两分子氯化氢进行反应，且反应能停留在中间阶段，工业合成氯乙烯方法之一就是乙炔法，它是在 150~160℃ 下，使乙炔与氯化氢的混合气通过吸附在活性炭上的氯化汞的催化作用进行反应。

⑤ 在催化剂作用下，乙炔在 80~90℃ 时能与氰化氢进行加成反应，生成丙烯腈产品。

⑥ 乙炔在一般条件下不与水反应，但条件改变，乙炔也能和水反应，乙炔和水可发生加成反应（在分子的双键或三键的原子上另加两个原子的反应）生成乙醛。

⑦ 在乙炔分子中三键碳原子上的氢原子非常活泼，称其为活泼氢，它最大的特性是易被某些金属（铜、银、汞及其盐类）取代，生成乙炔的金属化合物（称炔化物）。

除此之外，乙炔还容易聚合，乙炔聚合时放热，温度越高聚合速度越快，热量的积聚会进一步加速聚合，同时也会发生分解，其结果会引起爆炸。通常，物质分解时是吸热的，而乙炔分解时是放热的。乙炔分解时放出了由碳、氢两种组分组成乙炔时的全部能量，因而会引起分解爆炸。

5. 毒性

乙炔本身无毒，是一种窒息性气体，当空气中含乙炔达 20％以上时，使人感到头晕和呼吸困难，当空气中乙炔浓度为 30％时，人开始出现意识模糊，当吸入含 35％的乙炔的空气 5min 后，人立即会昏迷。此外乙炔还有阻碍氧化的作用，使脑缺氧，引起昏迷麻醉。另外乙炔中含有硫化氢、磷化氢等也会引起中毒。当吸入乙炔后呈酒醉样兴奋，并能引起昏睡、脉搏弱而不齐，苏醒后丧失记忆能力。预防措施是注意通风换气，在乙炔操作现场，为了安全考虑，一般限定乙炔浓度应低于其爆炸下限的 1/3，空气中乙炔的浓度应控制在 2.5％的 1/3 以下，即 0.8％以下，这既是防爆安全指标，也可作为卫生指标。进入高密闭空间时，要戴防毒面具，不可穿带钉鞋和穿化纤衣服。紧急处置的方法是：发现中毒人员，立即将其转移到空气新鲜场所，根据症状进行人工呼吸，尽快请医生。

第三章
气瓶概述

▶▶▶

第一节 气瓶的分类

一、TSG R000X—2011 版《瓶规》按公称压力和公称容积气瓶的分类

1. TSG R000X—2011 版 《瓶规》 适用范围

适用于正常环境温度（−40～60℃）下使用的、公称工作压力为 0.2～35MPa（表压，下同）且压力与容积的乘积大于或等于 1.0MPa·L、公称容积为 0.4～3000L，盛装压缩气体、高（低）压液化气体、低温液化气体、溶解气体、吸附气体、标准沸点等于或低于60℃的液体以及人工混合气体（两种或两种以上气体，以下简称混合气体）的无缝气瓶、焊接气瓶、焊接绝热气瓶、纤维缠绕气瓶、内部装有填料的气瓶等及其附件。

也适用于下列气瓶：①消防灭火器用气瓶的设计、制造；②长管拖车（含管束式集装箱）用大容积气瓶的设计、制造。TSG R000X—2011 版《瓶规》覆盖的主要气瓶品种及类别代号一览见表 3-1。

表 3-1 TSG R000X—2011 版《瓶规》覆盖的主要气瓶品种及类别代号一览

结 构	类别代号		气瓶品种	标 准
无缝气瓶 （B1）	B1-1	A	钢质无缝气瓶	GB 5099
			消防灭火器用无缝气瓶	GB 5099、GB/T 11640、GB 4351、GB 8109
		B	铝合金无缝气瓶	GB/T 11640
		C	不锈钢无缝气瓶	
	B1-2	—	汽车用压缩天然气钢瓶	GB 17258
	B1-3	—	长管拖车用大容积钢质无缝气瓶	
焊接气瓶 （B2）	B2-1	A	钢质焊接气瓶	GB 5100
			消防灭火器用焊接气瓶	GB 5100、GB 4351 、GB 8109
			不锈钢焊接气瓶	
		B	液化石油气钢瓶	GB 5842
			液化二甲醚钢瓶	
	B2-2	—	机动车用液化石油气钢瓶	GB 17259
			车用液化二甲醚钢瓶	
	B2-3	—	溶解乙炔气瓶	GB 11638
			吸附式天然气焊接钢瓶	
	B2-4	—	工业用非重复充装焊接钢瓶	GB 17268

续表

结　构	类别代号		气　瓶　品　种	标　准
纤维缠绕 气瓶(B3)	B3-1	A	小容积金属内胆纤维环向缠绕气瓶(含铝合金内胆玻璃纤维环向缠绕气瓶等)	
		B	小容积金属内胆纤维全缠绕气瓶(含呼吸用复合气瓶等)	
	B3-2	A	金属内胆纤维环向缠绕气瓶(含车用压缩天然气钢质内胆环向缠绕气瓶等)	GB 24160
		B	金属内胆纤维全缠绕气瓶(车用压缩天然气铝合金内胆碳纤维全缠绕气瓶)	
	B3-3	—	金属内胆纤维全缠绕气瓶(车用压缩氢气铝合金内胆碳纤维全缠绕气瓶) 长管拖车用金属内胆纤维环向缠绕气瓶	
焊接绝热 气瓶(B4)	B4-1	—	焊接绝热气瓶	GB 24159
	B4-2	—	车用液化天然气焊接绝热气瓶	

2. TSG R00X—2011 年版《瓶规》适用范围的特殊规定

适用范围内的气瓶及其附件,气瓶附件还应当符合《气瓶附件安全技术监察规程》的规定;如属于车用气瓶,还应当符合《车用气瓶安全技术监察规程》的规定。

3. TSG R00X—2011 年版《瓶规》不适用范围

不适用于仅在灭火时承受瞬间压力而储存时不承受压力的消防灭火器用气瓶、机器设备上附属的瓶式压力容器、压缩天然气钢瓶以及军事装备、核设施、航空航天器、铁路机车、海上设施和船舶、民用机场专用设备使用的气瓶。

4. TSG R00X—2011 年版《瓶规》气瓶公称工作压力

① 盛装压缩气体的气瓶　是指在基准温度(20℃)下,瓶内气体达到完全均匀状态时的限定压力。

② 盛装液化气体或两种以上(含两种)液化气体混合物的气瓶　是指温度为 60℃ 时瓶内气体压力的上限值。

③ 充装溶解气体的气瓶　是指瓶内气体达到化学、热量以及扩散平衡条件下的静置压力(15℃)。

④ 焊接绝热气瓶　是指在气瓶正常工作状态下,内胆顶部气相空间可能达到的最高压力。

5. 气瓶分类

(1) 按照公称工作压力划分　气瓶分高压气瓶、低压气瓶,其压力分类如下。

① 高压气瓶　公称工作压力大于或者等于 8MPa 的气瓶。

② 低压气瓶　公称工作压力小于 8MPa 的气瓶。

(2) 按照公称容积划分　分小容积、中容积、大容积气瓶,其容积分类为:①小容积气瓶,12L 以下(含 12L);②中容积气瓶,12~150L(含 150L);③大容积气瓶,150L 以上。

6. 气瓶专用要求

充装单一气体的气瓶必须专用,只允许充装与钢印标记(或相应标准规定的其他标记方法)一致的气体。不得擅自更改气瓶的用途、标记或者颜色,也不得擅自混装其他气体或加入添加剂。

充装混合气体的气瓶必须按照钢印标记和颜色标志确定的气体性质充装相同性质的混合

气体，不得改装单一气体或不同性质的混合气体。

7. 气瓶的水压试验压力

① 气瓶（不包括长管拖车用大容积钢质无缝气瓶、呼吸器用复合气瓶和溶解乙炔气瓶）的水压试验压力一般应为公称工作压力的1.5倍。

② 长管拖车用大容积钢质无缝气瓶、呼吸器用复合气瓶的水压试验压力，应为公称工作压力的5/3倍。

③ 溶解乙炔气瓶壳体的水压试验压力为5.2MPa。

④ 对不能进行水压试验的气瓶，若采用气压试验，其试验压力按相应国家标准的规定。当相应国家标准对水压试验压力有特殊规定时，按其规定执行。

8. 气瓶的气密性试验压力

气瓶的气密性试验压力一般应为公称工作压力。当相应国家标准对气密性试验压力有特殊规定时，按其规定执行。

二、按充装介质分类

气瓶设计时，公称工作压力的选取一般应当优先考虑整数系列。常用气体对应的气瓶的公称工作压力见表3-2。

表3-2 常用气体气瓶的公称工作压力

气体类别	公称工作压力/MPa	常用气体
压缩气体 $t_c \leqslant -50℃$	35	空气、氢、氮、氩、氦、氖等
	30	空气、氧、氢、氮、氩、氦、氖、甲烷、天然气等
	20	
	15	空气、氧、氢、氮、氩、氦、氖、甲烷、一氧化碳、一氧化氮、氪、氙、二氟化氧等
高压液化气体 $-50℃ < t_c \leqslant 65℃$	20	二氧化碳、乙烷、乙烯
	15	二氧化碳、一氧化二氮、乙烷、乙烯、硅烷、磷烷、乙硼烷等
	12.5	氙、一氧化二氮、六氟化硫、氯化氢、乙烷、乙烯、三氟甲烷(R23)、六氟乙烷(R116)、1,1-二氟乙烯(R1132a)、氟乙烯(R1141)、三氟溴甲烷(R13B1)等
	8	六氟化硫、1,1-二氟乙烯(R1132a)、六氟乙烷(R116)、氟乙烯(R1141)、三氟溴甲烷(R13B1)等
低压液化气体 $t_c > 65℃$	5	溴化氢、硫化氢、碳酰二氯、硫酰氟等
	4	二氟甲烷(R32)、五氟乙烷(R125)、R410A等
	3	氨、二氟氯甲烷(R22)、1,1,1-三氟乙烷(R143a)、R407C、R404A等
	2.5	丙烯
	2.2	丙烷
	2.1	液化石油气
	2	氯、二氧化硫、二氧化氮、环丙烷、六氟丙烯(R1216)、偏二氟乙烯(R152a)、三氟氯乙烯(R1113)、氯甲烷、二甲醚、1,1,1,2-四氟乙烷、七氟丙烷等
	1	氟化氢、正丁烷、异丁烷、异丁烯、1-丁烯、1,3-丁二烯、二氯氟甲烷(R21)、二氯氯乙烷(R142b)、二氟溴甲烷(R12B1)、氯甲烷(甲基氯)、氯乙烷、氯乙烯、溴甲烷、溴乙烯、甲胺、二甲胺、三甲胺、乙胺、乙烯基甲醚、环氧乙烷、(顺)2-丁烯、(反)2-丁烯、八氟环丁烷(RC318)、三氯化硼、甲硫醇、三氟氯乙烯、二氟甲烷、五氟乙烷、2,3,3,3-四氟丙烯等
低温(深冷)液化气体 $t_c \leqslant -50℃$	—	液化空气、液氩、液氮、液氖、液氮、液氧、液氢、液化天然气

消防灭火用气瓶常用气体的公称工作压力见表 3-3。

表 3-3 消防灭火用气瓶常用气体的公称工作压力

气 体 类 别	公称工作压力/MPa	常 用 气 体
压缩气体及混合气体	1.4	干粉灭火剂＋氮
	2.0	
	16.5	氩气
	17.2	IG-01（氩气）、IG-100（氮气）、IG-55（氩气、氮气）、IG-541（氩气、氮气、二氧化碳）
	23.2	IG-01（氩气）、IG-100（氮气）、IG-55（氩气、氮气）、IG-541（氩气、氮气、二氧化碳）
高压液化气体	15	二氧化碳
	13.7	三氟甲烷
低压液化气体	8.0	七氟丙烷＋氮
	6.7	
	5.3	
	4.2	
	2.5	
	4.0	六氟丙烷＋氮
	3.2	
	2.6	
	1.3	
	4.3	卤代烷 1301＋氮
	3.2	
	2.8	

三、按气瓶材质和使用分类

1. 钢质无缝气瓶

（1）钢质无缝气瓶的应用　钢质无缝气瓶用于盛装永久气体或高压液化气体，是可重复充气的移动式气瓶，如图 3-1 所示。

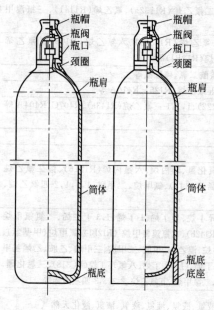

图 3-1　钢质无缝气瓶

制造钢质无缝气瓶的材料必须采用碱性平炉，电炉或吹氧碱性转炉冶炼的无时效性镇静钢。一般选用优质锰钢、铬钼钢或其他合金钢。GB 5099 对钢质无缝气瓶的材料、设计、制造、试验方法、检验规则、标志、涂覆、包装、运输、储存有严格细致的规定。《气瓶安全监察规定》和《气瓶安全监察规程》中对气瓶的设计与制造、气瓶制造监督检验、气瓶充装、气瓶定期检验、气瓶的运输、储存、销售、使用以及违反有规定的处罚做出了严格细致的规定。无缝气瓶的制造方法如下。

① 冲拔拉伸法　是将气瓶钢坯加热冲压成短粗坯形，再加热后拉拔及收口成气瓶。冲拔拉伸法气瓶的底部外表呈凹形和 H 形，两者都可独立站稳，瓶上部都要热装颈圈，圈外有螺纹用做连接瓶帽用，瓶口有内螺纹用于连接瓶阀。

② 无缝钢管收口法　无缝钢管两端进行封闭加工

的方法，此法加工气瓶的底部外表多呈凸形，也有的再将凸底顶成凹形底，前者气瓶不能直立，另外还要热套底座。

③ 冲压拉伸法　将钢板冲成长杯形，之后在开口端进行封闭加工。此法在我国少用，只有国外生产大气瓶时才采用。

盛装高压液化气体，使用钢质无缝气瓶；盛装低压液化气体，使用钢质焊接气瓶。

（2）压缩气体气瓶的温升压力与水压试验压力之间的关系　以公称工作压力为 15MPa 的气瓶为例，水压试验压力是公称工作压力的 1.5 倍，为 22.5MPa，而最高充装许用压力是指在基准温度时（一般为 20℃）公称工作压力（15MPa）所盛装气体的限定充装压力加上温升（最高为 60℃）压力之和，如下所示。

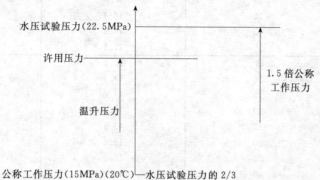

按 GB 5099《钢制无缝气瓶》的修订版将 GB 14194 中的"国产钢瓶的许用压力为水压试验压力的 0.8 倍"修订为"20℃时，钢瓶的许用压力为水压试验压力的 2/3，气瓶的充装量应严格控制，确保气瓶在基准温度（国内使用的，定为 20℃）下，瓶内气体的压力不超过气瓶水压试验压力的 2/3"。几种有特性的气体，最高充装压力（基准温度为 20℃时）作如下的限定。

① 氟（F_2）、二氟化氧（OF_2）的充装压力不大于 2.8MPa，气瓶水压试验压力不小于 20MPa，每个气瓶的氟充装量不超过 5kg。

② 一氧化氮（NO）的充装压力不宜大于 3.5MPa，并在任何情况下，瓶内压力都不应大于 4.5MPa。气瓶水压试验压力不小于 20MPa。

③ 非精制一氧化碳（CO）不准用钢制气瓶充装。钢瓶充装干燥（水含量小于 5×10^{-6}）且不含硫分的精制一氧化碳，充装压力应不高于气瓶水压实验压力的 5/6，且不大于 13MPa。

④ 甲烷（CH_4）、氪（Kr）的充装压力不大于 20MPa。

另外，ISO 11622 4.2 条 b）推荐"65℃时，气瓶的许用压力不得超过水压试验压力。"这一条有一定的普遍作用和可操作性。

常用压缩气体在不同温度下的最高充装压力经计算见表 3-4。

其他压缩气体的充装压力不得超过由式(3-1)计算的压力值。

$$p \leqslant \frac{p_0 T Z}{T_0 Z_0} \tag{3-1}$$

式中　p——气瓶的最高充装压力（绝对），MPa；

T——气瓶的充装温度，K；

Z——在压力为 p、温度为 T 时气体的压缩系数；

p_0——气瓶的公称工作压力（水压试验压力的 2/3），MPa；

T_0——气瓶的基准温度（国内使用的为 293K）；

Z_0——在压力为 p_0、温度为 T_0 时气体的压缩系数。

表 3-4　常用压缩气体在不同充装温度下的最高充装压力

气体名称	充装温度/℃	在不同公称工作压力下气瓶的最高充装压力/MPa	
		15MPa	20MPa
氧气	5	13.9	18.3
	10	14.2	18.8
	15	14.6	19.4
	20	15.0	20.0
	25	15.3	20.5
	30	15.7	21.0
	35	16.0	21.5
	40	16.4	22.0
	45	16.8	22.6
	50	17.1	23.1
空气	5	14.0	18.5
	10	14.3	19.0
	15	14.6	19.5
	20	15.0	20.0
	25	15.3	20.5
	30	15.6	21.0
	35	15.9	21.5
	40	16.2	22.0
	45	16.5	22.5
	50	16.8	23.0
氮气	5	14.0	18.5
	10	14.3	19.0
	15	14.6	19.5
	20	15.0	20.0
	25	15.3	20.5
	30	15.7	21.0
	35	16.0	21.5
	40	16.3	22.0
	45	16.7	22.5
	50	17.0	23.0
氢气	5	14.1	19.0
	10	14.4	19.3
	15	14.7	19.6
	20	15.0	20.0
	25	15.3	20.4
	30	15.6	20.8
	35	15.9	21.2
	40	16.2	21.6
	45	16.5	22.0
	50	16.8	22.4
甲烷	5	13.5	17.7
	10	13.9	18.4
	15	14.5	19.3
	20	15.0	20.0
	25	15.6	20.8
	30	15.9	21.4
	35	16.5	22.3
	40	17.4	23.2
	45	17.7	23.7
	50	18.2	24.3

续表

气 体 名 称	充装温度/℃	在不同公称工作压力下气瓶的最高充装压力/MPa	
		15MPa	20MPa
一氧化碳 （限铝合金气瓶）	5	14.0	18.4
	10	14.3	19.0
	15	14.7	19.5
	20	15.0	20.0
	25	15.4	20.5
	30	15.7	20.9
	35	16.1	21.4
	40	16.4	21.9
	45	16.8	22.4
	50	17.2	22.9
氩气	5	13.9	18.4
	10	14.3	18.9
	15	14.7	19.5
	20	15.0	20.0
	25	15.4	20.5
	30	15.7	21.0
	35	16.1	21.5
	40	16.4	22.0
	45	16.8	22.5
	50	17.1	22.9

2. 钢质焊接气瓶

钢质焊接气瓶的筒体和封头是焊接气瓶的主体，其材质符合 GB 6653《焊接气瓶用钢板》的要求。筒体采用钢板冷卷成形，封头的形状允许为椭圆形、碟形或半球形，但一般为椭圆热压成形。阀座的材质为碳钢，焊在左（上）封头上，其内孔锥螺纹和无缝气瓶一样，应符合 GB 8335《气瓶专用螺纹》的有关要求，经检查合格的锥螺纹拧上瓶阀后，甚至在气瓶爆破前都不会渗漏。

颈圈为可锻铸铁，热装在阀座上，外径有螺纹，可安装瓶帽。导管为 $\phi16mm \times 4mm$ 钢管，用焊接方法固定在如图 3-2 所示的位置时，上导管放出气体，下导管可放出液体。衬圈材料为碳钢，垫在单面焊的环焊缝背面。

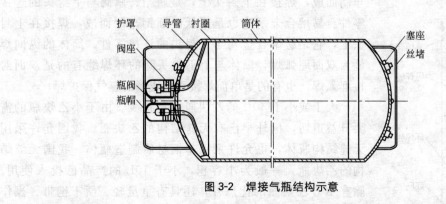

图 3-2　焊接气瓶结构示意

为了保护瓶阀、易熔合金塞和满足直立的需要，钢瓶有大小两个护罩，均用钢板卷制焊成，口部卷边，以增加其强度和刚度。大护罩应留缺口，以避免直立时存水腐蚀瓶体。大小护罩均有吊孔。塞座由碳钢制成，焊在左右两个封头上，塞孔内车有锥螺纹以装配易熔合金塞。

3. 液化石油气钢瓶

如图 3-3 所示，其中 YSP4.7 型的液化石油气钢瓶的公称容积为 4.7L，最大充装量为 1.9kg；YSP12 公称容积为 12L，最大充装量为 5kg；YSP26.2 公称容积为 26.2L，最大充装量为 11kg；YSP35.5 公称容积 35.5L，最大充装量为 14.9kg；YSP118 公称容积为 118L，最大充装量为 49.5kg；YSP118-2 最大充装量为 49.5kg，用于气化装置的液化石油气储存设备（见 GB 5842—2006）。

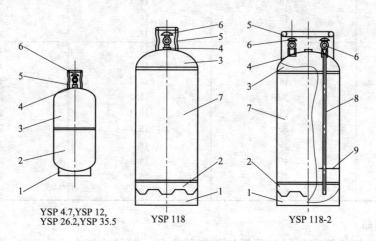

YSP 4.7,YSP 12,
YSP 26.2,YSP 35.5　　　　YSP 118　　　　YSP 118-2

图 3-3　液化石油气钢瓶

1—底座；2—下封头；3—上封头；4—阀座；5—护罩；
6—瓶阀；7—筒体；8—液相管；9—支架

4. 溶解乙炔气瓶

如图 3-4 所示，溶解乙炔气瓶的焊接钢瓶是根据 GB 5100 和 GB 11638 设计制造的，容积范围为 2～60L，在市场上绝大部分为 41L，三件（即上、下封头和筒体）组装型式。我国和大多数国家一样，是钢质焊接结构。颈圈是用低碳圆钢车制而成，焊接在上封头上，是瓶帽、瓶阀与上封头的连接零件。易熔合金塞座也是用低碳圆钢车制而成，焊接在上封头上，它是易熔合金塞与上封头的连接零件。筒体的纵向焊缝为双面埋弧焊，筒体与上下封头间的环焊缝有的是双面对接埋弧焊，也有的是单面焊接双面成形的氩气保护焊。

大于或小于 40L 的乙炔瓶数量很少。由于小乙炔瓶的需要日益迫切，国外早已有无缝结构的乙炔瓶。我国允许采用无缝结构瓶体，也允许采用非钢材质制造瓶体。我国无缝结构的乙炔瓶，一般为小容积，小于 10L 的产品已投入使用。除有 40L 乙炔瓶的优点外，还具有重量轻、便于携带、操作灵活和使用方便等特点。与相应容积的小氧气瓶配套，组成便携式焊割器，适用于造船、建筑、交通部门、机械维修、高空作业、井下施工、消防抢险、野外勘探、公安部队执行

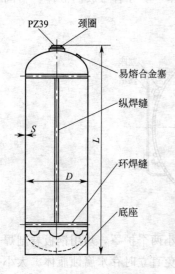

PZ39　　颈圈

易熔合金塞

纵焊缝

S

L

D

环焊缝

底座

图 3-4　溶解乙炔气瓶

特殊任务等。

5. 低温绝热气瓶

低温绝热气瓶在我国已使用 30 余年，如图 3-5 所示，其内筒由不锈钢材料制成，内筒外缠绕 14～16 层涤纶镀铝箔保温材料，内外筒之间抽真空，真空度为 2×10^{-2} Pa，外部设有推车，汽化器附在车上，灵活好用。其工作压力为 1.4MPa，最常用的内筒水容积为 175L。

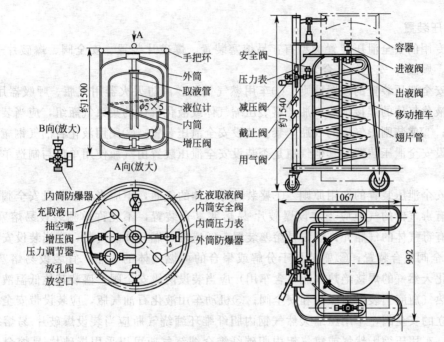

图 3-5　低温绝热气瓶

6. 纤维缠绕气瓶

纤维缠绕气瓶是内层筒体（亦称内胆、瓶胆）、外侧缠绕高强度纤维或高强度钢丝并以塑料固化作为加强层的气瓶。其组成有：①内胆，均为无缝结构，材质有碳钢、不锈钢、铝合金、铜、镍及工程塑料等，对充装的气体起密封作用；②环向缠绕浸渍树脂纤维有玻璃纤维、芳纶纤维、碳纤维，缠绕方式有环向缠绕，即只有在筒体（内胆）部分缠绕，两端封头外露，纤维在筒体纵向方向不承载有效载荷，另外是全缠绕。塑料固化均采用双组分固化树脂；③瓶阀，开启或关闭使气体充装或使用；④易熔塞、爆破片、颈圈、瓶帽等安全附件。缠绕气瓶的优点是比较轻，密度比低，内胆有预应力（由自紧力而来），是属于高压气瓶。

铝内胆碳纤维全缠绕复合气瓶具有压力高、重量轻、有抗热性、经久耐用的特点，广泛用于医用氧、煤矿救援、彩弹枪等需要轻质气瓶的场合。目前国内纤维缠绕气瓶产品的工作压力为 20～30MPa，水容积为 1.1～9L，质量为 0.9～5.3kg。

7. 瓶体结构通用要求

① 高压气瓶的瓶体及缠绕气瓶的金属内胆应当采用无缝结构，低压气瓶的瓶体应当采用焊接结构。

② 无缝气瓶瓶体与不可拆附件的连接不得采用焊接方式。

四、气瓶附件

气瓶附件包括气瓶瓶阀、安全泄压装置、液位计、紧急切断和充装限位及限流装置、瓶帽、防震圈、焊接绝热气瓶的调压阀等。

气瓶安全附件有安全泄压装置、压力表、液位计、紧急切断装置、限充限流装置、阀门、管路等附件，应当符合相应标准的规定。所用的密封件不得与所盛装的介质发生化学反应。

1. 安全泄压装置

气瓶专用的安全泄压装置类型有：易熔塞装置、爆破片装置、安全阀、爆破片-易熔塞复合装置、爆破片-安全阀复合装置。

(1) 安全泄压装置的设置原则　①车用燃气气瓶、消防灭火器用气瓶、呼吸器用气瓶、盛装低温液化气体的焊接绝热气瓶、盛装压缩气体或液化气体的集束气瓶组，应当装设安全泄压装置；②盛装剧毒气体的气瓶，禁止装设安全泄压装置；③民用液化石油气钢瓶，原则上不应装设安全泄压装置。其他气瓶是否装设安全泄压装置由气瓶使用单位与制造单位协商确定。

(2) 安全泄压装置的选用原则　①盛装有毒气体的气瓶，不应当单独装设安全阀，其中盛装高压有毒气体的气瓶应当装设爆破片-易熔塞复合装置，不允许单独装设易熔塞装置，盛装低压有毒气体的气瓶允许装设易熔塞装置；②盛装可燃气体的气瓶，应当装设安全阀或爆破片-安全阀复合装置；③盛装易于分解或聚合的可燃气体的气瓶，宜装设易熔塞装置；④盛装液化天然气的焊接绝热气瓶（含车用）应当装设两级安全阀，盛装其他低温液化气体的焊接绝热气瓶应当装设爆破片和安全阀；⑤机动车用液化石油气瓶，应装设带安全阀的组合阀或分立的安全阀，车用压缩天然气钢内胆纤维环缠绕气瓶应当装设爆破片-易熔塞串联复合装置，车用压缩天然气或氢气铝内胆碳纤维全缠绕气瓶可以采用爆破片-易熔合金塞并联复合装置；⑥工业用非重复充装焊接钢瓶及大容积无缝气瓶，应当装设爆破片装置。

(3) 安全泄压装置结构设计的基本要求　①装置的结构应当和使用环境和使用条件相适应，在正常的使用条件下应当具有良好的密封性能；②其设置不应妨碍气瓶的正常使用和搬运；③在安全泄压装置打开时产生的反作用力不应对气瓶产生不良影响；④盛装可燃气体的气瓶，装置的结构与装设都应当使所排出的气体直接排向大气空间，不会被阻挡或冲击到其他设备上。

(4) 安全泄压装材料选用要求　①制造安全泄压装置的材料，其化学成分与物理性能应当均匀；②所有可能接触瓶内介质的部件或零件，其材料与介质应具有良好的相容性和耐腐蚀性能；③爆破片应当用质地均匀的纯金属片（镍、紫铜）或合金片（如镍铬不锈钢、黄铜、青铜）制造。

(5) 安全泄压装置装设部位要求　①无缝气瓶应当装设在瓶阀上；②焊接气瓶可以装设在瓶阀上，也允许单独装设在气瓶的封头部位；③工业用非重复充装焊接钢瓶可以装设在瓶阀上，也允许将爆破片直接焊接在气瓶封头部位；④集束气瓶组应当装在连接总管上。

(6) 安全泄压装置的安装与维护　①气瓶安全泄压装置与气瓶之间，以及泄压装置的出口侧不得装有截止阀，也不得装有妨碍装置正常动作的其他零件；②气瓶充气前，应当认真检查安全泄压装置有无腐蚀、破损或其他外部缺陷，通道有无被沙土、油漆或污物等堵塞，易熔塞有无松动或脱出现象，发现存在上述问题，可能导致装置不能正常动作时，不应充气；③应当定期对气瓶上的安全阀进行清洗、检验和校验；④爆破片装置（或爆破片）应定期更换，整套组装的爆破片装置应当成套更换。爆破片的使用期限由制造单位确定，但不应超过气瓶的定期检验周期；⑤应当由专业人员按相应标准的规定进行气瓶安全泄压装置的调整、更换或变动。

（7）额定排量和实际排量　气瓶安全泄压装置的额定排量和实际排量均不得小于气瓶的安全泄放量。

（8）爆破片装置公称爆破压力　爆破片装置的公称爆破压力为水压试验压力。

（9）安全泄压装置标志　每个安全泄压装置都应当有明显的标志，注明其使用的技术条件及制造单位。

（10）装设的安全泄压装置的利弊　气瓶，作为一种盛装各类气体的移动式压力容器，是否必须装设安全泄压装置，一直是国内外的行家在探讨和有争议的论题。对于一般固定式压力容器，凡是器内压力有可能因各种原因而升高的，都应该装设安全泄压装置，以保护设备不会因超压而发生爆炸等重大事故，安全装置的装设也不会发生什么不良后果。而在气瓶上装设安全泄压装置，情况就要稍微复杂一些。

气瓶上的安全泄压装置，其主要功能是在气瓶周围着火的情况下，防止瓶内介质因温度稳定升高而导致气瓶超压爆炸（当然气瓶也可能因其他原因，例如瓶内部分介质发生聚合放热反应、液化气体充装过量、永久气体错装等而发生超压爆炸，但这是极个别的情况，也不是装设安全泄压装置所能防止的）。由于气瓶上的安全泄压装置不可能像固定式压力容器那样装接排气管，将装置动作时所泄放出的气体引放至安全地带。所以如果气瓶上的泄压装置一旦动作，就只能是就地泄放。而气瓶内所装的介质，除少数是不燃气体（如氮、氩）外，大部分是助燃（如氧、空气等）、易燃（如乙炔、氢、烃类等）或有毒（如氯、氨等）的介质。在火灾现场，如安全泄压装置动作、喷气，将会进一步使灾情扩大，影响灭火工作的顺利进行；相反，若气瓶上不装设安全泄压装置，在遇到周围着火时，它还需要经过较长一些时间，才能使瓶内压力升高到气瓶爆炸，这就可以为灭火工作提供较为充裕的时间和便利的工作条件。另外，气瓶上的安全泄压装置，常在正常的工作环境下发生误动作，包括易熔塞泄漏、脱落、爆破片提前破裂等，其结果是污染环境，甚至引起中毒、火灾或气瓶飞动伤人等重大恶性事故。欧洲大多数国家认为溶解乙炔气瓶有安全塞虽能防止瓶体爆炸，但若安全塞动作快，大量乙炔气体排入空气环境中也可与空气混合成爆炸性气体，一遇激发能量仍会发生气体爆炸，因此也对装设安全泄压装置持否定态度。欧洲国家是通过严格管理，在使用时都普遍装阻火器一类附件来保证乙炔瓶的安全使用。因此认为气瓶上的安全泄压装置是利少弊多，主张除盛装不燃、无毒气体的气瓶外，其他的则不应装设安全泄压装置。

另一种意见认为，气瓶上的安全泄压装置在火灾情况下过早地排气泄压（因为装置的动作压力比气瓶的爆炸压力小得多），的确给灭火工作带来一定的困难，但这些都是可以采取措施予以防范的，更不会使灭火工作无法进行。而如果气瓶不装设安全泄压装置，则它在火灾过程中随时都有发生爆炸的危险。这不但会给消防人员增加莫大的心理压力和工作障碍，影响灭火工作的效果，而且如果气瓶一旦在火灾现场发生爆炸，则其后果更是难以设想。澳大利亚、日本、美国等认为若乙炔瓶处于有爆炸的危险状态，宜装有易熔合金的安全塞。当温度达到100℃以上时，易熔合金熔化，钢瓶内乙炔气泄出，不易发生瓶体爆炸从而减少灾害。从我国以往发生的几件溶解乙炔事故中，虽然出现了乙炔瓶着火，尚未发生钢瓶爆炸事故，这说明乙炔瓶装设易熔塞是必要的。

　　安全泄压装置有时发生误动作，并由此带来一些不良后果，而且有些情况还相当严重。例如1984年5月，在某市就发生过一起液氯瓶安全泄压装置误动作事件（易熔塞装置泄漏），大量氯气溢出，中毒数百人。事实上，随着易熔塞装置国家标准的颁布和贯彻实施以及气瓶使用操作人员安全知识的普及，近年来气瓶安全泄压装置误动作事件在逐年减少。因此，绝不能因噎废食，不应该因易熔塞（仅是安全泄压装置中的一种）质量不良或维护不周而引起误动作，就全盘否定气瓶安全泄压装置的有效作用，甚至将其废弃不用。

　　对气瓶的安全泄压装置，既要求它能确实有效地防止气瓶因超压而发生爆炸，又要求它在正常使用条件下不会发生误动作、渗漏等失误现象，以免因此引起中毒、火灾或爆炸等严重后果。因此气瓶的安全泄压装置的设置必须根据其工况条件。

　　综上所述，气瓶装设安全泄压装置确实是利弊并存，而且利弊得失也不易将其量化而进行对比。但是，如果从最恶劣的后果方面来考虑，为了防止气瓶在火灾现场内发生爆炸，避免灾情的扩大、恶化，大多数气瓶还是以装设安全泄压装置为宜。

　　（11）各种气瓶安全泄压装置的特点和最适宜的使用场合　目前国外常用的气瓶安全泄压装置有四种，即易熔塞装置、爆破片装置、安全泄压阀和爆破片-易熔塞复合装置。

　　易熔塞装置是气瓶上用得较早的一种泄压装置。易熔合金塞是一种安全泄压装置，其塞孔内填充有易熔合金，是可拆卸的部件。在正常情况下塞孔处于封闭状态；在预定温度作用下易熔合金熔化，将气体放出使气瓶泄压。易熔塞只宜用于气瓶，而不适宜于固定式容器。我国目前使用的易熔塞装置的动作温度有100℃和70℃两种。对乙炔瓶易熔合金塞的要求是：①易熔合金塞与钢瓶塞连接的螺纹，必须与塞座内螺纹匹配，并符合GB 8335、GB 7306的规定，保证密封性；②易熔合金塞的动作温度为（100±5）℃，易熔合金塞塞体应采用含铜量不大于70%的铜合金制造；③《溶解乙炔气瓶安全监察规程》第11条规定：每个乙炔气瓶必须设置符合GB 8337《气瓶用易熔合金塞》规定的易熔合金塞。公称容积大于10L的乙炔瓶应不少于2个；公称容积小于等于10L的乙炔瓶应不少于1个。易熔塞装置结构简单，制造容易，对温度的反应比较敏感，而从理论上讲，它是几种安全泄压装置中密封性能最好的一种。它的固有缺点是合金塞易受瓶内压力的作用而被挤出或脱落，也常因局部受热（如焊接或切割时飞溅的火花等）而导致合金熔化，造成误动作等。所以它只适用于乙炔气瓶、低压液化气体气瓶，而不宜用于压缩气体气瓶。

　　爆破片装置是由爆破片（压力敏感元件）和夹持器（或支承圈）等组装而成的安全泄压装置。当瓶内介质的压力因环境温度升高等原因而增大到规定的压力限定值（一般定为气瓶的水压试验压力）时，爆破片立即动作，形成通道，使气瓶排气泄压。由于无缝气瓶瓶体上不宜另外开孔，因为高压无缝气瓶容积较小，安全泄放量也小，不需要太大的泄放面积，用于永久气体气瓶的爆破片可以装配在瓶阀上。

　　安全阀是广泛用于固定式压力容器的泄压装置。在国外，常用于气瓶。它的特点是结构简单，紧凑，而且可重新关闭。当它开启排放时，在器内压力恢复正常后又会自行关闭，保持密封状态。用作气瓶的安全泄压装置更能显出其无比的优越性。但安全阀也有不足之处，如泄压反应慢（因阀的开启具有滞后作用）、对介质的洁净要求高、密封性能差（是各类泄压装置中最差的一种）等。特别是气瓶在使用运输过程中的颠簸振动，装在其上的安全阀，密封性能将更受影响，泄漏量还会增大。因此，气瓶用安全泄压阀，密封面应用较软的非金属材料，以减轻其泄漏量。结构紧凑、密封性能符合要求的安全泄压阀，可以用于介质是无毒性的永久气体气瓶。国内目前在用的气瓶，除极个别的永久气体气瓶外，一般气瓶都没有装设这种泄压装置。

爆破片-易熔塞复合装置由爆破片与易熔合金塞串联组装而成。易熔合金塞装设在爆破片排放的一侧，这种复合装置兼有爆破片与易熔塞的优越性，尤其是密封性能更佳，因为它具有双重密封结构。在正常情况下，易熔塞不承受瓶内介质的压力（被爆破片隔离），所以不易被挤压脱落。复合装置只有在环境温度和瓶内压力都分别达到了规定值的条件下才发生动作、泄压排气，一般不会发生误动作。当然，由于结构较为复杂，装置的制造成本较高，一般宜用于密封性能要求较高的气瓶，如汽车用天然气钢瓶等。

（12）安全泄压装置的装设位置和禁止装设安全泄压的气瓶　根据我国的实际情况，国内使用的气瓶，其安全泄压装置的装设应按照下列原则确定。

① 除气瓶制造单位外，任何气瓶用户装设任何类型的安全泄压装置都只能装在瓶阀上，不得在瓶体上另行开孔装设。

② 剧毒的气体气瓶上禁止装设安全泄压装置，以防止一旦安全泄压装置误动作气体泄漏后造成环境严重污染、人员中毒和伤亡事故。此种气体，如压缩气体中的氟、一氧化氮和一氧化碳。高压液化气体的磷烷（磷化氢）和乙硼烷，五氟化磷、三氟化磷、四氟化硅、四氟肼等。低压液化气体的氯、碳酰二氯、四氧化二氮、硫化氢、民用液化石油气、硫化羰、五氟化氯、三氟化氯、氰、氯化氰、氯硅烷、三甲基硅烷、三甲基胺、六氟化钨、乙烯基溴（R1140B1）、乙烯基氯（R1140）、乙烯基-甲基醚等。另外，还有一些气体应由设计部门确定是否安装安全泄压装置，如低压液化气体中的氟化氢、乙胺、一甲胺、二甲胺、三甲胺、甲硫醇、溴甲烷等。

③ 民用石油液化气气瓶的用户多数在狭小的厨房内使用，一旦安全泄压装置误动作，气体泄漏后遇明火，容易引起火灾或爆炸，所以民用石油液化气气瓶以不装设安全泄压装置为好。

2. 瓶阀

（1）瓶阀结构设计应当满足如下要求　①瓶阀设计应当符合相应标准的规定，各种气体瓶阀的基本型式及结构尺寸、技术要求、试验方法和检验规则，应符合各种气体瓶阀的标准，分别是 GB 7512《液化石油气瓶阀》、GB 10877《氧气瓶阀》、GB 10879《溶解乙炔气瓶阀》、GB 13438《氩气瓶阀》、GB 13439《液氯瓶阀》、GB 17877《液氨瓶阀》、LD 53《液化氟氯烷瓶阀》等；②瓶阀上与气瓶连接的螺纹，应当与瓶口内螺纹匹配；③瓶阀出气口的连接型式和尺寸，应当有效地防止气体错装、错用，一般盛装助燃和不可燃气体瓶阀的出气口螺纹为右旋，可燃气体瓶阀的出气口螺纹为左旋，对盛装混合气体的气瓶，应按 GB 15383《气瓶阀出气口连接型式和尺寸》规定的确定瓶阀出气口的连接型式；④工业用非重复充装焊接气瓶瓶阀应当设计成不可以重复充装的结构，并且与气瓶的连接方式应当是不可拆卸的；⑤瓶阀出厂时，应逐个出具合格证，并应注明旋紧力矩。

（2）瓶阀选材应当考虑如下因素　①在规定的操作条件下，任何与气体接触的金属或非金属瓶阀材料都应当与气瓶内所盛装气体的物理性和化学性相容；②黄铜材料通常可用于盛装非腐蚀性气体的瓶阀阀体或阀杆等；③盛装腐蚀性气体用瓶阀，应当选用耐腐蚀的材料；④凡与乙炔接触的瓶阀材料，严禁选用含铜量大于 70% 的铜合金以及银、锌、镉及其合金材料；⑤液化石油气瓶阀的手轮材料，应当具有阻燃性能；⑥氧气或强氧化性气体的瓶阀密封材料，应当采用无油的阻燃材料。

（3）瓶阀安装　瓶阀安装单位应采取适合的方法安装瓶阀，并且应当防止任何异物落入气瓶。安装时应当用适当的安装工具将瓶阀紧固在气瓶上，使用力矩扳手时，力矩大小应当符合相应标准的规定。

（4）瓶阀保用时间　瓶阀制造单位应当保证其瓶阀产品至少安全使用到下一个气瓶检验日期。

3. 瓶帽

（1）公称容积大于等于 5L 的钢质无缝气瓶及公称容积大于等于 10L 的钢质焊接气瓶（含溶解乙炔气瓶），应当配有瓶帽或保护罩，瓶帽一般应当为固定式结构，保护罩一般应当为不可拆卸结构。

（2）气瓶必须装配有瓶帽。瓶帽是为了防止气瓶瓶阀被破坏的一种保护装置，装在气瓶顶部的瓶阀，如果没有保护装置，常会在气瓶的搬运过程中使瓶阀被撞击而损坏，有时甚至会因瓶阀被撞断而使瓶内气体高速喷出，喷出的力量，以一般压缩气体在 15MPa 压力下，喷口直径为 6mm，计算，其推力是大于气瓶的 70kg 质量的，所以瓶阀被撞断向气瓶立刻向气流的相反方向飞出，极易造成人身伤亡事故。每个气瓶的瓶阀外都应装配有瓶帽，以便于气瓶的安全搬运。瓶帽一般用螺纹与瓶颈连接，瓶帽上应开有小孔，一旦瓶阀漏气，漏出的气体可以从小孔排出。2000 年、2011 年版的《气瓶安全监察规程》对瓶帽也有具体明确的规定：应有良好的冲击性、不得用灰口铸铁制造、无特殊要求时要佩戴固定瓶帽或保护罩，同一制造厂生产的同一规格的瓶帽，重量允差不得超过 5％。

4. 底座

瓶底不能自行直立的，应当配有底座（呼吸器及采用固定支架或集装框架的气瓶除外）。

5. 防震圈

因为气瓶是移动式容器，它在充装、使用特别是搬运过程中，常常会因滚动或振动而相互冲击或与其他硬物碰撞，这不但会使气瓶瓶壁产生伤痕或变形，而且会因此引起气瓶脆裂，这是高压气瓶发生破裂爆炸事故常见原因之一。为了避免气瓶因碰撞而发生破裂事故，在瓶体上最好装有防止撞击的保护装置，这种保护装置在国内几经改进，不断实践，已逐步完善。目前普遍采用的是两个紧套在瓶体外面的、用塑料或橡胶制造的防震圈。气瓶的防震圈不但要求具有一定的厚度（一般不应小于 25～30mm），而且还应具有一定弹性。不过，1989 年版的《气瓶安全监察规程》对防震圈的装设没有明文规定，充装单位可以根据当地的习惯适当掌握。防震圈无论在防止气瓶因碰撞而破裂或对气瓶漆膜的保护方面都是有很大作用的。事实证明，在气瓶不装设防震圈的地区，所有气瓶表面的漆膜都有不同程度的损坏，这对于防止气瓶表面腐蚀和使充装人员能正确识别气瓶所装气体的种类等都是不利的，2000 年版的《气瓶安全监察规程》中又恢复使用。2011 年版的《气瓶安全监察规程》中也要求使用，关于散装气瓶的直立搬运、运输、取消防震圈等的题目，正在讨论中。

第二节　气瓶的安全管理

一、《气瓶安全监察规程》

《气瓶安全监察规程》多年来为保证气瓶的设计、制造质量、安全的充装、运输、储运、经销、使用、检验气瓶及提高气瓶管理水平发挥了重要的作用。1961 年由中华人民共和国劳动部、公安部和化工部联合公布的《气瓶安全管理暂行规定》，可简称《61 瓶规》（下同），这是我国第一次对气瓶设计、制造、技术检验、气体充装、气瓶使用、储运进行的标准化管理。内容中规定：充装时要有记录；气瓶改装的内容；永久气体以 20℃ 为标准进行充装；十七种液化气体的充装系数和水压试验等。《65 瓶规》将《气瓶安全管理暂行规定》更名为《气瓶安全监察规程》。《65 瓶规》取消了气瓶容积不超过 55L 的规定，可以更多地使用进口气瓶；规定了气瓶的最高使用温度为 60℃；全面地修订了液化气体的充装系数；规定了永久气体充装压力不得超过气瓶最高工作压力的 10%。《79 瓶规》允许生产 30MPa 压力和 $1m^3$ 容积的气瓶；有了气体的分类；设计压力与充装介质的关系；将二氧化碳的设计压力由原来的 12.5MPa 改为 15MPa 或 20MPa，也修订了二氧化碳的充装系数，由原来的 12.5MPa 气瓶的 0.66kg/L 改为 15MPa 气瓶的 0.6kg/L 和 20MPa 气瓶的 0.74kg/L，为二氧化碳的充装和使用提供了安全保证。《79 瓶规》增加了按 60℃ 时低压液化气体饱和液体密度计算出了的充装系数。《89 瓶规》增加了气瓶适用的正常环境温度为 -40~60℃，并将原来的计压力改为公称工作压力；煤气、一氧化碳气体一般应选用铝合金气瓶；增加了氧气中含氢和氢气中含氧超过 0.5×10^{-2}（体积）时严禁充装的内容；增加了气瓶检验年份涂检验色标的规定，每 10 年一个周期；对气瓶改装作出了规定。《2000 瓶规》适用于公称工作压力为 1.0~30MPa（表压）、公称容积为 0.4~3000L 的气瓶；盛装永久气体或液化气体或混合气体的无缝、焊接和特种气瓶（特种气瓶指车用气瓶、低温绝热气瓶、纤维缠绕气瓶和非重复充装气瓶等，其中低温绝热气瓶的公称工作压力的下限定为 0.2MPa）；不适用于盛装溶解气体、吸附气体的气瓶；以及机器设备上附属的瓶式压力容器的安全监察。《气瓶安全监察规程》对气瓶的设计、制造、充装、运输、储存、经销、使用和检验等作出了基本要求。

《2000 瓶规》与《89 瓶规》相比，增加了对进口气瓶及附件、国外制造厂必须取得进口许可证的要求；气瓶充装后充装单位要在气瓶上贴警示标签的要求；明确了气瓶不可改装的要求；明确了气体定点充装、充装站只能充装自有产权气瓶的要求；气瓶的钢印增加了充装气体名称或分子式、产品标准号和气瓶制造单位许可证编号。《2011 瓶规》根据有关法规如《特种设备安全监察条例》、《气瓶安全监察规定》、《危险化学品安全管理条例》的变化将 2000 版进行了修改，吸收了《乙炔气瓶安全监察规程》中对溶解乙炔气瓶的规定，覆盖的主要气瓶品种见表 3-1。1981 年原国家劳动总局颁发了《溶解乙炔气瓶安全监察规程》（试行），这个规程的颁发，对引导我国溶解乙炔事业的发展、保证乙炔气瓶的安全使用起了积极的作用。这个规程对乙炔气瓶的设计、制造、检验、充装、使用做了详细的规定，保证了乙炔气瓶的安全可靠性。1993 年又颁发了新的《溶解乙炔气瓶安全监察规程》，简称为《93 溶规》，是在《81 溶规》的基础之上进一步满足乙炔行业发展的需要，政策上更完善、技术上也做了补充和修订。其间又组织完成和颁布了 GB 11638《溶解乙炔气瓶》和 GB 13591《溶解乙炔充装规定》等乙炔方面的标准，都对乙炔气瓶的安全充装、管理和使用起了很大的作用。

二、气瓶的钢印标志

1. 气瓶的钢印标记

（1）气瓶的钢印标记包括制造钢印标记和检验钢印标记，钢印标记格式如图 3-6 所示。钢印标记打在瓶肩上时，位置如图 3-6(a) 所示，打在护罩上时，位置如图 3-6(b) 所示。

（2）钢印标记的形式和含义见表 3-5，溶解乙炔气瓶钢印标记的形式和含义见表 3-6。排列方式如图 3-7~图 3-9 所示。

制造钢印标记　　　检验钢印标记　　制造钢印标记　　　检验钢印标记
(a)　　　　　　　　　　　　　　(b)

图 3-6　钢印标记格式

表 3-5　钢印标记的形式和含义

编号	钢印形式	含　义
1	ABC	充装气体名称或化学分子式
2	12345	气瓶编号
3	WP15	公称工作压力(MPa)
4	TP22.5	水压试验压力(MPa)
5	W52.3	实际质量(kg)
6	V40.2	实际容积,(L)
7	S6.0	瓶体设计壁厚(mm)
8	××××11.4	制造单位代号
9	TS ×××××××× Ⓣ⑤	气瓶制造许可证编号和监检钢印
10	GB ××××	产品标准号
11	15y	设计使用年限(y)
12	Ma50	液化气体最大充装量(kg)
13	×××××××××××××××××	气瓶制造年月

注：对焊接气瓶和液化石油气钢瓶，实际质量和实际容积可以用理论质量和公称容积代替；对无缝气瓶，实际容积可以用公称容积代替；对焊接气瓶，应打印液化气体最大充装量；对混合气体应在气体名称处打 M 字母＋混合气体性质代号。例如：MFT 表示具有燃烧性和毒性的混合气体；MF 表示具有燃烧性的混合气体。

表 3-6　溶解乙炔气瓶钢印标记的形式和含义

编号	钢印形式	含　义
1	C₂H₂	乙炔化学分子式
2	Ma7.0	最大乙炔量(kg)
3	12345	气瓶编号
4	TP5.2	瓶体水压试验压力(MPa)
5	S3.2	瓶体设计壁厚(mm)
6	TS ×××××××× Ⓣ⑤	气瓶制造许可证编号和监检钢印
7	×××××××××××××××××	气瓶制造年月
8	×××× 11.4	制造单位代号
9	FP1.56	在基准温度 15℃时的限定压力(MPa)
10	V41.2	瓶体实际容积(L)
11	A14.0	丙酮标志及丙酮规定充装量(kg)
12	TM56.2	皮重(kg)
13	GB ××××	产品标准号

（3）制造钢印标记，也可在瓶肩部沿一条或两条圆周线排列。

（4）检验钢印标记，也可打在金属检验标志环上，如图 3-10 所示。

（5）钢印标记应当排列整齐、清晰。钢印字体高度应为 5～10mm，深度为 0.5mm。

2. 气瓶设计使用年限

制造单位应当明确气瓶的设计使用年限并将其注明在气瓶的设计文件上，常用气瓶的最

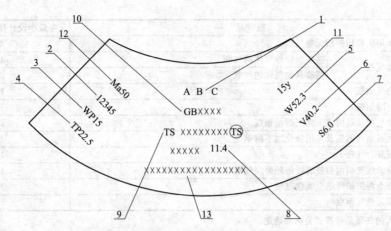

图 3-7　气瓶制造钢印的项目和排列（溶解乙炔气瓶除外）

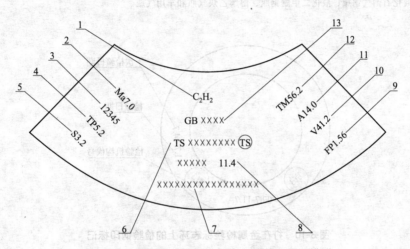

图 3-8　溶解乙炔气瓶制造钢印标记的项目和排列

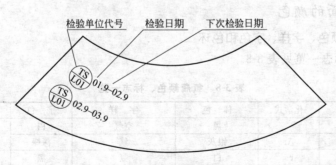

图 3-9　检验钢印

小设计使用年限见表 3-7。

表 3-7　常用气瓶的最小设计使用年限[①]

序号	气瓶品种		最小设计使用年限/年
1	钢质无缝气瓶[②]	盛装腐蚀性气体的气瓶、常与海水接触的钢瓶	12
		盛装其他气体的气瓶	30
2	铝合金无缝气瓶		30

续表

序号	气　瓶　品　种		最小设计使用年限/年
3	长管拖车用大容积钢质无缝气瓶		20
4	钢质焊接气瓶③	盛装腐蚀性气体的气瓶	12
		盛装其他气体的气瓶	20
5	液化石油气钢瓶		15
6	液化二甲醚钢瓶		15
7	溶解乙炔气瓶及吸附式天然气焊接钢瓶		20
8	车用液化石油气钢瓶及车用液化二甲醚钢瓶		15
9	呼吸器用复合气瓶		15
10	车用压缩天然气钢内胆玻璃纤维环缠绕气瓶		15
11	车用铝合金内胆碳纤维全缠绕气瓶		15
12	车用压缩天然气钢瓶		15

① 表中未列入的气瓶品种按相关标准确定。

② 不包括长管拖车用大容积气瓶。

③ 不包括液化石油气钢瓶、液化二甲醚钢瓶、溶解乙炔气瓶和车用气瓶。

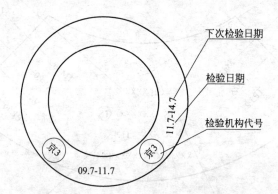

图 3-10　打在金属检验标志环上的检验钢印标记

三、气瓶外表面的颜色

1. 气瓶外表面的颜色、字样、字色和色环

气瓶颜色、标志一览见表 3-8。

表 3-8　气瓶颜色、标志一览

序号	充装气体	化学式	体色	字样	字色	色环
1	空气		黑	空气	白	$p=20$,白色单环
2	氩	Ar	银灰	氩	深绿	$p \geqslant 30$,白色双环
3	氟	F_2	白	氟	黑	
4	氦	He	银灰	氦		$p=20$,白色单环
5	氪	Kr	银灰	氪	深绿	$p \geqslant 30$,白色双环
6	氖	Ne	银灰	氖		
7	一氧化氮	NO	白	一氧化氮	黑	
8	氮	N_2	黑	氮	白	$p=20$,白色单环
9	氧	O_2	淡(酞)蓝	氧	黑	$p \geqslant 30$,白色双环
10	二氟化氧	OF_2	白	二氟化氧		
11	一氧化碳	CO	银灰	一氧化碳	大红	
12	氘	D_2	银灰	氘		

续表

序号	充装气体	化学式	体色	字样	字色	色环
13	氢	H_2	淡绿	氢	大红	$p=20$,大红单环 $p\geqslant30$,大红双环
14	甲烷	CH_4	棕	甲烷	白	$p=20$,白色单环
15	天然气	CNG	棕	天然气		$p\geqslant30$,白色双环
16	空气(液体)			液化空气	大红	
17	氩(液体)	Ar		液氩		
18	氦(液体)	He		液氦		
19	氢(液体)	H_2	一	液氢		
20	天然气(液体)	LNG		液化天然气		
21	氮(液体)	N_2		液氮		
22	氖(液体)	Ne		液氖		
23	氧(液体)	O_2		液氧		
24	三氟化硼	BF_3	银灰	三氟化硼	黑	
25	二氧化碳	CO_2	铝白	液化二氧化碳	黑	$p=20$,黑色单环
26	碳酰氟	CF_2O	银灰	液化碳酰氟	黑	
27*	三氟氯甲烷	CF_3Cl	铝白	液化三氟氯甲烷 R-13	黑	$p=12.5$,黑色单环
28	六氟乙烷	C_2F_6	铝白	液化六氟乙烷 R-116	黑	
29	氯化氢	HCl	银灰	液化氯化氢		
30	三氟化氮	NF_3	银灰	液化三氟化氮		
31	一氧化二氮	N_2O	银灰	液化笑气	黑	$p=15$,黑色单环
32	五氟化磷	PF_5	银灰	液化五氟化磷	黑	
33	三氟化磷	PF_3	银灰	液化三氟化磷		
34	四氟化硅	SiF_4	银灰	液化四氟化硅 R—764		
35	六氟化硫	SF_6	银灰	液化六氟化硫	黑	$p=12.5$,黑色单环
36	四氟甲烷	CF_4	铝白	液化四氟甲烷 R-14	黑	
37	三氟甲烷	CHF_3	铝白	液化三氟甲烷 R-23		
38	氙	Xe	银灰	液氙	深绿	$p=20$,白色单环 $p=30$,白色双环
39	1,1-二氟乙烯	$C_2H_2F_2$	银灰	液化偏二氟乙烯 R-1132a	大红	
40	乙烷	C_2H_6	棕	液化乙烷	白	$p=15$,白色单环
41	乙烯	C_2H_4	棕	液化乙烯	淡黄	$p=20$,白色双环
42	磷化氢	PH_3	白	液化磷化氢	大红	
43	硅烷	SiH_4	银灰	液化硅烷	大红	
44	乙硼烷	B_2H_6	白	液化乙硼烷	大红	
45	氟乙烯	C_2H_3F	银灰	液化氟乙烯 R-1141	大红	
46	锗烷	GeH_4	白	液化锗烷	大红	
47	四氟乙烯	C_2F_4	银灰	液化四氟乙烯	大红	
48	二氟溴氯甲烷	$CBrClF_2$	铝白	液化二氟溴氯甲烷 R-12B1	黑	
49	三氯化硼	BCl_3	银灰	液化三氯化硼		
50	溴三氟甲烷	$CBrF_3$	铝白	液化溴三氟甲烷 R-13B1	黑	$p=12.5$,黑色单环

序号	充装气体	化学式	体色	字样	字色	色环
51	氯	Cl_2	深绿	液氯	白	
52	氯二氟甲烷	$CHClF_2$	铝白	液化氯二氟甲烷 R-22	黑	
53*	氯五氟乙烷	CF_3CClF_2	铝白	液化氟氯烷 R-115		
54	氯四氟甲烷	$CHClF_4$	铝白	液化氟氯烷 R-124		
55	氯三氟乙烷	CH_2ClCF_3	铝白	液化氯三氟乙烷 R-133a		
56*	二氯二氟甲烷	CCl_2F_2	铝白	液化二氟二氯甲烷 R-12		
57	二氯氟甲烷	$CHCl_2F$	铝白	液化氟氯烷 R-21		
58	三氧化二氮	N_2O_3	白	液化三氧化二氮	黑	
59*	二氯四氟乙烷	$C_2Cl_2F_4$	铝白	液化氟氯烷 R-114		
60	七氟丙烷	CF_3CHFCF_3	铝白	液化七氟丙烷 R-227e		
61	六氟丙烷	C_3F_6	银灰	液化六氟丙烷 R-1216		
62	溴化氢	HBr	银灰	液化溴化氢		
63	氟化氢	HF	银灰	液化氟化氢		
64	二氧化氮	NO_2	白	液化二氧化氮		
65	八氟环丁烷	C_4F_8	铝白	液化氟氯烷 R-C318		
66	五氟乙烷	$CH_2F_2CF_3$	铝白	液化五氟乙烷 R-125		
67	碳酰二氯	$COCl_2$	白	液化光气	黑	
68	二氧化硫	SO_2	银灰	液化二氧化硫		
69	硫酰氟	SO_2F_2	银灰	液化硫酰氟		
70	1,1,1,2-四氟乙烷	CH_2FCF_3	铝白	液化四氟乙烷 R-134a		
71	氨	NH_3	淡黄	液氨		
72	锑化氢	S_bH_3	银灰	液化锑化氢	大红	
73	砷烷	A_SH_3	白	液化砷化氢		
74	正丁烷	C_4H_{10}	棕	液化正丁烷	白	
75	1-丁烯	C_4H_8	棕	液化丁烯		
76	(顺)2-丁烯	C_4H_8	棕	液化顺丁烯	淡黄	
77	(反)2-丁烯	C_4H_8	棕	液化反丁烯	淡黄	
78	氯二氟乙烷	CH_3CClF_2	铝白	液化氯二氟乙烷 R-142b	大红	
79	环丙烷	C_3H_6	棕	液化环丙烷	白	
80	二氯硅烷	SiH_2Cl_2	银灰	液化二氯硅烷		
81	偏二氟乙烷	CF_2CH_3	铝白	液化偏二氟乙烷 R-152a	大红	
82	二氟甲烷	CH_2F_2	铝白	液化二氟化甲烷 R-32		
83	二甲胺	$(CH_3)_2NH$	银灰	液化二甲胺		
84	二甲醚	C_2H_6O	银灰	液化甲醚		
85	乙硅烷	SiH_6	银灰	液化乙硅烷	大红	
86	乙胺	$C_2H_6NH_2$	银灰	液化乙胺		
87	氯乙烷	C_2H_5Cl	银灰	液化氯乙烷 R-160		
88	硒化氢	H_2Se	银灰	液化硒化氢		
89	硫化氢	H_2S	白	液化硫化氢		

续表

序号	充装气体		化学式	体 色	字 样	字 色	色 环
90	异丁烷		C_4H_{10}	棕	液化异丁烷	白	
91	异丁烯		C_4H_8	棕	液化异丁烯	淡黄	
92	甲胺		CH_3NH_2	银灰	液化甲胺		
93	溴甲烷		CH_3Br	银灰	液化溴甲烷	大红	
94	氯甲烷		CH_3Cl	银灰	液化氯甲烷		
95	甲硫醇		CH_3SH	银灰	液化甲硫醇		
96	丙烷		C_3H_8	棕	液化丙烷	白	
97	丙烯		C_3H_6	棕	液化丙烯	淡黄	
98	三氯硅烷		$SiHCl_3$	银灰	液化三氯硅烷		
99	1,1,1-三氟乙烷		CHF_3CH_2	铝白	液化三氟乙烷 R-143a	大红	
100	三甲胺		$(CH_3)_3N$	银灰	液化三甲胺		
101	液化石油气	工业用		棕	液化石油气	白	
		民用		银灰	液化石油气	大红	
102	1,3-丁二烯		C_4H_6	棕	液化丁二烯	淡黄	
103	氯三氟乙烯		C_2F_3Cl	银灰	液化氯三氟乙烯 R-1113		
104	环氧乙烷		CH_2OCH_2	银灰	液化环氧乙烷	大红	
105	甲基乙烯基醚		C_3H_6O	银灰	液化甲基乙烯基醚		
106	溴乙烯		C_2H_3Br	银灰	液化溴乙烯		
107	氯乙烯		C_2H_3Cl	银灰	液化氯乙烯		
108	乙炔		C_2H_2	白	乙炔不可近火		

注：1. 色环栏内的 p 是气瓶的公称工作压力，单位为 MPa。

2. 序号加 * 的，是 2010 年后停止生产和使用的气体。

2. 表 3-8 以外的气体气瓶的涂覆配色（表 3-9）

表 3-9　气瓶涂覆配色类型

充装气体类别		气瓶涂覆配色类型		
		体 色	字 色	环 色
烃类	烷烃	YB05 棕	白	R03 大红
	烯烃			
稀有气体类		B04 银灰	G05 深绿	
氟氯烷类		铝白	可燃性:R03 大红 不燃性:黑	
毒性类		Y06 淡黄		
其他气体		B04 银灰		

（1）瓶帽、护罩、瓶耳、底座等涂覆颜色应与瓶体的体色一致（塑料质的瓶帽、护罩除外）。

（2）铝合金质气瓶、不锈钢质气瓶、焊接绝热气瓶（外表面为不锈钢），用户无要求时，可以不涂覆体色而保持金属本色。气瓶外表面粘贴的标签（气体名称标志、警示标签等）应符合《气瓶安全技术监察规程》和相应国家标准的规定。

（3）各种材质内胆的全缠绕、环缠绕的各种规格的一般用气瓶和车用纤维缠绕气瓶，其镶嵌在外层保护膜内的标签，必须符合《气瓶安全技术监察规程》和相应国家产品标准的规定。

（4）环缠绕气瓶的头部和底部的金属部分的涂覆颜色，根据所盛装介质，应与体色一致，不书写字样。

（5）长管拖车、管束式集装箱用大容积环缠绕气瓶的头部和底部金属部分的涂覆颜色，由用户或者制造单位自行决定，并经监督检验机构审核同意。

（6）气瓶检验色标的涂覆颜色和形状见表 3-10。

表 3-10   气瓶检验色标的涂覆颜色和形状

检验年份	颜　色	形　状	检验年份	颜　色	形　状
2012 年	Y09　铁黄	椭圆形	2017 年	Y09　铁黄	矩形
2013 年	P01　淡紫		2018 年	P01　淡紫	
2014 年	G05　深绿		2019 年	G05　深绿	
2015 年	RP01　粉红	矩形	2020 年	RP01　粉红	椭圆形
2016 年	R01　铁红		2021 年	R01　铁红	

公称容积为 40L 的气瓶的检验色标形状与尺寸：矩形约为 80mm×40mm；椭圆形的长短轴分别约为 80mm 和 40mm。其他规格的气瓶，检验色标的大小宜适当调整。在气瓶检验钢印标记和检验标记环上，应按检验年份涂检验色标。检验色标的颜色和形状见表 3-10，每 10 年一个循环周期。小容积气瓶和检验标记环上的检验钢印标志可以不涂检验色标。

3. 盛装混合气体的气瓶规定涂覆的颜色标志

（1）混合气体主要危险特性的颜色表示　可燃性用红色（R03 大红，下同）表示；毒性用黄色（Y06 淡黄，下同）表示；氧化性用蓝色[PB06 淡（酞）蓝，下同]表示；不燃性用绿色（G05 深绿，下同）表示。

（2）混合气体气瓶的瓶色组成　混合气体气瓶的瓶色分为头色和体色两部分。

① 混合气体气瓶的头色　混合气体气瓶的头部，指瓶颈和瓶肩两部分的组合。对于一条环焊缝的焊接气瓶，是指从瓶口（或阀座，下同）起至瓶肩过渡区或者下延 20mm（按容积、长径比不同，下延长度可适当调整）；对于两条环焊缝的焊接气瓶，是指从瓶口起至上环缝的下缘；对于无缝气瓶，是指从瓶口起至瓶肩过渡区或者下延 20mm（按容积、长径比不同，下延长度可适当调整）。头部所涂覆的颜色为头色。头色需涂覆成两种颜色时，按头部长度（高度）平分为上、下两部分，各涂覆一种颜色。混合气体的主要危险特性，头色为单一颜色：即可燃性为大红色，毒性为淡黄色，氧化性为淡（酞）蓝色，不燃性（一般性）为深绿色。混合气体的主要危险特性，具有可燃性且又有毒性时，头色上部为大红色，下部为淡黄色；具有毒性且又有氧化性时，头色上部为淡黄色，下部为淡（酞）蓝色。

② 混合气体气瓶的体色　混合气体气瓶头部以外的部分为瓶体。瓶体所涂覆的颜色为体色。混合气体气瓶的体色均涂覆为银灰色。铝合金质气瓶、不锈钢气瓶盛装混合气体，可不涂覆体色而保持金属本色。

混合气体气瓶的瓶色见表 3-11。

表 3-11   混合气体气瓶的瓶色

混合气体主要危险特性	头　色		体色	字色　环色
	上	下		
燃烧性	R03 大红		B04 银灰	R03 大红
毒性	Y06 淡黄			Y06 淡黄
氧化性	PB06 淡（酞）蓝			PB06 淡（酞）蓝
不燃性（一般性）	G05 深绿			G05 深绿
燃烧性和毒性	R03 大红	Y06 淡黄		R03 大红
毒性和氧化性	Y06 淡黄	PB06 淡（酞）蓝		Y06 淡黄

（3）混合气体气瓶其他部件的涂覆颜色　混合气体气瓶的护罩、瓶耳、瓶帽、底座等，一律涂覆为银灰色。

（4）混合气体气瓶阀门的涂覆颜色　混合气体气瓶的瓶阀不再涂色，即保持其金属本色或产品原涂覆的颜色。

（5）混合气体气瓶的字样　混合气体气瓶的字样与色环彼此间应避免叠合，不占防震圈的位置。气体名称应选用行业的常用名称或商品名称。混合气体气瓶书写"混合气"或"标准气"三个汉字，并符合以下要求：①立式气瓶，在气体名称下方环向横书；②卧式气瓶，在气体名称下方轴向横书；③小容积混合气体气瓶，按用户的意愿可以不书写气体名称，但必须按前款的规定书写"混合气"或"标准气"三个汉字。

（6）混合气体气瓶的字色　混合气（标准气）及气体名称的字色应按混合气体气瓶的瓶色。

（7）混合气体气瓶的色环　①公称工作压力小于或者等于15MPa的不涂色环；②公称工作压力大于15MPa且小于30MPa的涂一道色环（简称单环）；③公称工作压力等于30MPa的涂两道色环（简称双环）；④色环的颜色和头色一致，头色分为上、下两部色时，应与上部色一致；⑤色环的宽度、间距、位置和要求，应符合上述规定。

4. 大容积钢质无缝气瓶（长管拖车、管束式集装箱用瓶）的颜色标志

（1）大容积钢质无缝气瓶指的是组装在长管拖车和管束式集装箱上的管制气瓶。

（2）大容积钢质无缝气瓶在长管拖车和管束式集装箱上组装后，位于左外侧和右外侧气瓶之外的气瓶为中间气瓶。

（3）大容积钢质无缝气瓶所充装气体的主要危险特性，用色带的颜色区分：可燃性气体为红色（R03　大红）；毒性气体为黄色（Y06　淡黄）；氧化性气体为蓝色〔PB06　淡（酞）蓝〕；不燃性（一般性）气体为绿色（G05深绿）。

（4）大容积钢质无缝气瓶的瓶色：大容积钢质无缝气瓶的瓶色包括体色和色带。

（5）大容积钢质无缝气瓶的体色均涂覆为白色或者乳白色。

（6）中间气瓶和左外侧、右外侧气瓶的内侧面，只涂覆体色，不涂覆色带，不书写字样。

（7）大容积钢质无缝气瓶的色带：色带宽度为80～150mm。可按照大容积钢质无缝气瓶公称直径不同，进行适当的调整；大容积钢质无缝气瓶的色带，按气瓶在长管拖车或者管束式集装箱上组装固定后的可视位置，沿瓶体外表面中间母线轴向涂覆。气瓶头和尾的收缩部分（瓶肩、瓶颈、瓶口、瓶底）不涂色带。根据需要色带可以断开。

（8）大容积钢质无缝气瓶的字样：大容积钢质无缝气瓶的字样（内容、字体、字的大小等），由制造单位或者定期检验单位决定，但应获得用户和监督检验机构同意；气体名称为汉字，应与表3-8中的字样一致。

四、气瓶搬运的注意事项

（1）在搬运前应了解气体名称、性质和安全搬运注意事项，要备齐工器具和防护用品，如有毒、有害、腐蚀、放射性、自燃等，低温液体气化充装工艺的在装卸液体时要备齐防低温损伤人体的工器具和防护用品。

（2）检查气瓶的气体产品合格证、警示标签是否与充装气体及气瓶的标志的介质名称一致，要配戴瓶帽和防震圈。

（3）配戴好瓶帽（有防护罩的气瓶除外）和防震圈（集装气瓶除外），轻装轻卸，严禁抛、滑、滚、碰、撞、敲击气瓶；当人工将气瓶向高处举放或气瓶从高处落地时必须两人同时操作。

（4）吊装时，将散装瓶装入集装箱内，固定好气瓶，用机械起重设备吊运；严禁使用电磁起重机和用金属链绳捆绑后吊运气瓶，不得使用吊钩吊气瓶瓶帽吊运气瓶。

（5）在气瓶运输车上，应注意：①氧气瓶不可与可燃气体气瓶同车；②气瓶立放时车厢高度应在瓶高的 2/3 以上；卧放时，瓶阀端应朝向一方，垛高不得超过五层且不得超过车厢高度。

（6）运输气瓶的车上严禁烟火，夏季时气瓶要防晒，避免白天运送气瓶。

五、气瓶的储运和保管

1. 定期检验

（1）气瓶定期检验机构应当按照《特种设备检验检测机构核准规则》（TSG Z7001—2004）的要求，取得气瓶检验许可证。气瓶定期检验机构应当严格按照核准的检验范围从事气瓶定期检验工作。检验机构应当接受特种设备安全监督管理部门的监督，并且对气瓶定期检验结论的正确性负责。

（2）气瓶检验检测人员应当取得气瓶检验人员资格证书，无损检测人员应当取得相应项目的无损检测资格证书。

（3）气瓶产权单位或充装单位应当及时对到期应检气瓶、回收的超期未检气瓶（包括车用气瓶、呼吸器用气瓶、长管拖车用大容积气瓶）进行检验。

（4）气瓶定期检验机构接到送检气瓶后，应当及时进行检验，但不得检验非持证充装单位送检的气瓶（车用气瓶、呼吸器用气瓶、长管拖车用大容积气瓶以及特种设备安全监督管理部门指定的气瓶除外）。

（5）气瓶定期检验周期见表 3-12。

表 3-12　气瓶定期检验周期

序号	气 瓶 品 种	检验周期[①]
1	钢质无缝气瓶和铝合金无缝气瓶	（1）盛装氮、六氟化硫、惰性气体及纯度大于等于 99.999％的无腐蚀性高纯气体的气瓶，每 5 年检验 1 次 （2）盛装腐蚀性气体的气瓶、潜水气瓶以及常与海水接触的气瓶，每 2 年检验 1 次 （3）盛装其他气体的气瓶，每 3 年检验 1 次
2	钢质焊接气瓶[②]	（1）盛装一般气体的气瓶，每 3 年检验 1 次 （2）盛装腐蚀性气体的气瓶，每 2 年检验 1 次
3	溶解乙炔气瓶	每 3 年检验 1 次
4	液化石油气钢瓶	按国家标准 GB 8334 的规定
5	车用液化石油气钢瓶	每 5 年检验 1 次
6	焊接绝热气瓶	原则上由用户根据气瓶绝热性能及使用状况确定是否应送专业机构或制造厂进行检修和维保，但每 5 年至少进行 1 次检修和维保
7	车用液化天然气焊接绝热气瓶	原则上由用户根据气瓶绝热性能及使用状况确定是否应送专业机构或制造厂进行检修和维保，但每 3 年至少进行 1 次检修和维保
8	呼吸器用复合气瓶	每 3 年检验 1 次
9	车用缠绕气瓶	至少每 3 年检验 1 次[③]
10	车用压缩天然气钢瓶	（1）每 3 年进行 1 次，第 2 次检验后每 2 年进行 1 次 （2）出租车用钢瓶，每 2 年进行 1 次，第 2 次检验后每年进行 1 次

① 未列入的气瓶品种及未明确的检验周期按相应标准确定。盛装混合气体的气瓶，其检验周期应当按混合气体分类检验周期最短的气体确定。

② 不含液化石油气钢瓶、溶解乙炔气瓶和车用气瓶。

③ 直辖市及省级特种设备安全监督管理部门可以根据本地区车用缠绕气瓶的使用状况缩短定期检验周期。

（6）发现气瓶有下列情况之一的，应当在使用过程中提前进行定期检验：①有严重腐蚀、损伤或对其安全可靠性有怀疑的；②纤维缠绕气瓶缠绕层有严重损伤的；③库存或停用时间超过一个检验周期的，启用前；④车用气瓶发生交通事故可能影响安全使用的，重新投用前；⑤车用气瓶移装前；⑥气瓶定期检验标准中规定需提前进行定期检验的情况发生时；⑦检验人员认为有必要提前检验的。

（7）气瓶检验前应当按以下要求对气瓶处理：①毒性、可燃气体气瓶内的残余气体应以环保的方式回收处理，不得向大气排放；②确认气瓶内压力降为零后，方可卸下瓶阀；③可燃气体气瓶必须经置换，液化石油气钢瓶需经蒸汽吹扫或采用其他不损伤瓶体材料、不降低瓶体材料性能的方法进行内部处理，达到规定的要求。否则，严禁用压缩空气进行气密性试验。

（8）检验项目和要求如下。

① 各类气瓶定期检验的项目和要求应当符合相应安全技术规范和国家标准的规定。对未制定定期检验国家标准的气瓶产品，可由检验机构参照国际标准或国外先进标准制定企业标准。企业标准应当经过国家质检总局委托的国家气瓶专业标准化机构技术评审和备案。

② 气瓶定期检验应当逐个进行。检验中严禁对气瓶瓶体进行挖补、焊接修理等。

（9）检验合格标志如下。

① 检验合格的气瓶，应当按图3-9或图3-10作出检验标记，如打检验钢印（打在气瓶上或检验标志环上）或贴检验标签等，涂检验色标。

② 气瓶检验机构应当保证检验合格的气瓶能够在正常使用情况下安全使用一个检验周期，不能安全使用到下一个检验周期的气瓶，应当报废。

（10）检验记录和报告：气瓶检验机构应当认真填写检验记录，检验结束后应当对检验合格或报废的气瓶及时出具气瓶检验报告。检验记录和检验报告应当真实、准确。

（11）报废处理：

① 报废的气瓶应当由气瓶检验机构进行破坏性处理，破坏性处理方式为压扁或将瓶体解体；

② 气瓶检验机构应及时向所在地级市特种设备安全监督管理部门报告气瓶报废处理情况。

2. 气瓶的安全使用

气瓶充装单位应当向瓶装气体经销单位、使用单位和使用者提供符合安全技术规范及相应标准要求的气瓶，并落实安全培训责任，对瓶装气体经销单位、使用单位和使用者进行气瓶安全存放、使用等知识培训并如实记录。培训记录必须归档管理，培训内容除本规程规定的瓶装气体经销单位、使用单位和使用者应当遵守的内容外，还应包括如下事项。

（1）气体使用单位应当建立相应的安全管理制度和操作规程，配备必要的防护用品，指派掌握相关知识和技能的人员使用气瓶，同时对相关人员进行安全教育和培训。

（2）经销单位、使用单位和使用者应当经销、购买和使用有《气瓶充装许可证》的充装单位充装的合格瓶装气体，不允许使用超期未检验的气瓶。

（3）使用前进行安全状况检查，同时对盛装气体进行确认，严格按照使用说明书的要求使用气瓶。

（4）严禁在气瓶上进行电焊引弧，不得对瓶体进行挖补、焊接修理。

（5）开启或关闭瓶阀的力矩不应超过相应标准的规定。

（6）瓶内气体不得用尽，压缩气体、溶解乙炔气气瓶的剩余压力不小于 0.05MPa；液化气体、冷冻液化气体气瓶应当留有不少于 0.5%～1.0% 规定充装量的剩余气体。

（7）在可能造成回流的使用场合，使用设备上应当配置防止倒灌的装置，如单向阀、止回阀、缓冲罐等。

（8）使用液化天然气气瓶的车辆，不得进入地下停车场及封闭建筑物内的停车场。

（9）使用过程中发现气瓶出现异常情况时，应当立即与瓶装气体经销单位或者充装单位联系。

（10）气瓶上应有警示标签，其内容有：①对单一气体，应有气体名称或化学分子式；②对混合气体，应有导致危险性的主要成分的化学名称或化学分子式。如果主要成分的化学名称或分子式已被标识在气瓶的其他地方，也可在底签上印上通用术语或商品名称；③气瓶及瓶内充装的气体在运输、储存及使用上应遵守的其他说明及警示；④气瓶充装单位的名称、地址、邮政编码、电话号码。

（11）临时进口境外气瓶的使用

对境外制造并在境内充装后出口的气瓶，或境外充装后进口并在瓶内气体用完后再出境的气瓶，属于临时进口境外气瓶，应当符合如下规定。

① 办理临时进口境外气瓶的单位，应当向进口地特种设备安全监督管理部门及检验检测机构提供气瓶产权所在国家（或地区）官方授权检验机构出具的出厂检验合格证明文件。

② 由进口地的特种设备检验检测机构对临时进口的境外气瓶进行安全性能检验；如入境时无法实施安全性能检验，应当在气瓶内气体用尽后再对其进行安全性能检验，安全性能检验合格有效期为 1 年；因气体特性等原因无法进行内部检验的气瓶，进口单位应当提供气瓶产权所在国家（或地区）检验机构出具的定期检验合格证明文件（应在该气瓶所依据的相应标准或规范规定的定期检验周期内），经特种设备检验检测机构确认其有效后可只进行外观检查和壁厚测定，并出具单项检验报告；安全性能检验或外观检查和壁厚测定不合格的气瓶，不得再进口。

③ 符合本条①、②要求的气瓶出境或再次进口时，只要具有有效的气瓶安全性能检验合格证明文件，可不再进行安全性能检验。对只进行外观检查和壁厚测定的气瓶，再次进口时应当按照本条②的要求重新进行检验。

④ 各级特种设备安全监察机构应督促使用临时进口境外气瓶的企业，建立临时进口境外气瓶档案，并按照我国有关安全技术规范、国家标准的要求，制定和严格执行临时进口境外气瓶安全管理制度，确保临时进口的境外气瓶安全使用。

3. 气瓶的储存

（1）气瓶瓶库的建设必须经安全、质监、环保等政府部门的批准。

（2）气瓶瓶库不得少于两个出口，屋顶应为轻型结构并应有足够的泄压面积，透明的玻璃上应涂白漆，应有通风换气装置，地面平坦且不打滑，不可有明火。冬季集中供暖库房设计温度为 10℃，气瓶的放置地点，不得靠近热源和明火，严禁用任何热源对气瓶加热，夏季防止暴晒。

（3）在夏季，乙烷、氯甲烷、溴甲烷、一甲胺、二甲胺、三甲胺、氯乙烯、乙二烯、丁烯、甲醚、环氧乙烷、氯乙炔、二氧化硫、光气、氟化氰等气瓶库房温度应控制在 30℃以下，相对湿度控制在 80% 以下。

（4）一些有特殊要求的气体应存放在特殊的库房之中；盛装易起聚合反应或分解反应气

体的实瓶，应当根据气体的性质控制仓库内的最高温度，规定储存期限，并应当避开放射线源；储存乙炔实瓶的仓库室内温度不得超过 40℃，否则应当采用喷淋等冷却措施，乙炔气瓶应单独存放。

（5）瓶入库应按照气体的性质、公称工作压力及空实瓶严格分类存放，空瓶与实瓶应分开放置，并有明显标志。

（6）可燃、有毒、窒息库房应有自动报警装置。毒性气体实瓶和瓶内气体相互接触能引起燃烧、爆炸。产生毒物的实瓶，应当分室存放，并在附近设置防毒用具和灭火器材，并应有明确的标志。

（7）可燃气体的气瓶不可与氧化性气体气瓶同库储存：笑气气瓶不准与氢、氨、氯乙烷、环氧乙烷、乙炔等气瓶同库；氨气气瓶不准与氯、氧、氯化氢、氯甲烷、氧化氮、二氧化硫、六氟化硫等气瓶同库存放；甲烷、一甲胺、二甲胺、三甲胺、氟化硼气瓶不准同氯气、磷烷、硫化氢等瓶同库储存。

（8）气瓶库最大的存瓶数不得超过 3000 个。如库房用密封防火墙分隔单室，则每室存放可燃、有毒气瓶不得超过 500 个；存放不燃、无毒气体气瓶不得超过 1000 个。光气气瓶限期存放 3 个月，溴甲烷、二氧化硫气瓶限期存放 6 个月，氯乙烯氯化氢、甲醚气瓶等不宜长期存放，可燃气体的气瓶不准在绝缘体上存放，以防止静电产生。

（9）气瓶应当整齐放置，横放时，头部朝同一方向；立放时要妥善固定，采取防止气瓶倾倒的措施，气瓶应当整齐放置。

六、用计算机管理气瓶

1. 资料的管理

气瓶出厂时，制造单位应当逐个出具产品合格证，按批出具批量检验质量证明书。产品合格证和批量检验质量证明书的内容，应当符合相应产品标准的规定。同时应当在产品合格证的明显位置上，注明制造单位的制造许可证编号。产品合格证和批量检验质量证明书上应当有制造单位的检验责任工程师签字或盖章。

产品的质量记录、检验报告、批量质量检验证明书等文件应当按规定期限保存。对于车用气瓶一般应不少于 15 年，其他气瓶应不少于 7 年。

气瓶充装单位应当建立气瓶档案，气瓶档案包括合格证、批量检验质量证明书等出厂资料、气瓶产品制造监督检验证书、气瓶使用登记资料、气瓶定期检验报告等。气瓶的档案应当保存到气瓶报废为止。

2. 用计算机管理气瓶的原因

①杜绝气体的错装、超装；②杜绝充装站充装非自有产权气瓶和技术档案不在本充装站的气瓶；③便于充装站自有产权气瓶打标记，技术档案输入计算机；④杜绝充装过期瓶和报废瓶；⑤解决由于气瓶数量较大，充装站和检验站管理混乱及丢失气瓶的现象；⑥便于检验站与充装站及气瓶监察部门的沟通，杜绝过期瓶、报废瓶流入社会，能使气瓶管理走入正规。

第四章
气瓶的气体充装

▶▶▶

充装过程是指将已生产并通过中间质量检验合格的产品装入适当的容器中，是产品加工工艺的最后一道工序。气体的充装相当于一般产品的包装工序，但是，由于气体产品的易燃、易爆、毒性、腐蚀及极好的流动性、渗透性等特殊性，又加上永久气体、液化气体的临界温度的不同，选择气瓶也不同。另外，高压、低温等恶劣条件，也使气体的充装与一般产品的包装有很大的不同。要求有不同的工艺、设备，适于不同气体的各式各样的包装容器及附件，不同于一般工段的建制和管理。

(1) 对充装过程的基本要求如下。

① 产品充装过程在安全的状态下进行，并为使用者提供符合安全标准的保存容器和方便的使用设施。

② 确保在充装过程和充装后规定的时期内，产品的质量保持在产品质量标准规定的技术指标以内。

(2) 根据所充装气体的存在状态和充装工艺，我国与国际分类方法基本相同，可分为：

① 压缩气体的充装。

② 液化气体（高压液化气体和低压液化气体）的充装。

③ 溶解性气体的充装。

④ 吸附性气体的充装：金属氢化物的吸氢为放热过程，向此类容器中充装氢时，注意散热，充装过程不可过快。氢气重新以分子态从氢化物（吸附剂）中解吸逸出需经扩散、相变和化合等过程，受到热效应与速度的制约，因此与高压氢或液氢状态相比，提高了充装环节的安全保证。

(3) 适于不同气体特性的不同的工艺、设备、包装容器及附件，气体充装又可分为：①惰性气体（液体）的充装；②可燃（还原）性气体（液体）的充装；③氧化性气体（液体）的充装；④毒性气体（液体）的充装；⑤腐蚀性气体（液体）的充装。

(4) 按气体组成可以分为：①纯气充装，即充装气体主体为单一气体的充装；②混合气充装，即均匀混合的多组分气体的充装，先后将两种以上纯气体充入同一容器的充装。

第一节 压缩（原永久）气体的充装

气瓶充装单位应当按照相应气瓶充装标准的规定，在气瓶充装前、充装后，由取得特种设备作业人员证的人员对气瓶逐个进行检查，并按气瓶充装标准的要求做好充装前、后检查记录和充装记录，相关标准对记录保存时间有规定的按标准规定执行，标准没有规定的保存时间不少于3个月。充装单位应当提供真实、可追踪的充装记录，可以采用手工或电子记录，鼓励充装单位采用电子标签等信息化手段对气瓶及其充装、使用进行安全管理。

一、压缩气体的充装工艺流程

（1）中、低压气体经升压器升压后进入充气汇流排。在汇流排上有多个带有阀门的支管分别与多个气瓶相连接。为了拆装方便，接管多采用高压软管，接头多采用快装接头。为连续生产，一般都设两组汇流排，切换使用，如图4-1所示。

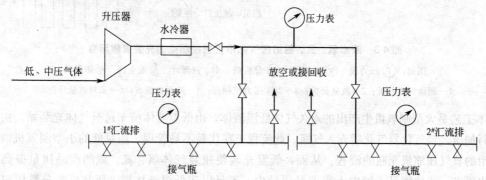

图 4-1 用压缩机增压的气体充装流程示意图

高压氩气的充装：充装医用的高压氩气，流程是将原10～15MPa的普通压力的氩气经增压机增压到40MPa，其增压机是以压力为0.8MPa的氮气作为动力的，如图4-2所示。

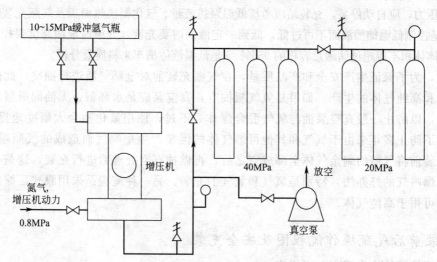

图 4-2 压缩气体氩气增压充装流程

（2）液态氧、氮、氩增压气化带工艺控制点的充装流程如图 4-3 所示，其流程是目前最常见的。

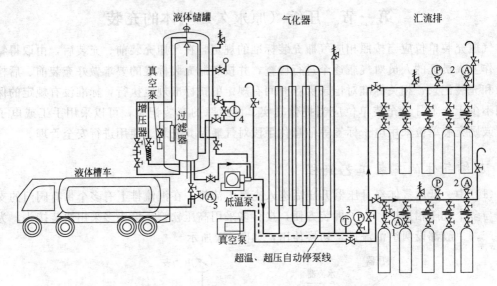

图 4-3 液态氧、氮、氩增压气化带工艺控制点的充装流程示意

图例：Ⓟ 压力表 Ⓣ 温度计 Ⓐ 分析阀 Ⓛ 液面计 ⍓ 安全阀 ⍓ 防爆膜

1—剩余气体分析；2—成品分析；3—温度压力控制点；4—液面控制点；5—来料质量分析点

本工艺是大型制氧机生产出的永久气体低温液体，由低温液体槽车送至气体充装站，由低温泵进行加压，经气化器气化后充入气瓶。此流程正在代替不易管理、质量低的小型制氧机以及经水润滑的氧气压缩机充瓶的流程。从而，低温充装使瓶装气体氧、氮、氩的产品质量提高了一步，也更进一步地满足了国内大需求量用量少、不足以建低温液体罐、瓶装气的分散用户的要求。操作中共有五个工艺控制点（图 4-3），1 是气瓶剩余气体分析，其目的是防止错装和保证产品质量，充装站应配备气体检验仪器，且每班应进行仪器的可靠性检验；2 是成品分析；3 是气化器出口温度、压力控制，其目的是防止气瓶超压和低温气体（甚至液体）进入气瓶，超过设定的温度、压力，应自动停泵，充装站应考核低温泵排液量、气化器换热面积及气瓶充装量的匹配情况；4 是控制低温储槽液面不可过低，低到一定液面时要充液，充液时液面高度要控制，使充入总的液体体积不得超过储罐总容积的 95%；5 是低温液体槽车来料质量分析。

另外，为了保证生产安全和产品质量，在气瓶充装前对全部气瓶进行抽空，此法也多用于医用氧和高纯气体的生产。如果是氧气瓶抽空，真空泵应是水环型、无油润滑型或使用氟化油润滑，以防止一般真空泵油与氧气混合爆炸。不过，使用氟化油会大幅度地提高成本。但是，为了防止多年来由于氧气和其他可燃气体的混装产生爆鸣气而造成的气瓶爆炸事故，在气瓶充装前将气瓶的剩余气体全部放空之后，再做抽真空处理后进行充装，这是一种避免瓶内产生爆鸣气的好办法，特别是氧气和氢气的充装。另一种流程是采用膜式压缩机压缩充装气瓶，可用于高纯气体。

二、充装前后气瓶操作流程图及安全充装

充装压缩气体应当遵守下列规定

（1）压缩气体的充装装置，必须防止可燃气体与助燃气体错装或防止不相容气体的

错装。

（2）严格控制气瓶的充装量，充分考虑充装温度对最高充装压力的影响，气瓶充装后，在20℃时的压力不得超过气瓶的公称工作压力。

（3）采用电解法制取氢、氧气的充装单位应当制定严格的定时测定氢、氧纯度的制度，设置自动测定氢、氧浓度和超标报警的装置，并应定期进行手动检测；当氢气中含氧或者氧气中含氢超过0.5%（体积分数）时，严禁充装，同时应当查明原因并妥善处置。

（4）应当采用高压气瓶充装氟，每瓶最大充装量在2.7kg以下，20℃时的限定压力不得大于3MPa。

三、充装前后气瓶操作流程图及安全充装

1. 气瓶操作流程

气瓶操作流程如图4-4所示。

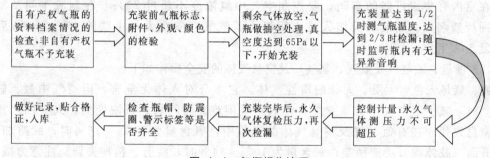

图4-4　气瓶操作流程

2. 气瓶在充装前的检查

（1）充装前应检查国产气瓶是否是由具有"制造许可证"的单位生产的，应检查充装的气体是否与气瓶制造钢印标记中充装气体名称或分子式相一致，气瓶是否是本充装站的产权，在本充装站中是否有该气瓶的档案。

（2）要对氧气瓶剩余气体进行检验，剩余气体是否与充装气体相同。无剩余压力的要拆下瓶阀，检查瓶内是否有油，如有油要进行内部检查及脱脂。

（3）检查是否有改装、水压过期、超期服役的气瓶。

（4）检查螺纹，可燃气瓶阀出口螺纹是反扣，氧气及不燃气体瓶阀出口螺纹是正扣。

3. 气瓶在充装中应检查

（1）气瓶充装到7.5MPa时要检测温度，检查各瓶是否都进气，充装10MPa时要检查瓶阀螺纹、瓶阀挺子密封处及瓶阀出口处是否漏气。

（2）不可充气太快，每排气瓶的充装时间不可低于30min。

（3）在低温液态气体气化后的气瓶充装过程中，低温液态气化器不得有严重结冰现象，气化器气体出口至汇流排管道温度不可低于0℃，若出现上述现象应及时妥善处理。

4. 充装后的气瓶

充装后的气瓶应有专人负责逐个进行检查。不符合要求时，应进行妥善处理，检查内容包括：

① 瓶内压力是否在规定范围内；

② 瓶阀及其与瓶口螺纹连接的密封是否良好；

③ 气瓶充装后是否出现鼓包变形或泄漏等严重缺陷；

④ 瓶体的温度是否有异常升高的迹象。

5. 充装记录

（1）充装单位应有专人负责填写气瓶充装记录，记录的内容至少应包括充气日期、瓶号、室温、充装压力、充装人、充装起止时间、有无发现异常情况等；

（2）充装单位应负责妥善保管气瓶充装记录，保存时间不应少于 2 年。

6. 低温液体的安全充装

（1）氧是一种无色、无臭、无味的气体。它是一种助燃剂。它与可燃气体（如乙炔、氢、甲烷等）以一定比例混合，可形成爆炸混合物。当空气中氧浓度达到 25% 时，已能激起活泼的燃烧，达到 27% 时，火星将发展到活泼的火焰。经试验，一块棉布在含氧 21% 的空气中燃烧 84s 可完毕，在含氧 28% 的空气中燃烧 43s 可完毕，在含氧 84% 的空气中燃烧 13s 可完毕，所以，在含氧高的空气中危险性很大，在制氧车间或氧气在室内有集聚可能的车间，要控制空气中氧浓度不超过 23%，在制氧车间及制氧机周围严禁烟火。当液氧操作人员衣服渗入了氧气，应在大气中吹除 15～20min 后才可恢复正常工作。

（2）液氮、液氩（及氮气、氩气）及窒息气体的安全操作如下。

氮、氩是无色、无臭、无味的惰性气体。它本身对人体无危害，但空气中氮、氩含量增高时，减少了空气中的氧含量，使人呼吸困难。时间长，氧浓度低，人会因严重缺氧而窒息致死。在有氮、氩及窒息气体的气氛中，氧含量为 14%～16% 时，脉搏加快、血压升高、肢体调节功能稍差；氧含量为 10%～14% 时，疲劳、精神失调、注意力减退、思想紊乱；氧含量为 6%～10% 时，头疼、眼花、恶心、呕吐、耳鸣、不能自主动作或说话；含氧量 6% 以下，心跳微弱、血压下降、张口呼吸，甚至死亡。缺氧危险作业安全及防护措施如下。

① 为了避免空气中氮、氩及窒息气体含量增多，在制氧车间中，氮、氩气集聚区，检修氮、氩设备、容器、管道时，需先用空气置换，在缺氧危险场所内作业时必须关闭氮、氩及窒息气体的阀门或装盲板。缺氧危险场所严禁关门和盖盖。要控制空气中氧浓度不低于 18%，缺氧危险场所在测氧含量的同时，还要对有害气体（如硫化氢、二氧化碳、甲烷等）进行测定，合格后方可开始工作。

② 在密闭场所（船舱、储罐、冷藏库、粮仓、实验室、地下管道、仓库、工事、矿井、地窖、垃圾站、化粪池或低凹处等）进行氩弧焊时要注意空气中的氧含量，工作时，应有专人看护。

③ 液氮、液氩及窒息气体作业场不可在低凹处，应保证通风，不易通风的场所应使用空气或氧气呼吸器，严禁使用过滤式面罩、口罩等，应配备抢救器具、隔离式呼吸保护器具。

④ 安全带、梯子、绳索使用前应进行检查。

⑤ 进入缺氧危险区前、后应清点人数，环境外应有人监护。

⑥ 明确联系信号。

⑦ 有缺氧危险时应立即停止工作。

⑧ 有缺氧危险影响附近作业时应立即通报。

⑨ 缺氧危险场所应配备灭火装置，建立明确标志，缺氧作业场所应有醒目标志。

⑩ 对患缺氧症的工作人员应立即给予救治和医疗处理。

（3）低温液体储罐的初次充装：低温液体储罐的初次充装前（内筒是常温），应与相关单位保持联系，服从指挥。排尽罐内气体，接好充装软管，检查各安全阀、压力表、液面计等处于安全、完好的工作状态，其步骤如下。

① 充装时应正确使用液面计。使用方法为先关闭上下阀，打开平衡阀，之后先打开上阀再打开下阀，最后关闭平衡阀，各阀开关还应缓慢，以免冲坏液面计。

② 初次充装的储罐，因内筒温度较高，必须先降温，所以操作时应最大限度地打开放空阀，控制进液流量，使内筒压力不升高。适当打开上进液阀，关闭下进液阀，使液体从罐顶喷淋落下，使内筒平稳降温，不损坏焊缝。降温至压力不再上升，开始正常充装。全开上进液阀，控制放空阀开启度，控制内筒压力，同时也应防止放空阀开启过大，造成浪费。溢流口出现液体或充液已达总容积的 95%，应立即停止充装。

③ 停止充装时，关闭进液阀，之后关闭放空阀，快速打开管道接头排尽软管内残液，以防止管内残液气化增压引起爆炸。

注意事项如下。

① 低温液体储罐因停用一段时间后再使用需要进行干燥置换处理，置换干燥氮气进行置换吹除，以排除罐内的湿气。干燥氮气最好来自液氮气化。为使低温液体储罐进入液体后能正常工作，所以置换干燥时应使储罐的每一个角落、每一条管线都置换吹除，吹除出口的气体露点应在 $-45℃$ 以下，之后还应充气 0.2MPa 保压待用。

② 严禁超压工作。如发现储罐压力上升异常，应立即检查是否增压阀门没关紧或罐体大面积"出汗"。

③ 液氧罐的操作人员严禁使用带油脂的工具和防护用品，严禁使用产生火花的工具。液氧罐周围液氧气化波及区域或 5m 之内不得有可燃物。操作人员的衣物若已渗入了氧气，应严禁明火。人与衣物在大气中吹除 15～20min 后方可恢复工作。

④ 所有阀门应缓慢启闭，不得猛开猛关，阀门不得关得太紧，以免损坏阀芯。如有阀门冻结，严禁用加力工具强行启闭，严禁用明火融化，应用温水化开后再行操作。

⑤ 操作人员应配戴宽松的防护皮革或石棉橡胶手套、护目镜或面罩，裤腿要套在皮靴的外面，不得穿带钉鞋，衣着不得沾油脂，不得穿着能产生静电的工作服。

⑥ 液氧罐的操作人员，要随时监测环境气氛中含氧不得大于 23%，防止发生火灾。

⑦ 操作人员接触液体冻伤时，切勿采用干加热的方法治疗，应及时将受伤的部位放入 40～50℃ 温水中浸泡，严重者到医院治疗。

低温液体储罐给低温液体槽车或低温液体槽车给低温液体储罐放液的操作如下。

① 接好软管，检查放液方的压力、液位情况。

② 打开放液方增压阀（或泵）增压，如接液方压力过高可打开放空阀泄压。

③ 在确认软管连接操作无误后，微开放液方下出液阀，打开接液方上进液阀，开始排液。

④ 随时检查放液方与接液方的压力与液面的变化，并保证双方的压差。

⑤ 当接液方进液达 90% 液体时，接液方关闭上进液阀，打开下进液阀。放液方关小下出液阀，使接液方的压力稳定。

⑥ 当接（进）液达 95% 液体及双方压力平衡时，关闭放液方增压阀，同时关闭双方出进阀门。

⑦ 快速打开连接软管，放空排尽软管内残液，以防止管内残液快速气化增压引起爆炸。

⑧ 接液方压力超过 200kPa 时，应放慢放液速度，开启放空阀。

⑨ 放液全过程双方操作人员应不离开，应在现场进行监护，残液及冷气不得洒或吹在地衡上。

⑩ 操作人员应穿戴规定的防护用品。

（4）在低温液化永久气体气化后的气瓶充装过程中应遵守以下规定。

充装前，应检查低温液体气化器气体出口温控、压力控制装置是否处于正常状态，在低温液体加压气化充瓶装置中，要调节低温泵液体的排量，应使每瓶气的充装时间不得小于 30min，气化器的出口温度不低于 −30℃。

低温液体泵的操作步骤如下。

① 开泵　a. 检验油液面应在 2/3 以上；b. 检查有无密封气；c. 打开气相返回阀；d. 打开液相进口阀；e. 冷却 5～15min；f. 打开液体出口阀；g. 启动泵；h. 注视出口压力。

② 停泵　a. 停泵几小时，仅停泵，液体进口和气相返回阀不关；b. 长时间停车，停泵，关闭液体进口阀，保持气相返回阀打开。

操作人员每日必须检查：①所有的阀门是否处于正常的开闭状态；②检查压力表、液面计是否工作正常；③储槽外表面有无结霜或结露现象；④储槽内压力是否正常，如压力过高应立即泄压。

低温液体充装站的操作人员应配戴可靠的防冻伤的劳保用品。

操作人员必须经过系统培训，熟悉气体的压力、温度的概念，熟悉液化气体的特性和低温储槽的结构、原理。熟悉掌握安全技术和消防安全规程，操作时，能严格地按操作规程进行操作，能正确排除故障，并持有低温液体储罐上岗证。

四、天然气汽车气瓶的充装

天然气汽车加气站是指以压缩天然气（CNG）形式向天然气汽车（NGV）和大型 CNG 子站车提供燃料的场所。天然气管线中的气体一般先经过前置净化处理，除去气体中的硫分和水分，再用压缩机将压力由 0.1～1.0MPa 压缩到 25MPa，最后通过售气机给车辆加气。

1. 加气站的分类

根据站区现场或附近是否有管线天然气来分类。

（1）常规站　常规站是建在有管线天然气通过的地方，可直接从管道取气，经过脱硫、脱水等工艺，进入压缩机进行压缩，然后进入储气瓶组储存或通过加气机给子站车或车辆加气。通常常规站加气量为 600～1000m³/h。其工艺流程图如图 4-5 所示，经过预处理（脱硫、脱水、分离轻质油）的天然气经过进站过滤、计量、调压后，以一定压力进入天然气深度脱水装置，使天然气露点达到标准，经过压缩机压至 25MPa，通过优先/顺序控制盘进入高、中、低三组储气瓶储存，再通过优先/顺序控制盘和加气机（也可由压缩机直接通过优先/顺序控制盘和加气机）对天然气汽车充气。

（2）母站　母站建在临近天然气管线的地方，可直接从管道取气，经过脱硫、脱水等工艺，进入压缩机进行压缩，然后进入储气瓶组储存或通过加气机给子站车或车辆加气。母站与常规站流程基本类似，结构和所用设备大体相同，不同之处是母站排气量比常规站大，加气量为 2500～4000m³/h。其工艺流程如图 4-6 所示。母站中由压缩机将天然气管线的 0.6～

1.0MPa 压缩至 26.6MPa。母站同时为天然气汽车和子站充气，母站每天供气量为 56000m³，子站车充气压力为 20MPa，每辆车充气 4000m³；天然气汽车充气压力为 20MPa，每辆车充气 150m³。

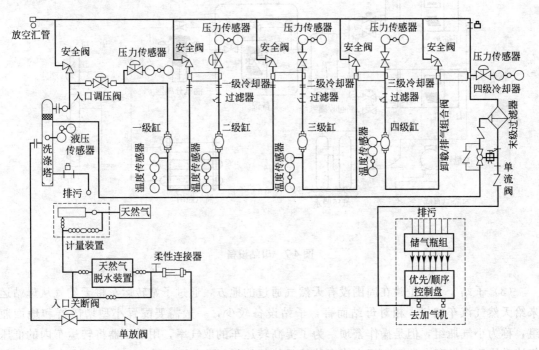

图 4-5　加气站流程

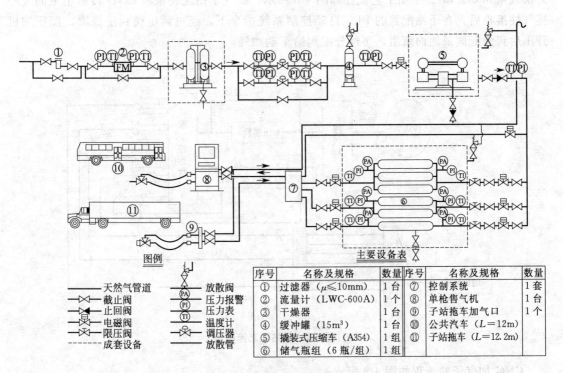

序号	名称及规格	数量	序号	名称及规格	数量
①	过滤器（μ≤10mm）	1台	⑦	控制系统	1套
②	流量计（LWC-600A）	1个	⑧	单枪售气机	1台
③	干燥器	1台	⑨	子站拖车加气口	1个
④	缓冲罐（15m³）	1台	⑩	公共汽车（L=12m）	
⑤	撬装式压缩车（A354）	1组	⑪	子站拖车（L=12.2m）	
⑥	储气瓶组（6瓶/组）	1组			

图例
—— 天然气管道
⋈ 截止阀
▷ 止回阀
电磁阀
限压阀
---- 成套设备
放散阀
(PA) 压力报警
(PI) 压力表
(TI) 温度计
调压阀
放散管

图 4-6　母站工艺流程

母站设备如图 4-7 所示

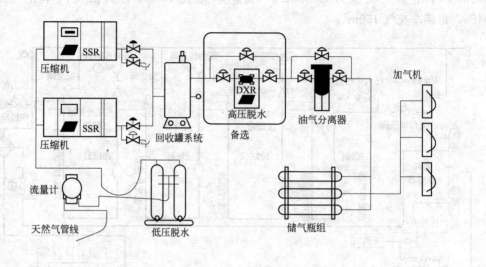

图 4-7　母站设备

（3）子站　子站是建在周围没有天然气通过的地方，通过子站转运车将天然气从母站运来给天然气汽车加气，相对母站而言，子站设备较少，一般需要配置小型增压器和地面瓶组，称为小气瓶组，但是操作繁琐。为了提高转运车的取气率，用增压器将转运车内的低压气体升压后，转存在地面瓶组内或直接给天然气加气。每个子站可为 150 辆公交车加气，每天供气量 30000 m³。子站工艺流程如图 4-8 所示，加气子站流程是将 CNG 转运车上的气经接气柱接收后，在子站配置的 PLC 自动控制系统指令下，经过调压阀到洗涤罐，经压缩机升压后到分配阀及地面瓶组，再经分配阀给车辆加气。

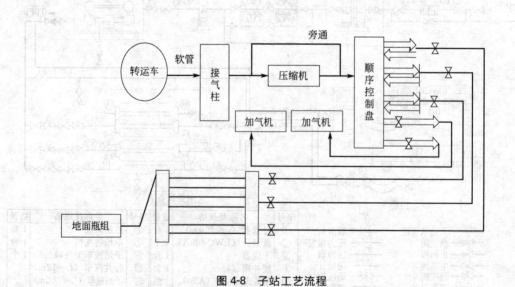

图 4-8　子站工艺流程

CNG 加气子站流程如图 4-9 所示。

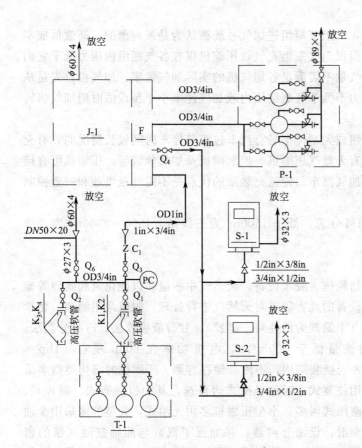

流程说明
子站拖车→加气机→装车
子站拖车→压缩机→储气瓶
子站拖车→压缩机→加气机→装车
储气瓶→加气机→装车

编号	名称、型号及规格	单位	数量
Q_6	手动球阀（DN20）	个	1
K_1～K_4	快速接头（3/4in）	个	2
C_1	止回阀（3/4in）	个	1
Q_1～Q_5	手动球阀（3/4in）	个	3
S-1 S-2	售气机	台	2
P-1	地面储气瓶组	组	1
F	顺序控制阀	组	1
J-1	压缩机械（M301-2）	台	1
T-1	子站拖车	辆	1

图 4-9 CNG 加气子站流程

1in＝2.54cm

子站设备如图 4-10 所示。

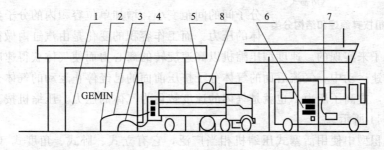

图 4-10 CNG 加气子站设备示意

1—压缩机；2—接气柱；3—加气软管；4—地线；5—转运车；6—加气机；7—加气软管；8—地面瓶组

根据加气所需的时间分类如下。

（1）快速充装型 用于轻型卡车或轿车在 3～7min 完成充气。所需设备有天然气压缩机、高压气瓶组、控制阀门及加气机等。辅助设备有分子筛干燥器及流量计等。快速充装型主要是利用气瓶组中的高压结合压缩机快速向汽车气瓶充气。高压气瓶组通常由 3～12 个标准气瓶组组成，一般分成高、中、低三组，阀门组及控制面板包括 3 个子系统：优先系统，控制压缩机向各气瓶组供气的次序；紧急切断系统，当系统出现紧急情况时，可快速切断各高压气瓶组向加气机供气；顺序控制系统，负责控制高压气瓶向加气机供气的次序，以保证加气的时间最短，效率最高。目前，三组气瓶组进加气系统被认为是最理想的、高效低成本的控制方式，这种系统中压缩机一般仅向气瓶组充气，压缩机仅在各气瓶组内压力低于它们各自的预设值时才会启动，因而排气量不需满足各加气机的实际加气速率。加气机首先是从低位瓶组中取气，当汽车气瓶内压力不低于气瓶组压力或加气速率小于预设值时则加气机转为从中位或高位取气。

（2）慢速充装型　用于交通枢纽或大型停车场有汽车过夜等停车时间较长情况的，有充分的时间加气。慢速充装站的设备有天然气压缩机、控制面板及加气软管等。压缩机可直接从供气管路抽气通过加气软管送入加气汽车。慢速充装站的优点是不需气瓶组和和一套控制装置甚至加气机，节省投资。

根据加气站储存装置容积不同可分为：低于 1500m³ 为三级站，1500～3000m³ 为二级站，3000～4000m³ 为一级站。

2. 天然气加气站的主要设备

（1）天然气净化设备　主要包括脱硫、脱水设备，天然气中的硫多以硫化氢和硫醇等硫化物形式存在。为减少它们对机械设备的危害需要对天然气进行处理，脱硫常用物理、化学方法；脱水常用固体干燥剂吸附法（干燥剂为活性炭、硅胶）、甘醇液吸收法、冷凝分离法。

（2）压缩机　常用压缩机的流量低于 150m³/h，电机功率在 60hp 左右（1hp＝745.700W），多为长时间重载荷带外壳撬装结构，不附带储存容器。压缩机的结构类型多采用往复式，对称平衡式为首选。其中以活塞式、膜片式、液压式居多。小型压缩机多用无油式，大型的多采用少油润滑，设油分离器，并加强了汽缸与曲轴室油气氛的密封。另外，压缩机还配有级间及末级水冷却器、各级安全阀、压力表、温度计、自动气路控制阀、防爆电机、现场安全控制开关与仪表等。压缩机按照其压缩原理可分成容积型和速度型。容积型压缩机是靠缩小工作容积，使气体分子间的间距变小，增加单位容积内的分子数，来提高气体的压力。而工作容积的变化是由汽缸内做往复运动的活塞或旋转的转子来实现的。速度型压缩机以高速旋转的离心力而使气体获得速度，利用气流的惯性，在减速运动中，气流后面的气体分子挤压前面的已经停止运动的气体分子，而使分子间间距缩短，提高了压力。也就是气体的速度转化为气体的压力。压缩机按其原理和结构的分类如图 4-11 所示。

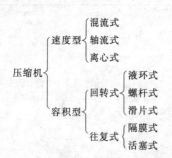

图 4-11　压缩机按其原理和结构分类

另外，容积型中使用活塞式压缩机相当广泛，它有立式、卧式、角度式（L 形、V 形、W 形、扇形）、对称平衡式（M 形、H 形）、对置式等 40 多种。压缩机的自诊断装置有油路系统（油位开关、油流开关）、气路系统（压力传感器、浓度报警器）、顺序控制器及压力开关等。

（3）控制系统　决定天然气流入或流出压缩机、气体回收系统或加气机，控制压缩机的开停、检测、自我保护。对于高压储气瓶，控制给哪一个罐的充气和取气等都是由以下系统完成的：①控制高压天然气充气站区地面组的阀组成系统（叫优先盘）；②控制从站区地面瓶组中取气的阀门系统（叫顺序盘）。另外，在防爆区域装有多个气体探测传感器，以便及时报警停车。

（4）储气瓶组　储气瓶组是站区的地面瓶组，不包括车载瓶。地面瓶组的气瓶都是经过

ASME 认可的，无需每 5 年复检一次（国产气瓶中未经过 ASME 认可的要求每 3 年一次），每个气瓶都装有排污装置。20 个气瓶组成一个集装格，一般分成高、中、低压力三组，此三组在充气时充入相同的工作压力，高、中、低压是指对下一次充气前压力下降的等级而言。

（5）子站车　子站车由存储容器、拖车底盘和牵引车三部分组成。其作用是将母站生产的压缩天然气运输到子站，并在子站给天然气汽车加气。管式拖车气瓶，即大容积钢质无缝气瓶，具有直径较大、长度较长的特点。常见的子站车有七管式、八管式、十三管式。

（6）计量设备

① 加气机　一种是与加油机类似的快速加气机；另一种是加气柱加气机。加气机的三个显示单元：总价、加气数量、单价。

② 拉断阀　防止加气嘴未取下时，出现汽车拉断气管、拉倒气机等事故。

③ 压力温度补偿系统　其功能是根据温度来进行充装，保证充装量并防止超压。其操作有手工、电动式、电子式等，以电子式居多。

④ 质量流量计　多数流量计都是体积型的，通过绝压、压差、温度、黏度等方式转换成质量。常用的质量流量计有：静态温度-热力型、科力斯型、压差、电磁、正位、靶式、叶轮、超声波、虹吸等流量计。

⑤ 其他设备　气动阀门气源过滤器、压力表等。过滤器前后压差控制在 0.12MPa 以下。

五、压缩气体的计量

气瓶充装时气体的计量方法在工业上可分三种：第一种为压力计量；第二种为质量（重量）计量；第三种为前两种都要的计量。大多数压缩气体的临界温度都很低，临界温度低于环境温度的气体，只能以单一的气相存在，其压力可按真实气体状态方程式计算，包括氧（$t_c = -118.8℃$）、氮（$t_c = -147.1℃$）、氩（$t_c = -122.4℃$）、氖（$t_c = -228.7℃$）、氦（$t_c = -268.9℃$）、氢（$t_c = -240.2℃$）等，是属于压缩气体的一类。采用哪种计量方法要取决于气体在充装及使用中的状态、价格、安全性等。大多数永久气体的质量较轻，如果计重会感到很不方便，所以在常温下气体充装都以压力计量，但是也有个别情况，比如氙气的临界温度是 $-63.8℃$，在 $-50℃$ 以下，属于压缩气体，但是其价格昂贵且产量小，用计重计量也不太麻烦。

（1）在进行压缩气体的计量时，可从 GB/T 3863—2008《工业氧》、GB 3864—2008《工业氮》、GB/T 4842—2006《氩》、GB 4844—1995《纯氦》、GB 3634—2006《氢气》中找到相同的公式。

$$V = KV_1 \tag{4-1}$$

式中　V——瓶内气体的体积，m^3；

V_1——气瓶的水容积，L；

K——换算为 20℃、101.3kPa 状态下气体积的系数。

按真实气体的联合公式(4-1)计算出 K，见式(4-2)：

$$K = \{[(p/0.1013)+1] \times 293/273+t\}10^{-3}/Z \tag{4-2}$$

式中　p——气瓶内气体压力，MPa；

t——测量压力时，气瓶内气体的温度，℃；

Z——温度为 t，压力为 p 时，气体的压缩系数。

将不同的温度和压力代入上式得出的换算系数 K 值，列于各种气体的表中。

根据 GB/T 3863—2008《工业氧》，氧气计量用换算系数 K 见表 4-1。

表 4-1　氧气计量用换算系数 K

瓶内气体温度/℃	压力/MPa								
	14.0	14.5	15.0	15.5	16.0	16.5	17.0	17.5	18.0
−50	0.232	0.242	0.251	0.260	0.269	0.278	0.286	0.296	0.303
−40	0.212	0.221	0.229	0.236	0.245	0.253	0.260	0.269	0.275
−35	0.203	0.211	0.219	0.226	0.234	0.242	0.249	0.257	0.264
−30	0.195	0.202	0.211	0.217	0.225	0.232	0.239	0.248	0.253
−25	0.188	0.195	0.202	0.209	0.217	0.223	0.230	0.238	0.243
−20	0.182	0.188	0.195	0.202	0.209	0.215	0.222	0.229	0.235
−15	0.176	0.182	0.189	0.196	0.202	0.208	0.215	0.221	0.227
−10	0.171	0.177	0.183	0.189	0.195	0.202	0.208	0.214	0.220
−5	0.165	0.172	0.178	0.184	0.190	0.195	0.202	0.207	0.213
0	0.161	0.167	0.172	0.179	0.184	0.190	0.196	0.201	0.207
5	0.157	0.162	0.168	0.174	0.179	0.185	0.190	0.196	0.201
10	0.153	0.158	0.163	0.169	0.174	0.180	0.185	0.191	0.196
15	0.149	0.154	0.159	0.165	0.170	0.175	0.180	0.186	0.191
20	0.145	0.150	0.156	0.160	0.166	0.171	0.176	0.181	0.186
25	0.142	0.147	0.152	0.157	0.162	0.167	0.172	0.177	0.182
30	0.139	0.143	0.148	0.153	0.158	0.163	0.168	0.173	0.177
35	0.136	0.140	0.145	0.150	0.154	0.159	0.164	0.169	0.173
40	0.133	0.137	0.142	0.147	0.151	0.156	0.160	0.165	0.170
50	0.127	0.132	0.136	0.141	0.145	0.149	0.154	0.158	0.163

从表 4-1 中可以看出，如测量氧气时，氧气为 30℃，则压力达到 15.2MPa 才能保证 K 值为 0.15，代入式(4-1)后，假定气瓶水容积为 40L，氧气的体积为 6m³，可达到合格证 6m³ 的要求。

根据 GB/T 3862—1995《工业用氧》中"……工业用氧的气瓶充装压力在 20℃时不得低于 (15.0±0.5)MPa。"此句与氧的计量无关，其用意是从安全角度出发，根据《气瓶安全监察规程》是指气瓶在基准温度 20℃时，盛装气体的限定压力应为 15MPa。

(2) GB/T 3864—1996《氮》中"……在 20℃时应为 (15.0±0.5)MPa。"此句与氮的计量无关，它是根据《气瓶安全监察规程》的要求，用意是从安全角度出发，气瓶在 20℃时限定压力应为 15MPa。

根据 GB/T 3864《氮》，氮气体积换算系数 K 见表 4-2。

表 4-2　氮气体积换算系数 K

温度/℃	压力/MPa(kg/cm²)				
	14.2(145)	14.7(150)	15.2(155)	15.7(160)	16.2(165)
20	0.139	0.144	0.148	0.153	0.157
25	0.136	0.141	0.145	0.149	0.154
30	0.134	0.138	0.142	0.146	0.151
35	0.131	0.135	0.139	0.143	0.148

从表 4-2 中可以看出，如测量氮气时，氮气为 30℃，则压力达到 16.1MPa 才能保证 K 值为 0.15，代入式(4-1)后，假定气瓶水容积为 40L，氮气合格证要求的体积为 6m³，可达

到要求。

（3）GB/T 4842—1995《氩气》中"……在20℃时为（15.0±0.5）MPa。"此句也是与氩的计量无关，它是根据《气瓶安全监察规程》的要求，用意是从安全角度出发，气瓶在20℃时限定压力应为15MPa。

根据GB/T 4842《纯氩》，氩气体积换算系数 K 见表4-3。

表4-3　氩气体积换算系数 K

温度/℃	压力/MPa(kg/cm²)				
	14.2(145)	14.7(150)	15.2(155)	15.7(160)	16.2(165)
20	0.15	0.155	0.161	0.166	0.171
25	0.147	0.152	0.157	0.162	0.167
30	0.144	0.149	0.154	0.158	0.163
35	0.140	0.145	0.150	0.155	0.160

从表4-3中可以看出，如测量氩气时，氩气为30℃，则压力达到14.8MPa才能保证 K 值为0.15，代入式（4-1）后，假定气瓶水容积为40L，氩气合格证要求的体积为6m³，可达到要求。

（4）根据GB 4844—1995《氦气》中"……氦气出厂压力为：20℃时为15MPa，氦气的体积按式（3）计算。"此句的前半句与氦的计量无关，它是根据《气瓶安全监察规程》的要求，用意同《氩气》，后半句是说明计量。

根据GB/T 4844《氦气》，氦气体积换算系数 K 见表4-4。

表4-4　氦气体积换算系数 K

温度/℃	压力/MPa(kg/cm²)				
	14.2(145)	14.7(150)	15.2(155)	15.7(160)	16.2(165)
10	0.138	0.142	0.146	0.151	0.155
15	0.136	0.140	0.144	0.148	0.152
20	0.133	0.138	0.142	0.146	0.150
25	0.131	0.136	0.140	0.144	0.148
30	0.129	0.133	0.138	0.142	0.146

从表4-4中可以看出，如测量氦气时，氦气为30℃，则压力达到16.6MPa（已超出表外，经估算）才能保证 K 值为0.15，代入式（4-1）后，假定气瓶水容积为40L，氦气合格证要求的体积为6m³。

（5）根据GB/T 3634《氢气》，氢气体积换算系数 K 见表4-5；根据GB/T 10647《甲烷》，甲烷体积换算系数 K 见表4-6。

表4-5　氢气体积换算系数 K

温度/℃	压力/MPa(kg/cm²)				
	14.2(145)	14.7(150)	15.2(155)	15.7(160)	16.2(165)
10	0.135	0.139	0.144	0.148	0.152
15	0.133	0.137	0.141	0.145	0.149
20	0.130	0.135	0.139	0.143	0.147
25	0.128	0.132	0.136	0.140	0.145
30	0.126	0.130	0.134	0.138	0.142

从表4-5中可以看出，如测量氢气时，氢气为30℃，则压力达到17MPa（已超出表的范围，经估算）才能保证 K 值为0.15，代入式（4-1）后，假定气瓶水容积为40L，氢气合

格证要求的体积为 6m³。

表 4-6　甲烷气体积换算系数 K

压力/MPa	温度/℃										
	0	4	10	14	20	24	30	34	40	44	50
11	0.153	0.147	0.143	0.136	0.131	0.127	0.123	0.120	0.116	0.114	0.110
11.4	0.159	0.154	0.146	0.142	0.136	0.133	0.127	0.125	0.121	0.118	0.115
12.0	0.169	0.163	0.155	0.150	0.144	0.140	0.135	0.132	0.128	0.125	0.121
12.4	0.176	0.170	0.161	0.156	0.150	0.146	0.140	0.137	0.132	0.129	0.125
13.0	0.186	0.179	0.170	0.166	0.158	0.156	0.148	0.144	0.139	0.136	0.132
13.4	0.193	0.185	0.176	0.170	0.163	0.159	0.152	0.149	0.144	0.140	0.136
14	0.202	0.194	0.179	0.179	0.171	0.166	0.159	0.156	0.151	0.147	0.143
14.4	0.207	0.200	0.190	0.184	0.176	0.171	0.165	0.160	0.155	0.152	0.147
15	0.216	0.209	0.198	0.192	0.184	0.179	0.172	0.168	0.162	0.158	0.153
15.4	0.222	0.214	0.204	0.197	0.189	0.183	0.176	0.172	0.166	0.162	0.157
16	0.229	0.222	0.211	0.205	0.196	0.191	0.183	0.178	0.172	0.168	0.164

在 20℃时公交车气瓶加气终止压力为 20MPa，此时的天然气体积压缩倍数为 252；地面储气瓶终止压力为 25MPa，此时的天然气体积压缩倍数为 297。

（6）六种气体的比较：以上六种气体在 30℃时，充 40L 气瓶达到 6m³，所充装的压力见表 4-7。

表 4-7　六种气体在 30℃时充 40L 气瓶达到 6m³ 时的压力

气体种类	30℃时 40L 气瓶充装达到 6m³ 所需充装的压力/MPa
氧	15.2
氮	16.1
氩	14.8
氦	16.6
氢	17
甲烷	13.2

从表 4-7 中可以看氢和氦气，其压缩系数 Z 在高压的情况下较大（图 1-11），而在体积换算系数 K 的计算公式中，压缩系数 Z 在其分母上，即 Z 越大，K 越小，见式（4-2）。为此，对于氢和氦气充入 40L 气瓶，想达到 6m³ 就要比氩气压力高得多，氢和氦气如此操作，当温度达到 60℃时，气瓶将会超压，压力已超过了 GB 5099 的要求，即超过了气瓶水压试验的 0.8 倍（18MPa），是不符合安全要求的。根据《气瓶安全监察规程》第 9 条和 GB 14194《永久气体气瓶充装规定》的要求，氢和氦气不可要求 40L 气瓶充 6m³，只能按《瓶规》，即按 20℃、15MPa 来充装，氦气是根据公式 $V=KV_1$，代入后 $V=0.1404×40=5.6$（m³）；而氢气是根据公式 $V=KV_1$，代入后 $V=0.1374×40=5.496$（m³），如果按 GB/T 4844 和 GB/T 3634 每瓶充至 6m³，见表 4-7，氦和氢气在 30℃分别达到 16.6MPa 和 17MPa（计算用的 K 值已超出 GB/T 4844 和 GB/T 3634 中所列表的范围）。

（7）一般充装单位在 40L 气瓶的氧、氮、氩的合格证上都是写 6m³，而在出售时是按瓶卖，即每瓶多少钱，一瓶不到 6m³，也按 6m³ 售出，这样做严重地缺斤少两、坑害用户。确实有些充装单位，充装设施达不到打高压的要求，可以将合格证的 6m³ 改成 5m³，这样压力可下降一些，便于操作，可做到低量低价，买卖公平。"瓶"不可作为气体的计量单位，如同散装啤酒用"扎"来计量一样，是非法的。

（8）其他的轻质、价格不高的压缩气体用压力计量比较方便。但是，不是所有的压缩气体都一定以压力来计量，如一些贵重压缩气体，如 GB/T 5829《氙气》是称重计量的。氙气（临界温度为 $-63.8℃$）为压缩气体，又是重质气体，价格也较贵，其计量是用称量法来确定的。又如氟（临界温度为 $-128.9℃$）为压缩气体，在充装、运输、使用过程中始终为气态，但其化学性能极强，为保证安全，要控制限量充装，充装时既要计压力，又要计质量（重量）。

（9）压缩气体的计量可以总结以下几点：①因为压缩气体各有各的压缩系数，所以应按各自的产品标准中的 K 值计算瓶内气体体积；②产品标准中的"20℃、15MPa"是气瓶的安全性和经济使用性的要求，不可做计量用；③瓶装压缩气体应以"m^3"或个别的用质量（重量）来计量；用"瓶"来做计量单位是非法的；④气瓶在使用、运输中气体温度达到 60℃时，瓶内气体最高充装压力不可以超过表 3-4 的要求，公称工作压力为 15MPa、40L 的气瓶充装高压下压缩系数较大的气体（如氮、氢、氖、氦等）不可能像充氧、氩那样充装到 $6m^3$，因为充装 $6m^3$ 的此种气体，气瓶会超压。

（10）充装温度的确定：根据式(4-2)，在确定换算系数 K 时，其中的系数 t 是在测量压力时气瓶内气体的温度。根据 GB 14194《压缩气体气瓶充装规定》的方法：

① 在控制一定的充装速度的条件下，取气体储罐（指压缩机出口、并紧靠充装处的气缓冲罐）内的气体实测温度为气瓶充装温度；

② 取充气间的环境室温加上充气温差（指在测温试验时实际测定得出的气瓶充装温度与室温之差）作为气瓶的充装温度。充气温差应在规定的充气速度下，由实验测定。

有些部门和单位的实验结果是：①在排气即将结束时，以半导体点温计测气瓶的瓶壁即是瓶的气体的温度；②一瓶气在充装（充装时间 45min）完毕后，存放 24h，经充装前后压力差的计算和室温的测定得出——存放 24h 后，瓶内温度高于室温 3℃；③以正常速度充装 15MPa、40L 的气瓶，瓶内气体的温度高于环境温度 10℃。以上三种实验的结果，可能由于实验的气体种类不同、气瓶的材质不同、压缩系数及热导率不同、充装时间长短不同、环境温度不同及计算造成误差太大等，只能仅供参考。对于价格较贵的气体，在保证气瓶使用安全的前提下，用称重法来确定计量是准确且争议比较小的。

六、混合气体的充装

混合气体的配制应当符合相关标准的规定；充装混合气体的气瓶应当进行预处理；气体充装前，必须掌握所要充入的每一组分性质及其混合物的性质。同时，必须注意充入组分的先后顺序；在气体充装过程中，充入每一种组分之前，应当对配制系统管道用待充气体进行置换；不得将气瓶内的气体直接向其他气瓶倒装或直接由罐车对气瓶进行充装；禁止向液化石油气钢瓶中添加液化二甲醚；混合气气瓶及其附件的选择要与气体相容。

1. 混合气的临界温度及状态确定

充装气体按《气瓶安全监察规程》2011 年版的规定，以临界温度的高低来选择气瓶，气体的气瓶选择、充装安全、气体计量与气体本身的临界温度有关，气体的临界温度也是气瓶充装压缩气体的一个非常重要的参数。混合气的临界温度由于配比不同，则按每个组分的质量分数乘以其纯组分的临界温度之和，见式(4-3)。

$$T_{mc} = \sum W_i T_{c_i} \tag{4-3}$$

式中　T_{mc}——混合气体的临界温度，K；

W_i——混合气体中的各组分的质量分数，%；

T_{c_i}——混合气体中各组分的临界温度，K。

例：混合气体中的各组分的质量组成为：乙烷 22.0×10^{-2}，乙烯 32.8×10^{-2}，丙烷 45.2×10^{-2}，求混合气体的临界温度。

根据乙烷的临界温度 $T_c=305.4K$（32.2℃），乙烯的临界温度 $T_c=282.4K$（9.2℃），丙烷的临界温度 $T_c=369.8K$（96.6℃），按式(4-3)计算出混合气的临界温度为 $T_{mc}=0.22\times305.4+0.328\times282.4+0.452\times369.8=326.9$（K），即53.77℃。

计算表明三种气体中尽管丙烷的临界温度较高（96.6℃），高于65℃应为低压液化气体，但是混合之后临界温度为53.77℃，在气瓶的使用温度（-40~60℃）的范围内，使用中会发生气液相变，即会发生液化气体的满液，也会发生压缩气体的超压，应选择高压液化气体气瓶，从而增加了气瓶充装的安全性。

掌握混合气体的临界温度和状态，正确选择计算公式，可提高气体计量的精确度。为了保证混合气的充装安全，在与临界温度对应的气瓶种类的基础上再根据气体的编码号FTSC，确定其危险程度，对于混合气体如何分类，具体含量多少才算数，有些单位为保险起见，只要含有某种气体（可燃、有毒、腐蚀），不管含量高低，都划为此类，选择气瓶时，应再加一些储备系数，但是此种方法不太科学，也不经济。中国工业气体工业协会推荐的计算方法见 QT 3002—2009《可燃和不可燃混合气的分类》、QT 3003—2009《有毒混合气的分类》、QT 3004—2009《腐蚀性混合气的分类》和 QT 3005—2009《氧化性混合气的分类》。

2. 混合气气体的可燃性计算

单一气体的可燃性是可以完全确定的。但迄今为止，我国对混合气可燃性的分类却未有通用的方法。而国家规范有标签要求和危险等级分类。为了保障混合气的生产、使用及运输的安全，通过计算来划分混合气。

如果在国家标准的表中找不到用来判定一个二元混合气可燃性组分的含量限度，或者混合气含有两个以上的可燃性组分，那么混合气的可燃性可以通过以下的计算来划分。

各组分之间的作用忽略不计，按照以下的形式写出混合气的组成，见式(4-4)。

$$A_1F_1+A_2F_2+\cdots+A_fF_f+B_1N_1+B_2N_2+\cdots+B_nN_n$$

$$Q=\frac{100\times\sum_{i=1}^{f}\dfrac{A_i}{L_i}}{\sum_{i=1}^{f}A_i+\sum_{j=1}^{n}D_jB_j}\qquad(4-4)$$

式中　A_i——第 i 种可燃性组分的百分比；

　　　B_j——第 j 种不可燃性组分的百分比；

　　　F_i——第 i 种可燃性组分的符号；

　　　N_j——第 j 种不可燃性组分的符号；

　　　f——可燃性组分的数目；

　　　n——不可燃性组分的数目；

　　　Q——可燃性组分含量校正后的综合值，$Q>1$ 表示混合气为可燃；

　　　L_i——不可燃二元混合气第一种可燃组分在氮中的最大百分比（这些可燃组分都已在表 4-8 中列出，如果没有在表中列出，那么可以应用爆炸下限数据）；

　　　D_j——用来调节第 j 种不可燃组分作用的修正因子，见表 4-9。

表 4-8 可燃与不燃组分　　　　　　　　　　　　　　单位：%

可燃性组分		不可燃组分			
名称	化学式	N_2	CO_2	He	Ar/Kr/Ne/Xe
丙酮	C_3H_6O	7.8	11.3	5.4	4.1
乙炔	C_2H_2	3.2	4.7	2.2	1.6
戊烯	C_5H_{10}	3.4	4.9	2.3	1.7
砷(砷烷)	AsH_3	10.2	14.6	7.1	5.4
苯	C_6H_6	4.5	6.6	3.1	2.3
丁二烯	C_4H_6	4.5	6.6	3.1	2.3
丁烷	C_4H_{10}	5.6	8.2	3.8	2.9
异丁烯(丁烯类)	C_4H_8	5.5	8.0	3.8	2.8
丁基苯	$C_{10}H_{14}$	1.7	2.5	1.2	0.9
二硫化碳	CS_2	2.7	4.0	1.8	1.4
一氧化碳	CO	20.0	27.3	14.3	11.1
羰基硫	COS	18.7	25.6	13.3	10.3
一氧化氯	ClO	23.5	31.5	17.1	13.3
1,1,1-二氟氯乙烷	C_2HClF_2	9.0	12.9	6.2	4.7
三氟氯乙烯	C_2ClF_3	8.4	12.1	5.8	4.4
氰化物	RCN	11.5	16.2	8.0	6.1
环己烷	C_6H_{12}	2.9	4.3	2.0	1.5
癸烷	$C_{10}H_{22}$	1.9	2.8	1.3	0.9
乙硼烷	B_2H_6	0.8	1.2	0.5	0.4
二氯硅烷	SiH_2Cl_2	4.1	6.0	2.8	2.1
二乙基苯	$C_{10}H_{14}$	1.7	2.5	1.2	0.9
二乙醚	$(C_2H_5)_2O$	3.4	5.0	2.3	1.7
二乙基戊烷	C_9H_2O	1.6	2.4	1.1	0.8
二甲胺	C_2H_7N	5.3	7.7	3.6	2.7
二甲醚	C_2H_6O	12.5	17.6	8.7	6.7
十二烷	$C_{12}H_2$	1.4	2.1	0.9	0.7
乙烷	C_2H_6	12.0	17.0	8.4	6.4
乙醇	C_2H_6O	14.8	20.7	10.4	8.0
乙基苯	C_8H_{10}	2.1	3.2	1.4	1.1
氯乙烷	C_2H_5Cl	10.0	14.3	6.9	5.3
乙基环丁烷	C_6H_{12}	2.7	4.0	1.8	1.4
乙基环己烷	C_8H_{16}	2.0	3.0	1.4	1.0
乙基环戊烷	C_7H_{14}	2.5	3.7	1.7	1.3
乙醚	$C_4H_{10}O$	3.8	5.5	2.6	1.9
甲酸乙酯	$C_3H_6O_2$	5.2	7.5	3.5	2.6
乙胺	C_2H_7N	6.7	9.7	4.6	3.5
乙烯	C_2H_4	6.0	8.7	4.1	3.1
环氧乙烷	C_2H_4O	3.7	9.0	2.5	1.9
庚烷	C_7H_{16}	2.7	3.9	1.8	1.3
己烷	C_6H_{14}	3.9	5.7	2.6	2.0
氢	H_2	5.7	8.3	3.9	2.9
氰化氢	HCN	11.5	16.2	8.0	6.1
硫化氢	H_2S	6.7	9.7	4.6	3.5
甲烷[①]	CH_4	14.3	20.0	10.1	7.7
甲醇	CH_4O	14.5	20.3	10.2	7.8
乙酸甲酯	$C_3H_6O_2$	8.7	12.5	6.0	4.5
甲基乙炔	C_3H_4	2.1	3.1	1.4	1.1
溴甲烷	CH_3Br	35.4	45.2	26.9	21.5
氯甲烷	CH_3Cl	28.1	36.9	20.7	16.3

可燃性组分		不可燃组分			
名称	化学式	N_2	CO_2	He	Ar/Kr/Ne/Xe
甲基环己烷	C_8H_{16}	2.7	4.0	1.8	1.4
甲乙醚	C_3H_8O	4.0	5.9	2.7	2.0
丁酮	C_4H_8O	5.5	8.0	3.8	2.8
甲酸甲酯	$C_2H_4O_2$	12.0	17.0	8.4	6.4
甲硫醇	CH_4S	7.5	10.8	5.1	3.9
甲基乙烯基醚	C_3H_6O	2.6	3.8	1.8	1.3
甲胺	CH_5N	9.4	13.5	6.5	4.9
萘	$C_{10}H_8$	1.9	2.9	1.3	1.0
壬烷	C_9H_{20}	2.1	3.1	1.4	1.1
辛烷	C_8H_{18}	2.3	3.4	1.6	1.2
戊烷	C_5H_{12}	4.4	6.5	3.0	2.2
丙二烯	C_3H_6O	2.6	3.8	1.6	1.3
丙烷	C_3H_8	6.5	9.4	4.5	3.4
丙醇	C_3H_8O	4.2	6.2	2.9	2.1
丙烯	C_3H_6	5.6	8.2	2.9	2.9
氧化丙烯	C_3H_5O	4.0	5.9	2.7	2.0
硅烷	SiH_4	1.5	2.2	1.0	0.8
苯乙烯	C_8H_8	2.4	3.5	1.6	1.2
四氟乙烯	C_2F_4	11.0	15.6	7.6	5.8
甲苯	C_7H_8	3.0	4.4	2.0	1.5
三甲胺	C_3H_9N	3.8	5.6	2.6	1.9
氯乙烯	C_2H_3Cl	10.5	15.0	7.3	5.5
氟乙烯	C_2H_3F	6.8	9.9	4.7	3.5
二甲苯	C_8H_{10}	2.1	3.2	1.4	1.1

① 氩中甲烷含量≤10%，已经确认为不燃混合气。

表 4-9 　不可燃组分作用的修正因子

气 体 种 类	修正因子	气 体 种 类	修正因子
Ar,Ne,Kr,Xe	0.5	N_2	1.0
He	0.67	多原子气体(3原子/分子以上)如(CO_2或SF_6)	1.5

计算举例如下。

【例 1】 二氧化碳中含有 10% 的氢气

① 用查表的方法：把混合气中氢气的含量 10 与表 4-9 中相对应的数值 8.80 相比较，可以看出，混合气中氢气的含量比表值高，所以这种混合气就划分为可燃性混合气。

② 用计算的方法：先用在本标准中描述的方法写出混合气的组成：$10H_2 + 90CO_2$。然后赋予变量以下的数值：$A_1 = 10$（可燃性组分的百分比）；$B_1 = 90$（不可燃性组分的百分比）；

$F_1 = H_2$（可燃性组分的符号）；$N_1 = CO_2$（不可燃性组分的符号）；$f = 1$（可燃性组分的数目）；

$n = 1$（不可燃性组分的数目）；$L_1 = 5.7$（在不可燃性的双元氧混合气中，第 i 种可燃性组分的最大百分比）；$D_1 = 1.5$（用来调节第 i 个可燃性组分作用的修正因子）。

把上述这些数值代入公式(4-4)中，并计算出 Q 值：

$$Q = \frac{100 \times \sum\limits_{i=1}^{1} \dfrac{10}{5.7}}{\sum\limits_{i=1}^{1} 10 + \sum\limits_{j=1}^{1} (1.5 \times 90)} = 1.21$$

因为 Q 的值大于 1，所以可以确定这种混合气为可燃性混合气。

【例 2】　二氧化碳中含有 5% 的氢气和 10% 的甲烷

$$5H_2 + 10CH_4 + 85CO_2$$

$$Q = \frac{100 \times \sum\limits_{i=1}^{2} \left(\dfrac{5}{5.7} + \dfrac{10}{14.3} \right)}{\sum\limits_{i=1}^{2} (5+10) + \sum\limits_{j=1}^{1} (1.5 \times 85)} = 1.11$$

因为 Q 的值大于 1，所以这种混合气就被划定为可燃性混合气。

【例 3】　二氧化碳中含有 5% 的氢气和 4% 的甲烷

$$5H_2 + 4CH_4 + 91CO_2$$

$$Q = \frac{100 \times \sum\limits_{i=1}^{2} \left(\dfrac{5}{5.7} + \dfrac{4}{14.3} \right)}{\sum\limits_{i=2}^{2} (5+4) + \sum\limits_{j=1}^{1} (1.5 \times 91)} = 0.795$$

因为 Q 的值小于 1，所以这种混合气就被划定为不可燃性混合气。

【例 4】　氮气中含有 5% 的氢气和 4% 的甲烷

$$5H_2 + 4CH_4 + 91He$$

$$Q = \frac{100 \times \sum\limits_{i=1}^{2} \left(\dfrac{5}{5.7} + \dfrac{4}{14.3} \right)}{\sum\limits_{i=1}^{2} (5+4) + \sum\limits_{j=1}^{1} (0.67 \times 91)} = 1.65$$

因为 Q 的值大于 1，所以这种混合气就被划定为可燃性混合气。

【例 5】　二氧化碳中含有 5% 的氢气、4% 的甲烷和 10% 的氮气

$$5H_2 + 4CH_4 + 10He + 81CO_2$$

$$Q = \frac{100 \times \sum\limits_{i=1}^{2} \left(\dfrac{5}{5.7} + \dfrac{4}{14.3} \right)}{\sum\limits_{i=1}^{2} (5+4) + \sum\limits_{j=1}^{2} (0.67 \times 10) + (1.5 \times 81)} = 0.843$$

因为 Q 的值小于 1，所以这种混合气就被划定为不可燃性混合气。

3. 混合气气体的毒性计算

(1) 有毒性混合气的分类

① 只含有一种有毒组分　混合气的有毒性是通过混合气的 LC_{50} 值来划分的。二元混合气（指由一种有毒气体和另一种无毒气体混合而成）的 LC_{50} 值可由以下方法进行计算，见式(4-5)。

$$\text{混合气 } LC_{50} = \frac{1}{\dfrac{\text{有毒组分的物质的量}}{\text{有毒组分的 } LC_{50}}}$$

$$或 = \frac{有毒组分的\ LC_{50}}{有毒组分浓度} \times 1000000 \qquad (4\text{-}5)$$

式中，混合气 LC_{50} 的单位为 10^{-6}；有毒组分浓度的单位为 10^{-6}；有毒组分的 LC_{50} 的单位为 10^{-6}，且必须是可知的、可计算的或预先指定的。

② 含有多种有毒组分　如果混合气中含有多种有毒组分，则可以把各组分比值相加，所以：

$$混合气的\ LC_{50} = \frac{1}{\dfrac{有毒组分1的浓度}{有毒组分1的\ LC_{50}} + \dfrac{有毒组分2的浓度}{有毒组分2的\ LC_{50}} + \cdots\cdots} \times 1000000 \qquad (4\text{-}6)$$

式中　混合气 LC_{50} 的单位为 10^{-6}；有毒组分浓度的单位为 10^{-6}；有毒组分的 LC_{50} 的单位为 10^{-6}，且必须是可知的、可计算的或预先指定的。

（2）确认混合气毒性的基本方法　有毒混合气分为四个危险区域，具体划分见表4-10。$LC_{50} \leqslant 5000 \times 10^{-6}$ 的混合气体为有毒。

表 4-10　危险区域划分

危险区域	A	B	C	D
$LC_{50}/\times 10^{-6}$	200	200～1000	1000～3000	3000～5000

（3）有毒混合气标签的选用方法

① 首先确认这种混合气是否含有被国家交通部或危险化学品管理机构所指定为有毒性的组分。

② 如果这是一种二元混合气，各由一种有毒和无毒的组分组成，可以从表4-11中获得自己所关心的那些组分的有毒性的等级程度以及对个别特殊的混合气浓度选定危险区域。

③ 如果混合气中含有多种有毒性组分，可以用公式(4-6)来确定混合气的 LC_{50} 值，然后按表4-11选定适当的危险区域。

④ 在混合气分类后，再根据有关规定，确立有毒性气体的等级、标签、警示和包装组合。

⑤ 毒性气体包装上铸印、印刷或粘贴的标记、标志和危险货物彩色标签应准确清晰，符合 GB 19458《危险货物危险特性检验安全规范　通则》的有关规定要求。

⑥ 毒性气体的容器和包装均应符合 GB 12463《危险货物运输包装通用技术条件》的规定，钢瓶应戴瓶帽、安全胶圈，应确保钢瓶螺旋口严密，无漏气现象。

（4）计算举例

【例1】　二元瓶装混合气：10%磷化氢、90%氢气，混合气的 LC_{50} 值为：

$$\frac{20}{100000} \times 1000000 = 200$$

因此，处于 A 危险区。

【例2】　二元瓶装混合气：100×10^{-6} 砷、其余为氧气，混合气的 LC_{50} 值为：

$$\frac{20}{100} \times 1000000 = 200000$$

不在危险区。

【例3】　多元瓶装混合气：500×10^{-6} 二氧化碳、500×10^{-6} 二氧化氮、其余为氢气，混合气的 LC_{50} 值为：

$$\frac{1}{\dfrac{500}{2520}+\dfrac{500}{115}}\times1000000=219962\times10^{-6}$$

不在危险区。

【例4】 瓶装混合气：12%三氟化硼、8%氯气，氩作平衡气。三氟化硼的 LC_{50} 值是 2541×10^{-6}，氯气的 LC_{50} 值是 293×10^{-6}，故混合气的 LC_{50} 值为：

$$\frac{1}{\dfrac{120000}{2541}+\dfrac{80000}{293}}\times1000000=3122\times10^{-6}$$

因为混合气的 LC_{50} 值是 3122×10^{-6}，所以它在危险区域 D。

(5) 有毒混合气标签的选用方法

① 首先确认这种混合气是否含有被国家交通部或危险化学品管理机构所指定为有毒性的组分。

② 如果这是一种二元混合气，各由一种有毒和无毒的组分组成，可以从表 4-11 中获得自己所关心的那些组分的有毒性的等级程度以及对个别特殊的混合气浓度选定危险区域。

③ 如果混合气中含有多种有毒性组分，可以应用式(4-6)来确定混合气的 LC_{50} 值，然后按表 4-11 选定适当的危险区域。

④ 在混合气分类后，再根据有关规定，确立有毒性气体的等级、标签、警示和包装组合。

⑤ 毒性气体包装上的铸印、印刷或粘贴的标记、标志和危险货物彩色标签应准确清晰，符合 GB 19458《危险货物危险特性检验安全规范　通则》的有关规定要求。

⑥ 毒性气体的容器和包装均应符合 GB 12463《危险货物运输包装通用技术条件》的规定，钢瓶应戴瓶帽、安全胶圈，应确保钢瓶螺旋口严密，无漏气现象。

有毒气体危险区域的界限见表 4-11。

表 4-11　有毒气体危险区域的界限

组　分	化　学　式	危险区域 A/% ≥	危险区域 B/% ≥	危险区域 C/% ≥	危险区域 D/% ≥	LC_{50}/×10^{-6}
氨	NH_3	N/A	N/A	N/A	N/A	7338
五氟化锑	SbF_5	15.00	3.00	1.00	0.60	30
五氟化砷	AsH_5	10.00	2.00	0.67	0.40	20
三氟化砷	AsH_3	10.00	2.00	0.67	0.40	20
砷	As	10.00	2.00	0.67	0.40	20
双-三氟甲基过氧化物	$(CF_3)_2O_2$	5.00	1.00	0.33	0.20	10
三氯化硼	BCl_3	N/A	N/A	84.70	50.82	2541
三氟化硼	BF_3	N/A	80.60	26.87	16.12	806
三溴化硼	BBr_3	N/A	38.00	12.67	7.60	380
氯化溴	BrCl	N/A	29.00	9.67	5.80	290
五氟化溴	BrF_5	25.00	5.00	1.67	1.00	50
三氟化溴	BrF_3	90.00	18.00	6.00	3.60	180
溴基丙酮	CH_3COCH_2Br	N/A	26.00	8.67	5.20	260
1,3-丁二烯	$H_2C=CH-CH=CH_2$	N/A	N/A	N/A	N/A	220000
一氧化碳	CO	N/A	N/A	N/A	75.20	3760
羰基氟	CF_2O	N/A	36.00	12.00	7.20	360
羰基硫	COS	N/A	N/A	56.67	34.00	1700
氯	Cl_2	N/A	29.30	9.77	5.86	293
五氟化氯	ClF_5	61.00	12.20	4.07	2.44	122

组　　分	化　学　式	危险区域 A/% ≥	危险区域 B/% ≥	危险区域 C/% ≥	危险区域 D/% ≥	LC$_{50}$ /×10^{-6}
三氟化氯	ClF$_3$	N/A	29.90	9.97	5.98	299
氯甲烷	CH$_3$Cl	N/A	N/A	N/A	N/A	8300
氯三氟乙烯	C$_2$ClF$_3$	N/A	N/A	66.67	40.00	2000
氯三氟吡啶	C$_5$H$_2$ClF$_3$N	N/A	N/A	N/A	N/A	>5000
氰	(CN)$_2$	N/A	35.00	11.67	7.00	350
氯化氰	ClCN	40.00	8.00	2.67	1.60	80
环丙烷	C$_3$H$_6$	N/A	N/A	N/A	N/A	220000
氘化氯	DCl	N/A	N/A	N/A	62.40	3120
氟化氘	DF	N/A	N/A	36.67	22.00	1100
硒化氘	D$_2$Se	1.00	0.20	0.07	0.04	2
硫化氘	D$_2$S	N/A	71.00	23.67	14.20	710
乙硼烷	B$_2$H$_6$	40.00	8.00	2.67	1.60	80
二氟二溴甲烷	CBr$_2$F$_2$	N/A	N/A	N/A	N/A	27000
二氯(2-氯乙烯基)砷	C$_2$H$_2$AsCl$_3$	4.00	0.80	0.27	0.16	8
二氯硅烷	SiH$_2$Cl$_2$	N/A	31.40	10.47	6.28	314
二乙基胺	(C$_2$H$_5$)$_2$NH	N/A	N/A	N/A	N/A	8000
二乙基锌	(C$_2$H$_5$)$_2$Zn	5.00	1.00	0.33	0.20	10
二甲基硅烷	(CH$_3$)$_2$SiH$_2$	N/A	N/A	N/A	N/A	>5000
双光气	C$_2$O$_2$Cl$_4$	1.00	0.20	0.07	0.04	2
乙胺	C$_2$H$_7$N	N/A	N/A	N/A	N/A	16000
乙基二氯化砷	C$_2$H$_5$AsCl$_2$	18.00	3.60	1.20	0.72	36
氧化乙烯	C$_2$H$_4$O	N/A	N/A	N/A	58.40	2920
氟	F$_2$	92.50	18.50	6.17	3.70	185
二氟(2-氯乙烯基)砷	C$_2$H$_2$AsCl$_3$	4.00	0.80	0.27	0.16	8
二氯硅烷	SiH$_2$Cl$_2$	N/A	31.40	10.47	6.28	314
氟乙烷	C$_2$H$_5$F	N/A	N/A	N/A	N/A	260000
锗烷	GeH$_4$	N/A	62.20	20.73	12.44	622
七氟丁腈	C$_3$F$_7$N	5.00	1.00	0.33	0.20	10
六氟丙酮	C$_3$F$_6$O	N/A	47.00	15.67	9.40	470
六氟环丁烯	C$_4$F$_6$	N/A	N/A	N/A	N/A	>5000
溴化氢	HBr	N/A	N/A	95.33	57.20	2860
氯化氢	HCl	N/A	N/A	N/A	62.40	3120
氰化氢	HCN	70.00	14.00	4.67	2.80	140
氟化氢	HF	N/A	N/A	42.53	25.52	1276
碘化氢	HI	N/A	N/A	95.33	57.20	2860
硒化氢	H$_2$Se	1.00	0.20	0.07	0.04	2
硫化氢	H$_2$S	N/A	71.20	23.73	14.24	712
碲化氢	TeH$_2$	1.00	0.20	0.07	0.04	2
五氟化碘	IF$_5$	60.00	12.00	4.00	2.40	120
三氟碘甲烷	CF$_3$I	N/A	N/A	N/A	N/A	>5000
溴甲烷	CH$_3$Br	N/A	85.00	28.33	17.00	850
氯甲烷	CH$_3$Cl	N/A	N/A	N/A	N/A	8300
甲基氯硅烷	CH$_3$SiH$_2$Cl	N/A	60.00	20.00	12.00	600
甲基二氯硅烷	CH$_3$SiHCl$_2$	N/A	60.00	20.00	12.00	600
异硫氰酸甲酯	C$_2$H$_3$NS	N/A	63.50	21.17	12.70	635
甲硫醇	CH$_3$SH	N/A	N/A	45.00	27.00	1350
甲基硅烷	CH$_3$SiH$_3$	N/A	N/A	N/A	N/A	>5000
甲基乙烯基醚	C$_3$H$_6$O	N/A	N/A	N/A	N/A	>5000
甲胺	CH$_3$NH$_2$	N/A	N/A	N/A	N/A	7000
芥子气	C$_4$H$_8$Cl$_2$S	2.00	0.40	0.13	0.08	4
羰基镍	Ni(CO)$_2$	10.00	2.00	0.67	0.40	20
氧化氮	NO	57.50	11.50	3.83	2.30	115
二氧化氮	NO$_2$	57.50	11.50	3.83	2.30	115
氟氧化氮	NOF	N/A	N/A	N/A	N/A	>5000
三氟化氮	NF$_3$	N/A	N/A	N/A	N/A	6700
三氧化氮	N$_2$O$_3$	57.50	11.50	3.83	2.30	115

组　分	化　学　式	危险区域 A/% ≥	危险区域 B/% ≥	危险区域 C/% ≥	危险区域 D/% ≥	LC_{50} /×10^{-6}
亚硝酰氯	NOCl	17.50	3.50	1.17	0.70	35
二氟化氧	F_2O	1.30	0.26	0.09	0.05	2.6
臭氧	O_3	4.50	0.90	0.30	0.18	9
戊硼烷	B_5H_{10}	5.00	1.00	0.33	0.20	10
五氟丙腈	C_3F_5N	5.00	1.00	0.33	0.20	10
过氯酰氟	$ClFO_3$	N/A	77.00	25.67	15.40	770
全氟丁烷	C_4F_8	N/A	N/A	N/A	N/A	12000
氯化苯胺	$C_6H_5NCCl_2$	2.50	0.50	0.17	0.10	5
光气	$COCl_2$	2.50	0.50	0.17	0.10	5
磷化氢	PH_3	10.00	2.00	0.67	0.40	20
五氟化磷	PF_5	N/A	25.50	8.50	5.10	255
三氟化磷	PF_3	N/A	42.50	14.17	8.50	425
环氧丙烷	C_3H_5O	N/A	N/A	N/A	N/A	7200
六氟化硒	SeF_6	25.00	5.00	1.67	1.00	50
硅烷	SiH_4	N/A	N/A	N/A	N/A	19000
四氯化硅	$SiCl_4$	N/A	75.00	25.00	15.00	750
四氟化硅	SiF_4	N/A	45.00	15.00	9.00	450
锑化氢	SbH_3	10.00	2.00	0.67	0.40	20
五氟硫酰氯	SF_5Cl	N/A	N/A	N/A	N/A	>5000
二氧化硫	SO_2	N/A	N/A	84.00	50.40	2520
四氟化硫	SF_4	20.00	4.00	1.33	0.80	40
硫酰氟	SO_2F_2	N/A	N/A	N/A	60.40	3020
六氟化碲	TeF_6	12.50	2.50	0.83	0.50	25
四乙基铅	$(C_2H_5)_4Pb$	31.50	6.30	2.10	1.26	63
四氟肼	N_2F_4	50.00	10.00	3.33	2.00	100
亚硫酰氯	$SOCl_2$	N/A	N/A	39.20	23.52	1176
三氯化硅	$SiHCl_3$	N/A	N/A	34.67	20.80	1040
三乙基铅	$(C_2H_5)_3Al$	5.00	1.00	0.33	0.20	10
三乙基硼	$(C_2H_5)_3B$	N/A	N/A	46.67	28.00	1400
三氟乙腈	C_2F_3N	N/A	50.00	16.67	10.00	500
氯化三氟乙酰	C_2ClF_3O	N/A	20.80	6.93	4.16	208
三氟氯乙烯	C_2ClF_3	N/A	N/A	66.67	40.00	2000
三氟乙烯	C_2HF_3	N/A	N/A	66.67	40.00	2000
三甲胺	$(CH_3)_3N$	N/A	N/A	N/A	N/A	7000
三甲基硅烷	$(CH_3)_3SiH$	N/A	N/A	N/A	N/A	>5000
三甲基锑化氢	$(CH_3)_3Sb$	10.00	2.00	0.67	0.40	20
六氟化钨	WF_6	N/A	21.30	7.10	4.26	213
溴乙烯	C_2H_3Br	N/A	N/A	N/A	N/A	>5000
氯乙烯	C_2H_3Cl	N/A	N/A	N/A	N/A	>5000
氟乙烯	C_2H_3F	N/A	N/A	N/A	N/A	>5000

注：N/A 表示不可用。

4. 混合气气体的腐蚀性计算

（1）为了使混合气体腐蚀性的计算具有更高的准确度，气体可分为以下类别：C+代表高度腐蚀性；C 代表腐蚀性；i 代表刺激性；nc 代表非腐蚀性、非刺激性。

（2）某一组分各腐蚀性类别的浓度下限见表 4-12。

表 4-12　某一组分各腐蚀性类别的浓度下限（限值以体积分数表示）

气体组分的腐蚀性类别		高度腐蚀（C+）	腐蚀（C）	刺激性(i)
浓度下限	L_{C+}	1	—	—
	L_C	0.2	5	—
	L_i	0.02	0.5	5

（3）混合气分类

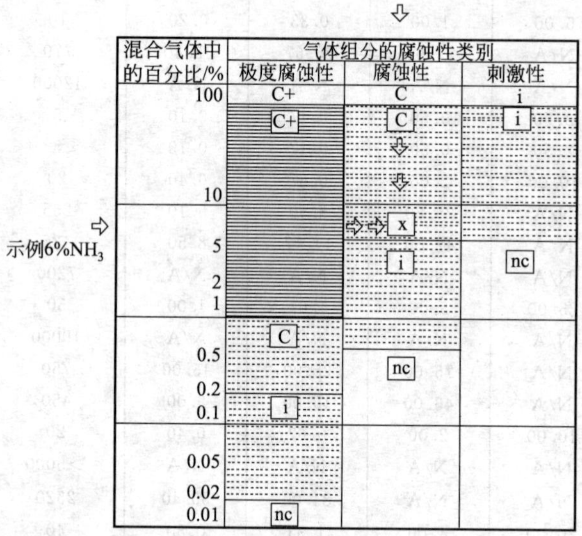

图 4-12　单一的高腐蚀性、腐蚀性和刺激性组分的二元混合气图解

① 单一的高度腐蚀性、腐蚀性或刺激性组分的二元混合气图解　如图 4-12 所示。

可以利用图 4-12，与该组分的百分比浓度对应的点及所在的栏对应其腐蚀性类别，它所在的位置决定了混合气体的腐蚀性。

② 含有多种高度腐蚀性、腐蚀性或刺激性组分的混合气体　对于混合气体，首先应检查确认是否属于高度腐蚀性类别，按③条；如果不属于高度腐蚀性混合气，就要再检查确认它是否属于腐蚀性混合气，按④条；如果仍然不属于腐蚀性混合气，最后检查确认是否属于刺激性混合气，按⑤条。

③ 高度腐蚀性的混合气体　如果满足式(4-6)的条件，则含有高度腐蚀性组分的混合气，应归类为"高度腐蚀性混合气"。

$$\sum\left(\frac{V_{C+}}{L_{C+}}\right) \geq 1 \tag{4-7}$$

式中　V_{C+}——每一种高度腐蚀性组分的体积分数；

L_{C+}——高度腐蚀性混合气体的体积分数下限（对于每种高度腐蚀性组分，该下限值等于 1%，见表 4-12）。

对于混合气中可能存在的任何腐蚀性或刺激性气组分，可不进行计算。

④ 腐蚀性的混合气体　如果满足下述条件，则含有高度腐蚀性和（或）腐蚀性以及（或）刺激性组分的混合气，应归类为"腐蚀性混合气"：

$$\sum\left(\frac{V_C}{L_C}\right) \geq 1$$

式中　V_C——每种高度腐蚀性或腐蚀性组分的体积分数；

L_C——腐蚀性混合气体的体积分数下限（对于每种高度腐蚀性组分，该下限值为 0.2%；对于每种腐蚀性组分，该下限为 5%，见表 4-12）。

对于混合气体中的任何刺激性气体组分，可不进行计算。

⑤ 刺激性的混合气体　如果满足下述条件，则含有高度腐蚀性和（或）腐蚀性以及（或）刺激性组分的混合气，应归类为"刺激性混合气体"：

$$\sum\left(\frac{V_i}{L_i}\right) \geq 1$$

式中 V_i——每种高度腐蚀性、腐蚀性、刺激性组分的体积分数；

L_i——刺激性混合气的体积分数下限（对于每种高度腐蚀性组分，该下限值为 0.02％；对于每种腐蚀性组分，该下限值为 0.5％；对于每种刺激性组分，该下限值为 5％。见表 4-12）。

⑥ 腐蚀性混合气标签的选用方法

a. 在混合气分类后，再根据有关规定，确立腐蚀性气体的等级、标签、警示和包装组合。

b. 腐蚀性气体包装上的铸印、印刷或粘贴的标记、标志和危险货物彩色标签应准确清晰，符合 GB 19458《危险货物危险特性检验安全规范　通则》的有关规定要求。

c. 毒腐蚀性气体的容器和包装均应符合 GB 12463《危险货物运输包装通用技术条件》的规定，钢瓶应戴瓶帽、安全胶圈，应确保钢瓶螺旋口严密，无漏气现象。

纯气的腐蚀类别见表 4-13。

表 4-13　纯气的腐蚀类别

气 体 名 称	化 学 式	别　　名	腐蚀性类别
氨气	NH_3	R717	C
五氟化锑	SbF_5		C+
砷烷	AsH_3		nc
过氧化双三氟甲基	$(CF_3)_2O_2$		nc
三氯化硼	BCl_3	氯化硼	C
三氟化硼	BF_3	氟化硼	C+
五氟化溴	BrF_5		C+
三氟化溴	BrF_3		C+
溴丙酮	CH_3COCH_2Br		C
1,3-丁二烯	$H_2C{=}CH{-}CH{=}CH_2$		nc
一氧化碳	CO		nc
硫化碳	COS	氧硫化碳	nc
碳酰氟	CF_2O		C+
氯气	Cl_2		C+
五氟化氯	ClF_5		C+
三氟化氯	ClF_3		C+
氯甲烷	CH_3Cl	R40	nc
三氟氯乙烯	C_2ClF_3		nc
氰	$(CN)_2$		i
氯化氰	$ClCN$		C
环丙烷	C_3H_6		nc
氯化氘	DCl		C
氟化氘	DF		C+
硒化氘	D_2Se		i
硫化氘	D_2S		i
乙硼烷	B_2H_6		nc
二溴二氟甲烷	CBr_2F_2	R12B2	nc
二氯(2-氯乙烯基)砷	$C_2H_2AsCl_3$	路易斯毒气	C+
二氯硅烷	SiH_2Cl_2		C
二乙基锌	$(C_2H_5)_2Zn$		nc
二甲胺	$(CH_3)_2NH$		C
二甲基甲硅烷	$(CH_3)_2SiH_2$		nc
双光气	$C_2O_2Cl_4$		C
乙基二氯化砷	$C_2H_5AsCl_2$		C

气 体 名 称	化 学 式	别 名	腐蚀性类别
环氧乙烷	C_2H_4O	氧化乙烯	i
氟气	F_2		C+
乙基氟	C_2H_5F	氟代乙烷	nc
锗烷	GeH_4		nc
七氟丁腈	C_3F_7N		nc
六氟丙酮	C_3F_6O	全氟丙酮	C
六氟环丁烯	C_4F_6		nc
溴化氢	HBr	氢溴酸（无水）	C
氯化氢	HCl	氢氯酸（无水）	C
氰化氢	HCN	氢氰酸（无水）	i
氟化氢	HF	氢氟酸（无水）	C+
碘化氢	HI	氢碘酸（无水）	C
硒化氢	H_2Se		i
硫化氢	H_2S		i
五氟化碘	IF_5		C+
三氟碘甲烷	CF_3I	三氟甲基碘	nc
甲基溴	CH_3Br	溴化甲烷	i
甲硫醇	CH_3SH		i
甲基乙烯乙醚	C_3H_6O	甲氧基乙烯	nc
甲基二氯化砷	CH_3AsCl_2		C+
甲基硅烷	CH_3SiH_3		nc
乙胺	$C_2H_5NH_2$	R631	C
甲胺	CH_3NH_2	R630	C
芥子气	$C_4H_8Cl_2S$		C+
羰基镍	$Ni(CO)_2$	四羰基镍	nc
一氧化氮	NO	氧化亚氮	C
二氧化氮	NO_2	氧化氮	C
三氟化氮	NF_3		i
三氧化氮	N_2O_3	三氧化二氮	C
亚硝酰氯	$NOCl$		C+
氧化二氟	F_2O		C+
臭氧	O_3		i
戊硼烷	B_5H_{10}		nc
五氯丙腈	C_3F_5N		nc
全氟丁烯	C_4F_8		nc
氯化苯胩	$C_6H_5NCCl_2$		C
光气	$COCl_2$	碳酰氯	C
磷化氢	PH_3		nc
五氟化磷	PF_5		C+
三氟化磷	PF_3		C+
环氧丙烷	C_3H_5O	甲基环氧乙烷	i
硅烷	SiH_4	四氢化硅	nc
四氟化硅	SiF_4		C+
四氯化硅	$SiCl_4$		C
锑化氢	SbH_3	氢化锑	nc
二氧化硫	SO_2		C
四氟化硫	SF_4		C+
硫酰氟	SO_2F_2		nc
四乙基铅	$(C_2H_5)_4Pb$		nc
四氟肼	N_2F_4		C+
四甲基铅	$(CH_3)_4Pb$		nc
三乙基铝	$(C_2H_5)_3Al$		nc

气 体 名 称	化 学 式	别 名	腐蚀性类别
三乙基硼	$(C_2H_5)_3B$		nc
三氟乙腈	C_2F_3N		i
三氟乙烯	C_2HF_3		nc
三甲胺	$(CH_3)_3N$		C
三甲基硅烷	$(CH_3)_3SiH$		nc
三甲基锑	$(CH_3)_3Sb$		nc
六氟化钨	WF_6		C
六氟化铀	UF_6		C
乙烯基溴(抑制性)	C_2H_3Br		nc
氯乙烯(抑制性)	C_2H_3Cl	R1140	nc
氟乙烯(抑制性)	C_2H_3F	R1141	nc

⑦ 计算举例

【例1】 混合气体包含：6%的 NH_3 和94%的 N_2

从表4-13中可以查到：氨气被分为 C 类（腐蚀性）。通过图4-12可以看到，对于腐蚀性组分而言，进入"腐蚀性"组别的浓度下限为 $L_C=5\%$，而进入"刺激性"组别的浓度下限为 $L_i=0.5\%$。本例中的混合气体含有6%的氨气，浓度大于5%，因此，该混合气体应归为"腐蚀性"类。

【例2】 混合气体含有 0.5% HF $+0.6\%$ $F_2+98.9\%$ N_2

从表4-13中可以查到：HF 为高度腐蚀性气体（C+），F_2 为高度腐蚀性气体（C+）。

$$\sum\left(\frac{V_{C+}}{L_{C+}}\right)=\frac{0.5}{1}+\frac{0.6}{1}=1.1>1$$

因此该混合气体为高度腐蚀性混合气体。

【例3】 混合气体含有：0.1% HF $+0.1\%$ $Cl_2+2\%COCl_2+3\%HCN+94.8\%$ N_2。

从表4-13中可以查到：HF 为高度腐蚀性气体（C+），Cl_2 为高度腐蚀性气体（C+），$COCl_2$ 为腐蚀性气体（C）。

$$\sum\left(\frac{V_C}{L_C}\right)=\frac{0.1}{0.2}+\frac{0.1}{0.2}+\frac{2}{5}=1+\frac{2}{5}=\frac{7}{5}>1$$

因此该混合气体为腐蚀性混合气体。

【例4】 混合气体含有：0.01% $Cl_2+0.4\%$ $COCl_2+3\%HCN+96.59\%$ N_2

从表4-13中可以查到：Cl_2 为高度腐蚀性气体（C+），$COCl_2$ 为腐蚀性气体（C），HCN 为刺激性气体（i）。

$$\sum\left(\frac{V_i}{L_i}\right)=\frac{0.01}{0.02}+\frac{0.4}{0.5}+\frac{3}{5}=\frac{19}{10}>1$$

因此该混合气体为刺激性混合气体。

⑧ 混合气分类方法

a. 如果满足下述条件，则归类为氧化性比空气强的混合气，

$$\sum x_iC_i\geqslant21\%$$

式中 x_i ——氧化性气体组分（摩尔分数），%；

C_i ——氧气等效因子。

b. 氧气等效因子（C_i）是从氮和乙烷的混合气中氧化性气体的爆炸范围推导出的。为了确定氧气等效因子（C_i），就需要考虑氧化性气体与氮气之比限值的氧化性组分（图4-13）。

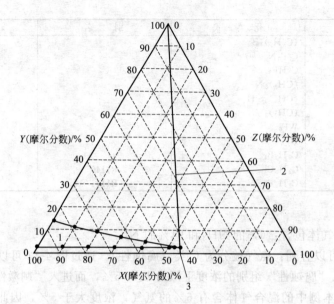

图 4-13 氮中氧化性组分下限的确定 （不支持乙烷的燃烧）

X—空气；Y—乙烷；Z—氮气

1—爆炸范围；2—氧化性气体与氮气固定比率线；3—氧化性气体组分限值，LOF＝43.4%空气

此氧化性气体组分下限（LOF）与氧气等效因子（C_i）的关系如下：

$$C_i = 9.07\frac{1}{\mathrm{LOF}}$$

式中，C_i 对于每种氧化性气体都是定值。氧气的 C_i 值为 1.0。系数 9.07 是 C_i（氧气）＝1 时的空气的 LOF 值。表 4-14 中值是导出的 LOF 经验值；对未试验的气体，C_i 被传统地固定为 40。

表 4-14 毒性和腐蚀性气体的氧气等效因子

气体名称	化学式	C_i	气体名称	化学式	C_i
双三氟甲基过氧化物	$(CF_3)_2O_2$	40[1]	氧化氮	NO	0.3
五氟化溴	BrF_5	40[1]	二氧化氮	NO_2	1[2]
三氟化溴	BrF_3	40[1]	三氟化氮	NF_3	1.6
氯气	Cl_2	0.7	三氟化二氮	N_2O_3	40[1]
五氟化氯	ClF_5	40[1]	二氟化氧	OF_2	40[1]
三氟化氯	ClF_3	40[1]	臭氧	O_3	40[1]
氟气	F_2	40[1]	四氟肼	N_2F_4	40[1]
五氟化碘	IF_5	40[1]			

[1] 对于未试验的氧化性气体，C_i 值传统地固定在 40。

[2] 从氧化氮和三氟化二氮推导出。

5. 相容性

所谓气体的相容性，对于混合气来说，就是在生产、运输和储存期间，在正常的温度下，混合气之间不会发生危及气瓶安全和改变各组分性质的任何反应，则称为混合气各组分之间是相容的。对于气瓶来说，相容性就是气体、气瓶和气瓶附件的组合是应令人满意的，要求所装介质对气瓶及其附件材料适用，不产生腐蚀及其他化学反应，以免气瓶或其附件受到损伤或气体的质量（纯度）受到影响。与所装介质直接接触的主要是瓶体与瓶阀，在气瓶选择时，还必须考虑气体各组分与钢瓶以及阀门所用的材质是否有可能发生化学反应（如氧化、腐蚀等），以保证混合气的安全稳定性。可以依据组分气与包装容器材质的相容性，选用不同的钢瓶和瓶阀。目前所用的气瓶瓶体材料有碳钢、低合金钢和铝合金。碳钢、低合金钢具有强度高、塑性好、易于焊接及冷加工等特点，在正常情况下，常用的瓶装气体都是适用的。铝合金具有重量轻、塑性好、强度较高、加工方便等优点，是制造气瓶较为理想的材料。特别是铝在大气中是非常耐蚀的，即使是在大气污染较重的工业区中，空气中含有较高的二氧化硫及一氧化碳，对铝的腐蚀也无多大影响。附在金属表明的污物，可能由于氧的不足而产生点腐蚀现象，但即使在这种情况下，铝的表面保护膜也可以慢慢修补，点腐蚀速率也会随时间而大为减慢。所以从防止环境因素所产生的腐蚀这方面考虑，铝合金气瓶要比钢瓶优越。但是有些气体，主要是能形成氢卤酸的气体（即 FTSC 编码中末位数字为 3 的气体）和一些卤素化合物则不能用铝合金气瓶装。因为卤素离子，特别是氯离子（Cl^-）和氟离子（F^-）能透过铝表面的保护膜（铝的耐蚀性主要是金属表面有一层很好的氧化膜）对铝产生点腐蚀。

瓶阀阀体多用黄铜制造，黄铜是铜锌合金，当价格较便宜的锌加入铜后，合金的强度大为增加。黄铜的耐蚀性能较为复杂，需视介质及腐蚀情况而定，对于一般气体，黄铜是耐蚀的，特别是黄铜的切削加工性能很好，最适宜制造切削加工量较大的瓶阀。但黄铜不宜用于氨阀，因为黄铜中的铜和锌都可以和氨产生反应，造成强烈的腐蚀。另外，氯化氢气体具有酸性腐蚀的特性，它的瓶阀也不适宜用黄铜制造，而应采用耐酸不锈钢。

（1）选择气瓶及其附件材料的原则是：

① 应根据气体的物化性质选择气瓶，充入的气体混合物与气瓶、瓶阀和其他可能与气体接触的附件应是相容的；

② 混合气体的各组分在充入容器期间或充入以后相互之间不可发生任何反应和危险；

③ 气瓶应在规定的检验周期内充气、运输和使用；

④ 充装气瓶应安装和选择与充装介质相对应的瓶阀和瓶阀出气口。

（2）不能盛装于铝合金钢瓶的部分气体见表 4-15。

表 4-15　不能盛装于铝合金钢瓶中的部分气体

序号	分子式	气体名称	序号	分子式	气体名称
1	C_2H_2	乙炔	14	CH_3Cl	氯甲烷
2	Cl_2	氯	15	BF_3	三氟化硼
3	F_2	氟	16	ClF_3	三氟化氯
4	HCl	氯化氢	17	PF_3	三氟化磷
5	$COCl_2$	碳酰二氯(光气)	18	NOCl	亚硝酰氯
6	HF	氟化氢	19	$F_2C=CFBr$	三氟溴乙烯
7	HBr	溴化氢	20	HCN	氰化氢
8	CNCl	氯化氰	21	HI	碘化氢
9	PF_5	五氟化磷	22	$SiHCl_3$	三氯硅烷
10	CH_3Br	溴甲烷	23	PH_3	磷烷
11	NH_3	氨	24	AsH_3	砷烷
12	$SiCl_4$	四氯化硅	25	PF_5	五氟化磷
13	SiH_2Cl_2	二氯硅烷	26	$AsCl_3$	三氯化砷

（3）部分气体与非金属材料的相容性（适用性）见表 4-16。

表 4-16　部分气体与非金属材料的适用性（√为适用）

气体			塑料材料			橡胶材料		
序号	气体名称	分子式	聚四氟乙烯	聚三氟氯乙烯	聚胺	丁基橡胶	碳氟橡胶	硅橡胶
1	乙炔	C_2H_2	√	√		√		
2	丁烷	C_4H_{10}	√	√	√		√	
3	丁烯	C_4H_8	√	√	√		√	
4	氯化氢	HCl	√	√			√	
5	碳酰二氯（光气）	$COCl_2$	√	√			√	
6	磷烷	PH_3	√	√		√	√	√
7	三氟化硼	BF_3	√	√			√	
8	氨	NH_3	√	√			√	
9	丁烷	C_4H_{10}	√	√	√		√	
10	氯甲烷	CH_3Cl	√	√	√		√	
11	六氟化钨	WF_6	√	√			√	
12	氮	N_2	√	√		√	√	√
13	氩	Ar	√	√			√	√
14	氢	H_2	√	√			√	
15	一氧化碳	CO	√	√			√	
16	二氧化硫	SO_2	√	√			√	√
17	六氟化硫	SF_6	√	√			√	√
18	四氟化碳（R14）	CF_4	√		√		√	√

　　表 4-15 和表 4-16 可供选择时参考。如无实际使用经验，必须通过实验验证方可使用。

　　（4）引起气瓶内气体组分变化的原因：①气体与气瓶内壁材质发生反应；②气体组分被气瓶内壁吸收；③气体组分与气瓶内残存的水汽发生反应或被水分溶解吸收；④气瓶内壁所吸收杂质组分的脱附等。

　　（5）充装操作过程中对气体污染的原因如下。

　　① 气体管道的污染　稀释气、原料气及用做分析的载气管道内壁都应进行严格的处理。

　　② 气瓶再次充装的污染　气瓶都应进行严格的抽空和置换处理。

　　③ 气体管道材质对气体中水分含量的污染　对于干燥气体（含水 2×10^{-6}）通过的管道如薄乳胶管、厚乳胶管、厚橡胶管，吹除的时间再长也不可能达到原来气体的露点值，紫铜管较好，使用不锈钢管、聚四氟乙烯管、玻璃管最好，其中使用玻璃管后在较短的吹除时间内，可达到原干燥气体的露点值。

　　④ 气体管道材质由于渗透和吸附对气体含量的污染　一些高纯气体中杂质分压较小，而大气中的气体如氧、氮、二氧化碳、水分分压较大，所以这些杂质气体较容易从空气中扩散到系统中污染高纯气体。表 4-17 为不同材质对水分的渗透性和吸附性情况。

表 4-17　不同材质对水分的渗透性和吸附性

管道材料	渗透性	吸附性	管道材料	渗透性	吸附性
不锈钢	无	弱	优质橡胶	较大	强
紫铜	无	对水吸附性强	乳胶	无	强
聚四氟乙烯	很小	弱	玻璃	无	较弱
尼龙	较小	弱	石英	无	很弱
真空橡胶	较小	强			

　　（6）为避免引起气瓶内气体组分变化，包装容器内壁的处理项目是：①抛光处理；②电镀处理；③磷化处理；④化学涂层处理；⑤氧化覆盖膜处理等。

6. 主要的配气方法及配气前的书面说明

(1) 称重法：向气瓶内充入已知纯度的一定量气体组分后，再向气瓶充入其他气体并称量质量，依次配制由各种气体组分组成的混合气体，设备是采用大载荷（20kg）、小感量（10mg）的高精密天平。混合气体中的质量浓度被定义为该组分的质量与混合气体所有组分总质量之比。此法规定配制的最低浓度限为1％。当配制浓度低于1％时多采用稀释方法。

(2) 分压法：根据理想气体在给定的容积下，混合气体的总压力等于混合气体中各组分分压之和的原理配制。要用高精度的压力表，配制过程中要恒温，配制时气体中任何一组分都不得变成液态，待几种气体完全混均后方可分析。

(3) 静态容量法：在给定的温度下，用已知的定体积管，充填压力接近或等于大气压力的组分气，然后将此定体积管内的组分毫无损失地转换至已知体积的配气瓶中（配气瓶应事先抽真空并用稀释气体清洗2～3次）。

(4) 流量比混合法：是动态配气方法之一，它是严格控制一定比例的组分气体和稀释气体的流量，并加以混合而制成的气体，与配制瓶装混合气相比，该法具有能够在同一配气装置上配制出满足需要的不同组分含量的各种标准气体。

(5) 体积比混合法：最简单的方法是注射器配制法，根据所配制的混合气体含量，按体积比计算。此法多用于实验室分析。

(6) 其他方法：渗透法、扩散法、饱和法等。

(7) 配气前要有说明书，说明书应由有中、高级称职的工作人员编写，说明书的内容应有：①混合组分及其各自的浓度；②气瓶类型、容积及气瓶使用说明书；③气瓶阀门类型及出气口型式；④要求的特殊附件（如汲取管等）；⑤气瓶及阀门上要求的警示标签内容；⑥气瓶的试验（检验）周期；⑦气瓶充装前准备工作要求，以保证混合气的安全（如气瓶的干燥、抽空及吹除等）；⑧组分充入的数量及检测方法（如压力、重量和体积等）；⑨充装中及充装完成后专门分析和检验要求，以保证混合气制备期间和完成以后的安全等。

7. 一些常见的可以配制的、不能化学匹配的、配制中会发生危险的与配制中有特殊要求的各种气体配制（表 4-18）

表 4-18　常见气体的配制要求

	氧	氮	氟	氢	甲烷	丙烷	乙烯	R12	R40	氨	氯	笑气	一氧化氮	一氧化碳	二氧化碳	四氟化碳	六氟化硫	二氧化硫	硫化氢	磷烷	硅烷	三氯化硼	氯化氢	乙炔	丙炔	环氧乙烷
氧	√	√	④	④	④	④	④	√	√	④	④	√	④	④	√	√	√	④	④	④	④	④	⑥	④	④	■
氮	√	√	④	√	④	④	④	√	√	√	④	√	④	④	√	√	√	④	√	√	√	④	√	⑥	④	√
氟	④	④	→	④	④	④	④	④	④	④	④	④	④	④	④	④	④	④	④	④	④	④	④	④	▲	③
氢	④	④	④	④	④	④	⑥	④	④	④	④	④	⑥	√	④	④	④	④	④	④	④	④	√	④	④	⑤
甲烷	④	④	④	④	④	④	④	④	④	④	④	④	④	√	④	④	④	④	④	④	④	④	√	④	④	√
丙烷	④	④	④	④	④	④	④	④	④	④	④	④	④	√	④	④	④	④	④	④	④	④	√	④	④	√
乙烯	④	④	√	④	④	④	⑥	④	④	④	④	④	⑥	√	④	④	④	④	④	⑥	⑥	④	√	④	④	√
R12	√	√	④	④	④	④	④	④	④	④	④	④	⑥	√	④	④	④	④	④	④	④	④	④	④	④	√
R40	√	√	④	④	④	④	④	④	④	④	④	④	④	√	④	④	④	④	④	④	④	④	④	④	④	⑤
氨	④	④	④	④	④	④	④	④	④	④	④	④	④	√	④	④	④	④	④	④	④	④	√	④	④	■
氯	④	④	④	④	④	④	④	④	④	④	④	④	④	√	④	④	④	④	④	④	④	④	√	④	④	■
笑气	√	√	④	④	④	④	④	④	④	④	④	④	④	√	④	④	④	④	④	④	④	④	√	④	④	■
一氧化氮	④	④	④	③	④	④	④	④	④	④	④	④	④	√	④	④	④	④	④	④	④	④	√	④	④	■
一氧化碳	④	√	④	√	√	④	√	④	√	④	④	④	④	√	④	④	④	√	④	⑥	⑥	④	√	④	④	⑤

续表

二氧化碳	√	√	④	√	√	√	√	√	④	④	√	√	√	√	√	√	√	⑥	√	√	⑥	④	√
四氟化碳	√	√	④	√	√	√	√	⑥	√	√	√	√	√	√	√	√	√	√	√	√	④	④	⑤
六氟化硫	√	√	④	√	√	√	√	√	√	√	√	√	√	√	√	√	√	√	√	√	⑥	④	⑤
二氧化硫	④	√	③	√	√	√	√	√	√	√	√	√	√	√	√	√	√	√	√	√	√	④	■
硫化氢	④	√	④	√	√	√	√	√	√	④	√	√	√	√	√	√	√	√	√	√	√	④	■
磷烷	④	√	④	√	√	√	√	√	√	√	√	√	√	√	√	√	√	√	√	√	√	④	■
硅烷	④	√	④	√	√	⑥	√	√	√	√	√	√	√	√	√	√	√	√	√	√	√	④	■
三氯化硼	④	√	④	√	√	√	√	√	√	√	√	√	√	√	√	√	√	√	√	√	⑥	▲	■
氯化氢	⑥	√	④	□	√	√	√	√	④	√	√	√	√	√	√	√	√	√	√	√	√	▲	■
乙炔	④	④	④	④	④	④	④	④	④	√	④	④	④	④	④	④	④	④	④	④	√	√	④
丙炔	④	④	▲	④	④	④	④	④	④	④	④	④	④	④	④	▲	④	④	④	④	▲	▲	√	④
环氧乙烷	■	√	③	⑤	√	√	√	■	■	■	√	√	√	■	■	■	■	■	■	■	■	▲	√

注：√代表可以配制；③代表有检验证明部门可以做；④代表要给予特殊考虑，这种组合危险性反应可能发生；⑤代表有资格权部门可以做；⑥代表这种组合相容性未知；▲代表不能化学匹配的气体；■代表混合时有匹配危险。

七、工业气体的输送方法

1. 管道输送

（1）氧气管道材料的选用　见表4-19。

表4-19　不同压力下管道材料的选用

敷设方式	工作压力/MPa		
	≤1.6	1.6～3	≥10
	管材		
架空或地沟敷设	焊接管、电焊钢管、无缝钢管、钢板卷焊管	无缝钢管	铜基合金管
埋地敷设	无缝钢管		

（2）管道内氧气流速的控制

① 氧气工作压力为10MPa或以上时，不应大于6m/s；

② 氧气工作压力为0.1～3MPa时，不应大于15m/s；

③ 氧气工作压力为0.1MPa或以下时，应按管道允许的压力降确定。

【例】铜材氧气管道流量为500m³/h，压力为10MPa，此压力下流速设计为4m/s，求氧气管道的内径。

设管道内径为D，则其内截面$S=\pi D^2/4$，根据流量与流速的定义，流速$C=$流量V/截面S，题中流速为4m/s，流量为500m³/h，代入后得：

$$4=500 \div [3600(10 \div 0.1013+1) \times \pi D^2 \div 4]$$

$$D=\{(500\times 4) \div [4\times 3600 \times (10 \div 0.1013+1) \times \pi]\}^{1/2}=0.02104m=21.04mm$$

（3）其他气体的流速应按有关的规定确定管径

① 气体充装汇流排应有足够的头数，使每瓶气体的充装时间不得小于30min，汇流排应按GB 15383《气瓶阀出气口连接型式和尺寸》制作接头，氧气及可燃性气体汇流排应使用防错装接头。

② 低温液化永久气体气化后的气瓶充装过程中应遵守以下规定。

a. 低温液体加压气化充瓶装置中，低温泵排液量与气化器的换热面积及充装量应匹配，应使每瓶气的充装时间不得小于30min；气化器的出口温度不低于0℃。

b. 低温液体气化器气体出口温控、压力控制应有系统报警及联锁停泵装置。

2. 低温液体储罐（容积小于 450L、可移动的低温液体储罐称为低温绝热气瓶）

（1）传热方式

① 传导　直接接触物体各部分之间的传热现象。液体和固体中热的转移靠分子碰撞；固体金属中热的转移靠自由电子运动；气体中热的转移靠分子不规则运动。

传热热量用傅里叶公式，见式(4-7)。

$$Q = \lambda F \frac{\Delta t}{L} \tag{4-8}$$

式中　Q——传递热量，W；

λ——热导率，$W/(m \cdot K)$；

F——传热面积，m^2；

Δt——传热温差；℃

L——传热距离，m。

在低温储罐中常用的材料有铜，常温时其热导率为 $398W/(m \cdot K)$；常温时铝的热导率为 $237W/(m \cdot K)$；常温时不锈钢的热导率为 $45W/(m \cdot K)$；$73 \sim 673K$ 时泡沫玻璃砖的热导率 $0.052 \sim 0.07W/(m \cdot K)$；$77 \sim 310K$ 时珠光砂的热导率为 $0.028 \sim 0.03W/(m \cdot K)$；矿渣棉的热导率（73K）为 $0.01W/(m \cdot K)$。

其要点如下。

a. 珠光砂在抽真空后其热导率可以小 20 倍，所以粉末真空低温储罐一定要保持真空度在 $2.6 \sim 65Pa$ 之间，粉末真空低温储罐在真空度低于 65Pa 时，应抽真空，以防止造成冷量损失。b. 粉末真空低温储罐一定要保持珠光砂的干燥，因为湿的或结冰的珠光砂的热导率是干燥珠光砂的 60 倍。c. 选择珠光砂时要保证：ⓐ粒度在 $0.1 \sim 1.2mm$ 之间；ⓑ含湿＜0.3％；ⓒ堆积密度为 $30 \sim 60kg/m^3$。d. 选择泡沫玻璃砖时要保证：ⓐ密度为 $160 \sim 190kg/m^3$；ⓑ含湿＜0.2％；ⓒ抗压强度≥0.49MPa；ⓓ抗弯强度≥0.667MPa。e. 从傅里叶公式 $Q = \lambda F \Delta t / L$ 可看出，传热还与传热面积、温差和距离有关。所以：ⓐ在操作低温设备时，在体积够用的前提下，尽量减小传热面积；ⓑ低温储罐尽量不靠近热源和减少日晒，以减小温差；ⓒ大型低温储罐（堆积珠光砂型）的保温层要 1m 厚度，以增加传热距离。

② 对流　对流是指由于流体（液体或气体）本身流动时将热量从流体的一部分传递到另一部分的现象。热量转移是靠流体的流动进行的，由牛顿公式可得式(4-8)。

$$Q = \alpha F \Delta t \tag{4-9}$$

式中　Q——单位时间内传递的热量，W；

α——放热系数，$W/(m^2 \cdot K)$；

F——传热面积，m^2；

Δt——温差，℃。

要点：影响对流冷量损失的因素有：a. 流体流动的状态、流速的大小、气液干扰等；b. 放热面积的形式，平、曲、翅片等。

③ 辐射　热量不通过任何介质传递，而直接由热源以电磁波形式辐射出来，被另一物体部分或全部吸收而转变成热能。

要点：实验证明物体颜色越浅，影响辐射冷量损失越小。所以低温储罐外表面为白色或由不锈钢制成，其辐射冷量损失较小。

（2）低温液体储罐的保温形式

① 真空绝热　低温容器夹层抽至 1.33×10^{-3} Pa（10^{-5} Torr），支撑采用非金属材料，防止热量的对流和传导，外表面用不锈钢材料制造，并抛光防止热辐射。一般仅用于液氧、液氮、液氩的储存。

② 真空多层缠绕型　内胆外侧缠绕具有高度反射性能的材料做辐射屏，并以低传导材料做层间隔物，然后在夹层空间抽真空，从而进一步降低辐射热传递，以达到高效绝热的效果。

③ 真空粉末绝热　低温容器夹层填充粉末材料厚度为 $200 \sim 300$ mm，并抽真空度至 $2.6 \sim 65$ Pa，如图 4-14 所示是最常见的 $5m^3$ 液体储罐的结构示意。

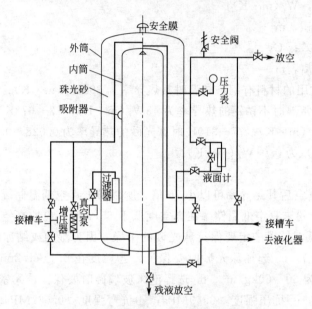

图 4-14　最常见的 $5m^3$ 液体储罐的结构示意

④ 常压珠光砂堆积液体储罐　低温容器夹层填充粉末保温材料约 1000mm 厚。这种低温容器一般为大型的（内筒储存液体为 $500m^3$ 以上）。如图 4-15 所示为最常见的常压珠光砂堆积液体储罐的结构示意，经土质勘探后决定采用天然地基，另外做打桩处理，桩与承台铸为一体，在承台内有 U 形埋件（见 A 向图），用挂钩与内筒的底板相连。承台上的泡沫玻璃砖由玻璃熔化后经发泡膨化制成，起储罐底部隔热保温作用，同时也支撑全部液体的重量，泡沫玻璃砖的热导率为 $0.052 \sim 0.07$ W/(m·K)，其抗压强度不应小于 0.048MPa。常压珠光砂堆积液体储罐的内筒为不锈钢，外筒为碳钢，均为现场焊制。液体氧储罐的内筒内表面应做脱脂处理。珠光砂也为现场制作，随做随装，因低温液体体积较大，珠光砂夹层无需抽真空也可以保证蒸发率。

⑤ 带液氮保护屏的绝热储罐　此种容器采用了粉末真空或多层缠绕方法，另外还采用液氮保护屏作为保温手段。此低温容器主要用于液氦、液氢的储存和运输。如图 4-16 所示为 $36.7m^3$ 的液氦储罐结构示意。

⑥ 带液氮保护的液态氟绝热储罐（图 4-17）　氟是化学活性强的元素之一，常温下和所有的有机物、无机物都起反应，且速度快，并导致火焰。与水蒸气、金属粉末反应剧烈。剧毒、酸性腐蚀，危险性大。

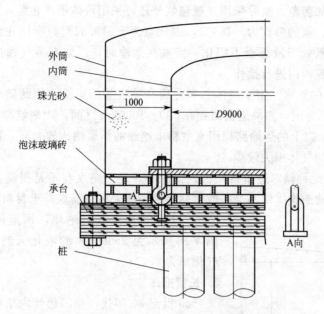

图 4-15 最常见的常压珠光砂堆积液体储罐的结构示意

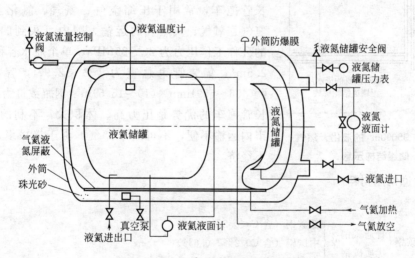

图 4-16 36.7m³ 的液氩储罐结构示意

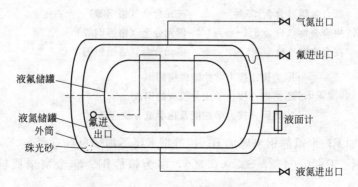

图 4-17 带液氮保护的液态氟绝热储罐

氟的运输应严加防范。氟除采用气瓶包装外还可采用液体形式包装，即采用带液氮保护的液态氟绝热储罐，氟的沸点为－188℃，固化点为－219.62℃，所以在液氮的保护下除安全之外，还可保证氟处于液态而不固化。液氟在运输时，严禁有蒸气逸出，并保证储罐封闭，储罐应采用遥控阀门进行操作。

⑦ 聚氨酯保温的储罐　用于液体二氧化碳和笑气等的运输，用此储罐或槽车运输要做经济核算，以 10m³ 为例，如果运输路程在 500～1000km 之间，用聚氨酯保温的储罐槽车比较合算；在 1000km 以上的运输路程用真空粉末绝热的储罐槽比较合算，因为后者的投资虽然大，但是路程上的气体损失较少。

⑧ 地下储罐　此种储罐造价低，占地面积小，地上高度与不是很高，附近建筑物比较和谐，有泄漏时会使土壤冻结不会扩散。储罐的壳体采用钢筋混凝土材料，内筒用不锈钢板制成，其外用泡沫塑料绝热，顶盖用玻璃棉绝热，如图 4-18 所示为 95000m³ 的液化天然气储罐结构示意，气化率为 0.2%。

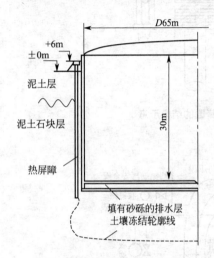

图 4-18　95000m³ 的液化天然气储罐结构示意

3. 长管拖车

20 世纪 80 年代，德国德曼内斯曼公司开始有了水容积为 3.5～6m³、工作压力为（40～1300）×10⁵Pa 的长管拖车，常用于压缩空气、氨气、氯化氢、氮气、氢气、氧气、天然气的运输。国内可买到的长管拖车的公称工作压力为 20～25MPa，单个瓶水容积为 0.5～2.5m³，集装管束总重为 1.2～2.97t，容器尺寸为 ϕ（406～559）mm×（10～16.5）m，钢瓶数量为 8～15 个。长管拖车的优势是压力高、体积大，不利的一面是城市内运输不便，不可用于储气，由于接口多，不安全、不经济。

4. 设备及管道常用材料

（1）钢

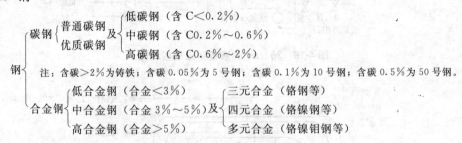

沸腾钢末尾加 F；半镇静钢末尾加 B；镇静钢末尾不加字母。

② 优质碳钢　P≤0.04%，S≤0.055%，多为镇静钢。非金属杂质较少，力学性能优良。

③ 合金钢的表示方法　12Cr3MoA 为含碳 0.12%，含铬 3%，含钼 0.2%～0.3% 的中

合金钢；1Cr18Ni9Ti 是与美国 321（AISI）相同的牌号，含碳 0.01％，含铬 18％，含镍 9％，还有一少部分含钛的高合金钢；40M 为含碳 0.4％，另外还含一些锰的气瓶用的低合金用钢；30CrMo 为含碳 3％，另外还含一些铬和锰的气瓶用的低合金用钢；16MnR 为含碳 0.16％，另外还含一些锰的低合金容器用钢；00Cr18Ni11 是与美国 304L（AISI）相同的牌号，为含碳 0.03％、含铬 18％～20％、含镍 8％～12％的高合金钢。

④ 气瓶用钢　根据 GB 5099《钢质无缝气瓶》的要求，气瓶主体的材料必须采用碱性平炉、电炉或吹氧碱性转炉冶炼的镇静钢，并且有良好的冲击和焊接性能。应用优质锰钢、铬钼钢和其他合金钢。

⑤ 压力容器用钢　a. A_3R 是容器用钢，使用的温度为 $-20\sim475℃$；b. 20g 是锅炉用钢，与优质碳钢性能基本相同，含硫低于普通碳钢，有较高的强度，使用的温度为 $-20\sim475℃$；c. 16MnR 是制造压力容器常用的普通低合金钢，16MnR 比 A_3 钢多含 1％的锰，强度比 A_3 高得多，使用这种材料比 A_3 钢减轻 30％～40％的重量，使用的温度为 $-20\sim475℃$；d. 16MnDR 和 09Mn₂VDR 是一般低温常用锰钢和锰钒钢，最低的使用温度是 $-20℃$ 和 $-70℃$，其中 16MnR 在 $-40℃$ 下的冲击值 $\alpha_K \geqslant 34.3J/cm^2$ 时，则可使用到 $-40℃$，此时可写成 16MnDR；e. 高合金钢 0Cr19Ni9、0Cr18Ni9Ti 可使用到 $-196℃$，常用于深冷容器。

（2）有色金属

① 铜　a. 紫铜，含 Cu 99.9％；b. 59-1 黄铜含 Cu 59％，Zn 38.7％，Pb 1.5％；c. 62 黄铜含 Cu 62％，Zn 38.4％，Pb 1.1％，Fe 0.5％。

② 铝　铝合金，含 Al 92.63％，Cu 4.32％，Zn 0.42％，Pb 0.5％，Fe 0.01％。

（3）金属材料在低温时的性能　当温度降低时金属材料冲击韧性的减弱特别显著，实际上有些金属材料（如碳钢）在低温时变脆，失去了抵抗作用力的能力。其抗拉强度限提高 $1\sim1.5$ 倍，硬度增大 1.5 倍，而冲击韧性降低至原来的 1/10。低温时不同黑色金属抗拉强度及冲击韧性的变化见表 4-20。

表 4-20　低温时不同黑色金属抗拉强度及冲击韧性的变化

项　目	抗拉强度/MPa			冲击韧性/[J/(cm·K)]		
材　料	20℃	−80℃	−183℃	20℃	−80℃	−183℃
15 号钢(含碳 0.11％)	378	450	820	152	5.7	4.2
铬镍钢(含碳 0.34％，铬 1.8％，镍 2.7％)	1178	1277	1580	124.5		53
1Cr18Ni9Ti	740		1850	206～255		167～206

低温时不同有色金属抗拉强度及冲击韧性的变化见表 4-21。

表 4-21　低温时不同有色金属抗拉强度及冲击韧性的变化

材　料	成　分	抗拉强度/MPa			冲击韧性/[J/(cm²·K)]		
		15℃	−80℃	−183℃	15℃	−80℃	−183℃
紫铜	Cu 99％	280	360	413	77	85	90
黄铜	59-1	420		580	58		52
	62	400		570			
铝合金	Al 92％,Cu4.3％,Zn0.4％	410	433	530	25	25	21
蒙乃尔合金	Cu,33％,Ni67％	640		940	可塑性在低温下与常温相比和抗拉强度一样,也有所增长		

八、压缩气体的充装安全、事故案例及事故分析

1. 压缩气体的气瓶爆炸事故的分类、原因、爆炸能量的比较及应急预案

　　燃烧：当氧化过程迅速进行时，产生的热量使物质和周围空气的温度急剧升高，并且产生光亮和火焰，这种剧烈的氧化现象称为燃烧。

　　爆炸：当可燃气体与空气（或氧化性气体）的混合物在一定的条件下瞬时燃烧时，发出火光和高温，燃烧生成的气体受高温的作用，温度急剧上升，体积猛烈膨胀，形成压力波冲击器壁，可使容器破裂，产生强大的冲击波，掀飞屋顶，推倒墙壁，破坏建筑，损坏设备，伤害人员，可造成生命财产重大损失。爆炸可分为物理性爆炸和化学性爆炸。

　　爆轰：燃烧速度达到 1000～7000m/s 的爆炸。

　　(1) 物理性爆炸　气瓶爆炸的时机及特点：①气瓶物理性爆炸一般发生在压力最高的时候，例如充装到最高压力或气瓶受热、压力升高的状态下；②也可能在瓶体受到剧烈振荡或撞击的情况下；③气瓶因存在腐蚀等缺陷导致强度不足等原因而产生爆炸；④瓶体呈现有延性断裂的特征，即气瓶整体或较大的局部区域有明显的塑性变形，主要表现为瓶体的周长增大和壁厚减薄，断裂处有切变边；⑤裂口附近有严重腐蚀的迹象或有旧裂纹的痕迹，例如氧气瓶多在靠近瓶底处断裂（因许多氧气瓶底部常有积水，水气交界面是腐蚀严重的部位），瓶体可以沿轴向开裂（在瓶壁普遍减薄时），也可以横向断裂（例如气瓶底）；⑥多数情况下没有碎块，或只有少量（一两块）碎片飞出；⑦一般 40L、15MPa 的气瓶，发生物理性爆炸时现场的破坏情况较轻微，例如将周围的气瓶推倒、爆破瓶本身飞起击坏附近的设备或工具等，除非在密闭的小屋内爆炸，否则不会因爆炸产生的空气冲击波造成建筑物的严重破坏，只能是门窗玻璃破碎、窗框撕裂、砖墙倒塌等。

　　(2) 气瓶物理爆炸释放的能量　盛装压缩气体（或高压液化气体）的气瓶发生爆炸时，瓶内的高压气体解除了壳体的束缚，迅即降压膨胀，这一过程不涉及相的变化，而仅仅是压力、体积、温度发生了变化，即气体状态的变化。这种气体状态化的过程称为热力过程。不同的热力过程所做的功是不同的，因为功与过程有关，是过程参数，而不是状态参数，理想气体有的绝热过程是气体与外界没有热量交换的过程。气瓶爆破是在瞬间发生的，即气体由瓶内的高压变至大气压力，过程进行得非常迅速，所以这个气体状态变化过程就十分近似绝热膨胀过程。

　　绝热膨胀过程中气体所做的功符合能量守恒定律，做功不输出热量，所以所做的功只能通过气体内能的减少而获得。绝热过程中，压力 p 与比容 v 的变化遵照的规律是：

$$pv^k = \text{const}(\text{常数}), \text{或 } p_1 v_1{}^k = p_2 v_2{}^k, \text{即} \frac{p_1}{p_2} = \left(\frac{v_2}{v_1}\right)^k$$

式中　p_1，p_2——气体在初始与终了状态的压力，Pa；

　　　　v_1，v_2——气体在初始与终了状态的比容，m^3/kg；

　　　　k——绝热指数，它的数值等于气体定压热容与定容热容的比值，即：$k = c_p/c_v$，因为 $c_p > c_v$，所以 $k > 1$，不同的气体，比热容不同，k 值也不同。气体的绝热指数可以按它的分子组成确定其近似值：单原子气体（如氩气、氦气），$k = 1.6$；双原子气体（如氧气、氮气），$k = 1.4$；三原子和四原子气体，$k = 1.2 \sim 1.3$。

　　气体在绝热膨胀过程中所做的功可用下列各式计算。

$$U_1 = \frac{p_1 v_1 - p_2 v_2}{k - 1}$$

$$U_1 = \frac{p_1 v_1 \left[1 - \left(\dfrac{v_1}{v_2}\right)^{k-1}\right]}{k-1}$$

$$U_1 = \frac{p_1 v_1 \left[1 - \left(\dfrac{p_1}{p_2}\right)^{\frac{k-1}{k}}\right]}{k-1}$$

式中　U_1——1kg 气体所做的功，J/kg。

通常将计算气瓶爆破时气体泄压膨胀所做的功，称为爆能量。

公式中初始压力 p_1 就是气瓶内的气体压力；终了状态的压力 p_2 就是大气压力。如果气瓶的容积为 V，初始状态的比容为 v_1，则气体重量就是 V/v_1，气体绝热膨胀所做的功就是：

$$U_g = \frac{p_1 v_1 \left[1 - \left(\dfrac{p_2}{p_1}\right)^{\frac{k-1}{k}}\right]\left(\dfrac{V}{v_1}\right)}{k-1} = \frac{pV\left[1 - \left(\dfrac{p_2}{p_1}\right)^{\frac{k-1}{k}}\right]}{k-1}$$

若气瓶内的压力以 MPa 计，容积以 L 计，因为 1MPa $=10^6$ Pa，1L $=(1/1000)$m^3：

$$U_g = pV\left[1 - \left(\frac{0.1013}{p}\right)^{\frac{k-1}{k}}\right] \times 10^6 \times \frac{1}{1000(k-1)}$$

$$U_g = pV/k-1 \times \left(1 - \frac{0.1013^{\frac{k-1}{k}}}{p}\right) \times 10^3 \tag{4-10}$$

式中　U_g——气体爆炸能量，J；

　　　V——初始状态的气体体积（即气瓶容积），L；

为计算方便，式(4-6) 可以简化为：

$$U_g = C_g' V \tag{4-11}$$

式中　U_g——气体爆炸能量，J；

　　　V——气体体积，L；

　　　C_g'——单位体积气体爆炸能量系数，J/L。

$$C_g' = \frac{p\left[1 - \left(\dfrac{0.1013}{p}\right)^{\frac{k-1}{k}}\right] \times 10^3}{k-1}$$

对于最常用的瓶装永久气体，如空气、氮气、氧、一氧化碳等，绝热指数 K 均为 1.4 或近似 1.4，则其爆炸能量系数即为：

$$C_g' = 2.5p\left[1 - \left(\frac{0.1013}{p}\right)^{0.2857}\right] \times 10^3$$

表 4-22 列出常用气体绝热指数及在不同压力下的爆炸能量系数。

表 4-22　常用气体绝热指数及在不同压力下的爆炸能量系数

气 体 名 称	绝热指数	在下列绝对压力下的爆炸能量系数/($\times 10^4$J/L)		
		20.1MPa	15.1MPa	12.6MPa
一氧化氮、一氧化碳、空气、氮、氧	1.4	3.917	2.871	2.356
氩、氦	1.68	2.609	1.928	1.590
氢	1.412	3.837	2.814	2.310
甲烷	1.315	4.584	3.348	2.740
氮	1.64	2.742	2.025	1.669

试计算一个容积为 40L、压力为 15.1MPa(绝对) 的氧气瓶物理爆炸时所释放的能量。

根据式(4-10) 得：

$$U_g = C'_g V$$

根据表 4-22 查 $C'_g = 2.871 \times 10^4$ J/L 代入后得：

$$U_g = 2.871 \times 10^4 \times 40 = 1.148 \times 10^6 J$$

（3）低温液体储罐的爆炸-爆沸现象　一般低温液体储罐的使用压力有两种，即 0.8MPa 和 1.6MPa，根据液氧、液氮的特性，在操作时如按其最高使用压力，液体为过冷，即不易蒸发，蒸气损失小，但也有一定的危险性，如设备有一个裂口，设备爆炸，特别是罐车翻车，危险性极大，此设备不是一般储气设备的爆炸，而是储液在有压的情况下已达到了气液的平衡，饱和液体在绝热的情况下释放出的能量要比其上方蒸气释放出的能量大得多，它的能量释放包括焓的变化和熵的变化，所以，这样的事故一定要避免。

（4）化学性爆炸的时机及特点　化学性爆炸在气瓶的充装操作、运输、使用的过程中都可能发生。①例如氧气瓶的化学性爆炸多在使用中关闭焊枪上的氧气阀时发生。因为在正常使用（焊接或切割）时，瓶内爆鸣气体向外流出的速度大于可燃气体的燃烧速度，因而瓶内的气体不可能被点燃。而在焊接或气割工作结束、关闭焊枪上的氧气阀、瓶内气体的流速降到略低于可燃气体的燃烧速度的瞬间，火焰会迅速超过阀门而进入瓶内。②充装时，一般都是在瓶内达到充装压力而关闭瓶阀的时候，因为关闭瓶阀时产生的摩擦热或静电火花点燃瓶内的爆鸣气体，气瓶因而发生爆炸。③气瓶发生化学性爆炸，往往不是一个，而是数个，或者同时、或者先后发生。这不是一种偶然现象，因为如果一个氧气瓶内留有较多的可燃气体，它在充装初始时会窜入同一汇流排中的气瓶，使其他气瓶在充氧后，瓶内也形成爆鸣气。如果是由于水电解设备产生故障或其他原因，使产生的氢气或氧气产品质量严重不纯而发生化学性爆炸，往往也不是仅在一个气瓶中发生。④气瓶发生化学性爆炸时具有压力冲击断裂的特征，瓶体常是粉碎性爆破，即产生大量的碎片，如图 4-19 所示。因为化学性爆炸是在瞬间发生的，爆炸时，达到最高压力的时间可为 0.01～0.03s，所以瓶体只有粉碎性破裂才能迅速泄放爆炸后产生的燃烧气团；因为升压速度很快，氢爆炸时的压力增长速率为 13MPa/s。⑤压力极高，所以壳体碎片具有较高的初速度，飞离的距离较远，常为数百米，甚至超过千米。⑥碎片的断口一般没有切唇，断口是平直的，开裂的方向无一定的规律性。由于化学性爆炸是由瓶内气体产生燃烧或其他化学反应而产生的，所以它的碎片的内壁常可见到金属经过高温烘烤的痕迹，破裂的壳体碎块的温度较高。⑦如果是氧气瓶内有油脂或烃类物料的氧化反应爆炸，在残骸内常可发现燃烧剩余物料或反应产物。⑧气瓶发生化学性爆炸时所释放的能量要比物理性爆炸的能量大得多（几倍到几十倍）。⑨厂房倒塌，爆炸现场周边的门窗玻璃及窗框严重破损等。

（5）压缩气体气瓶化学爆炸释放的能量　根据 GB 16163 将瓶装可燃气体分为：①可燃气体甲类，即在空气中爆炸下限小于 10% 的可燃气体，如氢、甲烷、氙和天然气；②可燃气体乙类，即在空气中爆炸下限大于等于 10% 的可燃气体，如一氧化碳。所谓爆炸极限是指可燃气体或蒸气与空气的混合物遇着火源能够发生爆炸燃烧的浓度范围。爆炸下限是指可燃气体或蒸气在空气中的体积分数在空气中刚刚达到足以使火焰蔓延的最低浓度；爆炸上限是指可燃气体或蒸气在空气中的体积分数在空气中刚刚达到足以使火焰蔓延的最高浓度。气体的化学性爆炸与气体的特性关系很大，气体的特性 FTSC 编码见表 2-1，其中 F 为 2 是代表燃烧性，如果这些可燃气体与具有助燃性能 FTSC 编码中第一

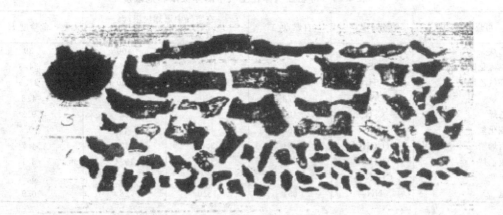

图 4-19　气瓶发生化学性爆炸试验碎片

位数字为 1 的空气（助燃）或具有强氧化性的 FTSC 编码 中的第一位数字为 4 的气体（例如氧）混合，则会在瓶内产生剧烈的氧化反应，反应热将使瓶内的气体急剧升温、增压，并造成气瓶爆破，这就是通常所说的气瓶化学性爆炸。瓶内发生氧化反应时，由于多数参数难以确定，其爆炸能量也不能准确计算，一般只能估算其最大爆炸能量及其范围。

可燃气体在空气中或氧气中都有爆炸界限，它指明各可燃气体发生爆炸时所需的浓度范围，因此可以根据此界限计算瓶内发生爆炸时，瓶内因升温而导致压力增大的倍数，并按此压力算出气体发生化学性爆炸时的最低爆炸能量。另外，还可以根据两种气体反应完全的最适宜配比，算出反应热造成的温升值和增压值，由此估算其爆破能量。这就是瓶内气体发生化学反应所可能产生的最大爆炸能量。

较为常见的是可燃气体与氧气混合爆炸，可燃气体在氧气中的爆炸界限范围要比在空气中的宽，氢在氧气中的爆炸上下限比在空气中大得多，所以也最具危险性。常用几种可燃压缩气体的爆炸极限见表 4-23 中。

表 4-23　常用几种可燃压缩气体的爆炸极限

气体名称	爆炸极限（体积分数）/%			
	在空气中		在氧气中	
	下限	上限	下限	上限
氢	4.0	74.2	4.0	94
甲烷	5.3	15.0	5.1	61
一氧化碳	12.5	74.2	15.5	94

对各种爆炸性混合气，根据其爆炸上、下限可按式(4-11)求得其危险度 H：

$$H = \frac{X_2 - X_1}{X_1} \qquad (4\text{-}12)$$

式中　X_1——爆炸下限；

　　　X_2——爆炸上限。

H 越大，危险性程度越大。乙炔的爆炸上下限之差最大，经计算，乙炔 $H = 39$，大于其他可燃性气体或蒸气。可燃性气体（蒸气）在空气中爆炸极限和危险度见表 4-24。

表 4-24　可燃性气体在空气中爆炸极限和危险度

可燃气体名称	分子式	自燃点/℃	在空气中爆炸极限/%		危险度 H
			下限 X_1	上限 X_2	
乙炔	C_2H_2	335	2.5	100	39
二硫化碳	CS_2	100	1.25	44	34.3
环氧乙烷	C_2H_4O	429	2.6	100	37.5
乙烷	C_2H_6	472	3.0	16	4.3
乙烯	C_2H_4	450	3.1	32	9.3
硫化氢	H_2S	260	4.0	46	10.5
丙烯腈	CH_2CHCN	481	3.0	17	4.7
氯乙烷	C_2H_5Cl	519	3.8	15.4	3.1
甲胺	CH_3NH_2	430	4.3	21	3.9
氨	NH_3	651	15.0	28	0.9

估算气瓶化学性爆炸的最大爆炸能量（或最低爆炸能量）可按下列步骤进行：

① 估计化学性爆炸前瓶内的压力；

② 按可燃气体完全燃烧时的最适宜配比（或按爆炸界限）估算出能量参与反应的物质的量；

③ 根据反应式计算出其反应热（可燃气体的燃烧热）；

④ 按反应后瓶内的剩余气体组成，求出其平均定容热容 c_V；

⑤ 估算出瓶内剩余气体的温升值；

⑥ 按定容过程中的温度、压力变化规律算出剩余气体的压力值；

⑦ 按气体爆炸能量公式估算气瓶内发生化学爆炸时的最大爆炸能量（或最低爆炸能量）。

（6）压缩气体气瓶爆炸事故的预防　充装标准中规定：充装前的气瓶应由专门人员负责，逐个进行检验，检查内容至少应包括：是否是产权气瓶；气瓶表面有无缺陷；气瓶检验日期；气瓶的颜色标志是否与所装气体的规定相符；气瓶瓶阀的出口螺纹形式是否与所装气体的规定螺纹相符；气瓶内有无剩余压力，如有剩余气体，应进行定性鉴别；气瓶充装前的检查是为防止压缩气体气瓶因"错装"而发生爆炸，最主要的措施是充装前的严格检查。这些检查内容都是有针对性地防止"错装"的，对于有剩余气体的压缩气体气瓶，标准中只要求进行定性鉴别，而没有规定定性鉴别的方法。下面介绍目前国内充装站采用较多的气瓶余气和以电解法生产的氢气、氧气装置气源定性鉴别的方法。

① 洗耳橡胶球火焰鉴别法：用洗耳橡胶球从待检的气瓶阀出口处抽取余气样品，拿到安全地点，戴防护手套对着点燃的蚊香缓慢地吹气，根据蚊香发出的火焰特征（或其他反应）来鉴别瓶内剩余气体的特性：a. 若蚊香在接受洗耳球喷出来的气体后发生燃烧加剧、呈现耀眼光亮的，瓶内剩余气体为氧气；b. 如果蚊香的火焰呈红色，而洗耳球的排气口发出轻微的爆鸣声，则表明瓶内剩余气体为可燃气体；c. 如果瓶内剩余气体既非可燃气体，又非助燃气体，则蚊香的火焰就会被吹喷而熄灭；d. 如果洗耳球吹喷出的气体遇到香火时发生爆鸣声，或橡胶球弹出爆破，则表明瓶内剩余气体是爆鸣性混合气体。用火焰鉴别瓶内气体，必须用橡胶球抽取试样，严禁用点燃的蚊香对着开启的瓶阀进行试验，如果瓶内可燃气体喷出，会被香火点燃，如是爆鸣性气体，遇明火会发生爆鸣，甚至爆炸。向点燃的蚊香喷气时应缓慢进行，以保证鉴别试验的准确可靠。用火焰鉴别法方法简便、试验迅速、成本低廉。它适用于氧气、氮气、空气、氢气和惰性气体等，不适合用于有毒气体，也不宜在

"严禁烟火"的现场进行。

② 便携式可燃气体检测仪：可燃气体测爆仪的探头接触被测气体后，如气体中含有可燃气体氢、甲烷、乙炔、乙烯等并达到爆鸣含量时，随即发生报警音响，这种仪器应配备气样，在每班必须测试一次，使仪器永远处在正常工作状态。前些年因国产产品质量不太过关，多采用进口产品，价格较高，未得到普及，近几年，国产产品的质量提高，价格又低廉，因此得到了用户的青睐。

③ 管道上设置自动分析仪器：以电解法生产的氢气、氧气充装站，应在氧气气源的管道上设置分析氧中氢含量的自动分析仪器，在氢气管道上设置分析氢中氧含量的自动分析仪器，并做到定期校验准确、好用。近年来，以电解法生产的氢气、氧气充装站，发生多起由于以电解法生产的氢气、氧气设备故障使氢、氧混装造成的事故。为此，《气瓶安全监察规程》及《永久气体气瓶充装站技术条件》中都有"以电解法生产的氢气、氧气充装站，管道上应设置自动分析仪器"的规定。

④ 应按《气瓶阀出口连接型式和尺寸》的规定，安装防止"错装"接头。

⑤ 防错装主要是依靠充装前对气瓶的严格检查，包括对瓶内有无剩余压力的检查和对余气的定性鉴别。此外，在装置的连接结构上也设置了一些自动防"错装"的措施。原来可燃气体用的瓶阀，出气口螺纹应左旋；非可燃气体用的瓶阀，出气口螺纹应右旋的。如果用可燃气气瓶去充装助燃气体，如空气、氧气等，则因为瓶阀的连接螺纹与充气装置的螺纹（母）连接不上（即俗称的一个正扣，一个反扣），锁母芯子装不上，而无法充气，对防止可燃气体与助燃气体的"错装"起了很大的作用，防止了气瓶因"错装"而发生化学性爆炸。但是在 20 世纪 70 年代，很多充装站都采用充气卡子代替螺母连接进行充装，虽节省了劳动力，但是，瓶阀出口螺纹的左旋与右旋之分，就起不到自动防止"错装"的作用。为了防止可燃气体与助燃气体"错装"，再改回原来的锁母芯子结构，既费力又费时，是不大可能的，继之而来的是，出现了防止"错装"的充气接头，它既有充气卡子省时省力的一面，又有锁母对上螺纹才可充装，起到防错装的作用。在国标《永久气体气瓶充装规定》GB 19194—2006 中取缔了使用充气卡子充装的内容，已改为使用防错装接头。

⑥《气瓶充装许可规则》中的 A. 充装、工艺设备中（4）写到"压缩气体充装必须配备防'错装'接头"；（5）中写到"氢、氧、氮气体充装必须配备抽空装置。"意思是在配备防"错装"接头之外又加一道保险，即返回充装站的氢、氧、氮气瓶剩余气体，全部都放空，之后再抽真空。不过，回来的氢、氧、氮气瓶还应检查是否有余压，如无余压应卸下瓶阀，检查气瓶是否已改作它用，如瓶壁上有油，会影响气体质量，充氧会引起爆炸。所以应做脱脂处理。在抽空之后的气瓶瓶阀出口处应用过滤纸擦拭，检查是否有油浸润过滤纸，如有，不可充氧，应卸下瓶阀做脱脂处理。在选择抽空装置时，做氧气充装的真空泵应是水环式的或无润滑的，以防止氧与油蒸气发生爆炸。另外也可使用氟化油润滑，此种油不会遇氧爆炸。总之，氢、氧、氮气体充装配备抽空装置后，为气瓶的安全充装和改善充装气体的质量提供了保证。

（7）如发生气瓶爆炸、火灾及液体大量泄漏事故的应急预案 ①保持冷静，向公司负责人汇报事故地址、事故原因、事故程度、设备和人员情况、危险目标、周边设施，提供事先备好的平面图、消防设施图、周边交通图、现场联系人及电话等问题；②对事故有较清楚的判断，并知道解决的方法，关闭阀门、停止工作或改变流程等以减少事故可能引发其他意外及伤亡；③火灾报警电话为"119"，若有人员受伤，拨打"120"，请求协助救护；④在厂

（公司）领导统一指挥下，由相关人员救护，带动人员带灭火器灭火，备齐、备好呼吸器、氧分析报警仪等个人保护用品；⑤划定危险区域进行隔离，其他人员按就近路线有序撤离，清点人数，发现有未撤离人员应及时救助；⑥现场人员持就近灭火器灭火，如火情无法控制，立刻离开现场；⑦消防队到场后由一名熟悉起火部位的人员向消防人员介绍起火现场情况；⑧救火工作只能在保证人员安全的前提下进行；⑨提供检测、抢险及控制措施时要注意可燃气体着火的火焰不要熄灭，使气体燃烧完，如未燃烧的要用长点火棒点燃，因为空气中混有可燃气体会产生爆炸；⑩火场周围如有压力容器，应射水降温，如火势未能控制，已经威胁到压力容器，则指挥员应做出准确判断，及时下达撤退命令；⑪管道着火，应将气源阀门并关关闭，如关阀无效，应找封堵材料将管道堵塞；⑫如液氧大量泄漏，应发现液氧泄漏点，迅速判明风向，电话通告区域内严禁明火，迅速离开危险区域，电话告知公司经理指挥处理泄漏事故，如液氮大量泄漏，应发现液氮泄漏点，迅速判明风向，电话通告区域内人员迅速离开危险区域，电话告知公司经理指挥处理泄漏事故；⑬受伤人员救护救治；⑭厂（公司）领导宣布救援终止程序、现场保护与洗消；⑮进行培训教育、演练计划，做演练记录。

2. 气瓶爆炸事故举例及事故原因分析

（1）电解制氧、氢

① 单位：南京东郊某社办五金厂。时间：1981 年 10 月。

该厂从南京某晶体管厂买一瓶氧气，用焊枪加热冲头做淬火处理，1min 加热完毕，焊工关闭焊枪，氧气瓶及减压阀发出尖叫声，焊工站起准备关闭瓶阀，气瓶爆炸，气浪将焊工冲出 3m 多远，受重伤，另外两名模具工，见事不好向外跑，被气浪冲出 8m 多远，受伤。气瓶炸成碎片，作业场所坍塌，屋顶瓦片飞出，一辆自行车炸毁。原因：南京某晶体管厂采用水电解法生产氧气，同批充装 13 个氧气瓶，经抽样分析，氧气中含氢 14.9%（氧气中含氢 4.65%～95.9% 之间可形成爆鸣气），这是导致气瓶爆炸的根本原因。而焊工在关闭焊枪时，氢、氧混合气流速变低，使火焰燃烧速度大于气流速度，使火焰进入气瓶，导致气瓶爆炸。

② 单位：锦州某厂动力车间。时间：1982 年 5 月 14 日。

下午 2：30 两个氧气瓶在汇流排上发生爆炸，当场炸死一人，一个气瓶穿过充装间和压缩间的墙壁，撞在氧压机的管路上，充装管路大部分被破坏，氧压机水分离瓶飞出 20m，充装间全部被摧毁，造成停产，经济损失达 3 万余元。原因：此单位采用电解水法制氧，由于设备老化，氧隔膜破损，使氢气和氧气混合，加之操作工用脚蹬阀门，气流速过快而产生静电。又因该单位氧气纯度长期不化验，致使引起化学爆炸。事故过后，从储气柜抽气化验，氧气中氢含量高达 14%。

③ 单位：天津市某厂。时间：1982 年 10 月。

天津市 10 个单位接连不断发生 11 起气瓶爆炸事故，导致 2 人被炸死，5 人被炸伤。原因：在同批充装未使用过的瓶装气体中抽样分析，其结果是氧气中含氢为 11%，经调查得知，由于水电解设备维修和操作等原因，导致电解液波动，石棉隔膜露在电解液外面，造成氢气和氧气混合，加之长期未做氧气纯度分析，以致盲目充装数百个气瓶销售。

④ 单位：连云港某集团。时间：2004 年 7 月 23 日。

连云港某集团生产的氢气在三家公司发生爆炸，分别是 1 个、2 个、3 个氢气瓶爆炸，导致房屋倒塌，分别造成 1 人、1 人及 2 人死亡。原因：水电解装置氢、氧隔膜破损，使氢气和氧气混合而造成。

有关规定的提示：《气瓶安全监察规程》及 GB 17264《永久气体气瓶充装站技术条件》中都有"以电解法生产的氢气、氧气充装站，管道上应设置自动分析仪器"的规定，即应在氧气气源的管道上设置分析氧中氢含量的自动分析仪器，在氢气管道上设置分析氢中氧含量的自动分析仪器。如果按其规定设计、安装及操作，且保证自动分析仪器定期校验，上述事故是完全可以避免的。

（2）氧气与可燃气体混合形成爆鸣气

① 单位：郑州某修车社。时间：1970 年 12 月 11～15 日。

郑州某修车社操作工人在室内气割 10mm 厚钢板，割 1m 长后，感觉气体不纯，想停下来找原因，在关割枪的一瞬间，气瓶发生了爆炸，操作者当场死亡，助手受重伤，3 间瓦房倒塌，气瓶上部被炸成碎片，飞出百米以外，气瓶下部碾成一张平板，底部碾成一条钢带。四天后郑州某鞋厂也曾在关闭焊枪的瞬间，一个气瓶带着一股黄色烟柱，火箭般地腾空而起，气瓶完全炸成碎片，最大的碎片为 15cm×10cm。在场 14 人全被震倒昏迷在地。原因：该鞋厂借一个有余压 4.0MPa 的气瓶到某工程机械厂充气，该厂经查，此瓶不是氧气瓶而是氢气瓶，拒绝充氧，由于鞋厂的人不知充气后的严重后果，又将该瓶送到某矿山机械厂充气，厂未经过气瓶检查后充装了氧气，由于瓶中的氢气压力较大，充装开始时氢气便窜入上面修车社的气瓶中，其结果是两瓶都是氢氧混合气，形成了爆鸣气。

② 单位：江苏省无锡市某电子材料厂。时间：1982 年 10 月。

江苏省无锡市某电子材料厂在氧气充装时发生 5 个气瓶同时爆炸的事故，其中 2 个烧毁，1 个炸成碎片，碎片最远的飞出 300m，现场仅剩下瓶头和瓶底，两间充装厂房及旁边的三间瓦房全部炸毁，距爆炸点 30m 的大楼窗户玻璃被震碎 300 余块，现场 1 人被炸死，腹部以上被炸碎，上衣及头发被冲光。爆炸烟尘达数米高，形成蘑菇状翻滚。原因：气瓶使用单位在气瓶内部不加任何处理就擅自将氢气瓶改成氧气瓶，仅把气瓶外表的深绿色改成天蓝色，而充装单位在充装前也未加严格检查，误做氧气瓶充装，致使瓶内形成了爆鸣气所致。

③ 单位：湖北省宜城市某氧气厂。

湖北省宜城市某氧气厂氧气瓶发生爆炸，操作工被炸成重伤，右小臂截肢，左臂及右腿骨折，其他气瓶被掀倒，防爆墙西侧被炸裂，充装间部分墙体被炸坏，屋顶石棉瓦被气浪掀飞摔成碎片。经过是：安全员李某从个体经营处拉回 29 个气瓶进行充装，压力充至 13MPa 停止，当关闭瓶阀时，气瓶被炸成 9 片，其中一片飞出 45m，瓶肩部有铝白色痕迹；瓶颈有绿色痕迹，气瓶为改装瓶，充装前未经过余气的检查，造成瓶内为可燃气体和氧气的混合气，产生爆炸，酿成大祸。

④ 单位：青海省西宁市某气体制造有限责任公司（原青海氧气厂）。

青海省西宁市某气体制造有限责任公司发生一起氧气瓶爆炸事故，造成 450m² 的建筑物倒塌，300m² 建筑物破坏，十几个氧气瓶同时爆裂，爆炸威力较大，将数十米外住宅窗户部分震碎，死亡 2 人，重伤 1 人。原因：氧气瓶不是自有气瓶，也不是托管气瓶，而是来历不明的气瓶，因错装而造成事故。

⑤ 单位：山西大同某厂。时间：1998 年 5 月 25～27 日。

山西大同某厂在三天之内发生了三起氧气瓶爆炸事故，导致 4 人死亡，8 人受伤。原因：爆炸的气瓶原来是氢气瓶，因有大的余压，氢气通过汇流排窜到了其他的氧气瓶中，三个气瓶都形成了爆鸣气。

⑥ 单位：沭阳县某工地。时间：1998 年 9 月 14 日。

沭阳县某工地两个氧气瓶和一个乙炔气瓶爆炸，4 名工人死亡，且无整尸，被抛离现场 8～20m 远。两个氧气瓶，一个为化学爆炸，碎片较多，另一个爆炸后碾成平板；碎片将乙炔瓶击中，开裂后燃烧爆炸并飞离现场 600m 之外，且烧毁玉米秆。原因：氧气瓶内混入氢气所致。

⑦ 单位：沈阳市苏家屯城郊乡小格镇某制氧厂。时间：1999 年 1 月 6 日。

某制氧厂在进行液氧气化充装的 6 个氧气瓶发生爆炸，造成 5 人死亡（其中女性 3 人，死者中完尸 1 具，有 2 人被炸成粉碎），4 人受伤，厂房邻近墙被炸毁，周围门窗玻璃被震碎，另有两个气瓶被穿洞。原因：充装的氧气瓶混入可燃气体。

⑧ 单位：江苏省常州市某氧气厂。时间：1999 年 3 月 7 日。

江苏省常州市某氧气厂 2 个氧气瓶在充装结束后关闭阀门时，发生爆炸，造成 1 死 2 伤，3 间充气间和维修间被毁。原因：是因错装造成的事故。

⑨ 单位：天津钢厂某氧气充装站。时间：1999 年 10 月 27 日。

天津钢厂某氧气充装站发生氧气的化学爆炸，造成 5 死 2 伤。原因：管理不善，是因错装造成的事故。

⑩ 单位：中国石化集团某建筑公司分公司。时间：2000 年 9 月 18 日。

中国石化集团某建筑公司分公司在氧气压缩到 10MPa 时爆炸，瓶阀裂处内孔中有炭黑，气瓶爆炸后，仅找到 9 块碎片，尚缺 20kg 碎片未找到，9 块碎片中最远的飞离爆炸地 168m，碎片的断面平直，气瓶爆炸地面钢筋混凝被震碎，五个气瓶被碎片击成凹坑，氧气管、周边的摩托车、刨边机均有损伤。原因：氧气内混入油脂所致。

⑪ 单位：山东省某电器仪表公司。时间：2000 年 11 月 14 日。

山东省某电器仪表公司氧气瓶发生了粉碎性爆炸，爆炸气瓶碎片共 160 片，穿击氧气瓶 1 个、乙炔瓶两个，氧气管被炸成多段，两个减压阀上 4 个压力表不能回到零，卡具损坏，瓶底碎片飞离爆炸点 20 多米，上部和中部各一大块飞离 20 多米，碎片断面呈垂直状，碎片和瓶阀未见炭黑，造成 2 人死亡，4 人轻伤，车间部分房屋倒塌，全厂停产。原因：典型的氢氧形成的混合气的化学爆炸；不是由于油脂或碳氢化合物与氧的化学爆炸。

⑫ 单位：江苏省某电子股份（集团）有限公司。时间：2000 年 12 月 10 日。

江苏省某电子股份（集团）有限公司用氧气给换热器试压，在开瓶的瞬间氧气瓶发生了剧烈的爆炸，检漏工被炸成重伤，右腿和右臂飞出 24m，送往响水县人民医院后抢救无效死亡，另一名检漏工右腿和左手中指被截肢。气瓶碎片有 18～21 片，最远的飞出 31m，车间 80 扇门窗、试压水槽被毁。气瓶碎片呈化学爆炸特点，断面为垂直状无延展，爆炸威力极大，是在气瓶开启瞬间爆炸的，阀门开启产生了能量，引起了瓶内氧气和可燃气体的燃烧和爆炸。原因：因未发现炭黑，所以排除了油脂和碳氢化合物的混入，是氢氧爆鸣气所致。

⑬ 单位：上海某研究所。时间：2001 年 8 月 28 日。

上海某研究所在配制混合气终了时，一个铝合金气瓶突然爆炸，配气工当场死亡，另外三人被炸伤。同时造成仿法 TBT16kg 重量法配气装置及十几根管道扭曲破坏，天花板被震落，门窗玻璃被击碎，室内所有原料气瓶都被震倒。气瓶筒体均炸成小碎片。原因：经理论计算，气瓶的爆破压力应为 39.9MPa，瓶阀有火烧氧化特征，从残留物中分析有 S、C 及 H_2S 等，判定此气瓶爆炸是化学性爆炸。

⑭ 单位：齐齐哈尔市某民营氧气厂。时间：2004 年 2 月 14 日。

齐齐哈尔市某民营氧气厂发生一起氧气瓶爆炸事故，使充装楼板炸塌，充装排架炸毁，4 个氧气瓶或燃爆或严重变形，1 名充装工和 1 名装卸工被炸死。原因：经查，瓶阀出口螺纹为左旋，此瓶是 2003 年经本厂气瓶检验站检验过的，不知为何这个氧气瓶要上左旋瓶阀，而瓶色为蓝色。

⑮ 单位：浙江台州市某气体公司充装站。时间：2004 年 2 月 29 日。

浙江台州市某气体公司充装站充装氧气到 10MPa 时突然发生爆炸，气瓶中段变成粉碎碎片，当场 1 人死亡，1 人重伤。原因：对同批封存的气瓶分析，测出乙醇和氢气的成分。

⑯ 单位：河北省保定市某氧气站。时间：2004 年 7 月。

河北省保定市某氧气站充装氧气时错装了氢气，又将该批气瓶按氧气卖出，致使保定市政府东院工人施工时气瓶爆炸，当场炸死 1 名妇女，几十米以外又砸死 1 名妇女，另有 4 人受伤；在电力设备有限公司工地上几十名工人施工，突然氧气瓶爆炸并将 1 个乙炔瓶炸上了天，当场 2 人死亡，1 人受重伤后死亡，4 人受轻伤，一台变压器被炸坏；保定市五尧乡康乐洗浴中心使用氧气瓶也发生了爆炸，有 2 人受伤；保定市七一路酱菜厂使用氧气也发生了爆炸，1 名焊工受伤。共 4 起事故，造成 5 人死亡，11 人受伤。

⑰ 单位：山西省某公司制氧站。时间：2004 年 8 月 17 日。

山西省某公司制氧站一个氧气瓶在充装时突然爆炸，造成充装间厂房倒塌，所幸未造成人员伤亡。原因：气瓶留余压太低，致使杂质进入气瓶，充装工也未检查，也未抽空置换，造成可燃物质与氧混装发生事故。

⑱ 单位：乐清市翁垟镇某液化石油气经营点。时间：2004 年 2 月 10 日。

乐清市翁垟镇某液化石油气经营点 YSO-50 型液化石油气气瓶发生粉碎性爆炸，操作者当场死亡。原因：操作者将氧气充入液化石油气气瓶。

另外，1993 年 2 月 1 日扬州制药厂氧气瓶爆炸等的爆炸原因都是疏忽充装前的检查造成氢气或可燃气体与氧气混装；1997 年，宁波华邦气体厂气瓶爆炸，造成 1 死 2 伤；2004 年 2 月，台州工业气体公司在充装氧气时气瓶发生爆炸，造成 1 人死亡，1 人重伤；2004 年 7 月江苏省东海县三家石英制器厂的氢气先后发生了三起爆炸，爆炸的气瓶分别是 1 个、2 个和 3 个。事故导致库房倒塌。死亡的人数分别是 1 人、2 人和 3 人。爆炸的原因可能是氢气中混入了氧气；2006 年 3 月北京某气体公司高纯氧气瓶爆炸，造成 1 人死亡等。

有关规定的提示：因氧气与可燃气体混合形成爆鸣气发生气瓶爆炸事故，可以排在所有气瓶爆炸原因之首。避免此事故发生主要是依靠充装前对气瓶的严格检查，GB 14194《永久气体气瓶充装规定》中规定了气瓶表面的颜色标志是否与所装气体的规定相符；气瓶瓶阀的出口螺纹形式是否与所装气体的规定螺纹相符；气瓶内有无剩余压力。对瓶内无剩余压力的气瓶应做内部检查和对有剩余压力的气瓶的余气应做定性鉴别。另外，在装置的连接结构上也设置了自动防"错装"的措施，并取缔了充气卡子的使用，已改用防"错装"接头充装。2006 年国家质监局颁布的《气瓶充装许可规则》中也写到：永久气体充装必须配备防"错装"接头；同时还有"氢、氧、氮气体充装必须配备抽空装置。"在配备防"错装"接头之外又加一道保险。

（3）可燃物沾染瓶阀和管路、阀门及管路选材错误、操作过急所致的事故

① 单位：广东江门某厂制氧车间。时间：1975 年 7 月 11～24 日。

广东江门某厂制氧车间在总阀切换的一瞬间，气瓶三次突然起火，瓶阀、卡具、气瓶都

有不同的损伤。原因：经检查，管道内有杂质，左边一组为 2.6kg，右边一组为 0.437kg，在高压氧气冲击下，与管路互相摩擦产生静电火花，造成燃烧爆炸；另外，阀门切换速度过快也是造成燃烧爆炸的原因。

② 单位：南京某造船厂。时间：1977 年 7 月 27 日。

南京某造船厂的氧气汇流排原用紫铜管，后改用高压软胶管，接头处采用尼龙垫圈，1977 年 7 月 27 日夜班，两名操作工在打开汇流排阀送气时，突然发生爆炸，火焰从四根软管处喷出，瓶阀熔尽，四根软管炸开，管内有烟迹。原因：汇流排及高压软管使用前未进行脱脂清洗，另外，高压橡胶管老化，尼龙垫圈加工粗糙，操作时开启阀门太快等均可造成氧化燃烧事故。

③ 单位：湖南常德某厂制氧站。时间：1978 年 6 月 4 日。

原充氧管为 $\phi 8mm \times 1.5mm$ 紫铜管，1976 年改成高压橡胶管，1978 年 6 月 4 日当压力在 8MPa 时一声巨响，火光一片，满室烟灰，充装工立即关闭了总阀，4 个气瓶倒在地上，一个瓶阀螺口熔化，5 个瓶阀熔化，8 根高压胶管炸断，支气管道中间熔化，3 套卡具报废。原因：经调查，燃烧最严重的气瓶，引火后又燃烧了高压胶管，酿成火灾。

④ 单位：山东莱芜某制氧厂。时间：1978 年 8 月 30 日。

山东莱芜某制氧厂，当一组氧气瓶充至 14.5MPa 压力时倒换另一组的一瞬间，切换阀门炸开起火，燃烧 2.5min。原因：a. 氧压机润滑水带油，气门结垢严重且沾有金属颗粒，随气流冲击到总阀阀芯上；b. 切换阀倒换太快，高压、高速，产生的高温气流与阀体摩擦产生静电火花。

⑤ 单位：南京某部氧气车间。时间：1979 年 3 月 3 日。

当一组氧气瓶充至 15MPa 压力时倒换另一组的一瞬间，刚开始充装，汇流排中一个气瓶瓶阀突然激烈燃烧，并发出爆炸声，从瓶阀喷出的火直冲向离气瓶 500mm 的间隔墙上，且反弹回 2m 多远，瓶阀与卡具全部烧毁。原因：a. 切换阀倒换太快，高压、高速，产生的高温气流与阀体摩擦产生静电火花；b. 用户为了消除漏气，擅自修理瓶阀，加入了可燃物，如橡皮圈、棉线及带油、带脂或石蜡的石棉绳等。

⑥ 单位：沈阳某制氧站。时间：1979 年。

沈阳某制氧站，当一组氧气瓶充至 15MPa 压力时倒换另一组的一瞬间，突然发生阀门爆炸，当时一名充装工被烧断气管而死亡。原因：该阀为氧气管路上禁用的碳钢阀门，加之阀门开启太快而致。

⑦ 单位：辽宁辽阳市某厂。时间：1979 年 7 月 27 日。

辽宁辽阳市某厂原来使用的汇流排阀是 J43H/160，因关闭不严，1979 年改换新阀，开启后 30min，压力为 13.5MPa 时，突然阀门爆炸燃烧。当场导致一名充装工造成三度烧伤，充气管烧断，阀门烧熔。原因：新换的不锈钢阀门阀芯，脱脂不净，带油。

⑧ 单位：杭州市余杭区崇贤镇某气体有限公司。

杭州市某气体有限公司发生氧气瓶爆炸，造成 2 人死亡，1 人重伤，2 名装卸工在卸瓶时，气瓶发生爆炸，在 30m 之外的 1 名仓库管理人员被气瓶的碎片炸成重伤。经分析气瓶内有油的痕迹，同时，野蛮装卸也是产生爆炸的原因。

⑨ 单位：江苏省镇江市某乙炔气厂。时间：1999 年 5 月 16 日。

该厂用液氧气化充瓶，当一排充装结束时，1 个氧气瓶在关闭阀门时发生爆炸，灼伤 3 人。原因：经查此氧气瓶曾充装过二氧化碳（内含油脂），因二氧化碳瓶是不可以改充氧气的，因此造成了气瓶的爆炸。

⑩ 单位：南京市江宁区东山镇某气体有限公司。时间：2001 年 3 月 20 日。

南京市江宁区东山镇某气体有限公司在卸瓶过程中氧气瓶爆炸，当时的压力为 11.5MPa。使瓶库受到破坏，东侧隔墙被炸出一个大窟窿，冲击波击坏了 43 扇门窗，4 扇玻璃门，造成多人受伤，气瓶碎片最远的可达 150m，炸裂一个气瓶和损坏一部气瓶运输车。原因：经查此氧气瓶曾充装过二氧化碳（内含油脂），因二氧化碳瓶是不可以改充氧气的，因此造成了气瓶的爆炸。

⑪ 单位：浙江省某液压件厂。时间：2001 年 3 月 28 日。

浙江省某液压件厂给蓄能器充氮，结果错用含氧 80%、含氮 19% 的气体，汽缸为油润滑，压力又很高（约 12MPa），造成化学爆炸。2 人死亡，5 人重伤，5 间房屋有不同程度的损坏。

⑫ 单位：江苏省徐州市沛县。时间：2003 年 8 月。

江苏省徐州市沛县某气体充装站发生了一起氧气瓶爆炸事故，造成 1 人死亡，9 个气瓶发生强烈爆炸，汇流排上金属焊点被冲断。原因：本应用四氯化碳做管道的脱脂处理，但是，错用了一种可燃溶液，酿成大祸。

⑬ 单位：湖南省娄底市双峰县三塘镇大枫某液氧充装站。时间：2006 年 2 月 16 日。

湖南省娄底市双峰县大枫某液氧充装站充装氧气，当压力为 11.5MPa 时切换，开始关闭气瓶，当女工关闭到第三个时，气瓶爆炸，女工被一块长约 400mm、宽约 280mm 的气瓶碎片击中，当场死亡，另两名男工受重伤，到医院后死亡，另一操作工和司机受轻伤。此瓶从瓶口以下 410mm 处开始破裂成四大块，爆炸时底座脱落飞离爆炸点 10 多米。发生爆炸的瓶子的一侧被爆破成一个长 120mm、宽 25mm 的口子，另一侧的被炸出 36.4m，落在厂内一块空地上。充装台遭到破坏，充装间 1/3 以上被掀掉，部分气瓶被炸扁。经炸破残体内部检查，气瓶下部内表面有明显的油脂痕迹，局部有燃烧迹象。这是气瓶爆炸的主要原因。经气瓶壁测厚，破口处无明显被拉薄现象，断口平直，是典型的化学爆炸。另外，爆炸气瓶检验日期超过两年、充装时间太短（不到 10min）等，多项气瓶操作、管理都违反了规定，造成了气瓶爆炸。

有关规定的提示：GB 14194《永久气体气瓶充装规定》中规定，应检查盛装氧气或强氧化性气体的气瓶，其瓶体、瓶阀是否沾染油脂或其他可燃物。意思是带油的手和手套都不可接触瓶阀。由于瓶阀内的零件带油而着火的事故时有发生。另外，回厂的氧气瓶还应检查是否有余压，如无余压应卸下瓶阀，检查气瓶是否已改做他用，如瓶壁上有油，充氧会引起爆炸。应做脱脂处理。2006 年国家质监局颁布的《气瓶充装许可规则》中也写到："氢、氧、氮气体充装必须配备抽空装置。"在抽空之后的气瓶瓶阀出口处应用过滤纸擦拭，检查是否有油浸润过滤纸，如有，应做脱脂处理。

(4) 野蛮装卸、超载造成气瓶爆炸

① 单位：湖南益阳县某船厂。时间：1985 年 5 月。

湖南益阳县某船厂驾船工，从益阳某制氧厂装运 6 个 15MPa 的氧气瓶回厂时，将气瓶从 30°的河坡往下滚，气瓶因相互碰撞，一个气瓶发生了粉碎性爆炸，大部分碎片落入江中，另一个气瓶飞起 20m 高后落入江中。气瓶发生了粉碎性爆炸应是化学性爆炸，内因应是瓶内形成了爆鸣气，野蛮装卸造成气瓶爆炸是外因。

② 单位：浙江省某气体公司。时间：2004 年 2 月 7 日。

浙江省某气体公司运一车空瓶回厂，车速快，在拐弯处，气瓶挤倒护栏，超高的气瓶一泻而下，砸向过路行人，造成1死1重伤。原因：气瓶层太高及超载所致。

③ 单位：金华安文镇某氧气厂。时间：2004年7月。

安文镇某氧气、乙炔供应站，一车41个气瓶在卸车时，操作过快，致使1个气瓶落地撞击，发生气瓶爆炸，造成1死1重伤。

④ 地点：浙江义乌凌云。时间：2006年5月。

浙江义乌凌云立交桥发生一起气瓶爆炸事故，野蛮装卸造成气瓶碰撞，引起爆炸，当场死亡1人。

⑤ 地点：四川省达县。时间：2006年8月。

四川省达县申家滩双线特大桥施工工地发生一起气瓶爆炸事故，导致2人死亡，1人重伤。事故原因：野蛮装卸造成气瓶爆炸。

⑥ 单位：山东荣成某实业有限公司。时间：2006年10月。

山东荣成某实业有限公司发生一起气瓶爆炸事故。该公司在卸载82瓶氧气瓶过程中，其中1瓶落地后由于撞击发生爆炸，造成1人重伤。气瓶飞出后，至今未找到残骸。

⑦ 地点：广东省江门蓬江区。时间：2011年8月。

氧气瓶与乙炔气瓶装在同一货车上，由于车内电路短路引燃车上20瓶氧气瓶和乙炔气瓶，共发生三次爆炸，所幸未造成人员伤亡。消防官兵到达现场后又撤离了不到2m距离的地面上的130个乙炔气瓶和车上的经水枪冷却的11个未爆气瓶到安全地带。

有关规定的提示：《气瓶安全监察规程》中明确写到：瓶装气体在出厂前要配戴瓶帽、防震圈。储、运过程中还要注意：①气瓶轻装轻卸，严禁抛、滑、滚、碰；②在气瓶运输车上，氧气瓶不可与可燃气体气瓶同车；③气瓶立放时车厢高度应在瓶高的2/3以上，卧放时，瓶阀端应朝向一方，垛高不得超过五层且不得超过车厢；④气瓶存放地点不可有热源和明火；⑤夏季时气瓶要防晒。以上各单位的做法明显地违背了上述规定。

(5) 一氧化碳腐蚀，违规使用气瓶　单位：上海某研究所和上海某仪器厂。时间：1979年。

上海某研究所使用碳钢氧气瓶充装一氧化碳。氧气瓶公称压力为15MPa，而一氧化碳使用压力为11MPa，9个氧气瓶使用了半年多以后，先后在气瓶上发生漏气，其中一瓶发生爆炸。

有关规定的提示：《气瓶安全监察规程》已规定：煤气、一氧化碳气体一般应选用铝合金气瓶盛装。一氧化碳在气瓶中有水分的情况下，对碳钢气瓶存在应力腐蚀。

(6) 窒息气体的事故

① 单位：辽宁省葫芦岛市某化工厂。时间：2003年7月14日。

辽宁省葫芦岛市某化工厂在D103碱罐清洗过程中，没有将入口氮气阀门关闭，因为正常生产时，需要通入氮气。在有氮气的情况下，两人入罐作业，造成缺氧身亡，清理现场时关闭了氮气阀，分析罐内含氧仅为1%。

② 单位：辽宁某钢厂。

辽宁某钢厂2000m³/h空分设备投产后，某冶建公司一油漆工给油氮水冷却系统设备刷漆，在攀登冷却塔时不慎掉入塔中，2人进去抢救，结果3人均因氮窒息身亡。

③ 单位：安徽合肥某深冷股份有限公司。时间：2001年11月27日。

安徽合肥某深冷股份有限公司在一个深约4m的坑内，对一个低温储罐进行焊接，氩气泄漏导致 4 人因窒息因死亡。

④ 单位：武汉某氧气厂。时间：1989 年 5 月 9 日。

武汉某氧气厂在一个深约 4m 的坑内对分配器阀进行氩气泄漏的焊接，导致焊工因窒息晕倒，后来下去 5 人也晕倒，最后向坑内吹氧（注：也有危险），6 人才获救。

⑤ 单位：甘肃省酒泉钢厂。时间：1999 年 11 月 8 日。

甘肃省酒泉钢厂发生 2 人氩气窒息死亡。

⑥ 地点：四川省成都。时间：2011 年 11 月 4 日。

某气站有一个深达 4m 的设备间，设备间内有一个氮气储罐，事故发生时，现场工人正在对系统检漏，工作人员也听到了气体的泄漏声，但是人们对氮气缺乏足够的认识，认为氮气不燃、无毒、无味、无太大的危险，忽略了氮气可以使人窒息，设备间深达 4m 不通风，更无空气中含氧的测试仪。此事故造成 2 人死亡，3 人受伤（人的缺氧表现见表 2-14）。

北京氧气厂、首都钢铁公司等单位都发生过氮气窒息死人的事故。

有关规定的提示：上述事故显然是违反了 GB 8958《缺氧危险作业安全规程》和 JB 6898《低温液体储运设备使用安全规则》。①为了避免空气中氮、氩及窒息气体含量增多，在氮、氩气及二氧化碳集聚区，检修设备、容器、管道时，需先用空气置换，缺氧危险场所在作业时必须关闭氮、氩及窒息气体的阀门或装盲板。缺氧危险场所严禁关门和盖盖。要控制空气中氧浓度不低于 18%。②在密闭场所（船舱、储罐、冷藏库、粮仓、实验室、地下管道、仓库、工事、矿井、地窖、垃圾站、化粪池或低凹处等）进行氩弧焊时要注意空气中的氧含量，工作时，应有专人看护。③液氮、液氩作业场不可在低凹处，应保证通风，不易通风的场所应使用空气或氧气呼吸器，严禁使用过滤式面罩、口罩等，应配备抢救器具、隔离式呼吸保护器具。④安全带、梯子、绳索使用前应进行检查。⑤有缺氧危险时应立即停止工作。⑥有缺氧危险影响作业时应立即通报。氩气及二氧化碳气体的密度在标准的情况分别为 1.78kg/m³ 和 1.97kg/m³，都大于空气的 1.29kg/m³，如将氩气及二氧化碳储罐安置在坑下，有氩气及二氧化碳泄漏会沉在坑底，不易排出。所以氩气及二氧化碳的储罐安置在坑下是错误的，操作人员肯定会发生窒息。

第二节　液化气体的充装

一、液化气体充装工艺流程图

1. 带工艺控制点的充装流程图

如图 4-20 所示为液化气体带工艺控制点的充装流程示意，与充装永久气体不同的是计量采用计重（质量）法，其原因是液化气体的气瓶安全事故主要出自于气瓶的超装，所以在液化气体充装时应保证每瓶一个衡器，每瓶一记录，每瓶不超装，充装过量的部分放出。其工艺控制点：1 是剩余气体分析；2 是成品分析；3 是来料分析；4 是计量质量（重量）。充装液化气体计量应有初检和复检，初检和复检的衡器应分开使用，衡器的最大称量值、精度、校验周期应符合要求。大瓶充装，达到最大充装量时，衡器与气源应设置联锁停气装置。新瓶和水压试验后的气瓶应做抽真空处理。

2. 液化气体各种充装流程图

（1）加压或真空吸入充装　如图 4-21 所示为液氯的充装流程，用压缩空气加压充装。

（2）利用静压差充装工艺　这种方法利用高程差产生的静压差充装，工艺管路简单，节

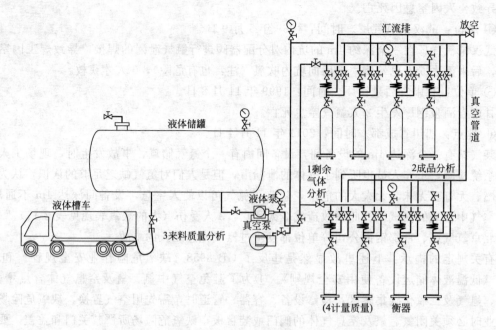

图 4-20　液化气体带工艺控制点的充装流程示意

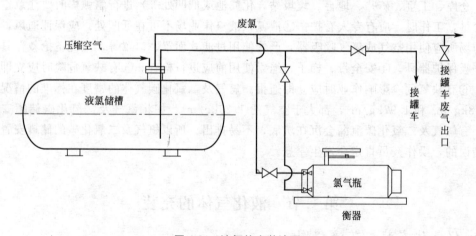

图 4-21　液氯的充装流程

省动力。它几乎适用于所有液化气体的充装。但是高程差必须足够才能形成一定的充装压力。利用静压差充装工艺流程示意如图 4-22 所示。

(3) 利用生产过程的压力充装工艺　这种方法利用生产过程的压力充装，工艺管路简单。适用于大多数液化气体的充装。但是必须是附属生产企业的充装。其充装工艺流程示意如图 4-23 所示。

(4) 利用气井压力直接充装工艺　由于气井的液化气体浓度较高，且有较高压力，可以直接充装。如图 4-24 所示为 CO_2 的充装简易流程示意。

(5) 液体泵法　利用液体泵产生大压力差，将液体送往钢瓶。当泵输出多于充装钢瓶需要量，或充装停止时，管道压力升高，液体通过安全回流阀流回储罐。此法适用于二氧化碳、氯乙烯、氨、丙烷、丙烯等。其充装工艺流程示意如图 4-25 所示。

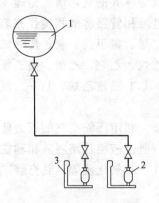

图 4-22　利用静压差充装
工艺流程示意图
1—储罐；2—钢瓶；3—衡器

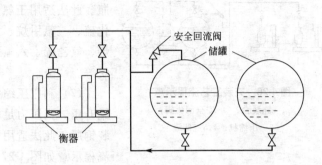

图 4-23　利用过程压力充装工艺流程示意

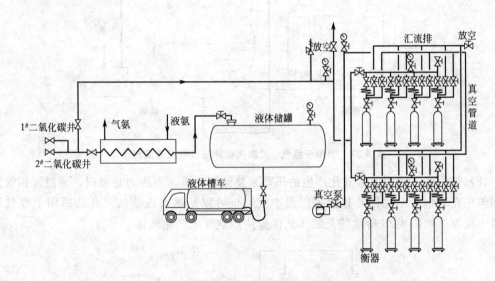

图 4-24　CO₂ 的充装简易流程示意

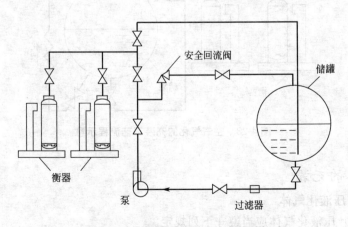

图 4-25　液体泵法充装工艺流程示意

（6）利用压缩机充装工艺　如图 4-26 所示，用压缩机 3 抽储罐 5 的气，输入储罐 4 升压，当压力足够时，通过液相管路将液相输往充装钢瓶。此法适用于氨、丁二烯、氯甲烷、氯乙烯、二氧化硫、三氟甲烷、六氟乙烷、乙烷、乙烯、偏二氟乙烯、氟乙烯、六氟丙烯、1,1-三氟乙烷、1,1-二氟乙烷等。

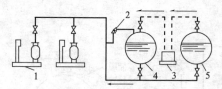

图 4-26　充装工艺流程示意

1—充装台；2—安全回流阀；

3—压缩机；4,5—储罐

（7）利用压缩空气法　利用压缩空气的压力使储罐升压，当压力足够时，通过液相管路将液相输往充装钢瓶。此法适用于氯气、二氧化硫等。其充装工艺流程示意如图 4-27 所示。

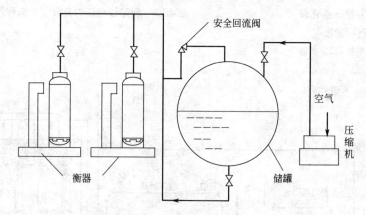

图 4-27　适用于氯气、二氧化硫等充装的工艺流程示意

（8）气化法　利用液体气化产生的压差来使储罐升压，当压力足够时，通过液相管路将液相输往充装钢瓶。气化的热源可以是空气，也可以是热水或蒸汽。此法适用于氩气、氯气、丁烷等。如图 4-28 所示的充装工艺流程使用空气来气化液体。

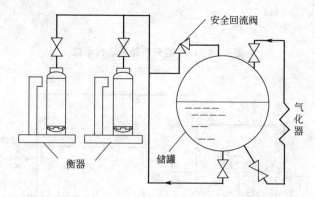

图 4-28　空气气化的充装工艺流程示意

二、液化气体的充装

1. 充装高（低）压液化气体

充装高（低）压液化气体应当遵守下列规定。

① 采用逐瓶称重、逐瓶复检，严禁过量充装。充装超量的气瓶不准出站并及时处置，

禁止无称重直接充装（车用瓶除外）。

② 配备与其充装接头数量相等的称重衡器。

③ 称重衡器必须设有超装警报或自动切断气源的装置。

④ 逐瓶复检（另设复检用称重衡器）。

⑤ 称重衡器的最大称量值及检定周期应当符合 GB 14193《液化气体气瓶充装规定》的规定，称重衡器的最大称量值应当为气瓶充装后质量的 1.5～3.0 倍。

⑥ 称重衡器的采用应符合相关规范及标准的规定，应当每年至少对称重衡器进行一次检定，每班至少用标准砝码校正一次。

2. 充装前后的气瓶操作流程（图 4-29）

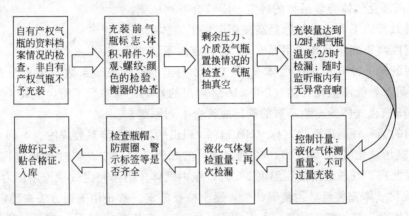

图 4-29　充装前后的气瓶操作流程

3. 气瓶在充装前应检查的项目

（1）充装前应检查国产气瓶是否是由具有"制造许可证"的单位生产的；进口的气瓶是否经安全监察机构批准；应检查充装的气体是否与气瓶制造钢印标记中充装气体名称或分子式相一致。

（2）充装操作人员应熟悉所装介质的特性（可燃、毒及腐蚀）及其与其瓶材料（包括瓶体及瓶阀等附件）的相容性，气瓶瓶体或附件材料与所装介质性质不相容的不可充装。

（3）气瓶是否在规定的检验期限内。

（4）确认气瓶的体积、充装系数及要充装的重量。

（5）经检查不合格（包括待处理）的气瓶应与合格气瓶隔离存放，并做出明显标记，以防止相互混淆。

（6）新投入使用或经内部检查后首次充气的气瓶，充气前应按规定先置换瓶内的空气，并经分析合格后方可充气。

4. 气瓶在充装中应做到

（1）开启瓶阀应缓慢操作，注意充装速度和充装压力，并应注意监听瓶内有无异常声响。

（2）充装操作过程中，禁止用扳手等金属器具敲击瓶阀或管道；充装易燃气体的操作过程中，应使用不产生火花的操作及检修工具。

（3）在充装过程中，应随时检查气瓶各处的密封状况及瓶壁温度是否正常，如发现异常应及时处理。

（4）低压液化气体气瓶的许用压力小于所装介质在气瓶最高使用温度下的饱和蒸气压的气瓶严禁充装（国内的低压液化气体气瓶的最高使用温度定为60℃）。

（5）充装计量衡器应保持准确，其最大称量值不得大于气瓶实际重量（包括气瓶重量和充液重量）的3倍，也不得小于其1.5倍。衡器应按有关规定，定期进行校验，并且至少在每班使用前应校验一次。衡器应设置在气瓶超装时报警和自动切断气源的联锁装置上。

（6）易燃液化气体中的氧含量超过下列规定时禁止充瓶：

① 乙烯中氧含量为 2×10^{-2}（体积分数，下同）；

② 其他易燃气体中氧含量为 2×10^{-2}。

（7）液化气体的充装量不得大于气瓶的公称容积与充装系数的乘积。

（8）低压液化气体充装系数的确定，应符合下列原则。

① 充装系数应不大于在气瓶最高使用温度下液体密度的97%。

② 在温度高于气瓶最高使用温度5℃时，瓶内不满液。

③ 常用的第一种低压液化气体（GB 14193列出的）的充装系数不得大于表4-25的规定，常用的第二种低压液化气体（ISO 11622列出的）的充装系数不得大于表4-28的规定。

（9）高压液化气体的充装系数的确定应符合下列原则。

① 常用的第一种高压液化气体（GB 14193列出的）的充装系数应按表4-19的规定，常用的第二种高压液化气体（ISO 11622列出的）的充装系数应按表4-21的规定。

② 在温度高于气瓶最高使用温度5℃时，瓶内气体压力不超过气瓶许用压力的20%。

（10）液化气体充装量必须精确计量，逐个检查核定。禁止用下列方法来确定充装量。

① 气瓶集合充装，统一称重，均分计量，或一个汇流排中仅用一个衡器计量其中一瓶气体，其他气瓶参照此瓶计量数值计量。

② 按气瓶充装前实测的重量差计量。

③ 按气瓶充装前后储罐存液量之差计量。

④ 按气瓶容积装载率计量。

5. 充装后应检查

① 充装量是否在规定范围内。

② 瓶阀及其瓶口连接的密封是否良好。

③ 瓶体是否出现鼓包变形或泄漏等严重缺陷。

④ 瓶体的温度是否有异常升高的现象。

⑤ 气瓶是否粘贴符合国家标准GB 16804《气瓶警示标签》的警示标签和充装标签。

⑥ 液化气体的充装量必须精确计量、严格控制，逐个检查复称核定，发现充装过量的气瓶，必须将超装的液体妥善排出。

6. 充装记录

充气单位应有专人负责填写气瓶充装记录，记录的内容至少应包括充气日期、瓶号、室温（或储气罐内气体实测温度）、充装压力、充装起至时间、气瓶标志容积、重量、充气后总重量、有无发现异常情况、充装者和检验者代号等。充气单位应负责妥善保管气瓶充装记录，保存时间不应少于2年。

三、石油液化气气瓶的充装

石油液化气气瓶的充装人员负责全站液化石油气的接收、储存、钢瓶倒残液及残液处理、充装钢瓶及罐车、新瓶抽真空、运瓶汽车装卸等工作。液化石油气的充装通常是通过压缩机和烃泵来实现的，如图4-16和图4-17所示。

（1）对属于下列情况之一的钢瓶，应先行处理，否则严禁充装。

① 钢印标记、颜色标记不符合规定的。

② 附件不全、损坏或不符合规定的。

③ 超过检验期限的。

④ 经外观检查存在明显缺陷，需进一步进行检查的。

⑤ 首次充装的新瓶，未经抽真空的。

（2）充装后的钢瓶应进行重量检验及检漏，合格后应贴合格证方可出站。严禁钢瓶超装。充装站应至少设置两台充装秤，应另设检斤秤。充装秤和检斤秤应采用自动切断秤。充装秤、检斤秤应为经过技术监督部门检验批准的合格产品并应在检定期限之内。充装秤、检斤秤的精度应符合规定。

气瓶装液质量小于15 kg的秤的最小刻度值不超过0.1kg；气瓶装液质量大于15kg小于50kg的秤的最小刻度值不超过0.2kg。

不同气瓶的充装量及误差（按GB 17267）是：

① 气瓶型号 YSP-2 为（1.9±0.1)kg；

② 气瓶型号 YSP-5 为（4.8±0.2)kg；

③ 气瓶型号 YSP-10 为（9.5±0.3)kg；

④ 气瓶型号 YSP-15 为（14.5±0.5)kg；

⑤ 气瓶型号 YSP-50 为（49±1)kg。

另外，秤的误差有外界因素、人为因素和计量器本身。

（3）充装站应设残液倒空和回收装置　残液回收方法有以下几种。

① 加压（正压）回收残液供气工艺　其工艺流程如图4-30所示。利用压缩机4抽残液罐5的气，输入储罐3，降低残液罐5的压力，压缩气体经储罐3（或稳压罐）充进需要倒残液的钢瓶6中，翻转过来，利用气瓶与残液罐间的压力差（0.2MPa），将残液排入残液罐5中。

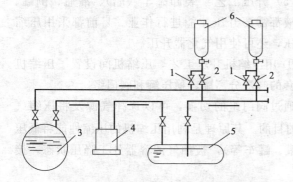
图4-30　加压回收残液工艺流程示意
1,2—阀门；3—储罐；4—压缩机；5—残液罐；6—钢瓶

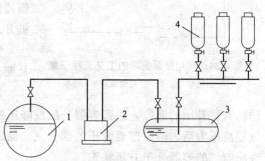
图4-31　抽真空回收残液的工艺流程示意
1—储罐；2—压缩机；3—残液罐；4—钢瓶

② 抽真空（负压）回收残液抽气工艺　抽真空回收残液的工艺流程示意如图4-30所示。压缩机2抽残液罐3的气，排入储罐1中，使残液罐（或负压罐）形成负压，倒残液的钢瓶压力较残液罐（或负压罐）压力高，利用两者之间的压力差，将钢瓶残液排入残液

罐中。

③ 用泵和喷射器回收残液工艺　用泵和喷射器回收残液工艺流程示意如图 4-31 所示。残液罐 1 的液体经泵 2 加压，快速流入喷射器 3，从喷嘴高速喷出，于是在喷嘴附近形成一个低压区，钢瓶残液被抽吸流入喷射器，与喷射器的残液一起流入残液罐。

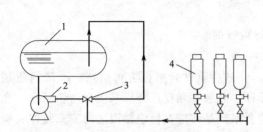

图 4-32　用泵和喷射器回收残液工艺流程示意

1—残液罐；2—泵；3—喷射器；4—钢瓶

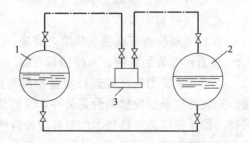

图 4-33　用压缩机倒罐的工艺流程示意

1—出液储罐；2—进液储罐；3—压缩机

④ 各种气瓶型号残液标准　YSP-2 残液标准不大于 0.1kg；YSP-5 残液标准不大于 0.2kg；YSP-15 残液标准不大于 0.6kg；YSP-50 残液标准不大于 2.0kg。

（4）倒罐工艺　将液化石油气由一个储罐倒入另一个储罐的工艺过程叫倒罐。倒罐的方法有以下几种。

① 利用压缩机倒罐工艺　用压缩机倒罐的工艺流程示意如图 4-32 所示。用压缩机抽进液储罐 2，气降压，排压缩气至出液储罐 1 升压，当形成一定的压力差后，出液储罐 1 的液体即可输入进液储罐 2 中。

② 利用烃泵倒罐工艺　利用烃泵倒罐的工艺流程示意如图 4-33 所示。

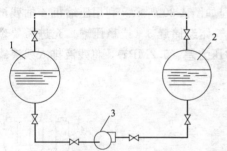

图 4-34　利用烃泵倒罐的工艺流程示意

1—出液储罐；2—进液储罐；3—烃泵

用烃泵 3 抽出液储罐 1 的液体排入进液储罐 2 中。

如进液储罐 2 压力高时，应先使两罐窜气，压力平衡后，再用泵输液。

（5）升压工艺　装卸罐车（船）、灌瓶、倒罐、倒残液都需要升压才能进行作业。目前都采用压缩机升压，还可使用气化器升压。

① 用压缩机升压工艺　压缩机间设置了压缩机及配套的气液分离罐、稳压罐和阀门组。

通过阀门组的切换，可以选择气源及将压缩气输往需要升压的部位，达到容器升压或降压的目的。其原理是利用压缩机的压缩性能将低压气提高压力后，输往需要升压的部分（如储罐、罐车等），被抽气的容器处于降压状态，接受压缩气的容器处于升压状态。

② 用气化器升压工艺　用气化器升压是通过液化石油气受热气化，体积扩大，输往被升压容器，并利用部分蒸气冷凝放热，使容器中液化石油气界面液温升高，饱和蒸气压增高，达到升压要求的。

（6）新瓶抽真空设施　充装站宜设新瓶抽真空设施，真空泵性能应保证新瓶抽至 −83.0kPa 真空度以上。

（7）液化石油气储罐置换方法　有惰性气体置换法、水置换或抽空法等方法。

四、液化气体充装系数

（1）常用第一种低压液化气体 60℃ 时的饱和蒸气压力和充装系数见表 4-25。

表 4-25　常用第一种低压液化气体 60℃ 时的饱和蒸气压力和充装系数

序号	气体名称	分子式	60℃时的饱和蒸气压力（表压）/MPa	充装系数/(kg/L)
1	氨	NH_3	2.52	0.53
2	氯	Cl_2	1.68	1.25
3	溴化氢	HBr	4.86	1.50
4	硫化氢	H_2S	4.39	0.66
5	二氧化硫	SO_2	1.01	1.23
6	四氧化二氮	N_2O_4	0.41	1.30
7	碳酰二氯(光气)	$COCl_2$	0.43	1.21
8	氟化氢	HF	0.28	0.83
9	丙烷	C_3H_8	2.02	0.41
10	环丙烷	C_3H_6	1.57	0.53
11	正丁烷	C_4H_{10}	0.53	0.51
12	异丁烷	C_4H_{10}	0.76	0.49
13	丙烯	C_3H_6	2.42	0.42
14	异丁烯(2-甲基丙烯)	C_4H_8	0.67	0.53
15	1-丁烯	C_4H_8	0.66	0.53
16	1,3-丁二烯	C_4H_6	0.63	0.55
17	六氟丙烯(全氟丙烯)(R-1216)	C_3F_6	1.69	1.06
18	二氯氟甲烷(R-21)	$CHFCl_2$	0.42	1.25
19	二氟氯甲烷(R-22)	CHF_2Cl	2.32	1.00
20	二氟氯乙烷(R-142b)	$C_2H_3F_2Cl$	0.76	0.99
21	1,1,1-三氟乙烷(R-143b)	$C_2H_3F_3$	2.77	0.66
22	偏二氟乙烷(R-152a)	$C_2H_4F_2$	1.37	0.79
23	二氟溴氯甲烷(R-12B₁)	CF_2ClBr	0.62	1.62
24	三氟氯乙烯(R-1113)	C_2F_3Cl	1.49	1.10
25	氯甲烷(甲基氯)	CH_3Cl	1.27	0.81
26	氯乙烷(乙基氯)	C_2H_5Cl	0.35	0.80
27	氯乙烯(乙烯基氯)	C_2H_3Cl	0.91	0.82
28	溴甲烷(甲基溴)	CH_3Br	0.52	1.57
29	溴乙烯(乙烯基溴)	C_2H_3Br	0.35	1.37
30	甲胺	CH_3NH_2	0.94	0.60
31	二甲胺	$(CH_3)_2NH$	0.51	0.58
32	三甲胺	$(CH_3)_3N$	0.49	0.56
33	乙胺	$C_2H_5NH_2$	0.34	0.62
34	二甲醚(甲醚)	C_2H_6O	1.35	0.58
35	乙烯基甲醚(甲基乙烯基醚)	C_3H_6O	0.40	0.67
36	环氧乙烷(氧化乙烯)	C_2H_4O	0.44	0.79
37	(顺)2-丁烯	C_4H_8	0.48	0.55
38	(反)2-丁烯	C_4H_8	0.52	0.54
39	五氟氯乙烷(R-115)	CF_5Cl	1.87	1.05
40	八氯环丁烷(RC-318)	C_4F_8	0.76	1.30
41	三氯化硼(氯化硼)	BCl_3	0.32	1.20
42	甲硫醇(硫氢甲烷)	CH_3SH	0.87	0.78
43	三氟氯乙烷(R-133a)	$C_2H_2F_3Cl$		1.18

序号	气 体 名 称	分 子 式	60℃时的饱和蒸气压力（表压）/MPa	充装系数/(kg/L)
44	砷烷(砷烷)	AsH₃		
45	硫酰氟	SO₂F₂		1.00
46	液化石油气	混合气(符合 GB 11174)		0.42 或按相应国家标准
47	二氟甲烷(R32)	CH₂F₂	0.78	0.73
48	1,1,1,2-四氟乙烷(R134a)	CH₂FCF₃	1.06	1.01
49	七氟丙烷(R227e)	CF₃CHFCF₃	1.22	1.16
50	五氟乙烷(R125)	CHF₂CF₃	0.88	0.72
51	2,3,3,3-四氟丙烯(R1234yf)	—	0.96	0.91

表 4-25 中未列出的其他低压液化气体的充装系数不得大于由式(4-12)计算确定的值：

$$F_t = 0.97\rho\frac{1-C}{100} \tag{4-13}$$

式中　F_t——低压液化气体充装系数，kg/L；

　　　ρ——低压液化气体在最高使用温度为60℃下液相介质的密度，kg/L；

　　　C——液体密度的最大负偏差，一般情况 C 取 0～3%。

由两种以上的液化气体混合组成的介质，应由试验确定其在最高使用温度下的液体密度，并按式(4-11)确定充装系数的最大极限值。

为了能保证瓶内介质始终不会发生满液，就要控制气瓶的充装量，气瓶的充装量不得大于气瓶的公称容积与充装系数的乘积。充装系数的确定原则是：在不大于气瓶最高工作温度(60℃)的情况下，液体占气瓶空间的97%，其余3%的气瓶空间是考虑安全裕度、介质密度测量误差及计量误差；另外，介质中杂质的存在也造成密度误差，取误差系数为 C。为了保证低压液化气体的充装和使用安全，绝对不能错称或超重，如发生应立即多倒少补，要做到量准秤足。

(2) 第一种常用的高压液化气体的充装系数见表 4-26。

表 4-26　第一种常用的高压液化气体的充装系数

序号	气 体 名 称	分 子 式	由气瓶公称工作压力确定的充装系数/(kg/L) ≤			
			20.0MPa	15.0MPa	12.5MPa	8 MPa
1	氙	Xe			1.23	
2	二氧化碳	CO₂	0.74	0.60		
3	氧化亚氮	N₂O		0.62	0.52	
4	六氟化硫	SF₆			1.33	1.17
5	氯化氢	HCl			0.57	
6	乙烷	C₂H₆	0.37	0.34	0.31	
7	乙烯	C₂H₄	0.34	0.28	0.24	
8	三氟甲烷(R23)	CHF₃			0.76	
9	六氟乙烷(R116)	C₂F₆			1.06	0.83
10	偏二氟乙烯(R1132a)	C₂H₂F₂			0.66	0.46
11	氟乙烯(乙烯基氟)(R1141)	C₂H₃F			0.54	0.47
12	三氟溴甲烷(R13B1)	CF₃Br			1.45	1.45
13	硅烷(四氢化硅)	SiH₄		0.3		
14	磷烷(磷化氢)	PH₃		0.2		
15	乙硼烷(二硼烷)	B₂H₆		0.035		

表 4-26 中未列出的其他高压液化气体（包括两种以上的液化气体混合组分的高压液化

气体）的充装系数可按式（4-10）确定。

$$F_t = \frac{pM}{ZRT} \tag{4-14}$$

式中　F_t——高压液化气体充装系数，kg/L；

　　　T——气瓶最高使用温度，K；

　　　M——气体分子量；

　　　R——气体常数，$R = 8.314 \times 10^{-3} MPa \cdot m^3/(kmol \cdot K)$；

　　　Z——气体在压力为 p、温度为 T 时的压缩系数；

　　　p——气瓶许用压力（绝对），按有关标准的规定，取气瓶的公称工作压力，MPa。

　　既要校核常温时气体的压力和安全性，又要用公称容积与充装系数的乘积来校核计量。使气瓶中的气体量准称足，在液态时不满液，在气态时不超压。

　　《2011 年版瓶规》将高压液化气体的临界温度划定为高于 $-50℃$，低于等于 $65℃$，此温度范围与气瓶的充装使用的温度范围差不多，所以气瓶在使用时，瓶内的高压液化气体几乎都会发生气-液相变。这些气体是甲硅烷（t_c 为 $-3.5℃$）；乙烯（t_c 为 $9.2℃$）；氙（t_c 为 $16.6℃$）；在这个范围内，还有二氧化碳（t_c 为 $31℃$，临界压力为 $7.14MPa$）和氧化亚氮（t_c 为 $36.4℃$，临界压力为 $7.03MPa$）。后两者用量较大，值得一提的是，二氧化碳公称压力为 $12.5MPa$ 的气瓶（《瓶规》中早已不用此瓶），错用了充装系数，发生的事故较多。临界温度太接近环境温度，临界压力也太接近充装和使用压力，在充装时，由于一般原料温度较低，低于临界温度，经低温泵压缩后，压力又超过了对应的压力，瓶内气体会以全液态出现，应以重量计量，在运输与使用中温度会回升，超过了临界温度，所以在充装时要用真实气体状态方程式确定高压液化气体的充装系数。

　　（3）部分低压液化气体的混合气体饱和蒸气压力和充装系数见表 4-27。

表 4-27　部分低压液化气体的混合气体饱和蒸气压力和充装系数

序号	气 体 名 称	分 子 式	60℃时的饱和蒸气压力（表压）/MPa	对应的公称工作压力/MPa	充装系数/(kg/L)
1	R410A 二氟甲烷(R32)/五氟乙烷(R125)	CH_2F_2/CHF_2CF_3	3.9	4.0	0.80
2	二氟甲烷(R32)/五氟乙烷(R125)/1,1,1,2-四氟乙烷(R134a)	$CH_2F_2/CHF_2CF_3/CH_2FCF_3$	2.8	3.0	0.91
3	R404A 五氟乙烷(R125)/1,1,1-三氟乙烷(R143a)/1,1,1,2-四氟乙烷(R134a)	$CHF_2CF_3/CH_3CF_3/CH_2FCF_3$	2.9	3.0	0.76
4	R406A 二氟氯甲烷(R22)/异丁烷(R600a)/二氟氯乙烷(R142b)	$CHF_2Cl/CH_3CClF_2/CH(CH_3)_3$	—	—	0.91
5	R507A 五氟乙烷(R125)/1,1,1-三氟乙烷(R143a)	CHF_2CF_3/CH_3CF_3	3.0	3.0	—
6	R401A 二氟氯甲烷(R22)/1,1-二氟乙烷(R152a)/2-氯-1,1,1,2-四氟乙烷(R124)	$CHF_2Cl/CH_3CHF_2/CHClFCF_3$	2.0	2.0	—
7	R401B 二氟氯甲烷(R22)/1,1-二氟乙烷(R152a)/2-氯-1,1,1,2-四氟乙烷(R124)	$CHF_2Cl/CH_3CHF_2/CHClFCF_3$	1.9	2.0	—

(4) 第二种低压液化气体（上述 GB 14193 中未列出的低压液化气体）计量，按 ISO 11622 的充装系数不得大于表 4-28 的规定（表 4-28 为国际标准，低压液化气体在 50℃时的充装系数，气态空间为 5%，仅供参考。其他未写入本书的还有英国 45℃时的充装系数，气态空间为 5%；欧洲 50℃时的充装系数，气态空间为 5%；美国 54.4℃时的充装系数，满液等）。

表 4-28 低压液化气体 50℃时的充装系数

序号	气 体 名 称	分子式	临界温度 t_c/℃	最小试验压力/×10^5Pa	充装系数/(kg/L) ≤	压力释放装置	备 注
1	五氟化砷	AsF_5					
2	氯化溴	$BrCl$		10	1.50		
3	溴三氟乙烷(R1131B1)	C_2BrF_3	184.8	10	1.19		
4	溴三氟甲烷(R13B1)	$CBrF_3$	66.8	250	1.60		本标准低压液化气体临界温度下限定为65℃
				120	1.14		
				42	1.13		
5	n-丁烷	C_4H_{10}	152.0	10	0.51		
6	硫化羰	COS	102.0	26	0.84	禁用	
7	五氟化氯	ClF_5	142.6	13	1.49	禁用	
8	三氟化氯	ClF_3	153.7	30	1.40	禁用	
9	1-氯-1,2-二氟乙烷	$C_2H_3ClF_2$					
10	一氯二氟乙烷(R142b)	$CClF_2CH_3$	137.1	10	0.99		
11	一氯二氟乙烯(1122)	C_3HClF_2	127.0				
12	一氯二氟甲烷(R22)	$CHClF_2$	96.2	29	1.03		
13	一氯五氟乙烷(R115)	C_2ClF_5	80.0	25	1.08		
14	一氯四氟乙烷(R124)	$CHClFCF_3$	>70	12	1.20		
15	一氯三氟乙烷(R133a)	CH_2ClCF_3	150.0	10	1.18		
16	一氯三氟乙烯(R1113)	C_2ClF_3	105.8	19	1.13		
17	氰	C_2N_2	126.6	100	0.70	禁用	
18	氯化氰	$CClN$	215.0	20	1.03	禁用	
19	环丁烷	C_4H_8	186.8	10	0.63		
20	环丙烷	C_3H_6	125.5	20	0.53		
21	十氟丁烷	C_4F_{10}		10	1.32		
22	二氯硅烷	SiH_2Cl_2	176.3	10	0.90	禁用	
23	二氟甲烷(R32)	CH_2F_2	78	48	0.78		
24	2,2-甲基丙烷	$CH_3C(CH_3)_2CH_3$	160.6	10	0.53	禁用	
25	二甲基硅烷	C_2H_8Si	125.0	225	0.39		
26	乙硅烷	H_6Si_2	150.9	15	0.74		①
27	乙基乙炔	C_4H_6	190.5	10	0.57		
28	乙基氯(R160)	C_2H_5Cl	187.2	10	0.80	禁用	
29	乙基甲基醚	C_3H_8O	164.7	10	0.64		
30	乙基胺	C_2H_7N	183.4	10	0.61	禁用	
31	七氟丙烷(R227)	C_3HF_7	100	15	1.20		
32	六氟丙酮	C_3F_6O	84.1	22	1.08		
33	六氟异乙烯	$CH_2C(CF_3)_2$	150.0	10	1.18		
34	六氟丙烯(R1216)	C_3F_6	86.2	22	1.11	禁用	
35	六氟丙烯酸	C_3F_6O	85.0	20	1.13		
36	氰化氢	HCN	183.5	100	0.55	禁用	
37	碘化氢	HI	150.8	23	2.25		
38	硒化氢	H_2Se	138.0	31	1.60	禁用	①
39	碲化氢	H_2Te					
40	异丙烷	$CH_3CH(CH_3)CH_3$	134.9	10	0.49		

续表

序号	气 体 名 称	分子式	临界温度 t_c/℃	最小试验压力/$\times 10^5$ Pa	充装系数/(kg/L) ≤	压力释放装置	备 注
41	异乙烯	$CH_2C(CH_3)_2$	144.7	10	0.52		
42	丙炔	C_3H_4	129.2	20	0.54		
43	甲基氯硅烷	CH_5ClSi	200				
44	甲基氟	CH_3F		300	0.36		
45	甲硫醇	CH_4S	196.8	10	0.78	禁用	
46	甲基甲硅烷	SiH_3CH_3	79.3	225	0.39		
47	亚硝酰氯	$ClNO$	167.5	13	1.10	禁用	
48	八氟环丁烷	C_4F_8	115.3	11	1.34		
49	八氟-2-丁烯(R1218)	C_4F_8	98.3	12	1.34		
50	八氟丙烷	C_3F_8	71.9	25	1.09		
51	五氟乙烷(R125)	CF_3CHF_2	66.3	49 36	2.95 0.72		本标准低压液化气体临界温度下限定为65℃
52	五氟乙基碘	C_2F_5I	>80.0	10	1.83		
53	高氯甲基氟	$ClFO_3$	95.2	33	1.21	禁用	
54	高氟乙基乙烯基醚	C_4F_7O	132.8	10	0.98		
55	高氟甲基乙烯基醚	C_3F_5O	87.0	20	0.75		
56	六氟化硒	SeF_6		36	1.46		
57	锑化三氢	SbH_3	173.0	20	1.20	禁用	
58	六氟化碲	TeF_6	83.2	20	1.00		
59	三氟化酰氯	C_3ClF_3O	109.0	17	1.17		
60	3,3,3-三氟丙烷	CH_2CHCF_3	107[2]	19	0.85		
61	三甲基硅烷	$C_3H_{10}Si$	155.0	225	0.39	禁用	
62	三甲基胺	C_3H_9N	160.2	10	0.56	禁用	
63	六氟化钨	WF_6	170.0	10	2.70	禁用	
64	乙烯基溴(R1140B1)	C_2H_3Br	198.0	10	1.37	禁用	
65	乙烯基氯(R1140)	C_2H_3Cl	156.5	12	0.81	禁用	
66	乙烯基甲基醚	C_3H_6O	171.6	10	0.67	禁用	

① 出于热稳定性和/或自燃性的考虑，在试验状态场合不可对这些充满氢化物气瓶增加外力。

② 计算值。

一些低压液化气体的充装系数在表4-28未列出的，也可按式(4-14)确定。

$$k_f = (0.0032T_b - 0.24)\rho_1 \tag{4-15}$$

式中 k_f——最大充装系数；

T_b——沸点，K；

ρ_1——沸点时液体的密度，kg/L。

介质的基准温度为50℃时的充装率，使其上方至少要有气瓶全部水容积的5%蒸气空间，温度为60℃时，气瓶不得满液。如发生高出最高使用温度时，此温度必须确定，临界温度等于或高于此温度时，气瓶试验压力必须超过气体的蒸汽压；临界温度低于此温度时，充装系数必须选择能确保气瓶在此温度时不满液。

（5）第二种高压液化气体（上述GB 14193中未列出的液化气体产品）的计量，按ISO 11622的充装系数不得大于表4-29的规定（仅供参考）。

表 4-29　高压液化气体 50℃ 时的充装系数

序号	气体名称	分子式	临界温度 t_c/℃	最小试验压力 /×10⁵Pa	充装系数 /(kg/L)≤	压力释放装置	备注
1	三氟化硼	BF_3	−12.2	300 / 225	0.86 / 0.715		本标准高压液化气体临界温度下限定为−50℃
2	碳酰氟	CF_2O	14.7	200 / 300	0.47 / 0.70	禁用	
3	氢化锗	GeH_4	34.8	250	1.02		
4	三氟化氮	NF_3	−39.3	200 / 300	0.50 / 0.75		本标准高压液化气体临界温度下限定为−50℃
5	五氟化磷	PF_5	19.0	300 / 200	1.34 / 0.90	禁用	
	三氟化磷	PF_3	−2.0			禁用	
6	四氟化硅	SiF_4	−14.2	300 / 200	1.10 / 0.74	禁用	本标准高压液化气体临界温度下限定为−50℃
7	四氟乙烯(R1114)	C_2F_4	33.3	200			
	四氟肼	N_2F_4	36.2			禁用	
8	四氟甲烷	CF_4	−45.7	200 / 300	0.62 / 0.94		本标准高压液化气体临界温度下限定为−50℃
9	乙烯基氟	C_2H_3F	54.7	250	0.64		

一些高压液化气体最大充装系数在表 4-29 中未列出的，也可按式（4-15）确定。

$$k_f = 8.5 \times 10^{-4} \rho_g p_h \qquad (4-16)$$

式中　k_f——最大充系数，kg/L；

　　　ρ_g——气体密度（15℃，10⁵Pa），g/L；

　　　p_h——最小试验压力，10⁵Pa。

假如气体密度未知，可用如下公式确定：

$$k_f = \frac{p_h M \times 10^{-3}}{R \times 338}$$

式中　k_f——最大充装率，kg/L；

　　　p_h——最小试验压力，×10⁵Pa；

　　　M——分子量；

　　　R ——气体常数，8.31451×10³Pa·L/(mol·K)。

介质的基准温度为 50℃ 时的充装率，使其上方至少要有气瓶全部水容积的 5% 蒸气空间，温度为 60℃ 时，气瓶不得满液。

高压液化气体变成气态时，此时表征气瓶的压力状态，实际上就和压缩气体一样，在 20℃ 时瓶内压力不超过气瓶的公称工作压力，要用真实气体状态方程式来校核常温时的安全性。所以，高压液化气体要用温度较低时的低压液化气体的充装量的计算公式和用真实气体状态方程式两种方法计算来计算充装系数，取较小的充装数才可保证安全，使气瓶中的气体，在液态时不满瓶，在气态时不超压。

在临界温度以下，气相与液相性质有明显的差别，例如密度（即比容）不同，折射率不同，液体有表面张力而气相没有等。当温度上升时，这些差别逐渐缩小，到临界温度时，所有这些差别就完全消失，其实在临界点附近，气、液相的结构并没有什么质的区别，所以充装系数用两个不同的计算公式来计算。瓶装低压液化气体是临界温度高于环境温度的气体，始终是气、液两相平衡共存，其压力受液面上方饱和蒸气所支配，如氨（t_c=132.4℃）、氯

（t_c＝144.0℃）、二氧化硫（t_c＝157.5℃）、硫化氢（t_c＝100.4℃）等，是属于这一类。这类气体在气瓶中是属于相态不会发生变化的气体。

五、液化气体的充装安全、事故案例及事故分析

1. 低压液化气体超装造成气瓶爆炸的原因

低压液化气体的临界温度（t_c）高于气瓶的最高工作温度（t＝60℃），所以，低压液化气体在充装、储存、运输和使用过程中都不会发生相变。只要充装适量，低压液化气体不会发生爆炸。低压液化气体瓶内是气、液相共存，两者之间有着明显的界面，液相是饱和液体，气相是饱和蒸气。但是低压液化气体气瓶容易爆炸的原因是由于低压液化气体液相的体积膨胀系数一般都很大（是水的几倍到十几倍），而且在充装时的充装温度都较低，在这种情况下充装气瓶，如果操作失误，就完全可以充入比标准规定多的液化气体。充装时，瓶内还有少量的气相空间，但充装后受到周围环境温度的影响，瓶内介质不断吸热，升温，体积急剧膨胀，瓶内的容积很快就会被液体所充满。"满液"后的气瓶，如果继续受热升温，液体体积还要继续膨胀，但它受到气瓶容积的限制，这样只能使液体压缩，不过液体的压缩系数是很小的，这就容易使瓶内压力急剧升高（以液氯为例，温度每升高1℃，压力可升高1MPa），一旦压力升至气瓶的屈服压力后，气瓶就产生较大的变形，此时瓶内的压力上升的速率才得到缓解，如果气瓶的塑性储备较高而且瓶内介质的温度也升高不多，气瓶最多也只是发生变形，而不会造成爆炸。但是如果气瓶的塑性变形储备不足，或者温度仍继续大幅度升高，使瓶内的压力继续升高，以致超过气瓶的最高承受能力，气瓶将会发生爆炸。各种低压液化气体的液态体积膨胀系数 β 和压缩系数 α 的数值是不一样的，而且即使是同一介质，在不同的温度下，膨胀系数和压缩系数也不一样。

表 4-30 为液氨、液氯、液化石油气的低压液化气体体积膨胀系数 β 和压缩系数 α 及其比值（β/α）。

表 4-30　液氨、液氯、液化石油气的低压液化气体体积膨胀系数 β 和压缩系数 α 及其比值（β/α）

介质名称	系数	低压液化气体温度/℃						
		0	10	20	30	40	50	60
液氨	$\beta/\times10^{-3}℃^{-1}$	2.04	2.17	2.34	2.57	2.85	3.15	3.38
	$\alpha/\times10^{-3}MPa^{-1}$	1.1	1.22	1.38	1.58	1.83	2.18	2.60
	$\beta/\alpha/(MPa/℃)$	1.85	1.78	1.7	1.63	1.56	1.44	1.3
液氯	$\beta/\times10^{-3}℃^{-1}$	1.86	1.97	2.10	2.25	2.41	2.59	2.77
	$\alpha\times10^{-3}MPa^{-1}$	1.31	1.50	1.71	1.98	2.32	2.74	3.27
	$\beta/\alpha/(MPa/℃)$	1.42	1.31	1.23	1.14	1.04	0.95	0.85
液化石油气	$\beta/\times10^{-3}℃^{-1}$	2.15	2.28	2.46	2.66	2.92	3.09	3.13
	$\alpha/\times10^{-3}MPa^{-1}$	1.07	1.16	1.26	1.38	1.51	1.68	1.87
	$\beta/\alpha/(MPa/℃)$	2.01	1.98	1.95	1.93	1.93	1.84	1.67

由表 4-30 可以看出，液化气体的 β/α 值一般在 1～2MPa/℃，这表明，如果不考虑气瓶本身由于温度和压力的升高而产生的容积增长量，则在液化气体气瓶满液以后，温度升高1℃，压力就要增大 1～2 MPa，这样，温度不用升高几摄氏度，气瓶就会屈服变形，甚至爆炸。

设气瓶在温度为 t_1 时瓶内被饱和液体所充满，此时瓶内压力 p_1 就是所充装介质在温度为 t_1 时的饱和蒸气压。当瓶内液体受到周围环境的影响，温度由 t_1 升高到 t_2 时，若不受气

瓶容积的限制，液体的体积则应由 V_1（气瓶在温度为 t_1 时的容积）增大至 V_3。

$$V_3 = V_1 + \beta(t_2 - t_1)V_1 = V_1(1 + \beta\Delta t)$$

式中　β——液化气体在 $t_1 \sim t_2$ 时的体积膨胀系数，$^{\circ}\!C^{-1}$；

　　　Δt——介质的温差，$\Delta t = t_2 - t_1$。

如果将气瓶由于温度和压力的升高而产生的容积增大忽略不计，即温度升高后容积仍为 V_1，则液体的压力会因体积受到压缩而增大，设饱和液体压缩系数为 α，则有如下关系：

$$\frac{V_3 - V_1}{V_3} = \alpha\Delta p$$

将上两式合并可得：

$$\frac{V_1(1 + \beta\Delta t) - V_1}{V_1(1 + \beta\Delta t)} = \alpha\Delta p$$

$$\Delta p = \frac{\beta\Delta t}{\alpha(1 + \beta\Delta t)} \approx (\beta/\alpha) \times \Delta t \qquad (4\text{-}17)$$

式中　Δp——气瓶压力增量，MPa。

式(4-16) 的气瓶压力增量是不精确的，因为它忽略了由于温度和压力的升高对气瓶体积增大的影响。设气瓶由于温度和压力的升高，体积由 V_1 增大到 V_2，则：

$$V_2 = [1 + 3\beta_0(t_2 - t_1) + F_0(p - p_1)]V_1 = (1 + 3\beta_0\Delta t + F_0\Delta p)V_1$$

如果不受气瓶容积的限制，液体的体积在温度升至 t_2 时应为 V_3，现在气瓶的体积只增大 V_2，则液体的压力仍受压缩而增大：

$$\frac{V_3 - V_2}{V_2} = \frac{\beta\Delta t - 3\beta_0\Delta t - F_0\Delta p}{1 + \beta\Delta t} = \alpha\Delta p$$

如果略去分母中的 $\beta\Delta t$，则得：

$$\Delta p = \frac{\beta - 3\beta_0}{\alpha + F_0}\Delta t \qquad (4\text{-}18)$$

式中　β_0——瓶体材料的线膨胀系数，$^{\circ}\!C^{-1}$；

　　　F_0——气瓶容积增大系数，MPa^{-1}。

钢制气瓶在压力升高时的容积增大系数 F_0 在气瓶的压力不超过它的屈服压力时，由气瓶的外内径比值 K 确定，其值见表 4-31。

表 4-31　气瓶在压力升高时的容积增大系数

气瓶内外径比值 K	1.02	1.03	1.04	1.05	1.06	1.07
气瓶容积增大系数 $F_0/\times 10^{-4}$	4.80	3.20	2.40	1.94	1.63	1.40
气瓶内外比值 K	1.08	1.09	1.10	1.15	1.20	
气瓶容积增大系数 $F_0/\times 10^{-4}$	1.23	1.10	1.00	0.73	0.56	

【例】　液氯气瓶内外径比 $K = 1.02$，温度在 10℃时饱和液体充满，计算在 20℃时瓶内的压力增长量（已知温度为 10~20℃时液氯的平均体积膨胀系数 $\beta = 2.05 \times 10^{-2}$，液氯的平均压缩系数 $\alpha = 1.6 \times 10^{-3}$，碳钢的线膨胀系数 $\beta_0 = 1.3 \times 10^{-5}$）。

在不考虑气瓶容积增长时则用式(4-16)：

$$\Delta p = \frac{\beta}{\alpha}\Delta t$$

$$= \frac{2.05 \times 10^{-3}}{1.6 \times 10^{-3}} \times (20 - 10) = 12.8(\text{MPa})$$

在考虑气瓶容积增长时则用式(4-17)：

$$\Delta p = \frac{\beta - 3\beta_0}{\alpha + F_0} \Delta t$$

$$= \frac{2.05 \times 10^{-3} - 3 \times 1.2 \times 10^{-5}}{1.6 \times 10^{-3} + 4.8 \times 10^{-4}} \times (20 - 10)$$

$$= 10 \text{MPa}$$

式(4-16)与式(4-17)计算结果相差28%，看来考虑气瓶容积增长的结果还是符合实际的。因此在计算气瓶满液后，温度升高情况下，压力增长量时，不能忽略气瓶容积的增大。

2. 低压液化气体气瓶的爆炸能量的估计

低压液化气体由于满液而使气瓶爆炸与高压液化气体和永久气体的单一气态爆炸时气瓶破裂的情况是不一样的。气瓶破裂时，除了气体迅速膨胀外，还有大量瓶内的液体急剧蒸发的过程，远远超过液化气体的饱和蒸气压，使气瓶内的这一压力瞬时降至大气压，气、液两相失去了原来的平衡，为了达到新的平衡，液体迅速大量蒸发，体积剧烈膨胀，使得气瓶瓶体受到很大的冲击，使其进一步的破裂。这也是一种爆炸现象，称为爆沸（或称蒸气爆炸、闪蒸、瞬蒸等），蒸气爆炸一般是在很短的时间内完成的，是一个绝热过程。有压力的饱和液体在绝热条件下膨胀至常压时，即过热的液体的爆炸能量可按式(4-19)计算：

$$U_1 = [(i_1 - i_2) - (s_1 - s_2)T_b]W \qquad (4-19)$$

式中　U_1——过热状态液态的爆炸能量，J；

　　　i_1——在气瓶破裂前的压力下饱和液焓值，J/kg；

　　　i_2——在大气压下饱和液焓值，J/kg；

　　　s_1——在气瓶破裂前的压力下饱和液熵值，J/(kg·K)；

　　　s_2——在大气压下饱和液熵值，J/(kg·K)；

　　　W——饱和液的质量，kg；

　　　T_b——介质在大气压下的沸点，K。

现以液氨为例，计算其爆炸能量。

设液氨在323K（50℃）的条件下爆破，瓶内充满液氨质量$W = 1000$kg。

氨在大气压下的沸点$T_b = 283.75$K（-33.4℃）。

液氨在温度为50℃时的焓$i_1 = 6.595 \times 10^5$J/kg。

在大气压力下的焓$i_2 = 2.68 \times 10^5$J/kg。

在50℃的熵$s_1 = 4.986 \times 10^3$J/(kg·K)。

在大气压力下的熵$s_2 = 3.6 \times 10^3$J/(kg·K)。

将上列各值带入式(4-18)后液氨气瓶的爆炸能量为：

$U_1 = [(6.595 - 2.68) \times 10^5 - (4.986 - 3.6) \times 10^3 \times 239.75] \times 1000 = 5.92 \times 10^7$（J）

梯恩梯的平均爆炸热量为4.23×10^6J/kg。

所以此液氨气瓶的爆炸能量相当于$(5.92 \times 10^7) \div (4.23 \times 10^6) = 14$kg的梯恩梯当量。

若按全气态氨来计算，1000kg氨相当于容积为1890L，氨的绝热指数为1.32，液氨50℃的饱和蒸气压为2.03MPa（绝对）带入式(4-9)可得爆炸能量为：

$$Ug = \frac{pV}{k-1}\left[1 - \left(\frac{0.0103}{p}\right)^{\frac{k-1}{k}}\right] \times 10^3$$

$$= \frac{2.03 \times 1890}{1.32 - 1}\left[1 - \left(\frac{0.0103}{2.03}\right)^{\frac{1.32-1}{1.32}}\right] \times 10^3$$

$$= 6.193 \times 10^6 (J)$$

两者计算结果比较，后者仅为前者的 10.5%。由此可见，饱和液体的爆炸能量比相同条件下的饱和蒸气要大得多，所以低压液化气体气瓶的爆炸能量不容忽视。

3. 高压液化气体超装造成气瓶爆炸的原因及爆炸能量计算

高压液化气体与低压液化气体在气瓶破裂时的爆炸结果不是完全一样的，能量释放也大有差别。高压液化气体气瓶爆炸，一般都是温度较高，瓶内液体已完全气化，即介质只以单一的气相存在时发生。因为在这种情况下，瓶内压力最高。以单一存在的高压液化气体在气瓶破裂时即降压膨胀这一过程时，气体由气瓶破裂前的压力降至大气压的简单膨胀过程，也可以认为没有热量的传递，即气体的膨胀是在绝热状态下进行的。因此高压液化气体的爆炸能量与永久气体爆炸相同，用式(4-6)计算。可得爆炸能量，就是气体绝热膨胀所做的功。

4. 气瓶爆炸的二次危害

（1）有毒性气体在气瓶爆炸时的危害　气体特性编码 FTSC 表中，T 代表毒性，数值为 2 和 3 均为有毒气体。见表 2-1、表 2-2 和表 2-4 中如永久气体中的氟、一氧化氮、三氟化硼、一氧化碳；低压液化气体中的氨、氯、溴化氢、硫化氢、二氧化硫、碳酰二氯（光气）、氟化氢、六氟丙烯（全氟丙烯）、氯乙烯、溴甲烷（甲基溴）、溴乙烯；高压液化气体中的氯化氢等。当盛装这样一些介质的气瓶破裂时，大量的毒气在空气中扩散，造成大面积的毒害区。

液化气体气瓶破裂后，虽然不可能使液体全部蒸发，其中要有一部分还来不及蒸发便流失，污染了环境，但大部分立即蒸发，形成庞大体积的蒸气，这些毒蒸气的体积可以根据热平衡来进行计算：设气瓶所装的液化气体质量为 $W(\text{kg})$，气瓶破裂时瓶内介质的温度为 t（℃）时液态介质的比热容为 $c[\text{J}/(\text{kg} \cdot \text{℃})]$，当气瓶破裂时瓶内的压力降至大气压，处于过热状态的液体，温度迅速降至标准沸点 t_b（℃），此时全部液体所释放的热量为 $Q = Wc(t - t_b)$，这些热量全部用于液体的蒸发，如液体的汽化热为 $q(\text{J}/\text{kg})$，则其蒸发量为：$W' = Q/q = Wc(t - t_b)/q$，如介质的分子量为 M，则这些蒸气在沸点下的体积即为：$V_g = (22.4W'/M)[(273 + t_b)/273]$，代入 $W' = Wc(t - t_b)/q$，经整理后得：

$$V_g = \frac{22.4Wc(t - t_b)}{Mq} \times \frac{273 + t_b}{273} \tag{4-20}$$

现将液氯和液氨的有关数据列入表 4-32。

表 4-32　液氯和液氨的有关数据

名称	分子量 M	沸点 t_b/℃	液体的平均比热容 $c/[\text{J}/(\text{kg} \cdot \text{℃})]$	汽化热 $q/(\text{J}/\text{kg})$
氨	17	-33	4.6×10^3	1.37×10^6
氯	71	-34	0.96×10^3	2.89×10^5

由式(4-20)可以看出，气瓶中的液化气体，在气瓶破裂时蒸发出的气体体积与当时液体的温度 t 有关。一般在常温下破裂的气瓶，大多数液化气体爆炸生成的蒸气体积约为液体体积的 100～250 倍。这些有毒的蒸气，顺着气流方向，不断向外扩散，于是在周围的大气中很快就形成足以使人死亡或严重中毒的毒气浓度。

有毒液化气体气瓶破裂时，可能产生多大的中毒面积，除了与气瓶内液化气体质量的多少有关外，还与该介质的毒性大小有关。表 4-32 列出了气瓶中经常盛装的有毒液化气体的中毒浓度。如果气瓶内的液化气体量已知，则可以按式(4-19)先算出它破裂时蒸发成蒸气的体积 V_g，然后根据表 4-33 的各种浓度算出可以造成中毒的空气体积。

表 4-33 气瓶中经常盛装的有毒液化气体的中毒浓度

名　　称	吸入 5～10min 致死的浓度/%	吸入 0.5～1h 致死的浓度/%	吸入 0.5～1h 致重伤的浓度/%
氨	0.5		
氯	0.09	0.0035～0.005	0.0014～0.0021
二氧化硫	0.05	0.053～0.065	0.015～0.09
硫化氢	0.08～0.1	0.042～0.06	0.036～0.05
二氧化氮	0.05	0.032～0.053	0.011～0.021
氢氰酸	0.027	0.011～0.014	0.01

例如容量为 1000kg 的液氯气瓶在 40℃时破裂，将蒸发产生的氯气体积及造成中毒的空气体积代入式(4-19)中得：

$$V_g = \frac{22.4 \times 1000 \times 0.96 \times 10^3 [40-(-34)]}{71 \times 2.89 \times 10^5} \times \frac{273-34}{273} = 68 (m^3)$$

从表 4-32 中查到，氯气在空气中的浓度达到 0.09％时，人吸入 5～10min 即致死，则可以造成使人中毒致死的有毒空气体积为 $V = 68 \times 100/0.09 = 7.5 \times 10^4 (m^3)$。

(2) 可燃液化气体气瓶破裂时的燃烧区　可燃液化气体气瓶破裂时，虽然只有一部分液态被蒸发成气体，但往往由于这部分气体在空气中爆炸，使其他未蒸发而以雾状液滴散落在空气中的液体，也随着与周围的空气混合而着火燃烧，所以这种气瓶一旦破裂，并在大气空间发生二次爆炸时，瓶内的液化气体几乎是全部烧光。爆炸燃烧后生成的高温燃气（水蒸气、二氧化碳等）与空气中的氮气升温膨胀，形成体积巨大的高温燃气团，向四周扩散，使附近的大片地区变成火海。

以液化石油气（按丙烷考虑）气瓶为例，讨论这种气瓶破裂时所产生的高温燃气的体积及燃烧范围。

设瓶内所装气体为 $W(kg)$，气瓶破裂后一部分液体蒸发成气体，并产生瓶外爆炸燃烧，另一部分以雾状液滴散落在空气中，也同时被烧掉，若燃烧完全，则按下列反应式进行：

$$C_3H_8 + 5O_2 \longrightarrow 3CO_2 + 4H_2O$$

则每千克丙烷所需氧量为 160/44＝3.64(kg)，所需空气量为 3.64/0.21＝17.3(kg)，W(kg) 的丙烷完全燃烧后生成燃气的质量为 (17.3+1)W(kg)，丙烷的燃烧热值为 4.6×10^7J/kg，设燃气比热容为 1.26×10^3J/(kg·℃)，则燃气的温度可升高 $(4.6 \times 10^7)/(18.3 \times 12.6 \times 10^3) \approx 2000$(℃)。燃气在标准状态下的密度为 1.25kg/$m^3$，则 W(kg) 丙烷完全燃烧生成的燃气在 2000℃时的体积为：

$$\frac{18.3W}{1.25} \times \frac{273+2000}{273} \approx 122W (m^3)$$

设燃气以半球状向地面扩散，则高温燃气的扩散半径为：

$$R = \left[\frac{123W}{\frac{1}{2} \times \frac{4}{3}\pi}\right]^{\frac{1}{3}} = 3.9W^{\frac{1}{3}} (m)$$

也就是说，以气瓶为中心，在直径为 $7.8W^{1/3}$、高为 $3.9W^{1/3}$ 的范围内，所有可燃物都将着火燃烧，在此范围作业人员将会被烧伤。

一个民用液化气气瓶（15kg）破裂爆炸时，其燃烧范围至少可达 20m。

5. 液化气体气瓶事故

（1）二氧化碳气瓶未检过期、用错气瓶

①单位：江苏省徐州市某铸造总厂。时间：1999 年 5 月 31 日。

江苏省徐州市某铸造厂收到本市某气体厂供应站送来的 15 个二氧化碳气瓶，该批气瓶由江苏省某有限责任公司二氧化碳厂充装，直接存放在徐州某铸造总厂的露天仓库内。一个气瓶爆炸将 15 个气瓶全部推动，冲出了 4 个气瓶，其距离最短的 11m，最远的 53m，两个气瓶瓶阀断裂，二氧化碳喷出，现场一片白雾，气浪将 2m 砖墙推倒，距爆炸点 10m 处二层楼玻璃全部震碎。经检查气瓶的钢印压力，为 WP12.5。此种压力的二氧化碳气瓶是禁用的。

② 单位：浙江某氧气经营部。时间：2004 年 7 月 3 日。

浙江某氧气经营部用农用运输车装载 41 个由浙江永安某气体公司生产的二氧化碳，在归途中一个气瓶爆炸，造成一死一伤，经查这 41 个气瓶均未经过检查，无标志，且过期。

（2）二氧化碳窒息事故

单位：河北唐山某二氧化碳经销站。时间：2006 年 6 月。

河北唐山某二氧化碳经销站在一个深约 3m 的坑内安装了 2 个低温储罐，1 个为氩气罐，1 个为二氧化碳罐，在外来低温槽车给二氧化碳低温储罐放液体时未精心操作，有泄漏，操作人员在坑外休息，之后当操作人员再下坑内关闭阀门时当即晕倒，又有 2 人下去抢救，未带任何防护措施，也未上来，造成 3 人死亡。

（3）氯气

① 单位：湖南省邵阳某造纸厂。时间：1969 年 1 月 25 日。

湖南省某化工厂向湖南省邵阳某造纸厂提供 400L 液氯气瓶两个。汽车运至中途时，发现气瓶易熔合金塞处漏气，当车开进邵阳时，易熔合金塞已穿孔，液氯大量外泄，造成司机在驾驶室内无法开车，于是，汽车被迫停在邵阳大街上。此时已是晚上 8 点多钟，天气很冷，又下大雪，当地居民大多入睡，由于氯的密度较大，泄漏量也大，且不易扩散，造成 23 人中毒死亡，200 多人中毒住院。原因：气瓶原使用单位是某自来水厂，该厂未执行必须留有余压的规定，将液氯全部用光，造成负压，使瓶内倒灌数十升自来水。液氯充装前，充装单位也未经检查，也没进行残液处理，充装后瓶内氯与水发生化学反应，运输途中发热（易熔合金塞熔化温度为 68℃）至易熔合金塞熔化，不知危害的司机将车停在闹市区，造成了严重的后果。

② 单位：浙江温州某厂。时间：1979 年 9 月 7 日。

浙江温州某厂的氯气车间，在生产过程中，发生了一起五个氯气瓶爆炸的恶性事故。首先是一个 0.5t 氯气瓶发生粉碎性爆炸，击中了临近的一个 0.5t 和三个 1t 的已充装好了氯气的气瓶并同时爆炸。造成 $400m^2$ 的钢筋混凝土的厂房全部倒塌，死亡 59 人，中毒几百人，中毒严重的百余人。原因：第一个粉碎性爆炸的气瓶的氯气是供药物化工厂使用，该厂是用氯气与液体石蜡反应生成氯化石蜡产品的，在使用氯气时违章操作，不但将氯气用光，而且还进行抽空操作，最后有大量的氯化石蜡倒灌入氯气瓶中。在之后的充装中，浙江温州某厂的充装工也未作任何剩余气体的检验，直接充装造成了氯气与氯化石蜡的化学反应，致使气瓶发生爆炸。

③ 单位：沈阳市皇姑区北行。时间：1984 年 5 月。

沈阳市皇姑区北行开来一辆辽阳来沈阳的汽车，车上有 5 个液氯气瓶，其中一个 0.5t 的液氯气瓶的易熔合金塞开孔，造成液氯泄漏，重伤 1 人，因为在闹市区，有 571 人中毒。原因：此瓶是用于自来水消毒的，由于液氯全部用光，未剩余压，使气瓶造成负压之后进水，使水与氯气反应，致使易熔合金塞坏损而开孔。

④ 单位：黑龙江省阿城市某漂白粉厂。时间：1998 年 3 月 26 日。

黑龙江省阿城市某漂白粉厂购入一批氯气，在卸车时安全意识差，违反规范，用撬棍撬气瓶卸车，当卸到第三个 200kg 气瓶时，未戴防护罩的瓶阀被撞裂，氯气急剧外泄，此时装卸工逃离现场。造成城镇内 600 人中毒，一年过去后，有些中毒者还未痊愈。

⑤ 发生地点：江西省；时间：1999 年 6 月 25 日。

江西省新余某厂在运输液氯气中，易熔塞塞座角焊缝腐蚀穿孔，液氯泄漏，造成 19 人中毒。

⑥ 发生地点：湖北赤壁。时间：2004 年 7 月。

湖北赤壁发生一起 33 人氯气中毒事故。原因：当地废品收购站雇人将收购的氯气瓶中的氯气倾倒在河中所致。

⑦ 单位：开封范家村中国石油集团某公司。时间：2004 年 7 月。

中国石油集团某公司化工厂的冷凝器发生爆炸，大量氯化氢泄漏，造成该地的 376 人有不良反应。

(4) 氨气

① 单位：福建省南平市某厂。时间：1962 年 8 月。

福建省南平市某厂设备安装后，由于试车不顺，已购买的液氨不能投入使用，任凭液氨瓶在室外裸露日晒，1962 年 8 月的一天，一个 45L 的液氨气瓶爆炸，飞至 5m 高，飞出 50m 远。原因：液氨充装时没有严格计量，造成超装，8 月正值气温较高季节，液氨气瓶在室外，压力升高，导致气瓶爆炸。

② 单位：湖南省邵阳某化工厂。时间：1968 年 5 月 13 日。

株洲某厂的一批液氨气瓶运到湖南省邵阳某化工厂充装液氨，之后放置于充装处不远的露天场所。中午一个液氨瓶突然爆炸，气瓶飞起数米，打断一根加空管道，落下时砸坏一部台秤。原因：湖南省邵阳某化工厂不是液氨经营单位，既无专门的液氨充装设施，也无充装规章制度和专门的充装人员，只是临时雇用职工家属。充装时随便备了一台台秤，但是实际上并不计量，只是摆摆样子。由于过量充装酿成爆炸。

③ 单位：阜新某厂。时间：1982 年 4 月 22 日。

阜新某厂的一个液氨瓶突然爆炸。原因：此瓶液氨是锦县某厂充装的，该厂充装液氨不检重量，只凭气瓶外表面结白霜为依据。由于超装造成气瓶爆炸。

④ 单位：湖南省株洲某化工厂。时间：1985 年 7 月 8 日。

1985 年初，由益阳某厂运来一批液氨到湖南省株洲某化工厂进行检验，将瓶存放在露天场所，7 月 8 日下午 3：00 一瓶号为 67571、质量为 48.7kg、容积为 41.3L、1974 年 1 月由上海高压容器厂制造的、公称压力为 3MPa 的液氨气瓶爆炸。因爆炸现场无人，无伤亡。原因：液氨充装时未按充装系数充装，又由于年初温度较低，充装较多，到了年中气温较高时，液氨又没有遮阳设施，瓶内液氨急剧膨胀，压力骤增，致使气瓶爆炸。

⑤ 单位：济县某冰棍厂。时间：1985 年 7 月 19 日。

正值城里集市，人多天热，济县某冰棍厂 1 个 400L 的液氨气瓶爆炸，在向北喷出液氨的同时，气瓶又向南飞起，冲开路南冰棍厂的大门，飞进屋里。向北喷出的液氨冲坏北房屋的玻璃及物内的物品，共死亡 7 人，26 人住院，距爆炸中心 16m 处 3 头牲畜死亡。原因：济县冰棍厂的液氨气瓶是由晋西某机械厂购进的，气瓶一直未经过定期检验。1985 年，7 个个体承包户用拖拉机将气瓶拉至化肥厂充装液氨，为了多装，个体承包户还给了充装工两包香烟，液氨气瓶在拖拉机上用一根橡胶管与液氨储罐连接，并开启气瓶的另一瓶阀放气，直到放气阀出液时关闭放气阀，1min 后才关闭进气阀，此时已超装。再加上使用时天热，造成气瓶爆炸。

⑥ 单位：湖南省邵阳市某有机化工厂。时间：1989 年 6 月 19 日。

湖南省邵阳市某有机化工厂有 8 个容积为 400L 的液氨气瓶，从汉寿县氮肥厂充装液氨归途中，路经益阳沧水铺时，1 个瓶号为 3344 的气瓶突然爆炸。事故发生地的公路沿线长 200m、宽 80m 的猪、鸡、鸭及蔬菜等农作物及树木均受到损害。第二天早晨 7 点，另 1 个瓶号为 213 的气瓶又发生了爆炸，造成 6 人重伤、2 人轻伤。原因：汉寿县氮肥厂液氨充装站既没有计量设备，也没有充装设施，而是在汽车上充装液氨（因没有起吊设备），充装工人也没有经过培训，是临时从其他岗位调来的，根本不懂充装知识。为了收费，在地秤上称重。结果造成了事故。

⑦ 单位：江西省某纺织厂。时间：1998 年 7 月 21 日。

江西省某纺织厂新建冰室内一个液氨气瓶在静止状态爆炸，造成 2 人死亡。原因：纺织厂从氨厂从事气瓶检验的人员处买的液氨，其人不懂充装，从一大瓶（140kg）向 7 小瓶充装，每瓶 20kg，也不知道要考虑小瓶的体积、剩余液体量和充装系数，严重地违反了规定，造成事故。

⑧ 单位：浙江舟山市某仪表厂。时间：2006 年 5 月。

浙江舟山市某仪表厂利用氧气瓶充装氯甲烷，同时还用电热水器对气瓶加热，发生了气瓶爆炸。原因：氯甲烷是可燃气体，与气瓶内剩余氧气形成了爆鸣气，再加热造成气瓶爆炸。

（5）丁二烯

单位：北京市某单位试验楼下药品储存仓库。时间：1990 年 4 月 10 日。

在北京市某单位试验楼下药品储存仓储存丁二烯的气瓶，在静止状态下自行爆炸，没有人员伤亡，储存气瓶的房间全部炸毁，距爆炸点 500m 内的玻璃损坏，距十几米远的木窗框断裂。事故分析：充装丁二烯使用的是 410L、3MPa 的液氨气瓶，16MnR 材质，壁厚 8mm。本次为第三次充装，由于气瓶结构不适于清洗，故在每次充装前仅用氮气吹除。丁二烯是具有高反应活性、极易诱发聚合和氧化的物质，在 GB 16163《瓶装压缩气体分类》中 FTSC 编号为 5100，其中 F 为 5，表明是易分解或聚合气体。在储存中，由于充装前未对气瓶进行彻底清洗，所以造成过氧化物的生成和积累，在一定条件下会发生聚合爆炸事故。另外，储存时间过长，瓶内阻聚剂失效，应定期分析阻聚剂含量，不得小于 100×10^{-6}。同时应控制库房的温度。还有，爆炸后虽然发现易熔塞已熔化，但是气瓶还是爆炸了，说明易熔塞的泄压面积不够。

（6）液化石油气体

① 单位：沈阳某综合厂。时间：1977 年 2 月 4 日。

该厂一职工将一瓶充装完的液化石油气瓶放在厨房内，数小时后自动爆炸，厨房一片火海，烧死 2 人，烧伤 4 人。原因：此气共充装 4 瓶，事后检查剩下的气瓶中一瓶超装 3.5kg，另一瓶超装 1kg。事故就是由超装造成的。

② 单位：新疆乌鲁木齐市某旅客餐厅。时间：1980 年 5 月 26 日。

新疆乌鲁木齐市某旅客餐厅 4 个 YSP-50 型液化石油气瓶连续爆炸，造成 3 人死亡、6 人重伤、6 人轻伤。原因：爆炸的气瓶是 1979 年 12 月 20 日充装的，当时气温为 −30℃，充装时未称重，造成超装，随气温升高，到 5 月 26 日时气温为 35℃，气瓶因超压而导致爆炸。

③ 单位：沈阳某机械公司技校。时间：1982 年 1 月 21 日。

沈阳某机械公司技校吴某到市某大队液化石油气充装站充气。吴某到达后，充装工不在，便自己充装，之后将气瓶搬回家，次日凌晨 3 点，爱人拉开电灯，整个房间爆炸起火，当场吴某和小女儿烧死，爱人和儿子烧伤。原因：市某大队液化石油气充装站管理不严，吴某缺乏液化石油气安全使用常识，乘充装人员不在，贪图便宜，私自充装造成超装，由于室内外温差较大，到室内温度升高，气瓶破裂，使气体充满房间，电灯打火造成爆炸。

④ 单位：广西壮族自治区南宁市陆川县某村。时间：1999 年 5 月 12 日。

广西壮族自治区南宁市发生液化石油气泄漏爆炸事故，造成 1 死，8 重伤，16 轻伤。原因：店主无充装许可证，私自瓶对瓶充气，导致气体泄漏，遇电火花，产生着火爆炸。相同原因有，1999 年 5 月广西壮族自治区都安县安阳镇扶援液化石油气供应公司也发生爆炸，导致 2 人死亡。1999 年 6 月 27 日陕西缘德县原 40 铺液化石油气站爆炸造成房屋倒塌，导致 3 人死亡、2 人重伤。1996 年 1 月 13 日湖南娄底；2000 年 3 月 24 日山东济宁某电器维修部；2000 年 10 月 24 日辽宁省大连市金州区都有爆炸，各有死伤。

有关规定的提示：①GB 14193《液化气体气瓶充装规定》中写到，液化气体的充装量不得大于气瓶的公称容积与充装系数的乘积。容积与充装系数的乘积为充装量，不得超装。不得按气瓶充装前实测的重量差计量；不得按减量法计量；要有充装前的检查，即检查气瓶内有无剩余压力，如有剩余压力，应进行定性鉴别。② 1979、1989 版及 2000 年版的《气瓶安全监察规程》已规定：不再使用公称工作压力为 12.5MPa 的二氧化碳气瓶，并且公称工作压力 12.5MPa 的二氧化碳气瓶应报废，更不得按公称工作压力 15MPa 的 0.6kg/L 充装系数来进行充装，如充装会有气瓶爆炸的危险。③运输、储存气瓶在出厂前要配戴瓶帽、防震圈。运输、储存时还要注意：气瓶轻装轻卸，严禁抛、滑、滚、碰；应有遮阳设施，不得存放露天仓库。夏季时气瓶要防晒。④GB 8958《缺氧危险作业安全规程》和 JB 6898《低温液体储运设备使用安全规则》：二氧化碳集聚区，要控制空气中氧浓度不低于 18%；在密闭场所（地下管道、仓库、或低凹处等）工作时，应有专人看护，应保证通风，不易通风的场所应使用空气或氧气呼吸器；二氧化碳气体的密度为 $1.97kg/m^3$，大于空气的 $1.29kg/m^3$，二氧化碳储罐安置在坑下，二氧化碳泄漏会沉在坑底，不易排出。二氧化碳的储罐安置在坑下是错误的，操作人员操作时由于二氧化碳泄漏，会发生人员窒息事故。⑤严禁从液化石油气储罐和槽车直接向气瓶灌装，不允许瓶对瓶直接倒气。以上各单位（人）的做法明显地违背了规定。

第三节　溶解乙炔的充装

一、溶解乙炔的生产及充装工艺流程

溶解乙炔生产工艺流程有多种。利用电石法制取溶解乙炔的生产流程及工艺流程示意如图 4-35 所示。

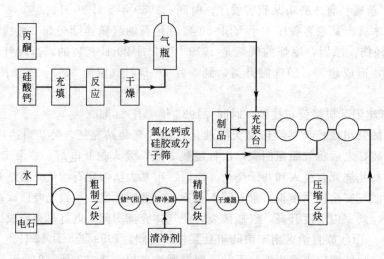

图 4-35　利用电石法制取溶解乙炔的生产及工艺流程示意

　　电石与水在发生器中连续反应生产粗乙炔气，粗乙炔气经过净化器，在净化器中用化学方法除硫化氢、磷化氢等杂质气体，从而得到纯乙炔气。纯乙炔气进入乙炔压缩机，将乙炔气压缩至小于或等于 2.5MPa，压缩后的高压乙炔气经高压油水分离器、高压干燥器去除乙炔气中的油分和水分。将乙炔气充入已装填好填料并加入丙酮的合格乙炔瓶中，使乙炔气溶解在丙酮里，得到溶解乙炔。充装完毕后，乙炔瓶静置 8h 以上，经检验合格后出厂。

二、充装前后的气瓶操作流程及安全充装

1. 充装溶解乙炔气体应当遵守的规定

　　① 乙炔瓶的乙炔充装量及乙炔/溶剂质量比应当符合 GB 11638《溶解乙炔气瓶》的规定。

　　② 充装前，应当按 GB 13591《溶解乙炔气瓶充装规定》测定溶剂补加量。溶解乙炔气瓶补加溶剂后，应当对瓶内溶剂量进行复核。

　　③ 充装容积流速应当小于 0.015m³/(h·L)。

　　④ 充装过程，瓶壁温度不得超过 40℃。

　　⑤ 一般分两次充装，中间的间隔时间不少于 8h。

　　⑥ 称重衡器的最大称量值及校验期应当符合 GB 13591《溶解乙炔气瓶充装规定》中的规定。

　　⑦ 乙炔的充装量和静置 8h 后的瓶内压力应当符合 GB 13591《溶解乙炔气瓶充装规定》中的规定。

2. 充装前装置的准备

　　① 充装管路、阀门、安全装置及各连接部位均处于无泄漏完好状态。充装系统用的压力表，精度应不低于 1.6 级，直径应不小于 100mm。压力表应按有关规定，定期进行检验。

　　② 充装管路中的乙炔质量应符合 GB 6819 中的要求。

　　③ 充装中应注意的安全事项和安全措施，按《溶解乙炔生产安全管理规定》执行。

　　④ 确保乙炔瓶的充装容积流速小于 0.015m³/(h·L)，采用强制冷却快速充装的除外。

3. 气瓶操作流程（图 4-36）

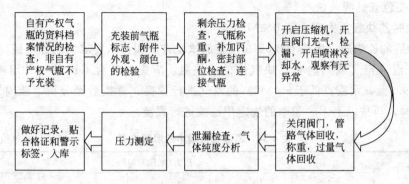

图 4-36　气瓶操作流程

4. 充装前检查

乙炔瓶充装前，充装单位应有专职人员负责，逐个检查。有下列情况之一的，严禁充装，并做相应的处理或送检。

（1）无制造许可证单位生产的乙炔瓶。

（2）未经安全监察认可的进口乙炔瓶。

（3）档案不是本充装站的自有乙炔瓶和托管乙炔瓶且未办理临时充装变更手续的乙炔瓶。

（4）颜色标记不符合规定或表面漆色脱落严重的。

（5）钢印标记不全或不能识别的。

（6）附件不全、损坏或不符合规定的。

（7）首次充装或经拆装、更换瓶阀、易熔合金塞后，未进行置换的。

（8）超过检验期限的。

（9）瓶体腐蚀、机械损伤等表面缺陷，按 GB 13076 标准应报废的。

（10）易熔合金熔融、流失、损伤的。

（11）瓶阀侧接嘴处积有炭黑或焦油等异物的。

（12）对瓶内的填料、溶剂的质量有怀疑的。

（13）有其他影响安全使用缺陷的。

① 乙炔瓶在充装前，必须逐瓶检查瓶内是否存有压力，检查前乙炔瓶应在室内静置 8h 以上（用表盘直径不小于 100mm、精度不低于 1.6 级的压力表测定瓶中剩余压力）。

② 根据剩余压力和测定剩余压力时乙炔瓶的周围环境温度，求出瓶内剩余乙炔量。乙炔瓶内剩余乙炔量按式（4-21）计算：

$$G_s = 0.38\delta VB \tag{4-21}$$

式中　G_s——乙炔瓶内剩余乙炔量，kg；

　　　δ——填料孔隙率，%；

　　　V——钢瓶实际容积，L；

　　　B——乙炔在丙酮中的质量溶解度，kg/kg。

乙炔在丙酮中的质量溶解度 B 按表 4-34 选取。

公称容积 10～60L 的乙炔瓶的剩余乙炔量可按表 4-34～表 4-39 选取。

③ 对无剩余压力或经内部检查后首次充装的乙炔瓶，必须按下列规定进行置换。

a. 用于置换的乙炔，应符合 GB 6819 的要求（乙炔纯度≥98％，磷化氢、硫化氢对硝酸银试纸不变色或呈淡黄色）。

b. 置换时乙炔气压力宜小于 0.2MPa。

c. 置换后的乙炔瓶，应按 GB 6819 规定的试验方法和技术要求测定乙炔纯度。

d. 对于混入空气或其他非乙炔气体的乙炔瓶，应先用符合 GB 3864 中Ⅱ类二级要求（氮纯度≥99.5％，水露点低于−43℃）的氮气进行置换；置换后经分析，瓶内气体的含氧量低于 3％时，再按以上①～③条的规定用乙炔进行置换。

表 4-34　乙炔在丙酮中的溶解度 B　　　　　　　　　　　单位：kg/kg

温度/℃	压力（绝压）/MPa				
	0.1	0.2	0.3	0.4	0.5
−20	0.1165	0.16929	0.24857	0.34286	0.42857
−15	0.0965	0.14786	0.22143	0.29643	0.37143
−10	0.0805	0.12857	0.19286	0.25714	0.32143
−5	0.0675	0.11428	0.17143	0.22148	0.27858
0	0.05724	0.10807	0.156	0.189	0.23785
5	0.04806	0.09405	0.13521	0.1749	0.20528
10	0.04056	0.0819	0.1204	0.1525	0.1796
15	0.03356	0.07106	0.1058	0.1315	0.1589
20	0.02754	0.0616	0.093	0.1185	0.14044
25	0.0221	0.0528	0.08113	0.1042	0.1249
30	0.01767	0.0451	0.07116	0.0885	0.11152
35	0.0139	0.0385	0.0615	0.0815	0.0995
40	0.01026	0.03257	0.0533	0.0735	0.0913

表 4-35　10L 乙炔瓶不同温度、压力下剩余乙炔量　　　　　　单位：kg

温度/℃	压力（表压）/MPa							
	0.05	0.1	0.15	0.2	0.25	0.3	0.35	0.4
−20	0.5	0.6	0.7	0.9	1.1	1.2	1.3	1.5
−15	0.4	0.5	0.6	0.8	0.9	1.1	1.1	1.3
−10	0.4	0.5	0.6	0.7	0.8	0.9	1	1.1
−5	0.3	0.4	0.5	0.6	0.7	0.8	0.9	1
0	0.3	0.3	0.4	0.5	0.6	0.7	0.8	0.9
5	0.2	0.3	0.4	0.5	0.5	0.6	0.7	0.8
10	0.2	0.3	0.3	0.4	0.5	0.5	0.6	0.7
15	0.2	0.2	0.3	0.4	0.4	0.5	0.5	0.6
20	0.2	0.2	0.3	0.3	0.4	0.4	0.4	0.5
25	0.1	0.2	0.2	0.3	0.3	0.4	0.4	0.4
30	0.1	0.2	0.2	0.2	0.3	0.3	0.4	0.4
35	0.1	0.1	0.2	0.2	0.2	0.3	0.3	0.3
40	0.1	0.1	0.1	0.2	0.2	0.3	0.3	0.3

表 4-36　16L 乙炔瓶不同温度、压力下剩余乙炔量　　　　　　单位：kg

温度/℃	压力（表压）/MPa							
	0.05	0.1	0.15	0.2	0.25	0.3	0.35	0.4
−20	0.8	1	1.1	1.4	1.7	1.9	2.1	2.4
−15	0.6	0.8	1	1.2	1.5	1.7	1.8	2.1
−10	0.6	0.7	0.9	1	1.3	1.4	1.6	1.8
−5	0.5	0.6	0.8	1	1.1	1.2	1.4	1.6

续表

温度/℃	压力(表压)/MPa							
	0.05	0.1	0.15	0.2	0.25	0.3	0.35	0.4
0	0.4	0.6	0.7	0.8	1	1.1	1.2	1.3
5	0.4	0.5	0.6	0.7	0.8	1	1.1	1.2
1	0.3	0.4	0.5	0.5	0.7	0.8	0.9	1
15	0.3	0.4	0.4	0.5	0.6	0.7	0.8	0.9
20	0.2	0.3	0.4	0.5	0.5	0.6	0.7	0.8
25	0.2	0.3	0.4	0.4	0.5	0.5	0.6	0.7
30	0.2	0.2	0.3	0.4	0.4	0.5	0.5	0.6
35	0.2	0.2	0.3	0.3	0.4	0.4	0.5	0.5
40	0.1	0.2	0.2	0.3	0.3	0.4	0.4	0.5

表 4-37　25L 乙炔瓶不同温度、压力下剩余乙炔量　　　　单位：kg

温度/℃	压力(表压)/MPa							
	0.05	0.1	0.15	0.2	0.25	0.3	0.35	0.4
−20	1.2	1.6	1.8	2.2	2.7	3	3.3	3.8
−15	1	1.3	1.6	1.9	2.3	2.6	2.8	3.3
−10	0.9	1.1	1.4	1.7	2	2.3	2.6	2.8
−5	0.8	1	1.3	1.6	1.7	1.9	2.2	2.4
0	0.6	0.9	1.1	1.3	1.6	1.7	1.9	2.1
5	0.6	0.8	0.9	1.1	1.3	1.6	1.7	1.9
1	0.5	0.6	0.8	1	1.1	1.3	1.5	1.6
15	0.4	0.6	0.7	0.9	1	1.1	1.3	1.5
20	0.4	0.5	0.6	0.6	0.9	1	1.1	1.3
25	0.3	0.4	0.6	0.6	0.8	0.9	0.9	1.1
30	0.3	0.4	0.5	0.6	0.7	0.8	0.9	0.9
35	0.3	0.3	0.4	0.5	0.6	0.7	0.8	0.8
40	0.2	0.3	0.3	0.4	0.5	0.6	0.7	0.8

表 4-38　40L 乙炔瓶不同温度、压力下剩余乙炔量　　　　单位：kg

温度/℃	压力(表压)/MPa							
	0.05	0.1	0.15	0.2	0.25	0.3	0.35	0.4
−20	1.9	2.5	2.8	3.5	4.3	5	5.2	6
−15	1.6	2.1	2.5	3.1	3.7	4.2	4.5	5.2
−10	1.4	1.8	2.2	2.7	3.2	3.6	4.1	4.5
−5	1.2	1.6	2	2.4	2.7	3.1	3.5	3.9
0	1	1.4	1.7	2.1	2.4	2.7	3.1	3.4
5	0.9	1.2	1.5	1.8	2.1	2.4	2.7	3
10	0.8	1	1.3	1.6	1.8	2	2.3	2.6
15	0.7	0.9	1.1	1.4	1.6	1.8	2	2.3
20	0.6	0.8	1	1.2	1.4	1.6	1.7	2
25	0.5	0.7	0.9	1	1.2	1.4	1.5	1.7
30	0.5	0.6	0.8	0.9	1.1	1.2	1.4	1.5
35	0.4	0.5	0.7	0.8	0.9	1.1	1.2	1.3
40	0.3	0.4	0.5	0.7	0.8	1	1.1	1.2

表 4-39 60L 乙炔瓶不同温度、压力下剩余乙炔量 单位：kg

温度/℃	压力（表压）/MPa							
	0.05	0.1	0.15	0.2	0.25	0.3	0.35	0.4
−20	2.8	3.5	4.2	5.2	6.5	7.2	8	9
−15	2.4	3.1	3.7	4.6	5.6	6.3	6.7	7.8
−10	2.1	2.7	3.3	4.1	4.8	5.4	6.2	6.8
−5	1.8	2.4	3	3.6	4.1	4.7	5.3	5.9
0	1.5	2.1	2.6	3.1	3.6	4.1	4.7	5.1
5	1.4	1.8	2.3	2.7	3.2	3.6	4.1	4.5
10	1.2	1.5	2	2.4	2.7	3	3.5	3.9
15	1.1	1.4	1.7	2.1	2.4	2.7	3	3.5
20	0.9	1.2	1.5	1.8	2.1	2.4	2.6	3
25	0.8	1.1	1.3	1.5	1.8	2.1	2.3	2.6
30	0.7	0.9	1.2	1.4	1.6	1.8	2.1	2.3
35	0.6	0.8	1	1.2	1.4	1.6	1.8	2
40	0.5	0.6	0.8	1.1	1.2	1.5	1.6	1.8

5. 丙酮的充装

乙炔瓶补加丙酮前，必须逐个称量乙炔瓶实重。称量结果保留一位小数。

（1）称量衡器的最大称量值应为乙炔瓶充装后质量的 1.5～3 倍。衡器应经常保持准确，其检验周期补超过三个月，并每天至少用四等砝码校正一次。

（2）丙酮的品质应符合 GB 6020 一级品的要求。

（3）丙酮充装量按 GB 11638 的规定执行。

（4）丙酮补加量按式（4-22）计算：

$$m_F = T_m + G_s - T_A \tag{4-22}$$

式中　m_F——丙酮补加量，kg；

　　　T_m——乙炔瓶皮重，kg；

　　　T_A——乙炔瓶实重，kg；（T_{A1}—充装前，T_{A2}—充装后）

（5）公称容积大于等于 40L 的乙炔瓶，如实重减去剩余乙炔量后，其值高于皮重 0.5kg 或低于 1.5kg，则该瓶应妥善处理，否则严禁充装。

① 对首次充装丙酮的乙炔瓶，应先抽空。然后充装规定充装量的丙酮，经复核后，再按 4. 充装前的检查中的①～③条的规定用乙炔进行置换。

② 用于型式试验的乙炔瓶，其丙酮规定充装量的允许偏差值按 GB 11638 的规定执行。

③ 补加丙酮后，必须对丙酮充装量进行复核，其允许偏差值应符合表 4-40 的规定。超差的必须妥善处理，否则严禁充装乙炔。

表 4-40 丙酮充装量允许偏差

乙炔瓶公称容积 V_g/L	10	16	25	40	60
丙酮充装量允许偏差 $\triangle m_s$/kg	+0.1 0		+0.2 0	+0.4 0	+0.5 0

④ 充装丙酮时的压力应小于 0.8MPa。采用氮气直接压装丙酮时，氮气应符合 GB 3864 中 2 类二级要求。

6. 充装中的检查

（1）检查喷淋冷却水，水量应均匀、稳定。

（2）检查瓶壁温度不得超过 40℃。超装时，必须中断该瓶的充装，移至安全地点检查处理。

（3）检查瓶阀有无堵塞现象，应保证充装顺畅。

（4）充装中用肥皂水或其他合适的方法检查瓶阀、易熔塞的密封部位，及它们与钢瓶的连接部位是否有泄漏，如有泄漏，应用安全的方法将瓶内的乙炔气排空，在泄漏未完全排除前，不应重新充装。

（5）分次充装时，每次充装后的静置时间不小于 8h，并应关闭瓶阀。

（6）因故中断充装的乙炔瓶需求继续充装时，必须保证充装主管内乙炔气压力大于等于乙炔瓶内压力时，才可开启瓶阀和支管切换阀。

（7）乙炔瓶的充装压力，任何情况下都不得大于 2.50MPa。

7. 充装后的检查

（1）充装结束关闭瓶阀后，应通过回收系统将充转主管和支管内的乙炔回收。关闭瓶阀和管路阀时应轻缓，严而不紧，防止用力过度。

（2）充装结束后，应用肥皂水或其他合适的方法检查瓶阀、易熔塞的密封部位及它们与钢瓶的连接部位的气密性，以保证无泄漏。对于发现有泄漏的气瓶，应用安全的方法将瓶内的乙炔气排空，在泄漏未完全排除前，不应重新充装。

（3）乙炔瓶充装结束后应逐瓶置于符合要求的衡器（最大称量值应为乙炔瓶充装后质量的 1.5～3 倍）上称重，测定瓶内乙炔充装量。乙炔瓶内乙炔充装量按式(4-23) 计算：

$$m_A = T_{A_2} - T_m \tag{4-23}$$

式中　m_A——乙炔瓶内乙炔充装量，kg；

T_{A_2}——充装后乙炔瓶实重，kg；

T_m——乙炔瓶皮重（瓶、填料、附件、瓶帽及丙酮质量之和，防振圈重量不包括在内，可取防振圈的平均重量加在其中），kg。

（4）乙炔瓶内乙炔充装量应小于等于乙炔瓶内乙炔最大充装量。

乙炔瓶内最大充装量按式(4-24) 计算：

$$m_{A_{max}} = 0.5m_s \tag{4-24}$$

式中　$m_{A_{max}}$——乙炔瓶内最大乙炔充装量，kg；

m_s——丙酮规定充装量，kg。

（5）乙炔充装量超过最大充装量时，应将乙炔瓶内超装的乙炔回收到符合（4）的要求，否则严禁出厂。

（6）在正常充装条件下，乙炔瓶单位容积充装量，若低于 0.12kg/L 时，将瓶内乙炔回收后，把乙炔瓶送至检验单位处理。

（7）乙炔瓶充装后，必须按 GB 6819 规定的验收规则、试验方法、技术要求分析瓶内乙炔质量并验收。不合格的应妥善处理，严禁出厂。

（8）乙炔瓶充装后，必须静置 8h 以上，然后从同一批中抽取 10% 的瓶（不少于两个），测定其静置后的压力不应超过规定。发现有一个瓶超过规定值时，同一批瓶应逐个测定。对于超过表 4-41 规定值的乙炔瓶，应及时妥善处理，否则严禁出厂。

表 4-41　静置后的压力

环境温度/℃	−20	−15	−10	−5	0	5	10	15	20	25	30	35	40
静置后压力/MPa	0.50	0.60	0.70	0.80	0.90	1.05	1.20	1.40	1.60	1.80	2.00	2.25	2.50

（9）出厂成品，应贴有规定的气瓶警示标签和产品合格证。

（10）用于型式试验的乙炔瓶，其最大充装量和静置后压力按 GB 11638 的有关规定执行。

（11）如果静置后压力太高，而乙炔瓶的充装量是正确的，这可能表明：①溶剂量不足；②溶剂被污染，例如被水取代；③乙炔中惰性气体浓度较高。

（12）如果静置后压力太低，而乙炔瓶的充装量是正确的，则可能表明：①溶剂量过多；②乙炔气被污染，例如被水取代。

8. 充装乙炔记录的内容及保存

（1）充装单位应认真填写充装前检查记录。其内容至少包括：日期、瓶号、缺陷、处理措施和检查人签章。

（2）充装单位应认真填写充装和充装后检查记录。其内容至少包括：充装日期、充装间温度、乙炔瓶编号、实际容积、皮重、实重、剩余压力、剩余乙炔量、丙酮补加重量、乙炔充装量、静置后压力、发生的问题、处理结果和操作者签章等。

（3）充装单位应建立所充装乙炔瓶的档案，其内容至少应包括：乙炔瓶的原始资料、技术参数和历次充装、检验实况等。

（4）记录至少保存 2 年。

9. 瓶装气体在出厂前、储存及运输中要注意的问题

① 检查气瓶的气体产品合格证、警示标签是否与充装气体及气瓶的标志的介质名称一致；②配戴瓶帽、防振圈。

储、运还要注意：①气瓶轻装轻卸，严禁抛、滑、滚、碰；②气瓶运输车上，乙炔瓶不可与氧气瓶同车；③气瓶立放时车厢高度应在瓶高的 2/3 以上，卧放时，瓶阀端应朝向一方，垛高不得超过五层且不得超过车厢；④气瓶存放地点不可有热源和明火；⑤夏季时气瓶要防晒。

10. 产品合格证上的内容

① 产品名称及质量等级、产品标准号；②生产厂名称；③生产日期或批号；④包装容器号码；⑤气体压力（MPa）或质量（kg）。

11. 气瓶警示标签的底签上的内容

① 应有气体名称或化学分子式；②应有导致燃烧、爆炸的危险性，在底签上应印有通用术语或商品名称；③气瓶及瓶内充装的气体在运输、储存及使用上应遵守的其他说明及警示；④气瓶充装单位的名称、地址、邮政编码、电话号码。

三、溶解乙炔充装安全、事故案例及事故分析

1. 乙炔的爆炸性质

（1）乙炔的自燃点比较低　乙炔气在空气中的自燃点为 305℃，在氧中自燃点为 296℃。当乙炔气中磷化氢含量大于 200×10^{-6} 时，它在空气中的自燃点可低达 100℃。

（2）点火能最小　乙炔气在空气中的最小点火能只有 0.019mJ，与氢气相同，约为其他易燃气体的 1/10。乙炔在氧气中最小点火能为 0.0003mJ。

（3）乙炔的爆炸范围大　乙炔气在空气中的爆炸范围为 2.5%～100%，在氧气中的爆炸范围也为 2.5%～100%。

由于乙炔与空气混合物常在其下限附近爆炸，所以研究其爆炸下限与温度之间的关系具有十分现实意义。常压下乙炔爆炸下限随温度升高而下降，且符合式(4-25)：

$$L_t=[1-7.21(t-25)\times10^{-4}]L_{25} \tag{4-25}$$

式中　t——常压下乙炔温度，℃；

　　　L_{25}——乙炔在 25℃时的爆炸下限（体积分数），%；

　　　L_t——乙炔在 t℃时的爆炸下限（体积分数），%。

其次，当乙炔与空气混合物中氧含量增加，则爆炸范围相应变宽；若加入某些不与乙炔反应的气体，则会降低其爆炸性，使范围变窄。如氮气在消防上被称为抑制剂，这正像把乙炔溶于某些溶剂中能降低其爆炸性一样；可能是由于这些物质分子充于乙炔分子之间，既不与之反应又分隔了乙炔分子，所以在一定程度上切断了乙炔爆炸的链式反应。

（4）乙炔的传播能力强　乙炔的最小传播间隙小于 0.4mm。乙炔的传播速度在点火距离 10m 处可达 2000m/s 以上。

（5）乙炔能发生分解爆炸　纯乙炔在压力 0.147MPa 时，温度达到 580℃就开始分解爆炸。高压乙炔，更容易产生分解爆炸。

（6）乙炔还具有化合爆炸性　乙炔与氯气相遇，会发生剧烈的化学反应，在一定条件下产生燃爆。乙炔与铜、银等金属长期接触，能生成乙炔铜、乙炔银等易爆物质。

2. 乙炔燃烧爆炸的发火源

（1）明火　火焰、电火花、电弧等。

（2）不明显的发火源　静电、摩擦与撞击、绝热压缩、冲击波等。

① 静电　气体由阀门喷口缝隙处高速喷出会产生静电，人体穿的衣服摩擦也会产生静电。

② 摩擦与撞击　金属的摩擦与撞击容易产生发热和火花。

③ 电火花　电机、电器和灯具在开启、运行或关闭时产生的火花。

④ 绝热压缩　绝热压缩不仅发生在乙炔的压缩过程，在高压输送或充气时也可能产生。由于绝热压缩造成温度上升至乙炔的自燃点，即能引起乙炔的爆炸。

⑤ 冲击波　若在强烈的冲击波作用下，较低压力的乙炔气也能发生爆炸。

（3）点火源、点火能量及其影响因素　处于爆炸范围内的混合物若没有点火源或点火源能量太小，爆炸均不会发生，点火源的种类和形式见表 4-42。

表 4-42　点火源的种类和形式

能源种类	机械能	热能	电能	光能	化学能
能源的形式	撞击、摩擦、绝热压缩、冲击波	加热表面、高温气体、明火、热辐射	电火花、电弧、静电火花	红外线、紫外线	氧化、聚合、分解

3. 溶解热

气体（如乙炔）溶于液体（如丙酮）中时，产生的热效称为溶解热。乙炔气溶于丙酮中是一个放热过程。当压力为 0.1～2.13MPa，温度为 17～25℃时，乙炔在丙酮中的平均溶解热为 14.067kJ/mol。据此数据，对容积 40L，丙酮装量 17L，在环境温度 20℃下充装 6.5kg 乙炔，可求得乙炔瓶如不冷却，则温度可升至 95℃。这是一个极为危险的温度，它可能导致乙炔分解爆炸。这是为什么在充装乙炔气时,流速不能太快而且必须冷却的根本原因。

4. 乙炔的水合物

乙炔与水接触时,能生成固体的水合晶体,为类似雪状的白色晶体。乙炔水合晶体是由一个乙炔分子和 5.75 个水分子构成,其化学分子式为 $C_2H_2 \cdot 5.75 H_2O$,乙炔水合晶体将会淤积在管子内壁,使管子通径缩小,有时甚至完全堵塞。乙炔水合晶体生成条件取决于乙炔温度和压力。产生水合晶体的临界温度为 16℃,即高于此温度时,无论在任何压力下,都不会生成水合晶体。乙炔和水在 16℃ 以下时会形成水合晶体,这种晶体在压缩机至干燥器之间的管道内会形成,易造成管道的堵塞,导致爆炸事故发生。如果发现有水合晶体生成,应立即升温降压予以消除。

5. 高压气态和液态乙炔

高压气态乙炔的化学性质很不稳定,高压液态乙炔更危险,激发能量很低,稍受震动或冲击就会发生爆炸,防止液态乙炔产生的措施为:不要超压和低温操作。

6. 溶解乙炔事故及原因

(1) 单位:上海市某厂。时间:1959 年 10 月 12 日。

上海市某厂乙炔瓶过秤后,气瓶以倾斜滚动的方式滚到车间外面,然后再用脚踢瓶滚动 5m,2min 后,发现气瓶外表面下方油漆灼热冒烟,不一会气瓶下部变红,操作工人呼喊跑散,顷刻间产生巨大爆炸声,气瓶飞出 36m,冲击波将房屋玻璃震碎数十块,气瓶在中部爆炸。原因:丙酮补加量不准确,瓶内填料(活性炭)下沉,使气态乙炔聚集。由于野蛮跌落和滚动,给予气态乙炔以激发能量而发生爆炸。

(2) 单位:上海市某厂运输科。时间:1980 年 2 月 7 日。

上海市某厂运输科危险品仓库,卸乙炔瓶时发生爆炸,瓶体炸成三截,瓶上部飞出 11.6m,中部飞出 17.5m,下部飞出 3.6m,爆炸气浪将库房石棉瓦全部掀飞,一扇木门飞走 15m,办公室墙壁被炸出直径约 1.4m 的缺口。一个乙炔瓶向东飞出 15m,另一个乙炔瓶窜入办公室撞在更衣室上,一名库房管理员当场死亡,一搬运工左腿被炸断。原因:这个气瓶是上海高压容器厂 1976 年 8 月生产的氧气瓶,1979 年 5 月由某厂改成乙炔瓶,瓶内为活性炭,改装工艺也存在问题,如充装密度、充装方法等,容积为 40L 的乙炔瓶极限充装量为 4.8m³,而这个气瓶容积为 38.5L,充装记录记载着 5.4m³,超装约 1m³,由于上述原因,加上运输中产生的激发能源,致使气瓶爆炸。

(3) 单位:河北省唐山市某电厂乙炔站。时间:1985 年 4 月 13 日。

河北省唐山市某电厂乙炔站,在自行设计、制造、安装、调试工作的基础上,开始试车,突然系统发生爆炸,造成 2 人死亡,1 人受伤。原因:自行设计、制造、安装、调试的设备没执行国家的法规和规定,也未经任何部门审查和批准,擅自试车。乙炔站的乙炔发生器结构不合理,试气前未经过认真的检漏,厂内无乙炔浓度测试仪,乙炔泄漏无人察觉,加上试车时有人抽烟,造成爆炸。

(4) 单位:北京市某电石厂乙炔站。时间:1986 年 2 月 25 日。

北京市某电石厂乙炔站操作工发现压缩机(上海压缩机厂制造)运行不正常,即三段缸阀门闭合不严,四段气体窜回三段,三段压力高于正常值,安全阀开启,乙炔气外泄,同时发现高压干燥器也漏,操作工是学徒工,及时请示班长,班长因班前饮酒,在休息室躺着,并说:"没事,一会儿我去看看"。但躺着不动。1h 之后,厂房发生了爆炸,压缩间和休息室被炸塌,班长和另一名工人被砸死,学徒工被气浪冲出室外,受重伤。原因:经调查,乙炔压缩机三段出口弹簧断裂造成三段超压，安全阀动作，使乙炔外漏，而安全阀出口未引到室外；干燥器漏泄，又有一股乙炔漏在室内，使室内乙炔含量很快上升，又因为厂房不是轻顶、厂房防爆泄压面积不够、工人班前酗酒、脱离工作岗位等，一切都是造成事故的原因。

（5）单位：北京市某乙炔站。时间：1986 年 4 月 8 日。

北京市某乙炔站充装台上，空瓶已经就位，并已经接好管卡子，开始充装乙炔气。操作工在作业中发现一个气瓶卡子漏气，赶紧关闭阀门，就在关闭阀门时突然起火。操作工用二氧化碳干粉灭火器灭火，未能扑灭，火势越来越大，致使 800 个气瓶的易熔塞熔化，瓶内乙炔喷出，助长了火势。大火持续了两个多小时，造成 400m² 的充气间全部烧毁。

（6）单位：牡丹江市某厂乙炔站。时间：1986 年 9 月 15 日。

牡丹江市某厂乙炔站用两台乙炔压缩机充气，压力达到 2MPa 停下一台，工作临近结束时，第一组干燥器的防爆膜炸开，紧接着第二组的防爆膜也炸开。止回阀裂成两块，并失去了止回的功能。15min 后充装管路上的 162 个气瓶全部着火，烧毁厂房 322m²，损坏乙炔瓶398 个，乙炔管路炸开 4 处，最长裂口 1m 多长。原因：①由于干燥器防爆膜炸开引起，干燥器中的干燥剂流失，没得到及时的补充，干燥器内形成了乙炔的空间，诱发乙炔分解爆炸；②防爆膜由于疲劳产生裂纹，虽然管路压力不高（2.0MPa），但是由于疲劳作用，降低了泄压功能；③防爆膜也炸开使室内温度高升，乙炔易熔塞熔化造成乙炔漏出，使充装管路上的 162 个气瓶全部着火。

（7）单位：南京市某县乙炔厂。时间：1986 年 10 月 23 日。

南京市某县乙炔厂的一号压缩机在运行中发现声音异常，决定停下检修，改用二号压缩机生产，几天后一号压缩机修好，要求试车，就在试车时一号压缩机着火，蔓延充装台，造成充装间也着了火，烧毁 565 个气瓶烧毁厂房 500 m²，两套充装设备。原因：在第一套压缩机试车时错用空气，又因为在拆阻火器后没有加填料，使阻火器失去了作用，使压缩机的火种畅通无阻地进入了充装汇流排。

（8）单位：沈阳市某厂乙炔站。时间：1988 年 10 月 31 日。

沈阳市某厂乙炔站操作工发现二楼乙炔发生器及控制室的 U 形管显示液体喷出（U 形管的高度为 1600mm H_2O，正常时应为 600～800mm），班长王某和操作工郑某发现后，注入显示液，之后，显示乙炔发生器压力正常，40min 之后，清洁泵房内突然发生剧烈的爆炸，炸死 2 人，重伤 1 人，75m² 的泵房全部炸毁，发生间厂房 2/3 遭到严重破坏，二清塔、中和塔及配制槽损坏。原因：1600mmU 形压力计显示液被冲出，说明发生器的压力不正常（电石投料量过大），已超过 1600mm，所以各塔和循环槽之间的液封便失去作用，于是，塔内的乙炔自然会从塔的底部，经液封管进入循环槽，再从循环槽的溢流管进入清洁泵房，并和空气构成爆炸性混合气。从死者陈某身穿的化纤（腈纶）内衣和尸体的烧伤痕迹可以断定陈某身体自带静电，他从控制室走入清洁泵房，由于人体放电引爆乙炔气，导致这场爆炸事故。此外，设计上存在的问题和制度上执行不严也是这场灾难的原因。

（9）单位：江苏省某县乙炔厂。时间：1990 年 9 月 15 日。

江苏省某县乙炔厂正在生产中，压缩机间突然爆炸，当场死亡 1 人，房屋倒塌，高压干燥器（一组四个）全部炸毁。原因：该厂的干燥器的干燥剂是无水氯化钙，氯化钙吸水潮解后，会通过排污口逐渐消耗掉，所以要定期补充氯化钙，而且要全部添满，不允许留空隙，该厂已有六个月没补氯化钙，致使干燥器有一个空间，由试验可知，乙炔 2.5MPa 时，发火能量仅为 $0.2×10^{-3}$J 就可构成爆炸［根据试验，乙炔在空气中浓度为 7.73％ 时，最小点火能量为 0.02mJ。这样小的点火能量，无需明火，只要操作人员穿着电阻较高的胶鞋，在温度较低的情况下，走到合成树脂或大理石的地面上，由于静电产生的点火能量就可以达到 0.1mJ，比最小的点火能量高 5 倍。如果人穿着化纤衣服，其放电产生火花就更容易了。两种物体互相紧密接触（摩擦）、分离就会产生静电。如乙炔气从气瓶内或管道内急速喷出时所产生的静电也能点燃乙炔，这就是喷出的乙炔能自燃的原因]。

(10) 单位：哈尔滨某厂。时间：1999 年 3 月 24 日。

该厂某车间数控工段准备焊接，溶解乙炔气瓶突然发生爆炸。当场炸死 1 人，3 人送往医院后死亡。伤 30 人。车间被炸掉 1/3，玻璃全部炸碎。18 台数控铣床中 6 台全部报废，12 台局部损坏。直接损失 1500 万元。

(11) 地点：格尔木市。时间：2004 年 3 月。

格尔木市北郊发生乙炔瓶爆炸事故，1 人当场死亡。原因：违章操作。

(12) 单位：河北省廊坊市某乙炔生产厂。时间：2004 年 4 月 12 日。

河北省廊坊市某乙炔生产厂发生乙炔爆炸事故，2 人被烧伤，5 间房屋被掀掉，3 个干燥器管道被损，充装阀被毁。原因：压缩机与干燥器间的阀门不合格，造成漏气，高速泄漏的乙炔气流静电聚集，当操作工查看时产生火花而引爆。

有关规定的提示：以上各单位（人）的做法明显地违背了 GB 17266《溶解乙炔气瓶充装站安全技术条件》和 GB 13591《溶解乙炔充装规定》的诸多规定。

第五章
气瓶充装站建站条件、站址及厂房、设施安全距离要求

▶▶▶

瓶装气体的流通与其他任何商品一样，是与包装物（气瓶）作为一个整体进行的，气体产品的包装过程称为充装过程，从事气体充装工作的单位称为气瓶充装站。气瓶是一种特殊的包装物，一般都重复充装使用（非重复充装气瓶例外），而且由于其包装的物品的化学物理特性，国家对其有很多特殊的安全要求，在充装、运输和使用等方面又有很多严格的规定。不同的气体，化学物理特性不一样，但普遍存在易燃、易爆、有毒、腐蚀等特性。在充装过程中，如果不具备充装条件或管理不到位，很容易发生安全事故。由于不同气体的化学物理特性不同，对其充装站的要求，如地理位置与其他建筑物和道路等的安全距离要求、厂区布局、厂房建筑、工艺设备、管道安全设施等均有不同的要求。原四个气瓶充装站的标准即《永久气体气瓶充装站安全技术条件》、《液化气体气瓶充装站安全技术条件》《溶解乙炔气瓶充装规定》及《液化石油气气瓶充装站安全技术条件》合并为《气瓶充装站安全技术条件》、（GB 27550—2011），对于气瓶充装站又有了新的要求。

对于新建气瓶充装站，自2006年10月1日起施行的国家安全生产监督管理总局《危险化学品建设项目安全许可实施办法》（简称局长2006年8号令）中要求新建项目的建设单位应当向相应的建设项目安全许可实施部门申请建设项目设立安全审查，并提交下列文件、资料：①建设项目设立安全审查申请书；②建设（规划）主管部门颁发的建设项目规划许可文件；③建设项目安全条件论证报告；④建设项目设立安全评价报告；⑤工商行政管理部门颁发的企业法人营业执照或者企业名称预先核准通知书。要求新建项目的设计单位应当依据有关安全生产的法律、法规、规章、标准以及建设项目设立安全评价报告，对建设项目安全设施进行设计，并组织设计人员编制建设项目安全设施设计专篇。建设项目安全设施设计专篇包括下列内容：①建设项目概况；②建设项目涉及的危险、有害因素和危险、有害程度；③建设项目设立安全评价报告中的安全对策和建议采纳情况说明；④采用的安全设施和措施；⑤可能出现事故预防及应急救援措施；⑥安全管理机构的设置及人员配备；⑦安全设施投资概算；⑧结论和建议。另外，还有建设项目竣工验收安全评价报告、建设项目安全设

竣工验收及罚则等内容。

　　气瓶充装单位应当按照《气瓶充装许可规则》（TSG R4001）的要求，取得气瓶充装许可证，并接受有关部门的监督管理。

　　气瓶产权单位应当按照《气瓶使用登记管理规则》（TSG R5001）的要求及时办理气瓶使用登记。

第一节　气瓶充装站基本批准文件

一、营业执照

　　营业执照是工商行政管理部门准许企业生产和销售产品的有效证明。

　　① 企业名称应与申请单位名称相符。

　　② 企业地址应与申请单位地址相符。

　　③ 准许的经营范围是否含有申请的气瓶充装项目。

　　④ 营业执照是否经过年检。

　　新建企业在未取得气瓶充装许可的情况下，工商部门暂时不予以登记，只发给同意办理营业执照的证明，但证明内容应含有上述内容。

二、规划（国土）部门的批准文件

　　气瓶充装属于危险化学品管理范围，国家规定危险化学品（气瓶充装）的生产必须经过规划部门批准，办理土地使用权证方可进行生产销售。

　　规划部门的批文或土地使用权证所标示的企业名称应与申请单位的名称相符，土地使用权证上土地使用内容必须是工业用地。

三、充装站设计单位的资质证明

　　气瓶充装站的布局、建筑物、设备、管道等均与安全有着极大的关系，因此气瓶充装单位在建设之前，必须经有资质的设计单位进行设计。这些单位应熟知气瓶充装站的设计规范及要求，设计出的建设方案能够保证气瓶充装站符合国家有关规定，因此设计单位有无设计资质是关系到气瓶充装单位是否符合条件的十分重要因素之一。

四、施工单位的资质

　　气瓶充装单位的设备、管道一般是在高压状态下生产，其设备安装及管道施工要求十分严格，有些易燃或有毒气体的设备安装和管道施工也有特殊的要求，因此气瓶充装站的建设必须由有资质的施工单位进行施工，方可保证施工建设的质量符合要求。

第二节　组织机构和技术力量

一、组织机构

　　要求建立以站长负责的管理体制，组织机构健全，机构设置合理，分工明确，责任落实，有组织机构图，根据气瓶充装单位的规模不同其组织机构设置也不完全一样，规模较大的气瓶充装单位，组织机构中的管理部门应以科为单位，例如，安全科、设备科等，而规模小的气瓶充装单位的管理以管理人员为单位，例如，安全员、设备员等，但不论其规模大小，管理范围至少有如下几项：技术、设备、安全、质量。

二、法人代表或充装单位负责人（充装站站长）

要求单位法人代表或气瓶充装单位负责人（充装站站长）熟知有关气瓶、气瓶充装及危险化学品管理的法律法规。按有关规定取得国家有关部门颁发的资格证书，熟知气瓶充装站的工艺、设备，具备与本单位从事气瓶充装的生产经营活动的相关安全生产知识和管理能力。

第三节　质量管理体系及规章制度

质量管理主要是围绕着气瓶充装过程的安全及充装质量的管理，要求质量管理体系的各个环节是否能够真正起到确保气瓶充装过程的安全及充装质量的各项指标达到要求。

一、管理手册内容

① 以法人代表名义正式发表与执行质量管理体系的文件。
② 气瓶充装站质量管理的方针目标。
③ 各岗位人员的任命书。
④ 组织机构图。
⑤ 质量管理控制图和工艺流程图。
⑥ 岗位责任制。
⑦ 规章制度。
⑧ 安全操作规程。
⑨ 完整的工作记录表卡。

二、气瓶充装安全管理制度、操作规程和记录表卡的内容

1. 充装制度

气瓶充装单位应当制定相应的安全管理制度和安全技术操作规程，严格按相应的气瓶充装国家标准、行业标准充装气瓶。对无相应气瓶充装国家标准、行业标准的气体，应当制定相应的企业标准。企业标准应当经过国家质检总局委托的国家气瓶专业标准化机构技术评审和备案。

气瓶充装单位应当制定特种设备事故（特别是泄漏事故）应急预案和救援措施，并且定期演练。

2. 固定充装制度

气瓶实行固定充装单位充装制度（车用气瓶、非重复充装气瓶、呼吸器用气瓶、长管拖车用大容积气瓶以及当地质监部门同意的除外），气瓶充装单位只能充装本单位自有并且已办理使用登记的气瓶，不得为其他单位和个人充装气瓶。严禁充装超期未检气瓶、改装气瓶和使用期超过设计使用年限的气瓶。

气瓶的充装单位负责在自有产权气瓶瓶体上涂覆充装站标志和打充装站标志钢印，应当对气瓶的充装安全负责，并负责对瓶装气体使用单位或个人的安全使用进行宣传和指导，并

有责任督促瓶装气体经销单位加强安全管理。

被暂停充装或者因自身原因无法充装等有特殊情况的充装单位的气瓶,由所在地级市特种设备安全监督管理部门指定持有相应充装许可证的单位充装,并且报省级特种设备安全监督管理部门备案。

3. 管理制度

①各类人员岗位责任制;②气瓶建档、标识、定期检验和维护保养制度;③安全管理制度(包括安全教育、安全生产、安全检查等内容);④用户信息反馈制度;⑤压力容器(含液化气体罐车),压力管道等使用管理以及定期检验制度;⑥计量器具与仪器仪表校验制度;⑦气瓶检查登记制度;⑧气瓶储存、发送制度;⑨材料保管制度(例如充装资料、设备档案等);⑩不合格气瓶处理制度;⑪各类人员培训考核制度;⑫用户宣传教育制度;⑬事故上报制度;⑭事故应急救援预案及定期演练制度;⑮安全监察的管理制度。

4. 安全技术操作规程

①瓶内残液(残气)处理操作规程;②气瓶充装前、后检查操作规程;③气瓶充装操作规程;④气体分析操作规程;⑤设备操作规程;⑥事故应急处理操作规程。

5. 工作记录和见证材料

①收发瓶记录;②新瓶和检验后首次投入使用气瓶的抽真空置换记录;③残液(残气)处理记录;④充装前、后检查和充装记录;⑤不合格气瓶隔离处理记录;⑥气体分析记录;⑦质量信息反馈记录;⑧设备运行、检修和安全检查等记录;⑨液化气体罐车装卸记录;⑩安全培训记录;⑪溶解乙炔气瓶丙酮补加记录。

三、组织机构和组织机构图(略)

四、质量管理体系、质量管理控制体系图、充装工艺流程图及各项制度规程

(1)质量管理体系中有明确的质量控制点,每个质量控制点的质量控制要求都要具体全面,每个质量控制点都应明确质量负责人。气瓶充装站的所有工作质量要求必须全部反映在质量管理体系中,不得有缺失。

(2)质量管理体系图中各质量控制点之间关系明确,流程方向一目了然,不得有断线与错误,能够真实反映实际工作流程情况。

(3)充装工艺流程图与实际情况相符。

(4)岗位责任制。

要求气瓶充装站建立健全的各类岗位的岗位责任制。岗位责任制要职责明确、具体。有对于具体的工作质量要求、时间要求、信息传递要求等。

(5)规章制度。

有完善的规章和各项管理制度,要求规章制度的制定不得少于以上所列的项目,每项规章制度都应内容全面,要求具体。

(6)操作规程。

①规程是实际操作的指导性文件,每一项操作的操作方法及控制指标都应有明确的规定。

②事故应急处理操作规程应详细具体地描述事故发生时处理操作的方法和步骤。

（7）各项记录表卡。

各项记录表卡的设计合理，项目齐全。在检查记录卡表时，应重点检查充装前后检查记录。

（8）相应的法规、国家标准等文件。

充装站应有《气瓶安全监察规定》、《气瓶安全监察规程》法规，要有所充装的气体气瓶的国家标准、充装站的安全技术条件、气瓶充装规定、充装站设计规范、气瓶警示标签、瓶阀等国家标准及法规文件等技术资料。

（9）质量管理体系的运转。

① 质量手册应根据有关法规、标准和本单位实际情况的变动，以及生产工艺的进步改造而及时进行修订。

② 各项规章制度应得到认真的贯彻执行。

③ 各责任人员履行其职责。

④ 质量管理体系能正常运转，横向、纵向信息交流通畅。

第四节　充装站建站资格和职责

一、气体充装站建站资格及具备的基本条件

国家质监局的气瓶充装许可规则中，规定气瓶充装单位应当具备以下基本条件。

（1）具有法定资格。

（2）充装站应按《气瓶安全监察规定》、《气瓶安全监察规程》、《溶解乙炔气瓶安全监察规程》、《安全生产许可证条例》及 TSG R4001 等有关规定取得当地的质监、安监、环保和消防等管理部门批准的资质。

（3）有与气瓶充装相适应的符合相关规定的管理人员、技术人员和作业人员。

（4）有健全的质量管理体系和安全管理制度以及紧急处理措施，并且能够有效运转和执行。

（5）充装站应具有与充装气体种类相适应的完好生产装置、工器具、检测手段、场地厂房，有符合安全要求的安全设施和足够数量的自有产权气瓶。

（6）充装站所有设备、岗位安全操作规程要齐全，充装活动符合安全技术规范的要求，能够保证充装工作质量。

（7）能够对气瓶使用者安全使用气瓶进行指导、提供服务。

（8）充装站应根据国家有关法规制度，制订相应的规章制度：①安全教育、培训、检查制度；②防火、防爆、防雷、防静电制度；③危险品运输、储存制度；④设备、压力容器、管道、计量器具的定检制度及台账；⑤档案管理制度；⑥岗位责任制、班组管理制度；⑦紧急情况应急救援预案；⑧符合国家环境保护相关规定的气体排放制度。

（9）充装站应根据气体的特性，按照 GB 2894 中的规定，在站内外醒目处应设置须知牌和安全标志。

二、气体充装站的职责

（1）负责气瓶的充装、储运、管理和气瓶使用前办理气瓶使用登记证。

（2）向气体使用者提供气瓶，并对所充装的气瓶的安全负责，在所充装的气瓶上粘贴符合国家安

全技术规范及国家标准规定的警示标签。

（3）负责向充装作业人员及气瓶和气体的使用用户讲解气瓶及气体的知识与应急处理措施、宣传安全使用知识及危险性警示要求。

（4）负责气瓶在充装前和充装后的检查、填写充装记录及每个气瓶的收发记录，并对气瓶的充装安全负责。

（5）负责气瓶的维护和附件的修理、更换，气瓶颜色标志的涂覆工作。

（6）负责定期向当地质监部门报送自有气瓶的数量、钢印标志、定期检验和建档情况、充装站负责人和充装人员的持证情况。

（7）负责将超过检验周期的气瓶或在充装前发现有不符合要求的气瓶交送到地、市级以上（含）特种设备安全监察机构指定的气瓶检验机构处理。

（8）确保所充装在气瓶内的气体符合产品的质量标准并出具产品合格证明。

（9）负责向当地相关部门报告企业的生产、安全技术状况、事故报告和紧急处理情况。

三、充装站人员条件

（1）充装站应配备工程师技术职称以上（含工程师）的专职安全生产技术负责人。

（2）充装站应配备高中或高中以上文化程度或同等学历并经培训合格的专职或兼职安全管理人员。

（3）充装站应配备初中或初中以上文化程度并经专业技术培训和地、市级或地市级以上质监部门考核合格，取得"特种设备作业人员证书"的气瓶检查员。

（4）充装站应配备初中或初中以上文化程度并经专业技术培训和地、市级或地、市级以上质监部门考核合格，取得"特种设备作业人员证书"的气瓶充装人员，且每工作班不得少于两名。

（5）充装站应配备高中或高中以上文化程度或同等学历并经专业技术培训，取得资格证书的产品质量检验人员。

第五节　充装站（不含乙炔站）站址、厂房及设备安装技术条件

一、站址设置及建筑物

《工业企业总平面设计规范》（GB 50187—93)2.0.1～2.0.11 条

第 2.0.1 条　厂址选择必须符合工业布局和城市规划的要求，按照国家有关法律、法规及建设前期工作的规定进行。

第 2.0.2 条　居住区、交通运输、动力公用设施、废料场及环境保护工程等用地，应与厂区用地同时选择。

第 2.0.3 条　厂址选择应对原料和燃料及辅助材料的来源、产品流向、建设条件、经济、社会、人文、环境保护等各种因素进行深入的调查研究，并应对其进行多方案技术经济比较，择优确定。

第 2.0.4 条　厂址宜靠近原料、燃料基地或产品主要销售地。并应有方便、经济的交通运输条件，与厂外铁路、公路、港口的连接，应短捷，且工程量小。

第 2.0.5 条　厂址应具有满足生产、生活及发展规划所必需的水源和电源，且用水、用

电量特别大的工业企业，宜靠近水源、电源。

第2.0.6条　散发有害物质的工业企业厂址，应位于城镇、相邻工业企业和居住区全年最小频率风向的上风侧，不应位于窝风地段。

第2.0.7条　厂址应具有满足建设工程需要的工程地质条件和水文地质条件。

第2.0.8条　厂址应满足工业企业近期所必需的场地面积和适宜的地形坡度，并应根据工业企业远期发展规划的需要，适当留有发展的余地。

第2.0.9条　厂址应有利于同邻近工业企业和依托城镇在生产、交通运输、动力公用、修理、综合利用和生活设施等方面的协作。

第2.0.10条　厂址应位于不受洪水、潮水或内涝威胁的地带；当不可避免时，必须具有可靠的防洪、排涝措施。凡位于受江、河、湖、海洪水、潮水或山洪威胁地带的工业企业，其防洪标准应符合现行国家标准《防洪标准》的有关规定。

第2.0.11条　下列地段和地区不得选为厂址：①发震断层和设防烈度高于九度的地震区；②有泥石流、滑坡、流沙、溶洞等直接危害的地段；③采矿陷落（错动）区界限内；④爆破危险范围内；⑤坝或堤决溃后可能淹没的地区；⑥重要的供水水源卫生保护区；⑦国家规定的风景区及森林和自然保护区；⑧历史文物古迹保护区；⑨对飞机起落、电台通信、电视转播、雷达导航和重要的天文、气象、地震观察以及军事设施等规定有影响的范围内；⑩Ⅳ级自重湿陷性黄土、厚度大的新近堆积黄土、高压缩性的饱和黄土和Ⅲ级膨胀土等工程地质恶劣地区；⑪具有开采价值的矿藏区。

《工业企业总平面设计规范》（GB 50187—93）4.1.4～4.1.9条

第4.1.4条　厂区的通道宽度，应根据下列因素确定：①通道两侧建筑物、构筑物及露天设施对防火、安全与卫生间距的要求；②铁路、道路与带式输送机通廊等工业运输线路的布置要求；③各种工程管线的布置要求；④绿化布置的要求；⑤施工、安装与检修的要求；⑥竖向设计的要求；⑦预留发展用地的要求。

第4.1.5条　总平面布置，应充分利用地形、地势、工程地质及水文地质条件，合理地布置建筑物、构筑物和有关设施，并应减少土（石）方工程量和基础工程费用。当厂区地形坡度较大时，建筑物、构筑物的长轴宜顺等高线布置，并应结合竖向设计，为物料采用自流管道及高站台、低货位等设施创造条件。

第4.1.6条　总平面布置，应结合当地气象条件，使建筑物具有良好的朝向、采光和自然通风条件。高温、热加工、有特殊要求和人员较多的建筑物，应避免日晒。

第4.1.7条　总平面布置，应防止有害气体、烟、雾、粉尘、强烈振动和高噪声对周围环境的危害。

第4.1.8条　总平面布置，应合理地组织货流和人流。

第4.1.9条　总平面布置应使建筑群体的平面布置与空间景观相协调，并应结合城镇规划及厂区绿化，提高环境质量，创造良好的生产条件和整洁的工作环境。

《化工企业总图运输设计规范》（GB 50489—2009）3.1.1～3.1.9条

3.1.1　厂址选择应符合国家工业布局和当地城镇总体规划及土地利用总体的要求。厂址选择应严格执行国家建设前期工作的有关规定。

3.1.2　厂址选择应由有关职能部门、有关专业协同对建厂条件进行调查，并全面论证厂址对当前经济、社会和环境的影响，同时应满足防灾、安全、环境保护和卫生防护的要求。

3.1.3　厂址选择应充分利用非可耕地和劣地，不宜破坏原有森林、植被，并应减少土石方开挖量。

3.1.4　厂址选择应同时满足交通运输设施、能源和动力设施、防洪设施、环境保护工程及生活等配套建设用地的要求。

3.1.5　厂址宜靠近主要的原料和能源供应地、产品的主要销售地和协作条件好的地区。

3.1.6　厂址应具有方便和经济的交通运输条件。临江、湖、河、海的厂址，通航条件能满足工厂运输要求时，应尽量利用水路运输，且厂址易靠近适于建设码头的地段。

3.1.7　厂址应有充足、可靠的水源和电源且应满足企业发展需要。

3.1.8　厂址应位于城镇或居民区的全年最小频率风向的上风侧。

3.1.9　可能散发有害气体工厂的厂址，应避开形成逆温层及全年静风频率较高的区域。

《化工企业安全卫生设计规定》（HG 20571—1995）2.2.1～2.2.10条

2.2.1　化工企业厂区总平面应根据厂内各生产系统及安全、卫生要求进行功能明确、合理分区的布置，分区内部和相互之间保持一定的通道和间距。

2.2.2　厂区内火灾危险较高，散发烟尘、水雾和噪声的生产部分应布置在全年最小风频率的上风方位，厂前、机、电、仪修和总变配电等部分应位于全年最小风频率的下风向，厂前区宜面向城镇和工厂居住区一侧。

2.2.3　污水处理场、大型物料堆场、仓库区应分别集中布置在厂区边缘地带。

2.2.4　厂区面积大于5万平方米的化工企业应有两个以上的出入口，大型化工厂的人流和货运应明确分开，大宗危险货物运输必须有单独路线，不与人流及其他货流混行或平交。

2.2.5　厂内铁路线群一般应集中布置在后部或侧面，避免伸向厂前、中部位，尽量减少与道路和管线的交叉。铁路沿线的建、构筑物必须遵守建筑限界和有关净距的规定。

2.2.6　厂区道路应根据交通、消防和分区的要求合理布置，力求顺通。危险场所应为环行，路面宽度按交通密度及安全因素确定，保证消防、急救车辆畅行无阻。

2.2.6.1　街区道路均应考虑消防车通行，道路中心线间距应符合防火规范的有关规定。

2.2.6.2　道路两侧和上下接近的建、构筑物必须满足有关净距和建筑限界要求。

2.2.7　机、电、仪修等操作人员较多的场所宜布置在厂前附近，避免大量人流经常穿行全厂或化工生产装置区。

2.2.8　循环水冷却塔不宜布置在室外变配电装置冬季风向频率的上风附近，并应与总变电所、道路、铁路和各种建、构筑物保持规定的距离。

2.2.9　储存甲、乙类物品的库房、罐区、液化烃储罐宜归类分区布置在厂区边缘地带，其储存量和总平面及交通线路等各项设计内容应符合有关规范的规定。

2.2.10　新建化工企业应根据生产性质、地面上下设施和环境特点进行绿化美化设计，其绿化用地系应按有关规范并与当地环保部门协同商定。

1. 站址设置一般要求

（1）充装站厂房建筑应符合 GB 50016—2006 的有关规定，充装爆炸下限小于10%的气体属于甲类气体，有氢气、乙炔、甲烷、乙烯、丙烯、丁二烯、环氧乙烷、硫化氢、氯乙烯、乙硼烷、硅烷、磷烷、乙烷、丙烷、二甲醚等，要求一级或不低于二级耐火等级的建筑。充装乙类气体，有一氧化碳、氧气、空气、氨气、氟、一氧化氮、一氧化二氮、氯、二氧化氮、氯化氢、丙炔等的建筑耐火等级要求一、二级。充装戊类气体，有氮、氩、氖、氦、氙、四氟甲烷、氟里昂系列气体，氚、二氧化碳、六氟化硫、七氟丙烷等的建筑耐火等级不应低于三、四级。

（2）《建筑设计防火规范》（GB 50016—2006）第 3.3.1 条是厂房的耐火等级、层数和防火分区的最大允许建筑面积（厂房的耐火等级、层数和防火分区的最大允许建筑面积除本规范另有规定者外，应按《建筑设计防火规范》的规定要求），见表5-1。

表 5-1　厂房的耐火等级、层数和防火分区的最大允许建筑面积

生产类别	厂房的耐火等级	最多允许层数/层	每个防火区的最大允许建筑面积/m²			
			单层厂房	多层厂房	高层厂房	地下、半地下厂房，厂房地下室、半地下室
甲	一级	除生产必须采用多层者外，宜采用单层	4000	3000	—	
	二级		3000	2000	—	
乙	一级	不限	5000	4000	2000	
	二级	6	4000	3000	1500	
丙	一级	不限	不限	6000	3000	500
	二级	不限	8000	4000	2000	500
	三级	2	3000	2000	—	
丁	一、二级	不限	不限	不限	4000	1000
	三级	3	4000	2000	—	
	四级	1	1000	—	—	
戊	一、二级	不限	不限	不限	6000	1000
	三级	3	5000	3000	—	
	四级	1	1500	—	—	

注：1. 防火分区之间应采用防火墙分离。除甲类厂房外的一、二级耐火等级单层厂房外，当其防火分区的建筑面积大于本表规定，且设置防火墙有困难时，可采用防火隔水幕分隔。采用防火卷帘时应符合《建筑设计防火规范》（GB 50016—2006）第7.5.3条的规定；采用防火分隔水幕时，应符合现行国家标准《自动喷水灭火系统设计规范》（GB 50084）的有关规定。

2. 表中"—"表示不允许。

（3）《建筑设计防火规范》（GB 50016—2006）第 3.3.2 条是仓库的耐火等级、层数和面积，见表5-2。

表 5-2　仓库的耐火等级、层数和面积

储存物品类别		仓库的耐火等级	最多允许层数/层	每座仓库的最大允许占地面积和每个防火分区的最大允许建筑面积/m²						地下、半地下仓库或仓库的地下室、半地下室
				单层仓库		单层仓库		单层仓库		防火分区
				每座仓库	防火分区	每座仓库	防火分区	每座仓库	防火分区	
甲	3、4 项	一级	1	180	60	—	—	—	—	
	1、2、5、6 项	一、二级	1	750	250	—	—	—	—	
乙	1、3、4 项	一、二级	3	2000	500	900	300	—	—	
		三级	1	500	250	—	—	—	—	
	2、5、6 项	一、二级	5	2800	700	1500	500	—	—	
		三级	1	900	300	—	—	—	—	

续表

储存物品类别		仓库的耐火等级	最多允许层数/层	每座仓库的最大允许占地面积和每个防火分区的最大允许建筑面积/m²						
				单层仓库		单层仓库		单层仓库		地下、半地下仓库或仓库的地下室、半地下室
				每座仓库	防火分区	每座仓库	防火分区	每座仓库	防火分区	防火分区
丙	1项	一、二级	5	4000	1000	2800	700	—	—	150
		三级	1	1200	400	—	—	—	—	—
	2项	一、二级	不限	6000	1500	4800	1200	4000	1000	300
		三级	3	2100	700	1200	400	—	—	—
丁		一、二级	不限	不限	3000	不限	1500	4800	1200	500
		三级	3	3000	1000	1500	500	—	—	—
		四级	1	2100	700	—	—	—	—	—
戊		一、二级	不限	不限	不限	不限	2000	6000	1500	1000
		三级	3	3000	1000	2100	700	—	—	—
		四级	1	2100	700	—	—	—	—	—

注：1. 仓库的防火区之间必须采用防火墙。

2. 独立建造的硝酸铵（生产笑气的原料）仓库、电石（生产溶解乙炔的原料）仓库及车站码头、机场的中转仓库，当建筑耐火等级不低于二级时，每座仓库的最大允许占地面积和每个防火区的最大允许建筑面积可按本表的规定增加1.0倍。

3. 表中"—"表示不允许。

4. 表中1项为闪点小于28℃的液体（与气瓶充装无关）；2项为爆炸下限小于10%的气体（如氢、乙炔、甲烷、乙烯、丙烯等），以及受到水或空气中水蒸气的作用，能产生爆炸下限小于10%可燃气体的固体物质（如电石）；3项为常温下能自行分解或在空气中氧化能导致迅速自燃或爆炸的物质（如乙硼烷、环氧乙烷、硅烷、磷烷等）；4项为常温下受到水或空气中水蒸气的作用，能产生可燃气体并引起燃烧或爆炸的物质；5项为遇酸、受热、撞击、摩擦以及遇有机物或硫黄等易燃的无机物，极易引起燃烧或爆炸的氧化剂；6为项受撞击、摩擦或与氧化剂、有机物接触时能引起燃烧或爆炸的物质。

（4）《建筑设计防火规范》（GB 50016—2006）第3.4.1条是厂房之间及其与乙、丙、丁、戊类仓库、民用建筑之间的防火间距，见表5-3。

表5-3　厂房之间及其与乙、丙、丁、戊类仓库、民用建筑之间的防火间距　单位：m

名　　称			甲类厂房	单层多层乙类厂房（库房）	单层、多层丙、丁、戊类厂房（仓库）			高层厂房（库房）	民用建筑		
					耐火等级				耐火等级		
					一、二级	三级	四级		一、二级	三级	四级
甲类厂房			12	12	12	14	16	13	25		
单层多层乙类厂房			12	10	10	12	14	13	25		
单层、多层丙、丁类厂房	耐火等级	一、二级	12	10	10	12	14	13	10	12	14
		三级	14	12	12	14	16	13	12	14	16
		四级	16	14	14	16	18	17	14	16	18
单层、多层戊类厂房		一、二级	12	10	10	12	14	13	6	7	9
		三级	14	12	12	14	16	15	7	8	10
		四级	16	14	14	16	18	17	9	10	12

续表

名　　称		甲类厂房	单层多层乙类厂房（库房）	单层、多层丙、丁、戊类厂房（仓库）			高层厂房（库房）	民用建筑		
				耐火等级				耐火等级		
				一、二级	三级	四级		一、二级	三级	四级
高层厂房		13	13	13	15	17	13	13	15	17
室外变、配电站变压器总油量/t	≥5,≤10	25	25	12	15	20	12	15	20	25
	>10,≤50			15	20	25	15	20	25	30
	>50			20	25	30	20	25	30	35

注：1. 建筑之间的防火间距应按相邻建筑外墙的最近距离计算，如外墙有凸出的燃烧构件，应从其凸出部分外缘算起。

2. 乙类厂房与重要公共建筑之间的防火间距不宜小于50m。单层、多层戊类厂房之间及其与戊类仓库之间的防火间距，可按本表减小2m。为丙、丁、戊类厂房服务而单独设立的生活用房应按民用建筑确定，与所属厂房之间的防火间距不应小于6m。必须相邻建造时，应符合本表以下3. 、4. 的规定。

3. 两座厂房相邻较高一面外墙为防火墙时，其防火间距不限，但甲类厂房之间不应小于4m。两座丙、丁、戊类厂房相邻两面的外墙均为不燃烧体，当无外露的燃烧体屋檐，每面外墙上的门窗洞口面积之和各小于等于该外墙面积的5%，且门窗洞口不正对开设时，其防火间距可按本表的规定减小25%。

4. 两座一、二级耐火等级的厂房，当相邻较低一面外墙为防火墙且较低一座厂房的屋顶耐火极限不低于1.00h，或相邻较高一面外墙的门窗等开口部位设置甲级防火门窗或防火分隔水幕或按规定设置防火卷帘时，甲、乙类厂房之间的防火间距不应小于6m；丙、丁、戊类厂房之间的防火间距不应小于4m。

5. 变压器与建筑之间的防火间距应从距建筑最近的变压器外壁算起。发电厂内的主变压器，其油量可按单台确定。

6. 耐火等级低于四级的原有厂房，其耐火等级应按四级确定。

（5）《建筑设计防火规范》（GB 50016—2006）第3.5.1条是甲类仓库之间及其与其他建筑明火或散发火花地点、铁路等的防火间距，见表5-4。

表5-4　甲类仓库之间及其与其他建筑明火或散发火花地点、铁路等的防火间距　单位：m

名称		甲类仓库及其储量/t			
		甲类储存物品第3、4项		甲类储存物品第1、2、5、6项	
		≤5	>5	≤10	>10
重要公共建筑		50			
甲类仓库		20			
民用建筑、明火或散发火花地点		30	40	25	30
其他建筑	一、二级耐火等级	15	20	12	15
	三级耐火等级	20	25	15	20
	四级耐火等级	25	30	20	25
电力系统电压为35～500kV且每台变压器容量在10MV·A以上的室外变、配站工业企业的变压器总油量大于5t的室外降压变电站		30	40	25	30
厂外铁路线中心线		40			
厂内铁路线中心线		30			
厂外道路路边		20			
厂外道路路边	主要	10			
	次要	5			

注：甲类仓库之间的防火间距，当3、4项物品储量小于等于2t，第1、2、5、6项物品储量小于等于5t时，不应小于12m，甲类仓库与高层仓库之间的防火间距不应小于13m。

（6）《建筑设计防火规范》（GB 50016—2006）第3.5.2条是乙、丙、丁、戊类仓库之间及其民用建筑的防火间距，见表5-5。

表5-5　乙、丙、丁、戊类仓库之间及其民用建筑的防火间距　　　　　单位：m

建筑名称		单层、多层乙、丙、丁、戊类仓库						高层仓库	甲类厂房
		单层、多层乙、丙、丁类仓库			单层、多层戊类仓库				
单层、多层乙、丙、丁、戊类仓库	耐火等级	一、二级	三级	四级	一、二级	三级	四级	一、二级	一、二级
	一、二级	10	12	14	10	12	14	13	12
	三级	12	14	16	12	14	16	15	14
	四级	14	16	18	14	16	18	17	16
高层仓库	一、二级	13	15	17	13	15	17	13	13
民用建筑	一、二级	10	12	14	6	7	9	13	25
	三级	12	14	16	7	8	10	15	
	四级	14	16	18	9	10	12	17	

注：1. 单层、多层戊类仓库之间的防火间距，可按本表减少2m。

2. 两座仓库相邻较高一面外墙为防火墙，且总占地面积小于《建筑设计防火规范》规定第3.3.2条1座仓库最大允许占地面积时，其防火间距不限。

3. 除能与空气形成爆炸性混合物的浮游状态的粉尘、纤维、闪点大于等于60℃的液体雾滴的乙类仓库外，与民用建筑之间的防火间距不宜小于25m。与重要公共建筑之间不宜小于30m，与铁路、道路等的防火间距不宜小于表5-4中甲类仓库与铁路、道路的防火间距。

（7）《氢气站设计规范》（GB 50177—2005）的第3.0.2和3.0.3条是氢气站、氢气罐与建筑物、构筑物的防火间距，见表5-6。

表5-6　氢气站、氢气罐与建筑物、构筑物的防火间距　　　　　单位：m

建筑物、构筑物		氢气站或供氢站	氢气罐总容积/m³			
			≤1000	1001～10000	10001～50000	＞50000
其他各类建筑物耐火等级	一、二级	12	12	15	20	25
	三级	14	15	20	25	30
	四级	16	20	25	30	35
民用建筑		25	25	30	35	40
重要公共建筑		50	50			
室外变、配电站（35～500kV且每台变压器为10000kV·A以上）以及油量超过5t的总降压站		25	25	30	35	40
明火或散发火花地点		30	25	30	35	40
电力架空线		≥1.5倍电杆高度	≥1.5倍电杆高度			
厂外铁路（中心线）	非电力牵引机车	30	25			
	电力牵引机车	20	20			
厂内铁路（中心线）	非电力牵引机车	20	20			
	电力牵引机车	20	15			
厂外道路（路边）		15	15			
厂内道路（路边）	主要道路	10	10			
	次要道路	5	5			
围墙		5	5			

注：1. 防火间距应按相邻建筑物或构筑物外墙、凸出部分外缘、储罐外壁的最近距离计算。

2. 固定容积的氢气罐，总容积按其水容积（m³）和工作压力（绝对压力）的乘积计算。

3. 总容积不超过20m³的氢气罐与所属厂房的防火间距不限。

4. 与高层厂房之间的防火间距，按本表相应增加3m。

5. 氢气罐与氧气罐之间的防火间距，不应小于相邻较大罐直径。

6. 卧式氢气罐之间的防火间距，不应小于相邻较大罐直径的2/3；立式罐、球形氢气罐与湿式氢气罐之间的防火间距，应按其中较大者确定。

7. 一组卧式或立式或球形氢气罐的总容积，不应超过30000m³。组与组之间的防火间距，卧式氢气罐不应小于相邻较大罐长度的一半；立式、球形不应小于相邻较大罐的直径，不应小于10m。

8. 《氢气站设计规范》的第3.0.1条中4. 是氢气罐区宜设置非燃料体的实体围墙，其高度不应小于2.5m。

9. 《氢气站设计规范》的第6.0.2条是氢充瓶间与控制室、变配电室、生活辅助间的防火间距为15m，与氢压机间、装置内氢气罐的防火间距为9m。

10. 氢、甲烷的生产场所存量与储存区存量分别为1t和10t以上将构成重大危险源。

（8）《建筑设计防火规范》（GB 50016—2006）第 4.3.1 条是湿式可燃气体储罐与建筑物、储罐、堆场的防火间距要求，见表 5-7。

表 5-7 湿式可燃气体储罐与建筑物、储罐、堆场之间的最小防火间距　单位：m

名　　称			湿式可燃气体储罐的总容积 V/m³			
			V<1000	1000≤V<10000	10000≤V<50000	50000≤V<100000
甲类物品仓库、明火或散发火花地点以及甲、乙、丙类液体储罐、可燃材料堆场、室外变、配电站			20	25	30	35
民用建筑			18	20	25	30
其他建筑	耐火等级	一、二级	12	15	20	25
		三级	15	20	25	30
		四级	20	25	30	35

注：固定容积可燃气体储罐的总容积按储罐几何容积（m³）和设计储存压力（绝对压力，10^5Pa）的乘积计算。

（9）GB 50016—2006 第 4.3.2 条是可燃气体储罐或罐区之间的防火间距应符合下列规定：

① 湿式可燃气体储罐之间、干式可燃气体储罐之间及湿式与干式可燃气体储罐之间的防火间距，不应小于相邻较大罐直径的 1/2；

② 固定容积的可燃气体储罐之间的防火间距不应小于相邻较大罐直径的 2/3；

③ 固定容积的可燃气体储罐与湿式或干式可燃气体储罐之间的防火间距，不应小于相邻较大罐直径的 1/2；

④ 数个固定容积的可燃气体储罐的总容积大于 200000m³ 时，应分组布置。卧式储罐组与组之间的防火间距不应小于相邻较大罐长度的一半；球形储罐组与组之间的防火间距不应小于相邻较大罐直径，且不应小于 20m。

（10）氧气站、氧气储罐与周边的安全距离要求，由《氧气站设计规范》（GB 50030—2007）表 3.0.5 给出，见表 5-8。

表 5-8 氧气站等乙类生产建筑物与各类建筑物之间的最小防火间距

最小防火间距/m　　　　项目名称	氧气站等建筑物名称		氧气站等的一、二耐火等级的乙类生产建筑物	氧气储罐/m³		
				≤1000	1001～50000	>50000
其他各类建筑物	耐火等级	一、二级	10	10	12	14
		三级	12	12	14	16
		四级	14	14	16	18
民用建筑、明火或散发火花地点			25	18	20	25
重要公共建筑			50	50		
室外变、配电站（35～500kV 且每台变压器为 10000kVA 以上）以及油量超过 5t 的总降压站			25	25	30	35
厂外铁路（中心线）	非电力牵引机车		25	25		
	电力牵引机车		20	20		
厂内铁路（中心线）	非电力牵引机车		20	20		
	电力牵引机车		15	15		
厂外道路（路边）			15	15		
厂内道路（路边）	主要		10	10		
	次要		5	5		
电力架空线			≥1.5 倍电杆高度	≥1.5 倍电杆高度		

湿式氧气储罐与周边的安全距离要求，由《建筑设计防火规范》（GB 50016—2006）第 4.3.3 条给出，见表 5-9。

表 5-9　湿式氧气储罐与周边的安全距离要求　　　　　　　　单位：m

名　称		湿式氧气储罐总容积 V/m^3		
		$V \leqslant 1000$	$1000 < V \leqslant 50000$	$V > 50000$
甲、乙、丙类液体储罐、可燃材料堆场、甲类物品仓库、室外变、配电站		20	25	30
民用建筑		18	20	25
其他建筑	一、二级	10	12	14
耐火等级	三级	12	14	16
	四级	14	16	18

注：1. 防火间距应按建筑物或构筑物等的外墙、外壁、外缘的最近距离设计；两座生产建筑物相邻较高一面的外墙为防火墙时，其防火距离不限；《氧气站设计规范》（GB 50030—2007）的第 3.0.5 条注 2. 写有"两座生产建筑物'相邻'较高一面外墙为'防火墙'时，其防火间距不限"，其他的规范中也有"贴邻"、"毗邻"，意思是与氧气站建筑物相连又不属于同一建筑结构整体的建筑物。《氧气站设计规范》和《深度冷冻法生产氧气及相关气体安全技术规程》都有相同的内容，都是充装站与其他车间毗邻建造，其毗连的墙应为防火墙，其毗邻不应是甲、乙类生产车间，也不应是铸造、锻造、热处理等有明火的车间。相邻建筑物内不得有明火、砂轮、点焊散发的火花。"防火墙"应是无门、窗、洞，由耐火极限为 2.5h 的普通黏土砖或硅酸盐砖砌成；《建筑设计防火规范》（GB 50016—2006）3.4.1 注 3. 也有："两座厂房相邻较高一面外墙为防火墙时，其防火间距不限"等内容，与原《建筑设计防火规范》（GBJ 16—1987）相同。

2. 氧气储罐、惰性气体储罐室外的工艺设备与其制氧机的厂房的间距，按工艺要求确定；氧气储罐之间的防火间距，不应小于相邻较大罐的半径，且不应小于 1m；氧气储罐与可燃气体储罐间的防火间距不应小于相邻较大罐的直径；

3. 容积不超过 50m³ 的气态氧气储罐与所属使用厂房的防火间距不限；《建筑设计防火规范》（GB 50016—2006）4.3.4 是：液氧储罐与其泵房间距不宜小于 3m。总容积不超过 3m³ 的液氧储罐与其使用建筑的防火间距应符合：①当设置在独立的一、二级耐火等级的专用建筑物内时其防火间距不应小于 10m；②当设置在独立的一、二级耐火等级的专用建筑物内，且面向使用建筑物一侧采用无门窗洞口的防火墙隔开时，其防火间距不限；③当液氧储罐采取了防火措施时，其防火间距不应小于 5m。另外，在液氧储罐容积超过 3m³ 的情况下，《建筑设计防火规范》推荐采用《低温液体储运设备使用安全规则》（JB 6898—1997）中的"当液氧容器与其他建筑物、储罐、堆场之间建有高于容器及防火物 0.5m 的防火墙时可将距离减小到《建筑设计防火规范》规定值的一半"。液氧储罐以 1m³ 液氧折合 800m³ 标准状态气氧计算；液氧储罐周围 5m 的范围内，不应有可燃物和设置沥青路面。

4. 氧气站室外布置的空分塔或惰性气体储罐，应按一、二级耐火等级的乙类生产建筑或戊类生产建筑（惰性气体）确定其他各类建筑之间的最小防火间距；室外布置的低温液氧（乙类）、液氮、液氩等储罐与主车间厂房的间距，可按工艺要求确定。与其他各类建筑物、民用建筑、重要公共建筑、配电站、铁路道路、液化石油储灌等之间的距离应遵照有关规定。

5. 氧气站等一、二级耐火等级的乙类生产建筑物，与其他甲类生产建筑物之间的最小防火间距，应按本表对其他各类生产建筑业之间规定的间距增加 2m。

6. 湿式氧气储罐与可燃液体储罐、可燃材料堆放场之间的最小防火间距，应符合本表对民用建筑、明火或散发火花地点之间规定的间距；液氧储罐不准安装在入口通道及楼梯附近，医院的液氧储罐不准安置在经常有人逗留的地方或房间的上下面。

7. 《氧气站设计规范》第 3.0.7 条为输氧量不超过 60m³/h 的氧气汇流排间，可设在不低于三级耐火等级的用户厂房内靠外墙处，并采用高度为 2.5m，耐火等级不低于 1.5h 的墙和丙级防火门与厂房的其他部分隔开。

8. 《氧气站设计规范》第 3.0.8 条为输氧量超过 60m³/h 的氧气汇流排间，宜布置成独立建筑物，当与其他用户厂房毗邻建造时，毗邻的厂房的耐火等级不低于二级并采用耐火等级不低于 1.5h 的无门、窗、洞的墙与厂房隔开；《氧气站设计规范》第 3.0.9 条为氧气汇流排间，可与同一使用目的的可燃气体（不含液化石油气）供气装置或供气站毗邻建造在耐火等级不低于二级的同一建筑物内，但应以无门、窗、洞的防火墙相互隔开；《氧气站设计规范》第 3.0.10 条液氧储罐和输送设备的液体接口下方地面应为不燃材料，其范围为周围 5m 的，在机动输送设备下方的不燃材料地面至少等于车辆的全长。第 3.0.11 条为氧气站、供氧站的乙类生产场所不得设置在地下室或半地下室。第 3.0.12 条为液氧储罐宜室外布置，它与各类建筑物、构筑物之间的防火间距应符合（表 5-8）的规定。液氧储罐容积小于等于 10m³ 时，与其使用建筑的防火间距应符合下列规定：①当设置在独立的一、二级耐火等级的专用建筑物内时，与使用建筑的门、窗等洞口的防火间距不应小于 3m，当使用建筑等于或低于三级耐火等级时，其防火间距不应小于 15m；②当设置在一、二级耐火等级的储罐间内，且一面贴邻使用建筑物外墙建造时，应采用无门窗洞的防火墙分隔，并应设直通室外的出口；③当低温储存的液氧储罐采取了防火措施时，其防火间距不应小于 5m。

9. 公共建筑是指省市级以上的机构办公楼、电子计算中心、通信中心以及体育馆、电影院、百货大楼等。

10. 电力架空线是指 10kV 及以下架空线路。表中的距离是指此架空线路与氧气站及氧气储罐的水平距离。《深度冷冻法生产氧气及相关气体安全技术规程》（GB 16912—2008）第 4.8.1 条有"其他企业的电网架空线不准通过氧气厂区上空"。其他乙、戊类气体充装站也应参照执行。

11. 氧气站专用的铁路装卸线不受表 5-8 的限制。

12. 《深度冷冻法生产氧气及相关气体安全技术规程》的第 4.4.1 条为充装站四周应设有围墙或护栏，并设有安全标志。

2. 充装站的厂房建筑条件

（1）充装站厂房建筑应符合 GB 50016—2006 的有关规定。充装甲类气体（易燃气体）的建筑耐火等级为一级或不应低于二级，充装乙类气体（不属于甲类的氧化剂、可燃气体及助燃气体）的建筑耐火等级为一、二级；充装戊类气体（不燃气体）的建筑耐火等级为三、四级。

（2）《氢气站设计规范》（GB 50177—2005）的第 7.0.2 条是，氢充瓶间，宜采用钢筋混凝土柱承重框架或排架结构。当采用钢柱承重时，钢柱应采用防火保护，其耐火极限不得低于 2～3h。其他的梁、楼板、屋顶等都有不同的要求。

（3）《氢气站设计规范》的第 6.0.7 条是，当氢气站内同时灌充氢气和氧气时，灌瓶间等的布置应为：分别设置氢气灌瓶间（实瓶间、空瓶间）和氧气灌瓶间（实瓶间、空瓶间），灌瓶间可通过门洞使实瓶间、空瓶间相通，但是氢气灌瓶间与氧气灌瓶间应有无窗、无洞、无门的防火墙相隔，并应设独立的出入口。

（4）《建筑设计防火规范》（GB 50016—2006）第 3.6.3 条是，有爆炸危险的甲、乙类厂房，应设置泄压设施，泄压面积与厂房体积的比值（m^2/m^3）宜采用 0.03～0.25（如氢≥0.25；乙炔≥0.2；乙烯≥0.16 等），泄压宜采用轻质屋面板、轻质隔墙、泄压门窗，不应采用普通玻璃。

（5）《氢气站设计规范》第 7.0.10 条是，氢充瓶间上部空间，应通风良好，顶棚内表面应平整，避免死角。

（6）充装站必须设有足够泄压面积和相应的泄压设施。充装介质密度小于空气的气体充装站排气泄压设施应设在建筑物顶部，充装介质密度大于或等于空气的气体，充装站排气泄压设施应设在建筑物靠近地面的位置上。

（7）《氢气站设计规范》第 7.0.12 条是，氢充瓶间屋架下弦的高度，不宜低于 4.5m，氢充瓶间屋架下弦的高度，应按起吊设备确定，且不低于 6m。

（8）可燃气体充装站应采用铝板或其他不发火的地面。

（9）充装站之外应设置供气瓶装卸的站台。站台上应设置空瓶区与实瓶区，并应有明显的标志，站台上的通道宽度不得小于 2m。

（10）《氧气站设计规范》（GB 50030—2007）第 5.7.9 条规定"灌瓶台应设置高度不小于 2m 的钢筋混凝土防护墙。"标准中规定"防护墙"原意有防火和防爆双重作用，由于近年来水润滑的氧压机逐渐被低温液体加压气化流程代替，瓶阀填充材料干燥，着火事故屡屡发生，后来更换了填充材料，着火事故有所缓解，但是，操作不当造成错装的气瓶爆炸事故还是居高不下，所以防护墙仍起着相当大的作用。《深度冷冻法生产氧气及相关气体安全技术规程》（GB 16912—2008）第 4.6.5 条"灌瓶站应设置高度不小于 2m、厚度不小于 200mm 的钢筋混凝土防护墙。"GB 27550—2011《气瓶充装站安全技术条件》第 6.5 条与以上两标准意思相同，即在空瓶区及实瓶区应建防护墙。将实瓶与操作人员隔开，以此来增强防护作用。

（11）《氧气站设计规范》第 5.7.11 条是，充装站的地坪应符合平整、耐磨和防滑的要求。很多氧气充装站提出，氧气充装站地面铺钢板是否符合安全、平整、耐磨和防滑要求，各标准都未提到，地面铺设钢板可以满足氧气充装站的要求；但是现有很多老的充装站地面铺设的钢板已有 40 年以上的历史，还没有氧气充装站由于地面铺设钢板而发生火灾的报道。钢板的地面较滑，只要掌握推瓶的姿势和力度（也有的地方用推车）是可以避免气瓶在钢板上滑倒的，铺钢板总比水泥和木砖地面或其他材料耐用。惰性气体充装站地面可以铺设钢板；第 6.0. 10 条为独立氧气瓶库的气瓶储量，应根据氧气灌装量、气瓶周转量和运输条件等因素确定。独立的氧气实瓶库的气体钢瓶的最大储存量，建筑物的耐火等级是一、二级的每座库房是 13600 个，每个防火分区是 3400 个；耐火等级是三级的每座库房是 4500 个，每个防火分区是 1500 个。

（12）低温大型液氧、液氮储罐（堆积珠光砂绝热型）应参照《建筑设计防火规范》（GB 50016—2006）第 4.2.5 条和《石油化工企业设计防火规范》（GB 50160—1999）第 5.3.7 条、《气瓶充装站安全技术条件》（GB 27550－2011）第 6.5 条的要求建造防护堤；根据深冷大型液氧、液氮储罐（500m³ 以上）（堆积珠光砂绝热型）应按 GB 50160《石油化工企业设计防火规范》的要求建造围堰；又根据《危险化学品重大危险源识别》（GB 18218—2008）中表 4-1 气体中氧化性气体的危险性属于 2.2 项非易燃无毒气体且次要危险性为 5 类气体，大型液氧储罐超过临界量 200t 者为重大危险源。

（13）低温液体储罐应有牢固的基础，应有防水、耐火设施，周边应有良好的通风，不可建在低凹处。

（14）液氧储罐在室内的，应用不低于二级防火、耐热建筑，覆盖物必须用不燃材料建成。

（15）液氧储罐 5m 内不得有通向低处场所的开口，地沟入口必须有挡液堰。液氧储罐 5m 内严禁焰火，不得有油、可燃物。应有明显的禁火标志。

（16）液氧储存、使用、充装及气化场所必须设置安全出口门、窗应向外开放，保证人员迅速撤离。

（17）气体充装站气瓶存放地点、厂房应设置符合安全技术要求的通风、遮阳、避雷电、防静电设施。充装站应设置可靠的防雷装置，其设计应符合 GB 50057《建筑物防雷设计规范》。

（18）充装站内必须设置消防通道和专用消防栓以及在紧急情况下处理事故的消防设施和器具，灭火器的配置应符合 GBJ 140 的规定。

（19）充装站采用集中供暖时，室内采暖设计温度为 10℃；严禁用明火取暖。

二、充装站的设备条件

1. 生产设备

（1）氧气充装站的工艺布置应符合 GB 50030 的规定，氢气充装站的工艺布置应符合 GB 50177 的规定。

（2）压力容器的设计、制造、安装、检验、使用和管理必须符合《固定式压力容器安全技术监察规程》、《压力容器使用登记管理规则》及《在用压力容器检验规程》的规定。

（3）充装设备、管道、阀门、连接件等不应选用与介质发生化学反应的材料，特别是能导致燃烧爆炸的材料。气体输送管道及其附件的设计、安装和验收应符合 GBJ 235 的规定。

（4）充装站的管道、阀门、储存容器等应设置导除静电的可靠接地装置，其接地电阻不得大于 10Ω；管道上每对法兰或螺纹接头间的电阻值超过 0.03Ω 时，应有导线跨接，并应定期由有检测资格的专业部门测试。充装站工艺管道应根据介质类别按有关标准涂以不同颜色标志。

（5）氢气站设备选择及管道设计应符合 GB 50177 的规定。

（6）可燃气体输送管道以及放空管道上应设置阻火器，通过可燃气体的充装站的机动车辆应备有灭火器。

（7）氧气站设备选择及管道设计应符合 GB 50030 及 GB 16912 的规定。

（8）氧及液氧储罐场所的要求：

① 应有低温液体对人皮肤、眼睛接触会引起冻伤的防护设施；

② 液氧是强氧化剂，氧及液氧储罐场所应远离油、脂、沥青、煤油、油漆、木材及各种可燃物；

③ 液氧储罐场所应有足够的水源，用于灭火、去污；

④ 液氧储罐场所槽车出入通道应宽敞并有足够的光度。

（9）充装氧、氢、氮的充装站必须设置抽真空系统，氧的抽真空设备应用氟化油润滑或是无油的，管道系统应脱脂。《气瓶充装站安全技术条件》（GB 27550）中 7.5 氧气充装站不得使用水润滑压缩机充装压缩气体。深冷液体加压气化充瓶装置中，深冷液体泵排液量与气化器换热面积与充装量应匹配，应使每瓶气的充装时间不得小于 30min。充装接头及防错装接头的型式和尺寸，应符合 GB 15383 的规定；各种低温液化气体的储罐、槽车的软管快速接头，应有不同结构，严防错装。

（10）充装站充装有毒气体容器应设置在室内，并设有可在容器四周形成水幕制止突发性事故而造成毒性气浪的给水装置。同时，必须配备在充装时可防止气体逸出的负压操作系统。必须设有处理瓶内余气的设备和装置，将其回收处理，不得向大气排放。充装有毒气体的充装站厂房内除设置一般机械通风外，还应备有事故排风装置，并对排出含有有毒的气体必须进行净化处理，排放应符合 TJ 36《工业企业设计卫生标准》的有关规定。

（11）充装有毒、窒息气体的充装站应备有相应的保护用品，如防毒面具、滤毒罐及氧气呼吸器等，存放在指定地点并应定期演练和检查，对破损的用品应及时更换。

（12）有毒气体的充装站应在专门指定场所备有急救药品并设专人定期检查以防失效。同时应具有可靠的通信联络手段和抢救运送中毒人员的条件。

（13）充装腐蚀性气体充装站的设备、管道、管件、阀门及连接件应根据所充装气体的腐蚀性，选用相应的耐腐蚀材料制作，系统中压力表应采用耐蚀膜片式，对于充装与水反应易形成强腐蚀性介质的液化气体充装站应经常保持干燥环境，同时还应备有对设备、管道阀门、气瓶进行干燥的设施。

（14）充装腐蚀性气体的充装站，操作人员应配戴可靠的防酸碱性物质灼伤的劳保用品。

（15）充装可燃性气体的充装站，操作人员应穿着防静电工作服、底部无铁钉鞋具，应配备不产生火花的操作及检修工具。

（16）对于同时充装毒性、可燃性及腐蚀性气体的充装站，必须同时具备所对应类型的气体充装有关的安全技术条件规定。

（17）充装液化气体应配备与充装接头数量相等的计量衡器。复检与充装的计量衡器应分开使用。配备的计量衡器应达到下列要求：计量衡器的最大称量值不得大于气瓶实际重量（包括瓶重量和充液重量）的 3 倍，也不得小于 1.5 倍。非自动称衡器的精度应符合 JJG 1003《非自动秤的标准等级》的要求；固定式电子衡器的精度应符合 GB 7723《固定式电子衡》规定的 3 级秤等级要求。液化石油气、液氯及液氨气体充装站应配备具有在气瓶超装时，自动切断气源的联锁装置。充装站的计量、衡器、监测、报警仪表、压力表、液面计、安全阀应齐备完好、灵敏可靠并按规定定期检查和校验。

　　（18）低温液体充装站的操作人员应配戴可靠的防冻伤的劳保用品。

　　（19）低温液体储罐系统设计和操作要求：①泵出口的压力和温度应有报警；②泵出口的压力达到设计压力的90％应报警，应有警铃、灯光等，给予及时处理；③出口温度达到0℃时应报警，－10℃时应停泵；④泵的排液量应与气化器的气化量及每汇流排的气瓶数量相匹配，应保证气化器出口温度不低于－30℃，同时应保证气瓶的充装时间不低于30min；⑤合理设计管道，管道要使用铜材或不锈钢等低温材料，氧气压力高于10MPa时，流速不得大于6m/s；⑥最好使用变速低温泵，可方便调节流量。

　　（20）低温液体储罐（容积在400L以下可移动的储罐称为低温绝热气瓶）的检查和修理。

　　① 容器、压力表、安全阀应定期检验，液面计每年校验一次，爆破膜一般2～3年更换一次，条件苛刻的每年更换一次，如有超压未爆者，立即更换。

　　② 有下面的情况要更换安全阀：a. 安全阀的阀芯和阀座密封不严且无法修复；b. 安全阀的阀芯和阀座黏死或弹簧严重腐蚀、生锈；c. 安全阀选型错误。

　　③ 有下面的情况要更换压力表：a. 有限止钉的压力表，在无压力时，指针不能回到限止钉处；b. 表盘封面玻璃破裂或表盘刻度模糊不清；c. 封印损坏或超过校验有效期限；d. 表内弹簧管泄漏或压力表指针松动；e. 指针断裂或外壳腐蚀严重；f. 其他影响压力表准确指示的缺陷。

　　④ 有下面的情况要检修液面计：a. 超过检修周期；b. 表盘封面玻璃破裂或表盘刻度指示模糊不清；c. 阀件固死；d. 出现假液位。

　　⑤ 阀门、仪表检修后经除油后方可投入使用。

　　⑥ 安全阀、防爆膜压力应控制小于等于设计压力。

　　⑦ 测定储罐蒸发率试验之前具备的条件是：a. 充液量不低于内胆有效容积的1/2；b. 充液静置4～8h；c. 打开放气阀，除压力表、液位计阀开启外，其他阀门关闭。

　　⑧ 根据《固定式压力容器安全技术监察规程》第8.3.5条安全阀安装的要求如下。a. 安全阀应垂直安装，并应装设在压力容器液面以上气相空间部分，或装设在与压力容器气相空间相连的管道上。b. 压力容器与安全阀之间的连接管和管件的通孔，其截面积不得小于安全阀的进口截面积，其接管应尽量短而直。c. 压力容器一个连接口上装设两个或两个以上的安全阀时，则该连接口入口的截面积，应至少等于这些安全阀的进口截面积总和。d. 安全阀与压力容器之间一般不宜装设截止阀门。为实现安全阀的在线校验，可在安全阀与压力容器之间装设爆破片装置。对于盛装毒性程度为极度、高度、中度危害介质、易燃介质以及腐蚀、黏性介质的明介质或贵重介质的压力容器，为便于安全阀的清洗与更换，经使用单位主管压力容器安全的技术负责人批准，并制定可靠的防范措施，方可在安全阀（爆破片装置）与压力容器之间装设截止阀门。压力容器在正常运行期间截止阀必须保证全开（加铅封或锁定），截止阀的结构和通径应不妨碍安全阀的安全泄放。e. 安全阀装设位置，应便于检查和维修。

　　⑨ 根据《固定式压力容器安全技术监察规程》第8.4.3条的规定，压力表的安装要求如下：a. 装设位置应便于操作人员观察和清洗，且应避免受到辐射热、冻结或震动的不利影响；b. 压力表与压力容器之间，应装设三通旋塞或针形阀，三通旋塞或针形阀上应有开启标记和锁紧装置，压力表与压力容器之间，不得连接其他用途的任何配件或接管；c. 用于水蒸气介质的压力表，在压力表与压力容器之间应装有存水弯管；d. 用于具有腐蚀性或

高黏度介质的压力表，在压力表与压力容器之间应装设能隔离介质的缓冲装置。

⑩ 根据《固定式压力容器安全技术监察规程》第 8.5.2 条的规定，液面计应安装在便于观察的位置，否则应当增加其他辅助设施。大型压力容器还应当有集中控制的设施和警报装置。液位计上最高和最低安全液位，应当做出明显的标志。

⑪ 检修时，液氧排放到空旷人稀的地方，要有良好的通风，勿近烟火，不可排到有可燃材料的地方及沟、坑、路的排水沟中，应设有蒸发设施。

⑫ 液体储罐大修应由制造厂或有资质的单位进行，动火前应置换气体达到空气中含氧 21% 后，方可进行。

⑬ 液氧中乙炔含量应每周分析一次，含量超过百万分之零点一者其液体应排放。

⑭ 低温液体储罐的内外部检查。

a. 外部质量检查　ⓐ金属零件不可有明显的腐蚀现象；ⓑ不可有碰伤、划痕、毛刺、锐角、凹凸不平；ⓒ标准件、紧固件应表面镀锌及防腐层完整、螺栓长短整齐；ⓓ焊缝外形整齐，油漆不应脱落；ⓔ安全阀准时起跳，有微漏经调整后即可排除、复位；ⓕ外壳无结霜、冒汗，真空度应符合要；ⓖ压力表、安全阀、爆破膜在有效期内；ⓗ阀门完好，管路不得损坏。

b. 内外部检查（3～6 年一次）　ⓐ粉末真空低温液体储罐真空度不得低于 65Pa；ⓑ蒸发率不得大于 5%；ⓒ真空夹套试压 0.2MPa、4h 不得渗漏；ⓓ珠光砂下降应补加；ⓔ外壳机械损伤、局部腐蚀应报质检部门批准补焊，或交制造单位修理；ⓕ真空夹层吸入空气，造成珠光砂保温下降，应交制造单位处理。

(21) 低温液体储罐静态蒸发率的测量　低温液体储罐静态蒸发率的测量如图 5-1 所示，其流量计的额定流量值应与被测容器蒸发的气体流量相适应，测量不确定度≤2%。

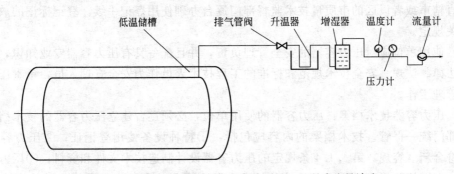

图 5-1　低温液体储罐静态蒸发率的测量——湿式流量计法

(22) 低温液体储罐压力及级别的分类　根据《固定式压力容器安全技术监察规程》1.7 的压力容器类别划分附件 A 中规定，常用的体积等于 5～100m³、压力小于 1.6MPa 大于 0.1MPa 的液态氧、氮、氩、氢、氦等真空保温低温液体储罐属于 II 类；压力小于 0.1MPa 的液态氧、氮、氩等珠光砂堆积常压保温低温液体储罐不在《固定式压力容器安全技术监察规程》的适用范围之内。

(23) 低温液体储罐的远程监控　为了很好地为客户服务，需要有一个有效的客户信息管理系统，了解客户液体当前的使用情况，也要了解车间液体的储存情况，便于生产计划、车队调度作为主动服务的依据，可提高企业的运营效率、把握充灌计划的路程、节约油耗、充灌气化损失。经营部的计算机可以通过网上拨号接入监控中心，将客户名称、地址、联系人、电话、罐的介质、容积、高低限报警及现在所处的液面等信息反映在屏幕画面上，不正常时可以发出警告的声音，画面可以闪烁，可及时做出处理。

(24) 氧气用设备及零件的脱脂及检验方法

① 重量法　四氯化碳清洗方法。

a. 测四氯化碳的杂质含量　取分析纯 300mL 四氯化碳，用定量分析过滤纸过滤，注入已经过称重的容量为 300mL 的开口烧杯中，之后，将烧杯置于 (85±5)℃的恒温槽中使四氯化碳完全蒸发，然后在 (50±5)℃的干燥器中干燥 30min，冷却并再称重烧杯，计算烧杯前后的重量差。

b. 测油脂残留量　用同一分析纯 300mL 四氯化碳，清洗被测 1m² 的金属表面的残油后，按 a. 的步骤称出清洗金属表面前后的重量差，再用式(5-1) 计算出被测表面的残留量。

$$P = \frac{(q_1 - q)G}{300A} \tag{5-1}$$

式中　P——被测表面油脂的残留量，mg/m²（残留量 $P \leqslant 125$ mg/m²为合格）；

　　　q_1——清洗后四氯化碳中杂质、油脂总质量，mg；

　　　q——四氯化碳中杂质含量，mg；

　　　G——清洗液总量，mL；

　　　A——被清洗表面面积，m²。

② 擦拭法　用白色、清洁、干燥的滤纸擦抹被测表面，纸上无油痕为合格。

③ 紫外光测试法　用波长为 $(3.2 \sim 3.8) \times 10^{-9}$ m 的紫外光检验脱脂件表面，无油脂荧光为合格。

2. 引自《固定式压力容器安全技术监察规程》第6.1、6.2、6.4、6.5、7.1条

(1) 压力容器的使用单位，在压力容器投入使用前或者投入使用后 30 日内，应当按照要求到直辖市或者设区的市质量技术监督部门逐台办理使用登记手续。登记标记的放置应当符合有关规定。

(2) 使用单位应对压力容器的安全管理负责，并且配备具有压力容器专业知识，熟悉国家相关法律、法规、安全技术规范和标准的工程技术人员作为安全管理人员，负责压力容器的安全管理工作。

(3) 压力容器技术档案：压力容器的使用单位，必须逐台建立压力容器的技术档案，并由管理部门统一保管。技术档案的内容应包括：①特种设备使用登记证；②压力容器登记卡；③符合新《容规》第 4.1.4 条规定的压力容器设计制造技术文件和资料；④压力容器年度检查、定期检验报告以及有关检验的技术文件和资料；⑤压力容器维修和技术改造的方案、图样、材料质量证明书、施工质量证明文件等技术资料；⑥安全附件校验、修理和更换记录；⑦有关事故的记录资料和处理报告。

(4) 压力容器管理人员、作业人员和操作人员应当持有特种设备作业人员证。压力容器使用单位应对压力容器操作作业人员定期进行安全教育与专业培训并做好记录，保证作业人员具备必要的压力容器安全知识和作业技能，及时进行技术更新，确保作业人员掌握操作规程及事故应急措施，按章作业。

(5) 压力容器定期检验，投用后首次检验周期一般为 3 年。下次检验周期分为：①安全状况等级为 1、2 级的，每 6 年至少一次；②安全状况等级为 3 级的，每 3 年至少一次；③安全状况等级为 4 级的，应当监控使用，其检验周期由检验机构确定，累计监控使用时间不得超过 3 年；④安全状况等级为 5 级的，应当对缺陷进行处理，否则不得继续使用。

3. 引自《移动式式压力容器安全技术监察规程》第 5. 3、5. 4、5. 6～5. 10、5. 13、5. 15、6. 3、6. 4. 4、8. 3、8. 3. 2、9. 4. 4、9. 4. 5、9. 5、9. 6、9. 7. 2、9. 7. 3、9. 10、9、12、9. 13 条

（1）移动式压力容器的安全管理的主要内容　①贯彻执行本规程和移动式压力容器有关的安全技术规范；②建立健全移动式压力容器安全管理制度，制定移动式压力容器安全操作规程；③办理移动式压力容器使用登记，建立移动式压力容器技术档案；④负责移动式压力容器的设计、采购、使用、充装、改造、维修、报废等全过程的有关管理；⑤组织开展安全检查，定期自行检查，并且做出记录；⑥制定移动式压力容器的定期检验计划，安排并且落实定期检验和事故隐患的整治；⑦按照规定向使用登记机关和主管部门报送当年移动式压力容器数量和变更情况的统计报告、定期检验实施情况报告、存在的主要问题及处理情况等；⑧组织开展移动式压力容器作业人员的教育培训；⑨制定移动式压力容器事故应急救援专项预案并且组织演练，按规定报告移动式压力容器事故，组织、参加移动式压力容器事故的救援、协助调查和善后处理。

（2）移动式压力容器技术档案　使用单位应当逐台建立移动式压力容器技术档案并且由其管理部门统一保管。技术档案应当包括以下内容：①《使用登记证》及电子记录卡；②《特种设备使用登记表》；③本规程 4. 1. 3 规定的移动式压力容器技术文件和资料；④移动式压力容器定期检验报告，以及有关检验的技术文件和资料；⑤移动式压力容器维修和技术改造的方案、图样、材料质量证明书、施工质量检验技术文件和资料；⑥移动式压力容器的日常检查和维护保养与定期自行检查记录、年度检查报告；⑦安全附件、装卸附件（如果有）的校验、修理和更换记录；⑧有关事故的记录资料和处理报告。

（3）操作规程　使用单位应当在工艺和岗位操作规程中，明确提出移动式压力容器安全操作要求，操作规程至少包括以下内容：①移动式压力容器的操作工艺参数，包括工作压力、工作温度范围以及最大允许充装量等；②移动式压力容器的岗位操作方法，包括车辆停放、装卸的操作程序和注意事项；③移动式压力容器运行中应当重点检查的项目和部位，运行中可能出现的异常现象和防止措施，紧急情况的处置和报告程序；④移动式压力容器的车辆安全要求，包括车辆状况、车辆允许行驶速度以及运输过程中的作息时间要求。

（4）作业人员　移动式压力容器的管理人员和操作人员应当持有相应的特种设备作业人员证。使用单位应当对移动式压力容器作业人员定期进行安全教育与专业培训并且做好记录，保证作业人员了解所充装介质的性质、危害特性和罐体的使用特性，具备必要的移动式压力容器安全作业知识、作业技能，及时进行知识更新，确保作业人员掌握操作规程及事故应急措施，按章作业。对于从事移动式压力容器运输押运的作业人员，需取得国家有关管理部门规定的资格证书。

（5）日常维护保养和定期自行检查　使用单位应当做好移动式压力容器的日常检查和维护保养与定期自行检查工作。日常检查和维护保养包括随车作业人员对移动式压力容器的每次出车前、停车后和装卸前后的检查。定期自行检查由使用单位的安全管理人员负责组织，每月至少进行一次。对日常检查和维护保养与定期自行检查中发现的事故隐患，应当及时妥善处理。日常检查和维护保养与定期自行检查应当进行记录。

日常检查和维护保养与定期自行检查至少包括如下内容：①罐体或者气瓶涂层及漆色是否完好，有无脱落等；②罐体保温层、真空绝热层的保温性能是否完好；③罐体或者气瓶外部的标志是否清晰；④紧急切断阀以及相关的操作阀门是否置于闭止状态；⑤安全附件的性能是否完好；⑥装卸附件是否完好；⑦紧固件的连接是否牢固可靠、是否有松动现象；⑧罐体或者气瓶内压力、温度是否异常及有无明显的波动；⑨罐体或者气瓶各密封面有无泄漏；⑩随车配备的应急处理器材、防护用品及专用工具、备品备件是否齐全，是否完好有效，罐体或者气瓶与走行装置或者框架的连接紧固装置是否完好、牢固。

（6）异常情况处理　移动式压力容器发生下列异常现象之一时，操作人员或者押运人员应当立即采取紧急措施，并且按规定的报告程序，及时向有关部门报告：①罐体或者气瓶工作压力、工作温度超过规定值，采取措施仍不能得到有效控制；②罐体或者气瓶发生裂缝、鼓包、变形、泄漏等危及安全的现象；③安全附件失灵、损坏等不能起到安全保护的情况；④管路、紧固件损坏，难以保证安全运行；⑤发生火灾等直接威胁到移动式压力容器的安全运行；⑥充装量超过核准的最大允许充装量；⑦装运介质与铭牌和使用登记资料不符；⑧真空绝热罐体外表面局部存在严重结冰、结霜或者结露，介质压力和温度明显上升；⑨移动式压力容器的走行部分及其与罐体或者气瓶连接部位的零部件等发生损坏、变形等危及安全运行；⑩其他异常情况。

（7）定期检查　使用单位应当按照本规程第8章定期检验的规定和《压力容器定期检验规程》（TSG R7001）的要求，安排并且落实定期检验计划。在使用过程中，移动压力容器存在下列情况之一的，应当进行全面检验：①停用一年后重新使用的；②发生事故，影响安全使用的；③发现有异常严重腐蚀、损伤或者对其安全使用有怀疑的；④变更使用条件的。

（8）安全使用要求

① 充装可燃、易爆介质的移动式压力容器，在新制造或者改造、维修、检验检测等后的首次充装（以下简称首次充装）前，必须对罐体或者气瓶内介质进行分析检测，不符合规定的及不符合产品使用说明书要求的应重新进行氮气置换或者抽真空处理，合格后方可投入使用。

② 充装介质对含水量有特别要求的移动式压力容器，首次充装前，必须按使用说明书的要求对罐体或者气瓶内含水量进行处理和分析。

③ 移动式压力容器到达卸载站点后，具备卸载条件的，必须及时卸载；充装易燃、易爆介质的，卸载后罐体或者气瓶内余压不低于0.05MPa。

④ 移动式压力容器卸载作业应当满足本规程第6章的相关安全要求，采用压差方式卸载时，接受卸载的固定式压力容器应该设置压力保护装置或者防止压力上升的等效措施。

⑤ 禁止移动式压力容器之间相互装卸作业，禁止移动式压力容器直接向用气设备进行充装。

⑥ 禁止使用明火直接烘烤或者采用高强度加热的办法对移动式压力容器进行升压或者对冰冻的阀门、仪表和管接头等进行解冻。

负责本条第①、②项处理工作的单位，应当向使用单位出具处理和分析结果的证明条件。

（9）运输过程安全作业要求　使用单位应当严格执行国家相关主管部门的有关规定，移动式压力容器的运输过程作业安全至少还需满足以下要求：①在公路危险货物运输过程中，除按照有关规定配备具有驾驶人员、押运人员资格的随车人员外，还需配备具有移动式压力容器操作资格的特种设备作业人员，对运输全过程进行监管；②运输过程中，任何操作阀门都必须置于闭止状态；③快装接口安装盲法兰或等效装置；④充装冷冻液化气体介质的移动式压力容器，停放时间不得超过其标态维持时间；⑤罐式集装箱或者管束集装箱按照规定的要求进行吊装和堆放。

(10) 随车携带的文件和资料　除携带有关部门颁发的证书外，还应当携带以下文件和资料：①《使用登记证》及电子记录卡；②《特种设备作业人员证》和有关管理部门的从业资格证；③液面计指示值与液体容积对照表（或者温度与压力对照表）；④移动式压力容器装卸记录；⑤事故应急专项预案。

(11) 装卸用管应当符合以下要求　①装卸用管与移动式压力容器的连接应当可靠；②有防止装卸用管拉脱的安全保护措施；③所选用装卸用管的材料与充装介质相容，接触液氧等氧化性介质的装卸用管的内表面需要进行脱脂处理和防止油脂污染措施；④冷冻液化气体介质的装卸用管材料能够满足低温性能要求；⑤装卸用管的公称压力不得小于装卸系统工作压力的 2 倍，其最小爆破压力大于 4 倍的公称压力；⑥充装单位或者使用单位对装卸用管必须每半年进行 1 次耐压试验，试验压力为装卸用管公称压力的 1.5 倍，试验结果要有记录和试验人员的签字；⑦装卸用管必须标志开始使用日期，其使用年限严格按照有关规定执行。

(12) 禁止装卸作业要求　凡遇有下列情况之一的，不得进行装卸作业：①遇到雷雨、风沙等恶劣天气情况的；②附近有明火、充装单位内设备和管道出现异常工况等危险情况的；③移动式压力容器或者其安全附件、装卸附件等有异常的；④移动式压力容器充装证明资料不齐全、检验检查不合格、内部残留介质不详以及存在其他危险情况的；⑤其他可疑情况的。

(13) 定期检验周期　年度检验每年至少一次；首次全面检验应当于投用后 1 年内进行，下次全面检验周期，由检验机构根据移动式压力容器的安全状况等级，按照表 5-10 全面检验周期要求确定。

表 5-10　汽车罐车、铁路罐车和罐式集装箱全面检验周期　　　　单位：年

罐体安全状况等级 [(8)、①]/级	全面检验周期		
	汽车罐车	铁路罐车	罐式集装箱
1～2	5	4	5
3	3	2	2.5

(14) 长管拖车、管束式集装箱的定期检验周期　按照所充装介质不同，定期检验周期见表 5-11。对于已经达到设计使用年限的长管拖车和管束式集装箱的气瓶，如果要继续使用，充装 A 组中介质时其定期检验周期为 3 年，充装 B 组中介质时定期检验周期为 4 年。

表 5-11　长管拖车、管束式集装箱定期检验周期　　　　单位：年

介质组别 [(8)、②]	充装介质	定期检验周期	
		首次定期检验	定期检验
A	天然气(煤层气)、氢气、其他介质(如有毒、易燃、易爆、腐蚀等)	3	5
B	氮气、氦气、氩气、氖气、空气		6

(15) 安全阀的安装要求　①安全阀应当铅直安装在罐体液面以上、气相空间部分，或者装设在与罐体气相空间相连的管路上，安全泄放装置气体进口横截面应当高于 98％罐体容积的液面以上，并且尽量靠近罐体纵向中心；②罐体与安全阀之间的连接管和管件的通孔，其截面积不得小于安全阀的进口截面积，接管应当尽量短而直；③罐体一个连接口上装设两个或者两个以上安全阀时，该连接口进口的截面积，至少等于这些安全阀的进口截面积

总和；④安全阀与罐体之间一般不宜装设过渡连接阀门；对于充装毒性程度为极度或者高度危害类介质的移动式压力容器，为了便于安全阀的清洗与更换，经过使用单位主管压力容器安全技术负责人批准，并且采取可靠的防范措施，方可在安全阀与罐体之间装设过渡连接阀门；在移动式压力容器正常使用、装卸和运行期间，过渡连接阀门必须保证全开（加铅封或者锁定），过渡连接阀门的结构和通径不得妨碍安全阀的安全泄放；⑤安全阀应当设计成能够防止外部杂质、液体的进入和渗透，每个安全阀的出口都应当设置一个保护装置，用以防止灰尘杂质、雨水的进入和堆积，这个装置不能阻碍泄放气体的流通；⑥真空绝热罐体内容器用安全阀，应当安装在介质冷冻效应不影响阀门有效动作的地方；⑦新安全阀校验合格后才能安装使用。

（16）安全阀的校验　安全阀校验单位应当具有与校验工作相适应的校验技术人员、校验装置、仪器和场地，并且建立必要的规章制度。校验人员应当取得相应的特种设备作业人员资格。校验合格后，校验单位应当出具校验报告并且对校验合格的安全阀加装铅封。

（17）罐体紧急切断装置　①充装易燃、易爆介质以及毒性程度为中度危害以上（含中度危害）类介质的移动式压力容器，其罐体的液相管、气相管接口处应当分别装设一套紧急切断装置，并且其设置应当尽可能靠近罐体；②紧急切断装置一般由紧急切断阀、远程控制系统、过流控制阀以及易熔合金塞等装置组成，紧急切断装置应当动作灵活、性能可靠、便于检修，紧急切断阀阀体不得采用铸铁或者非金属材料制造；③紧急切断阀与罐体液相管、气相管的接口，应当采用螺纹或者法兰的连接形式；④紧急切断装置应当具有能够提供独立地开启或者闭止切断阀瓣的动力源装置（手动、液压或者气动），其阀门和罐体之间的密封部件必须内置于罐体内部或者距离罐体焊接法兰（凸缘）外表面的 25mm 处，碰撞受损的紧急切断阀不能影响阀体内部的密封性；⑤所有内置于罐体或者罐体焊接法兰（凸缘）内部的零件的材料都应当与罐体内介质相容；⑥当连接紧急切断阀的管路破裂，流体通过紧急切断阀的流量达到或者超过允许的额定流量时，装卸管路或者紧急切断阀上的过流保护装置应当关闭。

（18）罐体液位测量装置　液位测量装置仅是罐体充装量的辅助测量装置，罐体的最大允许充装量以衡器称重为准。

（19）压力表的校验　压力表的校验和维护应当符合国家计量部门的有关规定，压力表安装前应当进行校验，在刻度盘上划出指示最高工作压力的红线，注明下次校验日期。压力表校验后应当加铅封。

（20）压力表的安装要求　①装设位置应当便于操作人员观察和清洗，并且应当避免受到辐射热、冻结或者震动的不利影响；②压力表与罐体之间，应当装设三通旋塞或者针形阀，三通旋塞或者针形阀上应当有开启标志和锁紧装置；③用于具有腐蚀性或者高黏度介质的压力表，在压力表与罐体之间应当装设能隔离介质的缓冲装置；④压力表的安装应当采用可靠的固定结构，防止在运输过程中压力表发生相对运动。

（21）导静电装置　①充装易燃、易爆介质的移动式压力容器（铁路罐车除外），必须装设可靠的导静电接地装置；②移动式压力容器在停车和装卸作业时，必须接地良好，严禁使用铁链、铁线等金属替代接地装置；③罐体或者气瓶与接地导线末端之间的电阻值应当符合引用标准的规定。

（22）装卸软管和快装接头　①装卸软管和快装接头的设置应当符合设计图样和引用标准的规定；②装卸软管和快装接头与充装介质接触部分应当有良好的耐腐蚀性能；③装卸软管的公称压力不得小于装卸系统工作压力的 2 倍，其最小爆破压力大于 4 倍的公称压力；

④装卸软管和快装接头组装完成后应当逐根进行耐压试验和气密性试验，耐压试验压力为装卸软管公称压力的 1.5 倍，气密性试验压力为装卸软管公称压力的 1.0 倍；⑤装卸软管出厂时应当随产品提供质量证明文件，并且在产品的明显部位装设牢固的金属铭牌。

（23）安全附件的保护　罐体和管路上所有装卸阀门、安全泄放装置、紧急切断装置、仪表和其他附件应当设置适当的、具有一定强度的保护装置，如保护罩、防护罩等，用于在意外事故中保护安全附件和装卸附件不被损坏。

第六节　溶解乙炔气瓶充装站站址、厂房及设备安装技术条件

一、溶解乙炔气瓶充装站站址设置及建筑物

1. 站址的一般要求

根据 GB 50031《乙炔站设计规范》溶解乙炔气瓶充装站的站址设置应符合下列要求：

① 乙炔站严禁布置在易被水淹没的地方；

② 不应布置在人员密集区和主要交通要道处；

③ 气态乙炔站，乙炔汇流排间宜靠近乙炔主要用户处；

④ 应有良好的自然通风；

⑤ 应有近期扩建的可能性；

⑥ 乙炔站应布置在氧气站空分设备吸风口处全年最小频率风向的上风侧。

2. 与建筑物、构筑物的防火间距

生产厂房、仓库与其他建、构筑物之间的防火间距应符合《建筑设计防火规范》和《乙炔站设计规范》的要求。

（1）电石库与其他建、构筑物之间的防火间距不应小于表 5-12 的规定。电石库与制气站房相邻较高一面的外墙为防火墙时，其防火间距可适当缩小，但不应小于 6m。

表 5-12　电石库与其他建、构筑物之间的最小防火间距

名　称		防火间距/m	
		电石储量≤10t	电石储量>10t
明火、散发火花的地点		30	30
居民、公共建筑		25	30
其他建筑耐火等级	一、二级	13	15
	三级	15	20
	四级	20	25
室外变电站、配电站		30	30
其他甲类库房		20	20

（2）独立的乙炔瓶库与其他建筑物和室外变、配电站之间的防火间距，不应小于表5-13的规定。

表 5-13　独立的乙炔瓶库与其他建筑物和室外变、配电站之间的最小防火间距　　单位：m

独立乙炔库乙炔实瓶贮量/个	各类耐火等级的其他建筑耐火等级			民用建筑、室外变、配电站
	一、二级	三级	四级	
≤1500	12	15	20	25
>1500	15	20	25	30

注：乙炔的生产场所存量与储存区存量分别为1t和10t以上将构成重大危险源。

（3）乙炔站与其他建筑物的防火间距不应小于表 5-14 的规定。

表 5-14　乙炔站与其他建筑物的最小防火间距　　　　　　单位：m

名　称		乙炔站耐火等级	
		一、二级	三、四级
其他建筑物 耐火等级	一、二级	12	14
	三级	14	16
	四级	16	18
明火及散发火花地点		30	30
居民、公共建筑		25	25
室外变、配电站		30	30

（4）与铁路、道路及氧气站的防火间距

① 乙炔站、电石库、水槽式储气罐与铁路、道路等防火间距不应小于表 5-15 的规定。

表 5-15　乙炔站、电石库、水槽式储气罐与铁路、道路等最小防火间距　　　单位：m

名　称	乙炔站（包括渣坑）	电石库、乙炔瓶库	水槽式乙炔储气罐
厂外铁路中心线	30	40	25
厂内铁路中心线	20	30	20
电力牵引厂内外铁路中心线	20	20	20
厂外道路路边	15	20	15
厂内主要道路路边	15	20	10
厂内次要道路路边	5	5	5
架空电力线水平距离	不应小于电杆高度的 1.5 倍		

② 乙炔站与氧气站的间距应符合 GB 50030《氧气站设计规范》的要求，见表 5-16。

表 5-16　乙炔站与氧气站的间距

乙炔站（厂）及电石渣堆等杂质散发源		最小水平间距/m	
乙炔发生器型式	乙炔站（厂）安装容量/(m³/h)	空分塔内具有液空吸附净化装置	空分塔前具有分子筛吸附净化装置
水入电石式	≤10	100	50
	10～30	200	
	≥30	300	
电石入水式	≤30	100	50
	30～90	200	
	≥90	300	
电石、炼焦、炼油、液化石油气生产		500	100
合成氨、硝酸、硫化物生成		300	300
炼钢（高炉、平炉、电炉、转炉）、轧钢、型钢浇铸生产		200	50
大批量金属切割、焊接生产（如金属结构车间）		200	50

3. 建筑结构及装卸平台、地面、泄压面积、通风

（1）要明确划分有爆炸危险区和非爆炸危险区域。应按《爆炸和火灾危险环境电力装置设计规范》和《乙炔站设计规范》的规定执行：

① 发生器间、乙炔压缩机、灌瓶间、电石渣坑、丙酮库、空瓶间、实瓶间、储罐间、电石库、中间电石库、电石渣泵间、乙炔瓶库、露天设置的储罐、电石渣处理间及净化器间，应为爆炸危险区 1 区；

② 气瓶修理间、干渣堆场，应为爆炸危险区 2 区；

③ 机修区、电气设备间、化验室、澄清水泵间及生活间，应为非爆炸危险区。

（2）乙炔站应设置围墙或栅栏。围墙或栅栏至乙炔站有爆炸危险的建筑物、电石渣坑的边缘和室外乙炔设备的净距，不应小于下列规定：

① 实体围墙（高度不应低于 2.5m）为 3.5m；

② 空花围墙或栅栏为 5m。

（3）充装站有爆炸危险的生产间（包括乙炔压缩机间、灌瓶间、空瓶间、实瓶间、乙炔瓶库等）火灾危险类别为 GB 50016 规定的甲类，厂房应与一、二级耐火等级的单层建筑。

（4）固定式乙炔发生器及其辅助设备或灌瓶乙炔压缩机及其辅助设备，应布置在单独的房间内。

（5）电石破碎与电石库存毗连建造时，其毗连处的墙应为无门、窗、洞的防火墙；当工艺要求设置门时，可设置能自动关闭的甲级防火门。

（6）乙炔站的主要生产间的屋架下弦高度，不宜小于 4m。

（7）除电石等库房外，有爆炸危险的生产间应设置泄压面积，泄压面积与厂房容积的比值，应符合 GB 50016《建筑设计防火规范》的要求，且宜为 0.22，泄压设施宜采用轻质屋盖或将屋盖上开口作为泄压面积。

（8）有爆炸危险的生产间，宜采用钢筋混凝土柱、有防火保护层的钢柱承重的框架或排架结构，并宜采用敞开式的建筑。围护结构的门、窗应向外开启。顶栅应尽量平整，避免死角。

（9）有电石粉尘房间的内表面，应平整、光滑。

（10）有爆炸危险生产间的隔墙，其耐火极限不应低于 1.5h。门为丙级防火门。

（11）无爆炸危险的生产间、房间、办公室、休息室等，宜独立设置，当贴邻站房布置时，应采用一、二级耐火等级建筑，且与有爆炸危险生产间之间，应采用耐火极限不低于 3h 的无门、窗、洞的非燃烧体墙隔开，并设有独立的出入口，当需连通时，应设乙级防火门的双门斗，通过走道相通，有爆炸危险的生产间与值班室之间的窥视窗，应采用耐火极限不低于 0.9h 的密封玻璃窗。

（12）有爆炸危险的生产间与无爆炸危险的生产间或房间的隔墙上，有管道穿过时，应在穿墙处用非燃烧材料填塞。

（13）灌瓶间和实瓶间的窗玻璃，宜采取涂白漆等措施。

（14）空瓶间、实瓶间应设置乙炔瓶装卸平台，平台高出地面 0.4～1.1m，平台宽度不宜超过 3m。

（15）装卸平台应设置大于平台宽度的雨篷。雨篷和支撑应为非燃烧体。空瓶间和实瓶间应分别设置，灌瓶间可通过门洞与空瓶间和实瓶间相通，各自应设独立的出口。

（16）灌瓶间、空瓶间、实瓶间的运瓶通道不宜小于 1.5m。

（17）有爆炸危险的 1 类区，各建筑物内应有自然通风和强制通风设备，自然通风每小时不应少于 3 次，强制通风设备应与可燃气报警仪联锁。

（18）压缩机阀、空瓶阀、实瓶阀、灌瓶阀、装卸平台的地面应平整，用不发火花的材料铺设。

（19）气瓶存放区设置：

① 乙炔瓶的数量，按不宜少于用户一昼夜用气瓶数的 5 倍计算；

② 乙炔站的乙炔实瓶储量，不应超过三昼夜的罐瓶量；

③ 乙炔实瓶储量不超过 500 个时，灌瓶站房和制气站房可设在同一座建筑物内，但应以防火墙隔开。灌瓶站房的空瓶间和实瓶间的总面积不应超过 200m²。灌瓶站房的乙炔实瓶储量超过 500 个时，灌瓶站房和制气站房应为两座独立的建筑物。灌瓶站房中实瓶的最大储量，不应超过 1000 个，并且空瓶间和实瓶间的总面积，不应超过 400m²。

④ 灌瓶间、空瓶间和实瓶间，应有防止倒瓶的措施。

⑤ 灌瓶间、空瓶间和实瓶间的通道净宽度，应根据气瓶的运输方式确定，但不宜小于 1.5m。

⑥ 电石库应设置气瓶或电石桶的装卸平台。平台的高度应根据气瓶或电石桶的运输工具确定，宜高出室外地坪 0.4～1.1m；平台的宽度不宜超过 3m。灌瓶间、空瓶间、实瓶间和装卸平台的地坪，应采取相同的标高。中间电石库的地坪，应比发生器间的地坪高出 0.1m。电石库的室内地坪，应比装卸平台的台面高出 0.05m。电石库如不设装卸平台时，室内地坪应比室外地坪高出 0.25m。

二、溶解乙炔充装站的设备条件

1. 生产设备

（1）工艺设备　溶解乙炔气瓶充装站充装的工艺设备主要指的是乙炔压缩机、分离器和高压干燥器。净化后的乙炔气经专用的乙炔压缩机从常压压缩到 ≤2.45MPa 的压力。高压干燥器与分离器应定期检验。检验周期为 3 年。检验工作必须由取得检验资质的单位进行。

（2）工艺管道

① 乙炔管道应采用无缝钢管（GB 8163，20 号钢以正火状态供应），管内径不应超过 20mm；管壁厚度应按压力不小于 25MPa 设计，其耐压试验不得小于 30MPa。

② 乙炔管道的阀门和附件应采用钢、可锻铸铁、球墨铸铁或含铜量不超过 70% 的铜合金材料制造的产品。阀门和附件的公称压力不应小于 25MPa。

管道的连接必须保证密封可靠，宜采用焊接和高压卡套接头；而与阀门、附件、设备连接处，可采用法兰或螺纹连接。

③ 乙炔高压软管必须能抗乙炔、溶剂的腐蚀，不得选用能导致燃烧、爆炸的材料；内径小于或等于 6mm 的高压软管必须能承受大于或等于 60MPa 的爆破压力。

④ 乙炔管道在安装前必须做 30MPa 的耐压试验，安装后的管道系统做 3MPa 气密性试验和 2.5MPa 泄漏量试验。

⑤ 乙炔汇流排应直线布置，不得拐角布置；双排布置时，其净距不宜小于 2m。

⑥ 乙炔充灌排每排的进口管上应设置一个主截止阀，在充灌排各分配接口处必须设置分配截止阀，应一瓶一阀。在充灌排的末端应设有通向乙炔气柜的回流管，回流管道上应设截止阀。每一充灌排上至少应设一个乙炔压力表。

⑦ 乙炔充灌排上应设置水喷淋冷却装置，且能喷到所有乙炔瓶。

⑧ 乙炔管道和所连接的设备中，在下列部位必须设置阻火器：

a. 高压干燥器的出口管路上；

b. 各充灌排的主截止阀前；

c. 充灌排的各分配截止阀后；

d. 高压乙炔放回低压乙炔的管路上；

e. 阻火器的选用应符合有关规定。

⑨ 乙炔设备、管道系统应有含氧量小于3％的惰性气体置换设施。

⑩ 乙炔管道、充灌排应有导除静电的接地装置，接地电阻不应大于10Ω，应在检修后及每年至少检测一次。

⑪ 乙炔气体要安装回流管：乙炔充装排应安装乙炔气体回流管（又称回气管），将高压乙炔放回低压乙炔管道。

⑫ 乙炔排放管的放置：乙炔放散或排放管的设置应各自单独引至室外，引出管管口应高于屋脊，且不得小于1m。

（3）充装设施　充装设施也是工艺设备和工艺管道中的一部分，有四点要求：

① 剩余压力检查的手段；

② 测量剩余丙酮量和补加丙酮装置；

③ 气瓶抽真空设备：新乙炔气瓶在投入使用前应先抽真空，充装丙酮后再投入充装，因此溶解乙炔气瓶充装站应配备气瓶抽真空设备；

④ 充装乙炔量、压缩机额定量与每汇流排的气瓶数量应匹配，使乙炔充装速度为 $0.6m^3/(h\cdot40L瓶)$，同时还要保证每排的充装时间要求。

（4）特种设备管理

① 特种设备使用登记手续（压力容器、气瓶等）。

② 特种设备及安全附件应建立档案管理，原始资料齐全。

③ 特种设备及安全附件定期检验报告。

2. 安全技术条件

（1）防雷电装置　乙炔站和露天设置的储罐的防雷，应按《建筑物防雷设计规范》的规定执行。一般可在生产区域设置30m高避雷针（塔）4支（座），形成区域保护避雷网或2支避雷针组成的避雷设施，并每年经过有关部门的检测，有检测报告。

（2）电气设备与防爆

① 乙炔发生器、乙炔压缩机等设备，必须采用适用于乙炔 dIICT2（B4d）级的防爆型电气设备或仪表。当受条件限制，需采用不适用于乙炔的或非防爆型电气设备或仪表时，应将其布置在单独的电气设备间或室外，电气设备间与发生气或乙炔压缩机间之间，应为无门、窗、洞的非燃烧体隔开。布置在室外的电气设备，应有防雨雪措施。

② 乙炔站的供电，按《工业与民用供电系统设计规范》规定的负荷分级，除不能中断生产用气者外，可为三级负荷。

③ 乙炔压缩机、电石破碎机、爆炸危险场所通风机等设备，当采用皮带传动时，皮带应有导除静电的措施，乙炔设备、乙炔管应有导除静电的接地装置，接地电阻不应大于10Ω，应在设备检修后及每年至少定期检测一次，有爆炸危险的场所应设置易于导除人体静电的设施，如安装接地的门把手、栏杆等。

④ 湿式储罐的钟罩，应设置上、下限位的控制信号和压缩机的联锁装置。信号的位置，应便于操作人员观察。

⑤ 乙炔站的1区爆炸危险区，应设乙炔可燃气体测爆仪，并与通风机联锁。

⑥ 凡与乙炔接触的计量器、测温筒、自动控制设备等，严禁选用含铜量70％以上的铜合金，以及银、汞、锌、镉及其合金材料制造的产品。

⑦ 爆炸危险区的照明灯具、电动葫芦、控制按钮、接线盒、电扇等，应是 dIICT2（B4d）防爆型电器。

（3）气体危险浓度报警装置　乙炔站的 1 区爆炸危险区，均应设乙炔可燃气体测爆仪，并与通风机联锁。测爆仪应按期进行校验。

（4）防护用品的配置　充装站应备有防止静电的工作服、不产生火花的工作鞋及手套等防护用品，备有应急的药品。

（5）车辆防火器材的配置　充装站应备有不同型号机动车辆所需的阻火器。

（6）工具　充装站应选用不产生火花的防爆工具。

3. 抢险措施

（1）应急救援预案　溶解乙炔气瓶充装站应根据可能发生的安全事故制定应急救援预案，应急救援预案的制定应符合《安全生产法》和《危险化学品安全管理条例》的有关规定，能够提高对突发事故的处理能力，迅速有效地将事故损失减至最少。

（2）应急救援设备及工具

① 应急通信设施，应有 24h 值班联络的通信设备。

② 应急救援时所需的设备及工具应完备。

③ 应急救援演练记录：每年至少进行两次应急救援演练，演练有记录。

4. 检修间

（1）溶解乙炔气瓶充装站应设有设备检修间。

（2）检修间的工具设备配置应能满足需要。

（3）检修人员资质：焊工、电工应持特种作业许可证上岗。瓶阀维修人员应有瓶阀生产企业的委托书。

5. 消防设施

（1）警示标志　厂门、厂区、压缩机房、灌瓶间、实瓶间、空瓶间、装卸平台均应有醒目的安全警示标志。

（2）消防水源、消防栓、消防器材

① 消防水源

a. 消防水需有储存设施，可建造独立的储水池，或储存在清水池、高位水池中，但必须确保消防用水不作他用。

b. 消防水储量应按火灾危险性最大装置的一次灭火用水量考虑，依据消防用水量的有关规定设计确定。

c. 消防水池的补水时间不宜超过 48h。

② 消防用水量　工厂、仓库和民用建筑室外消防用水量，应按同一时间内的火灾次数和一次灭火水量确定。工厂、仓库和民用建筑室外消防用水次数见表 5-17。

表 5-17　工厂、仓库和民用建筑室外消防用水次数

基本面积 /ha	附件居住区 人口数/万人	同一时间内火灾 的次数/次	备　　注
≤100	≤1.5	1	按工厂消防用水量最大一处计算工厂和居民各考虑一次
	>1.5	2	
>100	不限	2	一次按工厂消防用水量最大一处计算；另一次按工厂辅助生产设施或居民区的消防水量较大一处计算

建筑物的室外消火栓用的水量，不应小于表 5-18 的规定。

表 5-18　一次灭火最小用水量

耐火等级	建筑物名称及类别		≤1500	1501~3000	3001~5000	5001~20000	20001~50000	>50000
一、二级	厂房	甲、乙	10	15	20	25	30	35
		丙	10	15	20	25	30	40
		丁、戊	10	10	10	15	15	20
	库房	甲、乙	15	15	25	25	—	—
		丙	15	15	25	25	35	45
		丁、戊	10	10	10	15	15	20
	民用建筑		10	15	15	20	25	30
三级	厂房或库房	乙、丙	15	20	20	40	45	—
		丁、戊	10	10	15	20	25	35
	民用建筑		10	15	20	25	30	—
四级	丁戊类厂房或库房		10	15	20	25	—	—
	民用建筑		10	15	20	25	—	—

注：消防水量是根据灭火次数、厂房和库房类别、建筑物的体积、耐火等级等的不同而选取。

③ 消防水泵房

a. 消防水泵房宜与生产和生活水泵房等建筑物合建，其耐火等级应不低于二级。

b. 消防水泵应保证在火场断电时仍能正常运转。

c. 消防水泵应设置容量不小于最大泵的备用泵，一组消防水泵至少应有两条吸水管。当其中一条发生故障时，其余的吸水管仍能确保正常供水。

④ 移动式灭火器材的设置　移动式灭火器材的种类及数量，应根据场所的火灾危险性、占地面积及有无其他消防设施等综合考虑，一般可参照表 5-19 设置。

表 5-19　移动式灭火器材的种类及数量

场　　　所	设置数量/(个/m²)	备　　注
甲乙类露天生产装置	1/50	1. 不足一个单位面积，但超过 50% 时，按一个单位面积计
甲乙类生产厂房	1/20	
甲乙类库房	1/50	2. 灭火器材最少设置量为 2 个
易燃危险品装卸平台	按平台长度每 10m 设置 1 个	可设置干粉灭火器材
可燃气体罐区	按储罐数量每罐设置 2 个	可设置干粉灭火器材

对易发生火灾的个别地点，除按表 5-19 设置外，还要适当增设较大型的推车式干粉灭火机。尤其对于发生器间、电石库、破碎间、中间电石库等不能以水救火的厂房，均应设置较大型的推车式干粉灭火机。

⑤ 自动喷水系统　各种危险等级自动喷水灭火系统的基本设计数据见表 5-20。

表 5-20　各种危险等级自动喷水灭火系统的基本设计数据

建、构筑物的危险等级		设计喷淋水强度 /[L/(min/m²)]	作用面积/m²	喷头工作压力/Pa
严重危险级	生产建筑物	10	300	9.8×10^4
	储存建筑物	15	300	9.8×10^4
中度危险		6	200	9.8×10^4
轻度危险		3	180	9.8×10^4

　　乙炔充灌间作业面积大，乙炔瓶都排在一起，乙炔瓶数量多，属严重危险级，必须设置自动喷水灭火系统。在发生火情时，及时打开自动喷水系统，其给水强度应满足 $10L/(min \cdot m^2)$，造成强大水幕。应每周启动检查一次。

　　(3) 消防通道　充装站内必须有足够消防车行驶的消防通道，消防通道的设置应能满足一旦发生事故消防人员及消防措施能够到达充装站的任何一个地点。

各气瓶充装工种（压缩气体、液化气体、溶解乙炔） 岗位试题及参考答案

▶▶▶

判断题与选择题

一、通用基础知识判断题（正确填√、错误填×）

1. 气体具有可压缩性和热胀冷缩的特点。　　　　　　　　　　　　　　　　　（√）

2. 液态物质有一定体积，也有一定形状。　　　　　　　　　　　　　　　　　（×）

3. 物质从固态变为液态的过程称为升华。　　　　　　　　　　　　　　　　　（×）

4. 物质从液态变为固态的过程称为凝固。　　　　　　　　　　　　　　　　　（√）

5. 质量与地球吸引力无关，它是表示物质的多少。　　　　　　　　　　　　　（√）

6. 物质的重量和质量是同一事物的不同叫法。　　　　　　　　　　　　　　　（×）

7. 重量与地球吸引力有关。　　　　　　　　　　　　　　　　　　　　　　　（√）

8. 物质气、液、固三态之间的相互转变是相变过程。　　　　　　　　　　　　（√）

9. 气体的沸点就是其液化点。　　　　　　　　　　　　　　　　　　　　　　（√）

10. 化学变化时，物体本身没有生成新物质。　　　　　　　　　　　　　　　（×）

11. 物理变化时，物体本身发生变化。　　　　　　　　　　　　　　　　　　（×）

12. 密闭容器中的液体介质以气液两相并存，液化和气化两过程达到动态平衡，此时液态蒸气达到饱和状态，此时气相称饱和蒸气，饱和蒸气的压强称为饱和蒸气压，液相的液位越高则饱和蒸气压越高。　　　　　　　　　　　　　　　　　　　　　　　　　（×）

13. 气体的饱和蒸气压与温度无关。　　　　　　　　　　　　　　　　　　　（×）

14. 质量常用的法定计量单位名称为千克（公斤），单位符合号为 "kg"。　　　（√）

15. 衡量物体冷热程度的物理量称为温度。　　　　　　　　　　　　　　　　（√）

16. 热力学温度的单位符号为 "℃"。　　　　　　　　　　　　　　　　　　（×）

17. 摄氏温度的单位符号为 "K"。　　　　　　　　　　　　　　　　　　　　（×）

18. 热力学温度与摄氏温度的关系式为：$t = T - T_0$（t 为摄氏温度值；T 为热力学温度值；T_0 为纯水冰点温度，$T_0 \approx 273K$）　　　　　　　　　　　　　　　　　（√）

19. 气体在临界温度以上温度时，永远是气态。　　　　　　　　　　　　　　（√）

20. 气体的临界温度随着临界压力的高低而规律地变化着。　　　　　　　　　（×）

21. 在临界温度以下，所有的气体都有变成液体的可能。　　　　　　　　　　（√）

22. 临界温度低于等于−50℃的瓶装气体属于低压液化气体。　　　　　　　　（×）

23. 在临界温度时，气体压力低于临界压力气体也可液化。　　　　　　　　（×）

24. 临界温度低于65℃的瓶装气体属于压缩（原永久）气体。　　　　　　　（×）

25. 高于临界压力、高于临界温度时气体没有可能液化。　　　　　　　　　（√）

26. 临界温度高于−50℃，且小于或等于65℃的气体属于高压液化气体。　（√）

27. 临界温度高于65℃的气体称为高压液化气体。　　　　　　　　　　　（×）

28. 临界温度高于65℃的瓶装气体属于压缩（原永久）气体。　　　　　　（×）

29. 临界温度高于−50℃，且低于或等于65℃的气体属于高压液化气体。　（√）

30. 在临界温度时，气体压力低于临界压力气体也可液化。　　　　　　　　（×）

31. 低于临界压力时，降低气体的温度也有可能液化。　　　　　　　　　　（√）

32. 临界温度低于等于−50℃的瓶装气体属于压缩（原永久）气体。　　　（√）

33. 有些高压液化气体在正常的环境温度下是气态。　　　　　　　　　　　（√）

34. 划分压缩（原永久）气体与液化气体的主要参数是液化与气化温度。　（×）

二、通用基础知识选择题（单选）

1. 在原子组成中，呈负电性的是（　B　）。

A. 质子　　　　　B. 电子　　　　　C. 离子　　　　　D. 中子

2. 华氏温标用（　B　）来表示。

A. ℃　　B. ℉　　C. K　　　D. °R

3. 气体变成液体的温度叫（　D　）温度。

A. 溶解　　　　　B. 气化　　　　　C. 熔融　　　　　D. 液化

4. 水的分子是18，1摩尔（mol）水的质量是（　B　）g。

A. 9　　　　B. 18　　　C. 24　　　　　D. 36

5. 非法定单位1英尺等于（　A　）m。

A. 0.304　　　　B. 0.5　　　　C. 0.9　　　　D. 3

6. 非法定单位1市尺是（　A　）m。

A. 1/3　　　　B. 0.3　　　　C. 0.5　　　D. 0.9

7. 1市亩等于（　A　）m²。

A. 666.67　　B. 102　　　C. 385　　　　D. 266.67

8. 1(ha)公顷等于（　B　）m²。

A. 666.67　　B. 10⁴　　　　C. 38　　　　D. 26.67

9. 非法定单位1美加仑等于（　D　）升。

A. 4　　　　B. 16　　　C. 1/4　　　D. 3.785

10. 非法定单位1立方英尺等于（　D　）m³。

A. 0.36　　　　B. 0.27　　　C. 0.09　　　　D. 0.0283

11. 非法定压力单位225kgf/cm²合（　C　）psi。

A. 1850.23　　　B. 3100　　　C. 3195　　　D. 4321.12

12. 非法定单位1工程大气压等于（　B　）mmH₂O。

A. 10²　　　　B. 10⁴　　　C. 10⁶　　　　D. 10⁸

13. 非法定压力单位1bar(巴)＝（　A　）Pa＝1.019kgf/cm²。

A. 10⁵　　　　　B. 2×10⁵　　　　C. 4×10⁵　　　　D. 5×10⁵

14. 非法定单位 150kgf/cm² 等于 （　B　）psi。

A. 1500　　　　B. 2142　　　　C. 3188　　　　D. 5050

15. 非法定压力单位 14.2lbf/in² ＝（　A　）kgf/cm²

A. 1　　　　B. 760　　　　C. 103　　　　D. 0.98

16. 试验证明，任何气体在标准状态下［压力为 1atm（1atm＝101325Pa），温度为273K］，1mol 气体所占的体积为 （　C　）L。

A. 6　　　　B. 2　　　　C. 22.4　　　　D. 8

17. 单位质量所占的体积叫 （　B　）。

A. 密度　　　　B. 比容　　　　C. 比热容　　　　D. 强度

18. 单位体积所具有的质量叫 （　D　）。

A. 强度　　　　B. 比容　　　　C. 比热容　　　　D. 密度

19. 瓶装气体充装量的计量方法主要取决于气体的 （　B　）。

A. 沸点　　　B. 临界温度　　　C. 凝固点　　　D. 密度

20. 某容器表压力为 0.3MPa，绝对压力应 （　B　）。

A. 0.3MPa　　　B. 0.4MPa　　　C. 1.3MPa　　　D. 1.4MPa

21. 实际气体方程式 $pV/T=ZR$。（p、V、T）代表气体某状态时的压力、容积和温度。R 为常数。关于 Z 的以下解释其中 （　A　）是错误的。

A. 任何气体 Z 值都不可能大于1

B. 在不同的压力和不同的温度下，不同的气体，Z 有不同的数值

C. Z 是在同一温度、压力下实际气体与理想气体体积的比值，称为压缩系数或压缩因子。

D. 一些气体 Z 值在不同的压力温度下可能大于1，一些气体 Z 值可能小于1，在常温常压下 Z 值可能等于1。

22. （　A　）的气体称为标准状态下的气体。

A. 压强为 1 标准大气压、温度为 0℃　　　B. 压强为 1kg/cm²、温度为 0℃

C. 压强为 1 标准大气压、温度为 20℃　　　D. 压强为 1kg/cm²、温度为 20℃

23. 理想气体物理状态三个参数压力 p、体积 V、和温度 T 中，假定体积不变，p 和 T关系是 （　A　）。

A. 热力学温度与绝对压力成正比　　　B. 温度增加多少倍则压力减小多少倍

C. 温度增加 10 倍则压力增加 5 倍　　　D. 温度增加 10 倍则压力减小 5 倍

24. （　D　）气体叫理想气体。

A. 小分子且分子间吸力大于斥力的　　　B. 大分子且分子间斥力大于吸力的

C. 不考虑斥力和吸力的

D. 假定气体的分子间不存在相互引力和斥力，分子本身不占有体积的

25. 关于以下气体临界状态的说法 （　B　）是错误的。

A. 气体能够液化的最高温度叫气体的临界温度

B. 气体处于临界状态时气相液相仍有明显差别

C. 气体的临界温度越高，气体越容易液化

D. 某气体的临界温度、临界压力、临界密度都有固定的数值

26. 理想气体物理状态三个参数压力 p、体积 V 和温度 T 中假定体积不变，p 和 T 关系是（　A　）。

A. 温度为热力学温度时，温度和压力成正比关系 　 B. 温度增加多少倍则压力减小多少倍

C. 温度增加 10 倍则压力增加 5 倍 　　　　　　 D. 温度增加 10 倍则压力减小 5 倍

27. 气瓶在充装、使用、储运过程中允许承受的最高压力，叫（　D　）。

A. 公称压力 　　　　 B. 设计压力 　　　　 C. 剩余压力 　　　　 D. 许用压力

28. 气瓶充装前瓶内所剩余气体的压力，叫（　C　）。

A. 公称压力 　　　　 B. 设计压力 　　　　 C. 剩余压力 　　　　 D. 许用压力

29. FTSC 是气体特性编码，其中 F（　A　）。

A. 代表燃烧性 　　　 B. 代表毒性 　　　　 C. 代表气体状态 　　　 D. 代表腐蚀性

30. FTSC 是气体特性编码，其中 T（　B　）。

A. 代表燃烧性 　　　 B. 代表毒性 　　　　 C. 代表气体状态 　　　 D. 代表腐蚀性

31. FTSC 是气体特性编码，其中 S（　C　）。

A. 代表燃烧性 　　　 B. 代表毒性 　　　　 C. 代表气体状态 　　　 D. 代表腐蚀性

32. FTSC 是气体特性编码，其中 C（　D　）。

A. 代表燃烧性 　　　 B. 代表毒性 　　　　 C. 代表气体状态 　　　 D. 代表腐蚀性

三、通用气瓶附件、颜色判断题（正确填√、错误填×）

1. 气瓶附件有气瓶瓶阀、安全泄压装置、液位计、紧急切断和充装限位及限流装置、瓶帽、防震圈、焊接绝热气瓶的调压阀等。（√）

2. 为了防止剧毒气体气瓶超压爆炸，可以在气瓶上安装安全阀。（×）

3. 气瓶上必须设置超压释放装置。（×）

4. 应定期检查校对系统中的压力表、安全阀、温度计等仪表和安全联锁保护装置。（√）

5. 附件不全，损坏或不符合规定的气瓶不允许充装。（√）

6. 阀门、仪表、管道有冻结不通时，可用明火烤化。（×）

7. 出厂的气瓶必须配戴瓶帽、防震圈。（√）

8. 气瓶上的防震圈的功能是防止气瓶震动和保护气瓶漆色和标志。（√）

9. 气瓶瓶阀出口的连接型式及其尺寸与充装气体介质性质无关。（×）

10. 气瓶上的防震圈的功能是防止气瓶震动和保护气瓶漆色和标志。（√）

11. 颈圈松动不影响气瓶充装。（×）

12. 差压式液位计是将液位测量转换为差压测量。（√）

13. 安全阀有时有些微漏，操作工可自行增大起跳压力到不漏为止。（×）

14. 低温液体储槽的压力表刻度盘上未标出的最高工作压力（指示红线）也可使用。（×）

15. 没有国家质检总局公布的制造许可证的单位制造的和未列入《特种设备目录》的瓶阀与安全附件也可使用。（×）

16. 瓶阀制造单位应当保证其瓶阀产品至少安全一个月。（×）

17. 颜色标记不符合 GB 7144《气瓶颜色标记的规定》，或者严重污损、脱落、难以辨认的气瓶不可充装。（√）

18. 气瓶的颜色标记不清，由用户做上记号后，也可以充装。（×）

19. 气瓶充装单位有责任保护好气瓶外表面颜色、标志。（√）

20. 气瓶的颜色标志是识别瓶内盛装气体种类的唯一方法。（×）

21. 瓶体有焊缝的称为焊接气瓶，有时也称为有缝气瓶。（√）

22. 根据气瓶按结构不同，分为无缝气瓶和焊接气瓶。（√）

23. 乙炔气瓶可采用焊接结构。　（✓）

24. 在无缝气瓶瓶体准许焊接其他零件。　（✕）

25. 无缝瓶收底瓶坯应逐个检查瓶底表面质量。如质量不太好可以再进行补焊处理。　（✕）

26. 因为一氧化碳、煤气对钢质气瓶有化学腐蚀作用，所以《气瓶安全监察规程》规定，盛装一氧化碳或煤气要用铝合金气瓶。　（✓）

27. 我国气瓶的公称容积，一般情况下，小于等于12L以下的为小容积，大于150L以上的为大容积。　（✓）

28. 高压液化气体气瓶可以采用无缝或焊接结构。　（✕）

29. 公称容积大于等于5L的气瓶，应配有瓶帽或保护罩。　（✓）

30. 无缝气瓶只能盛装压缩（原永久）气体。　（✕）

31. 气瓶不属于压力容器。　（✕）

32. 钢印标记、颜色标记不符合规定及无法判定瓶内气体的气瓶不允许充装。　（✓）

33. 使用过的气瓶，经审批可以更改颜色标志，换装别的气体。　（✕）

34. 气瓶按结构不同，分为无缝气瓶和焊接气瓶。　（✓）

35. 焊接气瓶有高压气瓶和低压气瓶。　（✕）

36. 高压气瓶也可采用焊接结构。　（✕）

37. 气瓶按公称工作压力不同，分为高压气瓶和低压气瓶。　（✓）

38. 瓶体无接缝的称为无缝气瓶，目前有管制、坯制和板制三种。　（✓）

四、通用气瓶附件、分类、颜色选择题（单选）

1. 充装汇流排压力表刻度盘极限值应为气瓶最高工作压力的（　B　）倍。
A. 3　　　　　　　　B. 1.5～3　　　　　　　C. 5　　　　　　　D. 10

2. 安全阀一般为每（　A　）年校验一次，拆卸进行校验有困难时应采取现场校验。
A. 1　　　　　　　　B. 2　　　　　　　　　C. 3　　　　　　　D. 5

3. 测量仪表稳定程度常用（　B　）表示
A. 仪表精度　　　　　B. 灵敏度　　　　　　C. 变差　　　　　D. 量程

4. 电偶感温组件利用受热后（　B　）来测量温度。
A. 电阻值变化　　　　B. 电势值变化　　　C. 电极体积变化　　D. 电流变化

5. 孔板流量计属于（　C　）流量计。
A. 容积式　　　　　　B. 速度式　　　　　C. 差压式　　　　　D. 动量式

6. 气瓶瓶帽不得用（　A　）制造。
A. 灰口铸铁　　　B. 球墨铸铁　　　　C. 可锻铸铁　　　　D. 钢管

7. 我国制定的GB 16163《瓶装压缩气体分类》中，气体的特性主要包括它的可燃性、毒性、状态及腐蚀性等，为了明确每种气体的特性对所有的瓶装气体进行了数字编码（FTSC），根据编码数字，即可对该气体的特性一目了然，其中"F"表示（　C　）
A. 毒性　　B. 状态　　　C. 火灾的潜在可能性　　　D. 腐蚀性

8. 我国制定的GB 16163《瓶装压缩气体分类》中，气体的特性主要包括它的可燃性、毒性、状态及腐蚀性等，为了明确每种气体的特性对所有的瓶装气体进行了数字编码（FTSC），根据编码数字，即可对该气体的特性一目了然，其中"T"表示（　A　）
A. 毒性　　B. 状态　　　C. 火灾的潜在可能性　　　D. 腐蚀性

9. 瓶装硫化氢是易燃、在空气中爆炸下限小于10％的剧毒气体，也是不形成氢卤酸的酸性腐蚀的、压力低于 3.5MPa 低压液化气体，其气体的数字编码是（　A　）。

　　A. 0223　　　　　B. 5200　　　　　C. 4110　　　　　D. 0110

　　10. 瓶装环氧乙烷是易分解或聚合的可燃气体，也是有毒、无腐蚀、压力低于 3.5MPa 的低压液化气体，其气体的数字编码应是（　D　）。

　　A. 0201　　　　　B. 0110　　　　　C. 4110　　　　　D. 5210

　　11. 瓶装二氧化碳是不燃、无毒、无腐蚀、压力高于 3.5MPa 高压液化气体，其气体的数字编码应是（　D　）。

　　A. 0160　　　　　B. 4110　　　　　C. 2110　　　　　D. 0120

　　12. 临界温度高于 65℃的气体称为（　B　）。

　　A. 压缩（原永久）气体　B. 低压液化气体　C. 高压液化气体　D. 吸收气体

　　13. 临界温度低于等于−50℃的气体称为（　A　）。

　　A. 压缩（原永久）气体　　B. 低压液化气体　　C. 高压液化气体　　D. 吸收气体

　　14. 我国《瓶规》规定高压液化气体的临界温度是高于（　D　）℃，低于等于 65℃。

　　A. 40　　　　　B. 50　　　　　C. 65　　　　　D. −50

　　15. 充装氟里昂、环氧乙烷的气瓶称为（　B　）气瓶。

　　A. 高压液化气体　　B. 低压液化气体　　C. 压缩（原永久）气体　　D. 乙炔

　　16. 下列气体中属于低压液化气体的是（　C　）。

　　A. 氮气　　　　B. 氧气　　　　C. 环氧乙烷　　　　D. 二氧化碳

　　17. 下列气体中属于高压液化气体的是（　C　）。

　　A. 氮气　　　　B. 氢气　　　　C. 二氧化碳　　　　D. 环氧乙烷

　　18. 氧气的类别和气瓶公称工作压力是（　D　）。

　　A. 低压液化气体，公称工作压力 1MPa

　　B. 高压液化气体，公称工作压力 20MPa、15MPa、12.5MPa

　　C. 高压液化气体，公称工作压力 20MPa、15MPa

　　D. 压缩（原永久）气体，公称工作压力 30MPa、20MPa、15MPa

　　19. 甲烷的类别和气瓶公称工作压力是（　C　）。

　　A. 低压液化气体，公称工作压力 1MPa

　　B. 高压液化气体，公称工作压力 20MPa、15MPa、12.5MPa

　　C. 压缩（原永久），公称工作压力 30MPa、20MPa、15MPa

　　D. 高压液化气体，公称工作压力 20MPa、15MPa

　　20. 二氧化碳的类别和气瓶公称工作压力是（　C　）。

　　A. 低压液化气体，公称工作压力 1MPa

　　B. 高压液化气体，公称工作压力 20MPa、15MPa、12.5MPa

　　C. 高压液化气体，公称工作压力 20MPa、15MPa

　　D. 压缩（原永久）气体，公称工作压力 30MPa、20MPa、15MPa

　　21. 环氧乙烷的类别和气瓶公称工作压力是（　A　）

　　A. 低压液化气体，公称工作压力 1MPa

　　B. 高压液化气体，公称工作压力 20MPa、15MPa、12.5MPa

　　C. 高压液化气体，公称工作压力 20MPa、15MPa

　　D. 压缩（原永久）气体永久气体，公称工作压力 30MPa、20MPa、15MPa

22. 氧气瓶瓶体为蓝色，"字"为（ C ）。

A. 大红色　　　　　B. 绿色　　　　　C. 黑色　　　　　D. 蓝色

23. 氩气瓶瓶体为（ C ），"字"为绿色。

A. 黑色　　　　　B. 蓝色　　　　　C. 银灰色　　　　　D. 黄色

24. 氮气瓶瓶体为（ C ），"字"为黄色。

A. 大红色　　　　　B. 淡绿色　　　　　C. 黑色　　　　　D. 蓝色

25. 二氧化碳的气瓶瓶体应是（ B ）色。

A. 深绿　　　　　B. 铝白　　　　　C. 淡黄　　　　　D. 银灰

26. 氢气瓶瓶体为绿色，"字"为（ A ）。

A. 大红色　　　　　B. 绿色　　　　　C. 黑色　　　　　D. 蓝色

27. 乙炔气瓶瓶体为（ C ），"字"为大红色。

A. 大红色　　　　　B. 淡绿色　　　　　C. 白色　　　　　D. 蓝色

28. 氯气的气瓶瓶体应是（ A ）色。

A. 深绿　　　　　B. 铝白　　　　　C. 淡黄　　　　　D. 银灰

29. 氨气的气瓶瓶体应是（ C ）色。

A. 深绿　　　　　B. 铝白　　　　　C. 淡黄　　　　　D. 银灰

30. 民用石油液化气和氯乙烷的气瓶瓶体应是（ D ）色。

A. 深绿　　　　　B. 铝白　　　　　C. 淡黄　　　　　D. 银灰

31. 气瓶色环的作用是（ A ）。

A. 用来识别充装同一介质、不同公称工作压力或不同充装系数的

B. 用来识别充装不同的混合介质种类

C. 是用来识别最高操作温度　　　　　D. 用来识别不同气瓶的材质

32. 下列（ B ）是可燃气体。

A. 氮气　　　　　B. 石油液化气　　　　　C. 二氧化碳　　　　　D. 氧

33. （ B ）是有毒物质。

A. 氮气　　　　　B. 氨气　　　　　C. 二氧化碳　　　　　D. 丙烷

五、通用气瓶定期检验、检验周期及气瓶寿命判断题（正确填√、错误填×）

1. 钢质无缝气瓶的制造钢印的项目为：水压试验压力，瓶体设计壁厚，制造单位检验标记和制造日期。（×）

2. 在定期检验时，发现气瓶有超标准规定的缺陷，是可以用挖补、贴补、焊接等方法进行修理的，以便再投入使用。（×）

3. 经改装的气瓶可以充装。（×）

4. 经外观检查，存在明显损伤需进行检查的设备不可使用。（√）

5. 只有本次检验日期而无下次检验日期的气瓶也可以充装。（×）

6. 气瓶必须进行定期检验，超期未检的气瓶不准充装，不准使用。（√）

7. 气瓶检验色标是气瓶定期检验年份的标志，每10年循环一周。（√）

8. 超过检验期限的气瓶可以充装。（×）

9. 气瓶检验站只对气瓶判废与否给出结论，不负责报废气瓶的破坏性处理。（×）

10. 只有气瓶检验单位才有权改造气瓶。（×）

11. 集装格气瓶定期检验应按批进行。（×）

12. 钢质无缝气瓶外观检验时，颈圈松动且无法加固的气瓶，或颈圈损伤且无法更换的气瓶，并不影响使用，无需判废。　　　　　　　　　　　　　　　　（×）

13. 气瓶的水压试验压力为气瓶的工称工作压力的 1.25 倍。　　　　　　　　　　（×）

14. 无缝瓶颈圈为了装配牢固，最好用焊接固定。　　　　　　　　　　　　　　（×）

15. 颈圈松动不影响气瓶的充装。　　　　　　　　　　　　　　　　　　　　　（×）

16. 报废气瓶可直接卖给废品回收站或炼钢厂。　　　　　　　　　　　　　　　（×）

17. 有些瓶装制冷剂腐蚀性很小，但遇水后会发生很强的腐蚀性物质腐蚀气瓶。　（√）

18. 钢瓶中的水分不会造成钢瓶的腐蚀。　　　　　　　　　　　　　　　　　　（×）

19. 严禁在气瓶上进行电焊引弧。　　　　　　　　　　　　　　　　　　　　　（√）

20. 局部气瓶的腐蚀比全部的腐蚀危害更大。　　　　　　　　　　　　　　　　（√）

21. 日常环境中，金属受到的电化学腐蚀比化学腐蚀更普遍，危害性更大。　　　（√）

22. 气瓶生产国政府已宣布报废的，气瓶制造厂和本公司宣布停用的气瓶不可使用。（√）

23. 库存和停用时间超过一个检验周期的气瓶，启用前应进行检验。　　　　　　（√）

24. 气瓶是按水压试验进行压力设计的，所以无"设计压力"。　　　　　　　　　（√）

25. 气瓶制造许可证和气瓶检验许可证是无限期的。　　　　　　　　　　　　　（×）

26. 超过气瓶检验期限的气瓶在宽限一月内可以充装。　　　　　　　　　　　　（×）

27. 无缝瓶收底瓶坯应逐个检查瓶底的表面质量。收底后不得再进行补焊处理。　（√）

28. 无缝气瓶筒体的直线度允差，不得超过 4‰。　　　　　　　　　　　　　　（√）

29. 无缝气瓶筒体的垂直度允差，不得超过瓶体长度的 20%。　　　　　　　　　（×）

30. 当钢质无缝气瓶瓶口螺纹有轻度腐蚀、磨损或其他损伤时，可用丝锥进行修复。（√）

31. 无缝气瓶瓶口螺纹出现平牙、牙阔、牙尖等视为不合格。　　　　　　　　　（√）

32. 无缝气瓶的颈圈、底座的装配牢固与否，可用手锤进行音响检验，如不牢固仅可以电焊加固。　　　　　　　　　　　　　　　　　　　　　　　　　　　　　（×）

33. 钢瓶检验时必须逐个测定重量和体积。　　　　　　　　　　　　　　　　　（√）

六、通用气瓶定期检验、检验周期及气瓶寿命选择题（单选）

1. 盛装无腐蚀性气体的钢质无缝气瓶的正常使用年限为（　A　）年。
   A. 30　　　　　　　　B. 20　　　　　　　　C. 10　　　　　　　　D. 40

2. 盛装腐蚀性气体的、常与海水接触的钢质无缝气瓶钢瓶的使用寿命为（　C　）年。
   A. 30　　　　　　　　B. 20　　　　　　　　C. 12　　　　　　　　D. 8

3. 盛装液化石油气钢瓶的寿命为（　B　）年。
   A. 12　　　　　　　　B. 15　　　　　　　　C. 20　　　　　　　　D. 30

4. 盛装腐蚀性气体以外的其他气体的钢质焊接气瓶的寿命为（　C　）年。
   A. 12　　　　　　　　B. 15　　　　　　　　C. 20　　　　　　　　D. 30

5. 盛装腐蚀性气体的钢质焊接气瓶的寿命为（　A　）年。
   A. 12　　　　　　　　B. 15　　　　　　　　C. 20　　　　　　　　D. 30

6. 长管拖车用大容积钢质无缝气瓶的寿命为（　C　）年。
   A. 12　　　　　　　　B. 15　　　　　　　　C. 20　　　　　　　　D. 30

7. 铝合金无缝气瓶的寿命为（　D　）年。
   A. 12　　　　　　　　B. 15　　　　　　　　C. 20　　　　　　　　D. 30

8. 溶解乙炔气瓶及吸附式天然气焊接钢瓶的寿命为（　C　）年。

A. 12   B. 15   C. 20   D. 30

9. 车用压缩天然气钢瓶的寿命为（ B ）年。

A. 12   B. 15   C. 20   D. 30

10. 盛装无腐蚀性、惰性气体以外的其他气体的气瓶，每（ A ）年检验一次。

A. 3   B. 5   C. 4   D. 2

11. 盛装氮、六氟化硫、惰性气体及纯度大于等于99.999%的无腐蚀性高纯气体的气瓶，每（ B ）年检验一次。

A. 3   B. 5   C. 4   D. 2

12. 盛装腐蚀性气体的气瓶、潜水气瓶以及常与海水接触的气瓶，每（ D ）年检验一次。

A. 3   B. 5   C. 4   D. 2

13. 盛装腐蚀性气体的钢质焊接气瓶，每（ D ）年检验一次。

A. 3   B. 5   C. 4   D. 2

14. 焊接绝热气瓶每（ B ）年至少进行一次检修和维保。

A. 3   B. 5   C. 4   D. 2

15. 车用缠绕气瓶至少每（ A ）年检验一次。

A. 3   B. 5   C. 4   D. 2

16. 车用压缩天然气钢瓶第一次检验为（ A ）年，第二次以后为两年进行一次。

A. 3   B. 5   C. 4   D. 2

17. 盛装惰性气体的铝合金气瓶，每（ B ）年检验一次。

A. 3   B. 5   C. 4   D. 2

18. 盛装腐蚀性气体的铝瓶，每（ D ）年检验一次。

A. 3   B. 5   C. 4   D. 2

19. 乙炔气的气瓶，每（ A ）年检验一次。

A. 3   B. 5   C. 4   D. 2

20. 液化石油气钢瓶的检验周期按（ D ）的规定

A. 《液化石油气充装规定》   B. 《液化气体充装规定》

C. 《瓶装压缩气体分类》   D. 国家标准 GB 8334

21. （ B ）气瓶外观检查合格后，应逐个进行音响检查。

A. 焊接   B. 无缝   C. 溶解乙炔   D. 液化石油气

22. 钢质焊接气瓶无需检验的项目为（ D ）。

A. 焊缝检验   B. 内表面检验   C. 水压试验   D. 音响检查

23. 在用钢质无缝气瓶瓶体有肉眼可见的（ A ）气瓶，应报废。

A. 裂纹   B. 夹渣   C. 气孔   D. 折叠

24. 气瓶凹坑深度的测量使用千分表的针尖楔角应小于等于（ C ）。

A. 20°   B. 60°   C. 30°   D. 45°

25. 气瓶内部检查应用有足够亮度的安全灯，其电压不得超过（ B ）

A. 32V   B. 24V   C. 110V   D. 220V

26. 气瓶定期检验中钢质无缝气瓶外表面不常见的缺陷是（ B ）。

A. 凹坑   B. 气泡或夹渣   C. 腐蚀   D. 火焰烧伤

27. 气瓶定期检验中钢质焊接气瓶外表面不常见的缺陷是（ C ）
A. 划痕　　　　B. 结疤　　　　　　C. 气孔　　　　　　D. 腐蚀

28. 对气瓶的制造，实行（ B ）制度。
A. 审批　　　　　B. 制造许可证　　　C. 监检　　　　D. 驻厂监察

29. 乙炔气瓶检验色标是气瓶定期检验（ B ）的标志。
A. 月份　　　　　B. 年份　　　　　　C. 提示　　　　D. 警告

30. 气瓶定期检验要（ B ）进行。
A. 分批　　　　B. 逐个　　　　　C. 随机取样　　　D. 按气瓶的制造年份先后

31. 国家标准 GB 9251《气瓶水压试验方法》规定了可供气瓶水压试验的试验方法为（ A ）
A. 内测法和外测法　　　　　　B. 电测法和磁测法
C. 气压法和液压法　　　　　　D. 容积法和变形法

32. 承担气瓶定期检验的单位应符合（ B ）的规定。
A. GB 5099《钢制无缝气瓶》　　　　B. GB 12135《气瓶定期检验站技术条件》
C. 《压力容器安全技术监察规程》　　D. GB 5100《钢制焊接气瓶》

33. 高压气瓶必须采用（ D ）结构。
A. 螺纹连接　　　　B. 焊接　　　　　　C. 等厚　　　　D. 无缝

34. 焊接气瓶的纵向焊缝不得多于（ C ）条。
A. 3　　　　B. 2　　　　　C. 1　　　　　D. 4

35. 盛装压缩（原永久）气体或高压液化气体只准采用（ D ）气瓶。
A. 不锈钢　　　　B. 铝合金　　　　　C. 焊接　　　　D. 无缝

36. 煤气、一氧化碳气一般应选用（ B ）气瓶充装。
A. 不锈钢　　　　B. 铝合金　　　　　C. 焊接　　　　D. 无缝

37. 气瓶水压试验的目的是验证气瓶的耐压能力和测试气瓶的（ C ）。
A. 许用压力　　　B. 使用寿命　　　C. 容积残余变形率　　D. 容积全变形

38. 气瓶水压试验的目的是验证气瓶在静压载荷下的整体（ A ）和致密性，着重测试的是气瓶的容积残余变形率。
A. 强度　　　　B. 使用寿命　　　C. 气瓶材质　　　　D. 容积弹性变形率

39. 氧气瓶阀的气密性试验压力为（ A ）
A. 1.1 倍的公称工作压力　　　　B. 最大工作压力
C. 水压试验压力的 2/3　　　　　D. 瓶内介质的最高温升压力

40. 气瓶定期检验水压试验时，以下的各种做法只有（ D ）是正确的。
A. 倒水架夹具仍紧紧夹持气瓶
B. 将原标有 kgf/cm² 的压力表盘上贴上 "×0.1MPa" 的标记后继续使用
C. 将原气瓶水压试验的 225kgf/cm² 的压力圆整为 22.1MPa　　D. 气瓶的防震圈卸下

41. 气瓶定期检验水压试验装置中，在计算受试瓶的容积全变形时，公式中的 "B" 值是指（ C ）。
A. 承压管道在常压下的水量，mL　　　　B. 承压管道的内截面×管道长度，mL
C. 承压管道在受试瓶试验压力下的压入水量，mL　D. 承压管道的实际容积，mL

42. 气瓶定期检验水压试验装置中，在计算受试瓶的容积全变形时，公式中 "B" 值的下列说法中（ B ）是不正确的。

　　A. "B"值的测定周期不超过三个月

　　B. 只要承压管道的内截面和管道长度不变，则"B"值不变

　　C. 气瓶容积变形试验时，"B"值是预先知道的

　　D. 承压管道在不同试验压力下的"B"值是不同的

43. 气瓶水压试验的量管在测量受压瓶容积残余变形的量程段上或测量承压管道在试验压力下压入水量的量程段上刻度值的相对误差不应大于（ C ）。

　　A. ±3%　　　　　B. ±2%　　　　　　C. ±1%　　　　　D. ±0.5%

44. 气瓶水压试验的量管在测量受压瓶容积残余变形的量程段上或测量承压管道在试验压力下压入水量的量程段上，其最小刻度值应不大于（ A ）。

　　A. 0.1mL　　　　B. 0.2mL　　　　　C. 0.3mL　　　　　D. 0.4mL

45. 气瓶在做气密性浸水法试验时，气瓶任何部位离水面最小深度应大于（ D ）。

　　A. 10cm　　　　　B. 20cm　　　　　C. 15cm　　　　　D. 5cm

46. 无缝气瓶定期检验时发现瓶体凹陷深度超过（ D ）且超过气瓶公称直径的1%者则气瓶应报废。

　　A. 1mm　　　　　B. 3mm　　　　　C. 4mm　　　　　D. 2mm

47. 无缝气瓶定期检验时，发现气瓶现重量与制造标志重量的差值大于（ A ）时，应测瓶体的最小壁厚。

　　A. 5%　　　　　B. 2%　　　　　C. 3%　　　　　D. 8%

48. 焊接无缝气瓶定期检验时，发现小于或等于150L的气瓶现重量小于原制造标志重量的（ A ）时，气瓶应报废。

　　A. 95%　　　　　B. 92%　　　　　C. 90%　　　　　D. 85%

49. 无缝气瓶定期检验时，发现气瓶现容积值大于制造容积值（ B ）的气瓶应报废。

　　A. 5%　　　　　B. 10%　　　　　C. 15%　　　　　D. 20%

50. 气瓶防震圈的重量允差不应超过（ A ）。

　　A. 5%　　B. 6%　　C. 10%　　D. 8%

51. GB 13004中规定，定期检验无缝气瓶瓶体的线腐蚀或面腐蚀处的剩余壁厚小于设计壁厚的（ B ）的气瓶应报废。

　　A. 75%　　　　　B. 90%　　　　　C. 80%　　　　　D. 95%

52. GB 13004中规定，定期检验无缝气瓶瓶体的孤立点腐蚀处的剩余壁厚小于设计壁厚的（ C ）的气瓶应报废。

　　A. 90%　　　　　B. 80%　　　　　C. 2/3　　　　　D. 70%

53. GB 13004中规定，定期检验无缝气瓶瓶体圆度超过（ C ）的气瓶应报废。

　　A. 0.5%　　　　　B. 3%　　　　　C. 2%　　　　　D. 1%

54. GB 13004中规定，定期检验无缝气瓶瓶体垂直允差度超过瓶体长度（ A ）的气瓶应报废。

　　A. 8‰　　　　　B. 5‰　　　　　C. 6‰　　　　　D. 7‰

55. GB 13004中规定，定期检验无缝气瓶瓶体的线腐蚀或面腐蚀处的剩余壁厚小于设计壁厚的（ B ）的气瓶应报废。

　　A. 75%　　　　　B. 90%　　　　　C. 80%　　　　　D. 95%

56. 气瓶水压试验的量管在测量受压瓶容积残余变形的量程段上或测量承压管道在试验压力下压入水量的量程段上刻度值的相对误差不应大于（　C　）。

　　A. ±3％　　　　　　B. ±2％　　　　　　C. ±1％　　　　　　D. ±0.5％

57. 气瓶水压试验的量管在测量受压瓶容积残余变形的量程段上或测量承压管道在试验压力下压入水量的量程段上，其最小刻度值应不大于（　A　）。

　　A. 0.1mL　　　　　B. 0.2mL　　　　　C. 0.3mL　　　　　D. 0.4mL

58. 气瓶定期检验中，瓶口螺纹不得有裂纹缺陷，但允许瓶口螺纹有不影响使用的轻微损伤。对于低压钢质无缝气瓶允许有不超过（　B　）牙的缺口。且缺刻长度不超过周长的1/6。缺刻的深度不超过牙高的1/3。

　　A. 2　　　　　　　B. 3　　　　　　　C. 4　　　　　　　D. 1

59. 盛装可燃气体或毒性气体的气瓶以及盛装高纯或混合气体的气瓶，可用涂液法进行气密性试验。气瓶带液保压时间不少于（　A　）不允许气泡连续逸出。

　　A. 1min　　　　　B. 2min　　　　　C. 3min　　　　　D. 4min

60. 气瓶在做气密性浸水法试验时，气瓶任何部位离水面最小深度应大于（　D　）。

　　A. 10cm　　　　　B. 20cm　　　　　C. 15cm　　　　　D. 5cm

61. 无缝气瓶定期检验时发现瓶体凹陷深度超过（　D　）且超过气瓶公称直径的1％者则气瓶应报废。

　　A. 1cm　　　　　B. 3cm　　　　　C. 4cm　　　　　D. 2cm

62. 无缝气瓶定期检验时，发现气瓶现重量与制造标志重量的差值大于（　A　）时，应测瓶体的最小壁厚。

　　A. 5％　　　　　　B. 2％　　　　　　C. 3％　　　　　　D. 8％

63. 焊接无缝气瓶定期检验时，发现小于或等于150L的气瓶现重量小于原制造标志重量的（　A　）时，气瓶应报废。

　　A. 95％　　　　　B. 92％　　　　　C. 90％　　　　　D. 85％

64. 无缝气瓶定期检验时，发现气瓶现容积值大于制造容积值（　B　）的气瓶应报废。

　　A. 5％　　　　　　B. 10％　　　　　C. 15％　　　　　D. 20％

65. 钢瓶定期检验水压试验时，试验压力大于或等于12MPa的高压无缝气瓶要求保压时间不少于（　B　）。

　　A. 1min　　　　　B. 2min　　　　　C. 3min　　　　　D. 4min

66. 盛装可燃气体或毒性气体的气瓶以及盛装高纯或混合气体的气瓶，可用涂液法进行气密性试验。气瓶带液保压时间不少于（　A　）不允许气泡连续逸出。

　　A. 1min　　　　　B. 2min　　　　　C. 3min　　　　　D. 4min

67. 铁碳合金中，如含碳量为（　C　）的叫钢。

　　A. 小于 0.02×10^{-2}　B. $(0.2 \sim 1) \times 10^{-2}$　C. $(0.02 \sim 2) \times 10^{-2}$　D. 大于 2×10^{-2}

68. 钢质无缝气瓶的钢印为TP，是气瓶的（　A　）标志。

　　A. 水压试验　　　B. 公称工作压力　　　C. 瓶体设计厚度　　　D. 体积

69. 钢质无缝气瓶的钢印为WP，是气瓶的（　B　）标志。

　　A. 水压试验　　　B. 公称工作压力　　　C. 瓶体设计厚度　　　D. 体积

70. 钢质无缝气瓶的钢印为V，是气瓶的（　D　）标志。

　　A. 水压试验　　　B. 公称工作压力　　　C. 瓶体设计厚度　　　D. 实际容积

71. 钢质无缝气瓶的钢印为 S，是气瓶的（　C　）标志。

A. 水压试验　　　　B. 公称工作压力　　　　C. 瓶体设计厚度　　　　D. 体积

72. 钢质无缝气瓶的钢印为 Ma，是气瓶的（　C　）标志。

A. 水压试验　　B.　公称工作压力　　C. 液化气体最大充装量　　D. 体积

73. 溶解乙炔气瓶钢印为 TP，是气瓶的（　A　）标志。

A. 水压试验　　　　B. 公称工作压力　　　　C. 瓶体设计厚度　　D. 体积

74. 溶解乙炔气瓶钢印为 WP，是气瓶的（　B　）标志。

A. 水压试验　　　　B. 公称工作压力　　　　C. 瓶体设计厚度　　D. 体积

75. 溶解乙炔气瓶的钢印为 V，是气瓶的（　D　）标志。

A. 水压试验　　　　B. 公称工作压力　　　　C. 瓶体设计厚度　　　　D. 实际容积

76. 溶解乙炔气瓶的钢印为 TM，是气瓶的（　D　）标志。

A. 水压试验　　　　B. 公称工作压力　　　　C. 瓶体设计厚度　　D. 皮重

77. 溶解乙炔气瓶的钢印为 A，是气瓶的（　B　）标志。

A. 水压试验　　B. 丙酮标志及丙酮规定充装量　　C. 瓶体设计厚度　　　　D. 皮重

78. 溶解乙炔气瓶的钢印为 Ma，是气瓶的（　C　）标志。

A. 水压试验　　B. 丙酮标志及丙酮规定充装量　　C. 最大乙炔量　　D. 皮重

79. 对于报废的气瓶应由检验单位负责（　C　）并按《气瓶安全监察规程》的规定填写《气瓶判废通知书》通知气瓶产权单位或所有者。

A. 修理，之后降压使用　　　　　　　　　　B. 按废铁卖给废品回收站

C. 瓶体解体/压扁破坏性处理销毁　　　　　D. 降价出售

80. 气瓶检验站将报废气瓶进行处理的方式应是（　A　）。

A. 经地、市质监部门同意，指定气瓶检验单位将气瓶集中进行压扁或将瓶体解剖破坏性处理

B. 在瓶体上打孔

C. 将瓶阀拆下后，瓶体直接送往废品回收站

D. 自己处理

81. 气瓶定期检验站应按时向业务主管部门和（　C　）书面报告气瓶检验评定情况和气瓶安全情况。

A. 用户　　　　　　　　　　　　　　B. 气瓶产权单位

C. 所在地质量技术监督部门　　　　　D. 上级质量技术监督部门

82. 气瓶（不包括长管拖车用大容积钢质无缝气瓶、呼吸器用复合气瓶和溶解乙炔气瓶）的水压试验压力一般应为公称工作压力的（　C　）倍。

A. 5/3　　　　　　B. 4/3　　　　　　C. 3/2　　　　　　D. 5/2

83. 长管拖车用大容积钢质无缝气瓶、呼吸器用复合气瓶的水压试验压力，应为公称工作压力的（　A　）倍。

A. 5/3　　　　　　B. 4/3　　　　　　C. 3/2　　　　　　D. 5.2

84. 溶解乙炔气瓶壳体的水压试验压力为（　D　）MPa。

A. 5/3　　　　　　B. 4/3　　　　　　C. 3/2　　　　　　D. 5.2

85. 气瓶检验站将报废气瓶进行处理的方式应是（　A　）。

A. 经地、市质监部门同意，指定气瓶检验单位将气瓶集中进行压扁或将瓶体解解剖破

坏性处理

B. 在瓶体上打孔

C. 将瓶阀拆下后，瓶体直接送往废品回收站

D. 自己处理

86. 气瓶定期检验中，在测定气瓶水容积时，试验用水槽内的试验用淡水，要敞口静止（ B ）后方可注入试验气瓶中。

 A. 4h   B. 24h   C. 12h   D. 18h

87. 气瓶定期检验站应按时向业务主管部门和（ C ）书面报告气瓶检验评定情况和气瓶安全情况。

 A. 用户   B. 气瓶产权单位

 C. 所在地质量技术监督部门   D. 上级质量技术监督部门

七、通用操作判断题（正确填√、错误填×）

1. 气瓶充装人员、检验人员、气瓶管理人员应有初中以上文凭。 （√）

2. 气瓶充装人员每工作班不得少于 1 名。 （×）

3. 生产现场不准堆放油脂和与生产无关的其他用品。 （√）

4. 配制、搬运腐蚀性化学用品时必须穿戴好防护用品。 （√）

5. 气瓶充装单位对固定在本单位充装气瓶，应逐个建立档案。 （√）

6. 气瓶发生事故时，应向主管部门及时报告。 （√）

7. 气瓶充装时，不能稳固立于地面的气瓶可以用人工扶着或靠墙充装。 （×）

8. 新操作人员，未经考核，没有上岗证，在人员紧张时，偶尔也可独立上岗操作。 （×）

9. 警示标签上印有的瓶装气体的名称及化学分子式与气瓶制造钢印标记中的不一致的也可以充装。 （×）

10. 瓶内无剩余压力的气瓶可以直接充装。 （×）

11. 充气前发现不合格的气瓶，应分别存放，不用做出标记。 （×）

12. 气瓶的公称工作压力，对于盛装永久气体的气瓶，是指在基准温度时（一般为 20℃），所盛装气体的限定充装压力。 （√）

13. 在充装前应检查将要充装的气瓶是否是本充装站的自有气瓶，有少量的外单位的气瓶也可充装。 （×）

14. 气瓶瓶阀出口的连接型式及其尺寸与充装气体介质性质无关。 （×）

15. 由两种或两种以上的气体混合成新的一种气体称为混合气。 （√）

16. 所谓气体的相容性，对于混合气来说，就是在生产、运输和储存期间，在正常的温度下，混合气之间不会发生危及气瓶安全和改变各组分性质的任何反应，则称为混合气各组分之间是相容的。 （√）

17. 气瓶因超压而发生爆炸，瓶内的气体没发生化学反应的，称为物理爆炸。 （√）

18. 介质发生化学反应，如乙炔、氧混装产生爆鸣气而发生气瓶爆炸，称为气瓶的化学爆炸。 （√）

19. 衡器应按有关规定，定期进行校验，并且至少在每班使用前应校验一次。衡器应设置在气瓶超装时报警和自动切断气源的联锁装置。 （√）

20. 凡是用高压气瓶充装的气体，其计量方法都是计量压力。 （×）

21. 可燃气体的爆炸极限越宽、爆炸下限越小，其爆炸危险越小。 （×）

22. 生产气体的车间必须有良好的通风条件或换气通风装置。　（√）

23. 有毒气体的充装站应备有相应的保护用品，如防毒面具和滤毒罐等，存放在指定地点并应定期演练和检查，对破损的用品应及时更换。　（√）

24. "气瓶安全监察规程"也适用于液化石油气瓶和铝合金气瓶。　（√）

25. 盛装助燃气体气瓶的瓶阀出口连接螺纹必须为内螺纹。　（×）

26. 充装剧毒液化气体的充装站，必须配备在充装同时可防止气体逸出的负压操作系统。厂房内除设置一般机械通风外，还应备有事故排风装置。对排出含有大量有毒的气体必须进行净化处理，盛储剧毒液化气体的容器应设置在室内，并设有可在容器四周形成水幕制止突发性事故而造成毒性气浪的给水装置。　（√）

27. 500t 的珠光砂堆积保温的液氧储罐未构成重大危险源。　（×）

28. 400t 的珠光砂堆积保温的液氮储罐未构成重大危险源。　（√）

29. 250t 的珠光砂堆积保温的液氩储罐未构成重大危险源。　（√）

30. 低温液体储槽的充满率不得大于 0.95，严禁过量充装。　（√）

31. 低温液氮、液氩在室内使用时，由于氮、氩无毒、不燃，大量的气、液体可以排放在室内。　（×）

32. 低温液体储槽安装场所不可在低凹处，且必须有良好通风条件或换气装置。　（√）

33. 低温阀门、汇流排阀门、仪表、管道有冻结不通时，可用明火烤化。　（×）

34. 在充装气体的过程中，充装器具和管道堵塞时可以用工具敲打。　（×）

35. 经外观检查，存在明显损伤需进行检查的低温液体储槽不可使用。　（√）

36. 大量的气、液体要是无毒、不燃的，是可以排放在室内的。　（×）

37. 生产气体的车间必须有良好的通风条件或换气通风装置。　（√）

38. 通过可燃气体的充装站的机动车辆应备有阻火器。　（√）

39. 工业上的"三废"是指废气、废水、废渣。　（√）

40. 基本灭火方法有隔离法、冷却法、窒息法。　（√）

41. 夏季时实瓶不必防晒。　（×）

42. 装卸时必须轻装轻卸，严禁碰撞、抛掷、溜坡或横放在地上滚动等，注意防止钢瓶安全帽脱落。　（√）

43. 可燃性气体与助燃性气体的瓶装气可同车运输。　（×）

44. 气瓶吊装时可以使用电磁起重机。　（×）

八、通用操作选择题（单选）

1. 标准状态下 1m³ 气态空气为（　D　）kg。
   A. 1.976　　　B. 1.293　　　C. 1.78　　　　D. 1.43

2. 标准状态下 1m³ 气态氧为（　D　）kg。
   A. 1.976　　　B. 1.25　　　C. 1.78　　　　D. 1.43

3. 标准状态下 1m³ 气态氮为（　B　）kg。
   A. 1.976　　　B. 1.25　　　C. 1.78　　　　D. 1.43

4. 标准状态下 1m³ 气态氩为（　C　）kg。
   A. 1.976　　　B. 1.25　　　C. 1.78　　　　D. 1.43

5. 标准状态下 1m³ 气态二氧化碳为（　A　）kg。
   A. 1.976　　　B. 1.25　　　C. 1.78　　　　D. 1.43

6. 标准状态下 1m³ 气态氯为（　D　）kg。

A. 1.976　　　　B. 1.25　　　　C. 1.78　　　　D. 3.27

7. 标准状态下 1m³ 气态氨为（　B　）kg。

A. 1.976　　　　B. 0.771　　　C. 1.78　　　　D. 1.43

8. 标准状态下 1m³ 气态乙炔为（　A　）kg。

A. 1.17　　　　B. 1.25　　　　C. 1.78　　　　D. 1.43

9. 在标准大气压下 1L 液氩气化后为（　A　）L 气氩。

A. 770　　　　B. 558　　　　C. 702　　　　D. 789

10. 在标准大气压下 1L 液氧气化后为（　B　）L 气氧。

A. 640　　　　B. 800　　　　C. 770　　　　D. 558

11. 在标准大气压下 1L 液氮气化后为（　A　）L 气氮。

A. 640　　　　B. 800　　　　C. 770　　　　D. 558

12. 氧的液化温度为零下（　A　）℃（在标准大气压下）。

A. 183　　　　B. 196　　　　C. 78　　　　D. 186

13. 氮的液化温度为零下（　B　）℃（在标准大气压下）。

A. 183　　　　B. 196　　　　C. 78　　　　D. 186

14. 氩的液化温度为零下（　D　）℃（在标准大气压下）。

A. 183　　　　B. 196　　　　C. 78　　　　D. 186

15. 空气中含氧为（　B　）%（体积分数）。

A. 78　　　　B. 21　　　　C. 19　　　　D. 34

16. 空气中含氮为（　A　）%（体积分数）。

A. 78　　　　B. 21　　　　C. 19　　　　D. 34

17. 在工业生产中，利用惰性气体的（A）的特性，常用作保护气体。

A. 很难和其他物质起化学反应　B. 临界温度较低　C. 不宜液化　D. 临界温度较高

18. 氯气是（　C　）气体。

A. 惰性　　　　B. 碱性腐蚀　　　　C. 酸性腐蚀　　　　D. 自燃

19. 氨气是（　B　）气体。

A. 惰性　　　　B. 碱性腐蚀　　　　C. 酸性腐蚀　　　　D. 自燃

20. 氮气的性质是（　A　）。

A. 化学性质极不活泼　B. 有毒　　　C. 易燃　　　D. 助燃

21. 氧气的性质是（　D　）。

A. 化学性质极不活泼　B. 有毒　　　C. 易燃　　　D. 助燃

22. 二氧化碳是（　C　）气体。

A. 可燃　　　B. 有毒　　　C. 窒息　　　D. 助燃

23. 下列（　C　）是可燃气体。

A. 氮气　　　B. 氩气　　　C. 一氧化碳　　　D. 氧

24. 氢气在空气中的爆炸范围，下限是（　A　）%，上限 75%。

A. 4　　　　B. 14　　　　C. 5.3　　　　D. 35

25. 甲烷在空气中的爆炸范围为下限（　C　）%，上限 14%。

A. 4　　　　B. 14　　　　C. 5.3　　　　D. 75

26.（　A　）是化学反应。

A. 氧-乙炔燃烧　B. 乙炔溶于丙酮　C. 从空气中分离氧和氮　D. 液氯变为氯气

27. 关于以下混合气的说法中（　A　）是错误的。

A. 混合气体中各种气体之间有界面

B. 混合气体是有由两种或两种以上气体组成的均匀混合物

C. 空气是一种混合气

D. 民用液化石油气是一种混合气

28. 在工业生产中，利用惰性气体的（　A　）的特性，常用作保护气体。

A. 很难和其他物质起化学反应　B. 临界温度较低　C. 不宜液化　D. 临界温度较高

29. 气体的充装站保存充装记录的时间不应少于（　B　）。

A. 1 年　　　　　　B. 2 年　　　　　　C. 3 年　　　　　　D. 0.5 年

30. 充装氩气体汇流排的压力表表盘不得小于（　D　）mm。

A. 50　　　　　　B. 75　　　　　　C. 200　　　　　　D. 150

31. 充装汇流排压力表刻度盘极限值应为气瓶极限压力的（　B　）倍。

A. 3　　　　　　B. 1.5～3　　　　　　C. 5　　　　　　D. 10

32. 容积小于或等于 5m³、压力小于 1.6MPa 的低温液体氧储罐的压力容器是（　A　）。

A. 第Ⅰ类的压力容器　　　　　　B. 第Ⅱ类的压力容器

C. 第Ⅲ类的压力容器　　　　　　D. 不属于压力容器

33. 吊装气瓶的正确方法是（　A　）。

A. 将散装瓶装入集装箱内，固定好气瓶，用机械起重设备吊运气瓶

B. 用电磁起重机

C. 使用金属链绳捆绑后吊运气瓶

D. 使用吊钩吊气瓶瓶帽吊运气瓶

34. 用车辆运送氢气气瓶时，不可与（　C　）气瓶同车。

A. 甲烷　　　　　　B. 乙烯　　　　　　C. 氯气　　　　　　D. 乙烷

35. 用车辆运送氧气气瓶时，不可与（　B　）气瓶同车。

A. 压缩空气　　　　B. 一氧化碳　　　　C. 氩气　　　　　　D. 笑气

36. 用车辆运送氨气气瓶时，不可与（　C　）气瓶同车。

A. 甲烷　　　　　　B. 乙烯　　　　　　C. 氯气　　　　　　D. 乙烷

37. 用车辆运送气瓶，立放时，车辆的车厢高度应在（　C　）气瓶高度以上。

A. 1/2　　　　B. 1/4　　　　C. 2/3　　　　D. 1/3

38. 用车辆运送气瓶，卧放时，瓶阀端应朝向一方，垛高不得超过（　D　）层且不得超过车辆的车厢高度。

A. 8　　　　　　B. 7　　　　　　C. 6　　　　　　D. 5

39. 压缩（原永久）气体气瓶发生爆炸事故最多的原因是（　B　）。

A. 超装　　　　　　B. 错装　　　　　　C. 超压　　　　　　D. 超温

40. 压缩（原永久）气体、液化气体、乙炔的充装站保存充装记录的时间不应少于（　B　）。

A. 1 年　　　　　　B. 2 年　　　　　　C. 3 年　　　　　　D. 0.5 年

41. 生产易燃气体厂房必须设有足够的泄压面积并有与厂房空间相适应的泄压设施，生

产介质密度大于空气的气体充装站排气泄压设施应开设在建筑物（ D ）。

    A. 上部   B. 顶部   C. 中部   D. 底部

42. 可燃气体的充装站必须设有相应的泄压设施，充装介质密度大于或等于空气的气体，充装站排气泄压设施，应设在建筑物靠近（ B ）的位置上。

    A. 顶部   B. 地面   C. 窗   D. 门

43. 生产易燃气体厂房必须设有足够的泄压面积并有与厂房空间相适应的泄压设施，生产介质重度小于空气的气体充装站排气泄压设施应开设在建筑物（ B ）

    A. 上部   B. 顶部   C. 中部   D. 底部

44. （A）适用于木材、棉花、纸张着火，不适用于电器，忌水的化学品以及带压气体的着火等。

    A. 泡沫灭火机   B. 干粉灭火机   C. "1211"灭火机   D. 卤代烷

45. 电气设备着火，不要用（C）扑救。

    A. 砂土   B. 干粉灭火机   C. 泡沫灭火器   D. 二氧化碳

46. 每年春季厂房测防雷装置接地电阻应不大与（ A ）Ω。

    A. 10   B. 15   C. 20   D. 25

九、通用法规、标准知识判断题（正确填√、错误填×）

1. 《中华人民共和国安全生产法》用语"危险物品"的含义，是指易燃易爆物品、危险化学品、放射性物品等能够危及人身安全和财产安全的物品。（√）

2. 《气瓶安全监察规程》是根据《特种设备安全监察条例》、《危险化学品安全管理条例》、《气瓶安全监察规定》的有关规定制定的。（√）

3. 现行的《危险化学品经营许可证管理办法》、《压力容器安全技术监察规程》、《气瓶安全监察规定》、《气瓶安全监察规程》是属于行政规章，不属于法律。（√）

4. 国务院制定、发布了《安全生产许可条例》、《危险化学品安全管理条例》等它属于行政法规。（√）

5. 《特种设备安全监察条例》属于规章制度。（×）

6. 现行的《危险化学品经营许可证管理办法》、《固定式压力容器安全技术监察规程》、《移动式压力容器安全技术监察规程》、《气瓶安全监察规定》、《气瓶安全监察规程》是属于行政规章，不属于法律。它是国务院主管部门和地方省人民政府等根据实施法律、行政法规等在自己权限范围内依法制定的范围性行政管理文件，它是国家法律、行政法规的具体化。（√）

7. 1989年版《气瓶安全监察规程》规定气瓶可以改装；2000年版《气瓶安全监察规程》规定气瓶不可以改装。（√）

8. 2011年版《气瓶安全监察规程》规定气瓶还在《锅炉压力容器安全监察暂行条例》、《产品质量法》安全监察范围之内。（×）

9. 2000年版《气瓶安全监察规程》适用于溶解乙炔气瓶。（×）

10. 2011年版《气瓶安全监察规程》适用于溶解乙炔气瓶。（√）

11. 1989年版、2000年版及2011年版《气瓶安全监察规程》都适用于正常环境温度（−40～60℃）下使用。（√）

12. 2011年版《气瓶安全监察规程》适用于0.4～3000L，盛装压缩气体、高（低）压液化气体、低温液化气体、溶解气体、吸附气体等。（√）

13. 2011 年版《气瓶安全监察规程》也适用于液化石油气瓶和铝合金气瓶。　　　（√）

14. 2011 年版《气瓶安全监察规程》适用于民用机场专用设备使用的气瓶。　　　（×）

15. 2011 年版《气瓶安全监察规程》适用于机器设备上附属的瓶式压力容器及站用压缩天然气钢瓶。　　　（×）

16. 2011 年版《气瓶安全监察规程》适用于标准沸点等于或低于 60℃ 的液体以及人工混合气体。　　　（√）

17. 2011 年版《气瓶安全监察规程》不适用于溶解气体、吸附气体。　　　（×）

18. 2011 年版《气瓶安全监察规程》不适用于内部装有填料的气瓶等及其附件。　　　（×）

19. 2011 年版《气瓶安全监察规程》适用于无缝气瓶、焊接气瓶、焊接绝热气瓶、纤维缠绕气瓶。　　　（√）

20. 2011 年版《气瓶安全监察规程》适用于消防灭火器用气瓶的设计、制造。　　　（√）

21. 2011 年版《气瓶安全监察规程》适用于长管拖车（含管束式集装箱）用大容积气瓶的设计、制造。　　　（√）

22. 2011 年版《气瓶安全监察规程》不适用于公交车用压缩天然气钢瓶。　　　（×）

23. 气瓶由《气瓶安全监察规程》管理，不由《移动式压力容器》管理。　　　（√）

24. 《压缩气体充装规定》（GB 14194）适用于车用压缩天然气气瓶的充装。　　　（×）

25. GB 14193《液化气体充装规定》适用于高压液化气体和在最高使用温度下饱和蒸气压力下不小于 0.1MPa 的低压液化气体气瓶的充装。　　　（√）

26. GB 14193《液化气体充装规定》不适用于罐车的充装液化气体，也不适用于机动车用液化石油气气瓶的充装。　　　（√）

27. 各类充装站厂房建筑应符合 GB 50016《建筑设计防火规范》的有关规定。　　　（√）

28. 各类充装站的压力容器的设计、制造、安装、检验、使用和管理必须符合《压力容器安全技术监察规程》、《压力容器使用登记管理规则》及《在用压力容器检验规程》的规定。　　　（√）

29. 《溶解乙炔气瓶安全监察规程》是国家安监局制定的。　　　（×）

30. GB 27550《气瓶充装站安全技术条件》代替了 GB 17265《液化气体气瓶充装站安全技术条件》，规定了液化气体气瓶充装站必须具备的安全技术条和职责。适用于生产瓶装液化气体充装站。　　　（√）

31. GB 27550《气瓶充装站安全技术条件》代替了 GB 17264《永久气体气瓶充装站安全技术条件》规定了压缩（原永久）充装站应配备工程师技术职称以上（含工程师）的专职气瓶充装的安全管理负责人。　　　（√）

32. 行政规章虽然不属于法律，但它作为一项抽象的行政行为被法律确认后，同样具有法律效力，必须强制执行。　　　（√）

33. 保障人体健康，人身、财产安全的标准是强制性标准。GB 是强制性国家标准的代号，如 GB 50016《建筑设计防火规范》、GB 50177《氢气站设计规范》、GB 50030《氧气站设计规范》、GB 14194《永久气体气瓶充装规定》等。按《中华人民共和国标准化法实施条例》的规定，生产不符合强制性标准的产品的，应当令其停止生产并没收产品。　　　（√）

34. 不符合我国强制性标准的产品不准进口。　　　（√）

35. 标准化的目的是发展社会主义商品经济，促进社会进步，改建产品质量，提高社会经济效益，维护国家和人民的利益。　　　（√）

36. 生产过程中，如地方规程与"国标"发生矛盾时，应服从地方规程。　　　（×）

37. 充装单位应符合相应的充装站安全技术条件国家标准的要求，严格执行气瓶充装有关规定，确保不错装、不超装、不混装和充装质量的可追踪检查。　　　（√）

38. 充装单位必须对充装人员和充装前检查人员进行有关气体性质、气瓶的基本知识、潜在危险和应急处理措施等内容的培训。　　　（√）

39. 行业标准和企业标准标准指标都不应高于"国标"。　　　（×）

40. 气瓶充装实行年审制度。地、市级质量技术监督行政部门安全监察机构应每年对气瓶充装站进行一次年审。年审时，应对充装站充装工作的质量进行综合评价。对年审不合格的充装站应警告或暂停充装进行整顿，整顿合格后方可恢复充装。对整顿不合格的，报请省级质量技术监督行政部门取消充装资格。充装站换发注册登记以年审为依据，对每年年审均合格的充装站，可免予检查直接换证。　　　（√）

41. 行政法规必须强制执行，行政规章不必强制执行。　　　（×）

42. 气瓶生产国政府已宣布报废的，气瓶制造厂和本公司宣布停用的气瓶不可使用。
　　　（√）

43. 在中华人民共和国境内生产压力容器的外资企业可不遵守我国国内的制造许可证制度。　　　（×）

44. 充装单位应符合相应的充装站安全技术条件国家标准的要求，严格执行气瓶充装有关规定，确保不错装、不超装、不混装和充装质量的可追踪检查。　　　（√）

45. 充装单位必须对充装人员和充装前检查人员进行有关气体性质、气瓶的基本知识、潜在危险和应急处理措施等内容的培训。　　　（√）

46. 行业标准和企业标准标准指针都不应高于"国标"。　　　（×）

47. 气瓶充装实行年审制度。地、市级质量技术监督行政部门安全监察机构应每年对气瓶充装站进行一次年审。年审时，应对充装站充装工作的质量进行综合评价。对年审不合格的充装站应警告或暂停充装进行整顿，整顿合格后方可恢复充装。对整顿不合格的，报请省级质量技术监督行政部门取消充装资格。充装站换发注册登记以年审为依据，对每年年审均合格的充装站，可免予检查直接换证。　　　（√）

48. 各类充装站厂房建筑不在《建筑设计防火规范》GB 50016的有关规定之内。（×）

49. 各类充装站的压力容器的设计、制造、安装、检验、使用和管理必须符合《固定式压力容器安全技术监察规程》、《移动式压力容器安全技术监察规程》、《压力容器使用登记管理规则》及《在用压力容器检验规程》的规定。　　　（√）

50. 在中华人民共和国境内生产压力容器的外资企业可不遵守我国国内的制造许可证制度。　　　（×）

51. 行业标准在行业内外都有效。　　　（×）

52. 积极采用国际标准，是国家对采用国际标准的政策性规定。　　　（√）

十、通用法规、标准知识选择题（单选）

1. 2011年版《气瓶安全监察规程》是根据（　D　）的规定制定的。

A.《压力容器安全技术监察规程》

B.《锅炉压力容器安全监察暂行条例》、《劳动法》

C.《中华人民共和国安全生产法》、《产品质量法》

D.《特种设备安全监察条例》、《危险化学品安全管理条例》、《气瓶安全监察规定》

2.《气瓶安全监察规程》不适用于（ D ）的充装。

A. 压缩（原永久）气体　 B. 液化气体 C. 溶解气体　 D. 站用压缩天然气钢瓶

3. 在下列条款中（ C ）不是 2000 年版《气瓶安全监察规程》中规定的。

A. 气瓶的公称容积系列，应在相应的国家标准或行业标准中规定

B. 气瓶的钢印标记是识别气瓶的依据

C. 气瓶可以改装

D. 气瓶实行固定充装单位充装制度，不得为任何其他单位和个人充装气瓶

4. 2011 年版《气瓶安全监察规程》为了加强气瓶的安全监察，保障气瓶安全使用，促进国民经济的发展，保护人身和财产安全，在（ C ）等环节提出气瓶安全监察工作的具体规定。

A. 气瓶的充装和使用　　　　　　　　　　　　　　B. 材料和设计

C. 材料、设计、制造、气瓶附件、充装和使用、定期检验　　 D. 产品质量

5. GB 17264《永久气体气瓶充装站安全技术条件》、GB 17265《液化气体气瓶充装站安全技术条件》、GB 17266《溶解乙炔气瓶充装站安全技术条件》、GB 17267《液化石油气气瓶充装站安全技术条件》合并为（ C ）。

A.《永久气体气瓶充装站安全技术条件》气　　 B.《气瓶安全监察规定》

C.《气瓶充装站安全技术条件》　　　　　　　　 D.《气瓶安全监察规程》

6. 行政规章不属于法律，但它作为一项抽象的行政行为为法律确认后，同样具有法律效力，要（ B ）执行。

A. 推荐　　　　　　　 B. 强制　　　　　　　 C. 认真　　　　　　　 D. 自觉

7. 行政规章如《气瓶安全监察规程》，应（ B ）执行。

A. 推荐　　　　　　　 B. 强制　　　　　　　 C. 认真　　　　　　　 D. 自愿

8.《特种设备安全监察条例》将锅炉、压力容器含（ A ）、压力管道、电梯、起重机械、客运索道、大型游乐设施这些设备指定为特种设备。

A. 气瓶　　　　　　　 B. 压缩机　　　　　　　 C. 内燃机　　　　　　　 D. 机床

9. 在下列条款中（ D ）不是 2011 年版《气瓶安全监察规程》中规定的。

A. 气瓶充装单位应当按照《气瓶充装许可规则》（TSG R4001）的要求，取得气瓶充装许可证，并接受有关部门的监督管理

B. 气瓶产权单位应当按照《气瓶使用登记管理规则》（TSG R5001）的要求及时办理气瓶使用登记

C. 实行固定充装制度

D. 充装单位可以为任何其他单位和个人充装气瓶

10.《产品质量法》全国人民代表大会常务委员会通过的（ B ）。

A. 　规章制度 B. 国家法律　　　 C. 行政规章　　　 D. 行政法规

11.《锅炉压力容器安全监察暂行条例》是国务院制定、发布的（ D ）。

A. 　规章制度 B. 国家法律　　　 C. 行政规章　　　 D. 行政法规

12.《特种设备安全监察条例》是国务院制定、发布的（ D ）。

A. 　规章制度 B. 国家法律　　　 C. 行政规章　　　 D. 行政法规

13.《危险化学品安全管理条例》是国务院制定、发布的（ D ）

A. 　规章制度 B. 国家法律　　　 C. 行政规章　　　 D. 行政法规

14.《气瓶安全监察规定》是国家质量监督检验检疫总局颁发的（　C　）。

A.　规章制度　　　　B. 国家法律　　　　　　　C. 行政规章　　　　　D. 行政法规

15.《气瓶安全监察规程》是国家质量监督检验检疫总局颁发的（　C　）

A.　规章制度　　　　B. 国家法律　　　　　　　C. 行政规章　　　　　D. 行政法规

16. GB 14194《压缩气体气瓶充装规定》是（　C　）。

A. 规章制度　　　　B. 国家法律　　　　C. 强制性国家标准　　　D. 行政法规

17. GB 14193《液化气体气瓶充装规定》是（　C　）。

A. 规章制度　　　　B. 国家法律　　　　C. 强制性国家标准　　　D. 行政法规

18. GB 14191《溶解乙炔气瓶充装规定》是（　C　）。

A. 规章制度　　　　B. 国家法律　　　　　C. 强制性国家标准　　　D. 行政法规

19. GB 50016《建筑设计防火规范》是（　C　）。

A.　规章制度　　　　B. 国家法律　　　　　C. 强制性国家标准　　　D. 行政法规

20. GB 50177《氢气站设计规范》和 GB 50030《氧气站设计规范》不是法律，仅是强制性国家标准，要（　B　）执行。

A. 推荐　　　　　　B. 强制　　　　　　　C. 认真　　　　　　D. 自觉

21. GB 5099《钢制无缝气瓶》、GB 12135《气瓶定期检验站技术条件》、GB5100《钢制焊接气瓶》要（　B　）执行。

A. 推荐　　　　　　B. 强制　　　　　　　C. 认真　　　　　　D. 自觉

22. GB 是国家标准代号，国家规定的规范化读音为（　C　）。

A. "基毕"　　　　　B. "哥伯"　　　　　　C. "国标"　　　　D. "标准"

23. GB 14194《永久气体充装规定》适用于工业用压缩（原永久）气体气瓶的充装，也适用于（　B　），其他特殊用途的压缩（原永久）气体气瓶的充装也可参照使用。

A. 溶解乙炔气　　　　　　　　B. 深冷液化永久气体气化后的气瓶充装

C. 吸附气体气瓶　　　　　　　D. 机器设备上附属的瓶式压力容器

24. GB/T 4811《氮气》可（　A　）执行。

A. 推荐　　　　　　B. 强制　　　　　　　C. 认真　　　　　　D. 自觉

十一、压缩气体（含天然气）操作判断题（正确填√、错误填×）

1. 气瓶内气体不得用尽，永久气体气瓶必须留有余压，余压不得小于 0.05MPa。（　√　）

2. 压缩（永久）气体充装为了提高劳动效率，可以提高充装速度。（　×　）

3. 由于用户的急需，瓶装氧气可以 20min 打下一排 40L 的瓶子。（　×　）

4. 压缩（原永久）气体在充装和使用过程中允许气瓶压力超过气瓶的公称压力。（　√　）

5. 在充装氧气前，如发现瓶阀锥形尾部与瓶口连接螺纹之间的密封材料属于可燃性物质时必须更换。（　√　）

6. 瓶装氧气在出厂时未带瓶帽，可以先装车，之后，可补几个瓶帽扔在车上。（　×　）

7. 发现氧气瓶内积水时，充气前将气瓶倒置，开启瓶阀将水排出后方可充气。（　√　）

8. 错装是造成压缩（原永久）气体充装事故最常见的原因。（　√　）

9. 无剩余压力的氧气瓶，不用做氮气置换可直接做抽真空处理。（　×　）

10. 瓶内无剩余压力的压缩空气气瓶可以直接充装。（　×　）

11. 凡是用高压气瓶充装的气体，其计量方法都是计量压力。（　×　）

12. 无缝气瓶充装时，不能稳固立于地面的气瓶可以用人工扶着或靠墙充装。（　×　）

13. 气瓶瓶阀出口的连接型式及其尺寸与充装气体介质性质无关。（×）

14. 氧气或氧化性气体气瓶沾有油脂的严禁充装。（√）

15. 因人离不开氧，所以周围空气中氧的含量越多越好。在排放液氧时，操作人员可在富氧环境久留，多吸一些氧气。（×）

16. 低温液氮、液氩在室内使用时，由于氮、氩无毒、不燃，大量的气、液体可以排放在室内。（×）

17. 对盛装氧化性介质的气瓶，发现有油脂沾污时，应进行脱脂处理。（√）

18. 氧气的压力表、安全阀不用脱脂去油就可使用。（×）

19. 操作工排放液氧时，氧气能被衣服等织物吸附，遇火源易引起燃烧危险。（√）

20. 氧气或氧化性气体气瓶沾有油脂的严禁充装。（√）

21. 低温液氧储槽安装在室内时，大量的气、液体可以排放在室内。（×）

22. 介质发生化学反应，如氢、氧混装产生爆鸣气而发生爆炸的，称为化学爆炸。（√）

23. 液氧、液氮、液氩在气化后充瓶时，进入气瓶前气体的温度不可低于－30℃。（√）

24. 无剩余压力的氧气瓶，不用氮气置换可直接做抽真空处理。（×）

25. 氧气的气体生产厂房类别为乙类。（√）

26. 天然气能压缩或液化。（√）

27. 计量衡器的最大值不得大于气瓶实重的 2 倍，且不小于 1.5 倍。（×）

28. 对于 CNG 加气站来讲，压缩系统所采用的压缩机主要是具有连杆结构的活塞式压缩机。（√）

29. 加气站是防火重点区域，站内严禁烟火，严禁堆放杂物和存放各种易燃易爆品。（√）

30. 加气时车辆必须熄火，拉紧手刹，关闭车上所有电器装置，严禁在加气时发动车辆。（√）

31. CNG 气站的压缩机设置了 PLC 系统可实现对机组启动、停机程序和加气顺序进行自动控制。（√）

32. M301 和 KRAUS 的压缩机均为四级压缩。（√）

33. 对公交车进行加气，如果压力超过 25MPa 还未自动停止，应手动停止加气。（√）

34. 当机组加气机等设备出现诸如震动异响时，可以继续进行加气作业。（×）

十二、压缩气体（含天然气）操作选择题（单选）

1. 氧气中的乙炔、乙烯及氢的总含量达到或超过（ C ）（体积分数）时禁止充瓶。
A. $1×10^{-2}$　　　B. $0.5×10^{-2}$　　　C. $2×10^{-2}$　　　D. $4×10^{-2}$

2. 充装乙烯中含氧超过 2% 及充装其他易燃气体中含氧超过（ D ）% 时严禁充装。
A. 3　　　B. 6　　　C. 5　　　D. 4

3. 采取电解法制取氢、氧的气体充装站，充装气体最大的隐患是（　　）。
A. 超温　　　B. 超压　　　C. 超装　　　D. 氢、氧混装

4. 《气瓶安全监察规程》中规定采取电解法制取氢、氧的气体充装站，宜设置自动测定氢、氧浓度和超标报警的装置。当氢中含氧或氧中含氢超过（ D ）（体积比）时严禁充装。
A. 4%　　　B. 74%　　　C. 74%　　　D. 0.5%

5. 在氮、氩气集聚区，要控制空气中氧浓度不低于（ D ）%。

A. 21   B. 10   C. 13   D. 18

6. 40L、15MPa 的压缩（原永久）气体气瓶每瓶充装流量不得大于（ C ）（标准状态）。

A. 2m³/h   B. 6m³/h   C. 8m³/h   D. 10m³/h

7. 氧气中的乙炔、乙烯及氢的总含量达到或超过（ C ）（体积分数）时禁止充瓶。

A. $1×10^{-2}$ B. $0.5×10^{-2}$ C. $2×10^{-2}$ D. $4×10^{-2}$

8. 生产气体的建筑应符合 GB 50016《建筑设计防火规范》的有关规定，生产、储存氢气的建、构筑耐火等级应不低于（ A ）级。

A. 一   B. 二   C. 三   D. 四

9. 生产气体的建筑应符合 GB 50016《建筑设计防火规范》的有关规定，生产、储存氧气的建筑耐火等级应不低于（ B ）级

A. 一   B. 二   C. 三   D. 四

10. 瓶装氧是强氧化性、无毒、无腐蚀、压缩（原永久）气体，其气体的数字编码应是（ D ）。

A. 0201   B. 5200   C. 0110   D. 4140

11. 液氧储罐（5m³）距离民用建筑、明火或散发火花地点的安全防火距离应为（ B ）m。

A. 20   B. 30   C. 40   D. 50

12. GB 14194《压缩（原永久）气体充装规定》适用于工业用永久气体气瓶的充装，也适用于（ B ），其他特殊用途的永久气体气瓶的充装也可参照使用。

A. 溶解乙炔气   B. 深冷液化永久气体气化后的气瓶充装
C. 吸附气体气瓶   D. 机器设备上附属的瓶式压力容器

13. 以 t（℃）表示摄氏度，t（℉）表示华氏度，经计算 32℉ 为（ B ）℃。

A. 2   B. 0   C. 30   D. 66

14. 40L 的氧气瓶，充装压力假如为 14.7MPa（绝压），瓶内氧气体积大约为（ D ）m³

A. 2.5   B. 2.0   C. 3   D. 6

15. 液态氧液体的密度 $ρ=1.14kg/L$，在标准状态下气态的密度为 $γ=1.43kg/m³$，一个装有 5m³ 液氧槽车发生完全泄漏，问将会有（ C ）m³ 的气态氧产生。

A. 3670   B. 2048   C. 3958   D. 6680

16. 液态氮液体的密度 $ρ=0.8kg/L$，在标准状态下气态的密度为 $γ=1.25kg/m³$，一个装有 3m³ 液氧槽车发生完全泄漏，将会有（ D ）m³ 的气态氮产生。

A. 3670   B. 2248   C. 3458   D. 1920

17. （ A ）适用于木材、棉花、纸张着火，不适用于电器，忌水的化学品以及带压气体的着火等。

A. 泡沫灭火机   B. 干粉灭火机   C. "1211" 灭火机   D. 四氯化碳灭火机

18. 天然气脱水是指脱掉天然气中气相水分，不是脱水的好方法有（ D ）。

A. 固体干燥剂吸附法   B. 甘醇液吸收法   C. 冷分离法   D. 加热

19. 固体干燥剂有多种，不常用的是（ A ）。

A. 氧化钙   B. 活性炭   C. 硅胶   D. 分子筛

20.（　D　）不是天然气脱硫的方法。

A. 化学溶剂法、物理溶剂法　　　B. 干式床层法　　　C. 膜渗透法　　　D. 间接转换法

21. 压缩高压（25MPa）天然气压缩机不可用（　B　）

A. 卧式压缩机　　　B. 离心式压缩机　　　C. 角度式压缩机　　　D. 隔膜式压缩机

22. 天然气中不是有害杂质的是（　D　）。

A. 硫化氢　　　B. 其他硫化物　　　C. 二氧化碳和水　　　D. 甲烷

23. 计算天然气 $1000m^3$（标准状态）的气体是（　C　）kg［天然气密度为 $0.717kg/m^3$（标准状态）］。

A. 555　　　B. 356　　　C. 717　　　D. 828

24. 在标准状态下 1L 的液态甲烷气化后为（B）L 气态甲烷。

A. 770　　　B. 558　　　C. 702　　　D. 789

十三、液化气体操作判断题（正确填√、错误填×）

1. 衡器应按有关规定，定期进行校验，并且至少在每班使用前应校验一次。衡器应设置在气瓶超装时报警和自动切断气源的联锁装置。（√）

2. 液化石油气属于高压液化气体。（×）

3. 低压液化气体的液体膨胀系数比压缩系数小得多。（×）

4. 高压液化气体气瓶的充装量，取决于该气体规定的公称压力下的充装系数和气瓶体积的乘积。（√）

5. 低压液化气体的主要充装危险是超装。（√）

6. 低压液化气体的气瓶"满液"时，温度继续升高，压力就急剧上升，其原因是液体的膨胀系数大于压缩系数。（√）

7. 二氧化碳在充装时注意称重衡器和超装报警装置的同时，也应监视压力。（√）

8. 凡是用高压气瓶充装的气体，其计量方法都是计量压力。（×）

9. 液化气体的计量方式是计量容积，计量装液的容积占瓶容积的百分数。（×）

10. 液化气体按计重方式充装，充装系数必须符合《气瓶安全监察规程》的规定。（√）

11. 在液氯充装完之后，其重量必须在另外的一个衡器上进行复检。（√）

12. 二氧化碳用高压气瓶充装，其计量方法是计量其压力。（×）

13. 无缝气瓶只能盛装压缩（原永久）气体。（×）

14. 盛装液氨的气瓶也可以使用黄铜材料制造的瓶阀。（×）

15. 液化气体气瓶超装引起的爆炸是化学爆炸。（×）

16. 气瓶内气体不得用尽，液化气体气瓶必须留有不小于0.5%～1.0%的充装量。（√）

17. 液化气体的充装量必须严格控制，发现充装过量的气瓶，必须将超装的液体妥善排出。（√）

18. 液化气体的充装量，不得大于气瓶的公称容积与充装系数的乘积。（√）

19. 盛装氯化氢的气瓶不可以使用黄铜材料制造的瓶阀。（√）

20. 氨气瓶比氯气瓶压力高，氨气应该属于高压液化气体。（×）

21. 液化气体气瓶的充装量，不可以用储罐减量法来确定。（√）

22. 允许从液化石油气罐车直接向气瓶充装气体。（×）

23. 充装液化气体管道上的压力表刻度盘上，未划出最高工作压力的指示红线的也可使用。（×）

24. 钢制无缝气瓶可以充装液化气体。 （√）

25. 二氧化碳用高压气瓶充装，其计量方法是计量其压力。 （×）

26. 液化气体的计量方式是计量容积，计量装液的容积占瓶容积的百分数。 （×）

27. 氯、氯化氢是腐蚀性气体。 （√）

28. 氨可以引起人的眼睛、咽喉、肺部、神经系统的疾病。 （√）

十四、液化气体操作操作选择题（单选）

1. 下面（ C ）气体不可使用铝合金气瓶。

A. 甲胺　　　　B. 丙烯　　　　C. 氟化氢　　　　D. 丙烷

2. 确定液化气体充装量，下列方法中（ B ）是正确的。

A. 气瓶集合充装，统一称重均分计量或一个汇流排中仅用一个衡器计量其中一瓶气体，其他气瓶参照此瓶计量数值计量

B. 精确计量，逐个检查核定

C. 按气瓶充装前后储罐存液量之差计量；按气瓶充装前实测的重量差计量

D. 按气瓶容积装载率计量

3. 对于盛装液化气体的气瓶，气瓶的公称工作压力，是指温度为（ C ）℃时瓶内气体压力的上限值。

A. 40　　　　B. 50　　　　C. 60　　　　D. 70

4. 液化气体气瓶"满液"时，温度每升高1℃，压力就会增大（ D ）MPa（有的情况会更高）。

A. 0.1　　　B. 0.2　　　C. 0.5　　　D. 1

5. 低压液化气体充装系数的确定原则之一是：温度高于气瓶最高使用温度（ D ）℃时，瓶内不满液。

A. 20　　　B. 15　　　C. 10　　　D. 5

6. 易燃液化气体中的氧含量超过（ C ）%（体积分数）时禁止充装。

A. 5　　　B. 5　　　C. 2　　　D. 3

7. 液化气体气瓶发生爆炸事故最多的原因是（ B ）。

A. 错装　　　B. 超装　　　C. 超压　　　D. 超温

8. 液化气体气瓶充装系数的确定原则之一是，充装系数应是不大于在气瓶最高使用温度下液体密度的（ A ）%

A. 97　　　B. 90　　　C. 85　　　D. 80

9. 公称压力为15MPa二氧化碳气瓶的充装系数为（ D ）kg/L。

A. 0.74　　　B. 0.47　　　C. 0.52.　　　D. 0.60

10. 公称压力为15MPa乙烯气瓶的充装系数为（ B ）kg/L。

A. 0.74　　　B. 0.28　　　C. 0.52.　　　D. 0.60

11. 公称压力为3MPa氨气瓶的充装系数为（ C ）kg/L。

A. 0.74　　　B. 0.47　　　C. 0.53.　　　D. 0.60

12. 公称压力为2MPa氯气瓶的充装系数为（ A ）kg/L。

A. 1.25　　　B. 0.47　　　C. 0.52.　　　D. 0.60

13. 瓶装氧化亚氮是强氧化性、无毒、无腐蚀、压力高于3.5MPa高压液化气体，其气体的数字编码应是（ D ）。

A. 0201　　　　B. 5200　　　　C. 0110　　　　D. 4120

14. 液化气体气瓶发生爆炸事故最多的原因是（　B　）。

A. 错装　　　B. 超装　　　　C. 超压　　　　D. 超温

15. 液化气体充装站保存充装记录的时间不应少于（　B　）。

A. 1 年　　　　B. 2 年　　　　C. 3 年　　　　D. 0.5 年

16. 氯的主要的制取方法是（　A　）。

A. 电解饱和食盐法　　　B. 分解法　　　C. 精馏法　　　D. 裂解法

17. 盛装高压液化气体的气瓶，其工作压力不得小于（　C　）MPa。

A. 12.5　　　B. 3　　　　C. 8　　　　D. 2

18. 为了准确计量充装液化气体用的衡器的称量值不得大于实际质量的（　A　）倍，也不得小于 1.5 倍。

A. 3　　　　B. 2　　　　C. 2.5　　　　D. 3.5

19. 盛装高压液化气体的气瓶，在规定充装系数下，其公称工作压力不得小于所盛装气体在 60℃时的最高温升压力，且不得小于（　D　）MPa。

A. 5　　　　B. 3　　　　C. 6　　　　D. 8

20. 盛装低压液化气体的气瓶，其公称工作压力不得小于所盛装气体在（　B　）℃时的饱和蒸气压。

A. 65　　　B. 60　　　　C. 55　　　　D. 50

21. 盛装低压液化气体的气瓶，其公称工作压力不得小于（　C　）MPa；盛装剧毒危害的低压液化气体的气瓶，其公称工作压力的选用应当适当提高。

A. 0.2　　　B. 0.5　　　　C. 1　　　　D. 1.5

22. 110g 的笑气（N_2O）物质的量是（　A　）mol（氮、氧的原子量分别为 14 和 16）。

A. 2.5　　　B. 2.0　　　　C. 3　　　　D. 6

23. 有一个液氯气瓶破裂，蒸发氯气体积可达 68m³，如在空气中氯的浓度达到 0.09％时人吸入 5～10min 即致死，在 5～10min 内可以使人中毒致死的空气体积为（　A　）×10⁴m³。

A. 7.5　　　B. 2.0　　　　C. 3　　　　D. 6

24. 有一个液氯气瓶自重 234kg，盛满水后称重为 648.5kg，计算此瓶的最大允许充装量（水的密度为 1kg/L，液氯的充装系数为 1.25kg/L）为（　B　）kg。

A. 562.5　　　B. 518.125　　　C. 300　　　D. 656

25. 氨气的分子量为 17，即在标准情况下，17g 的氨气为 22.4L，现在氨气的质量 $m_{(NH_3)}$ 为 5.1g，所以氨气的体积是（　D　）L。

A. 2.5　　　B. 2.0　　　　C. 3　　　　D. 6.7

26. 液氨在 30℃时的膨胀系数 β 是 0.00257℃⁻¹，压缩系数 α 是 0.00158MPa⁻¹，假定此时气瓶已经"满液"，液氨每升高 1℃，气瓶内压力升高（　B　）MPa。

A. 2.5　　　B. 1.63　　　　C. 3　　　　D. 6.7

27. 液氯液体的密度 $\rho=1.47$kg/L，在标准状态下气态的密度为 $\gamma=3.27$kg/m³，一个装有 400L 液氯的气瓶爆炸后将会有（　C　）m³ 的气态氯产生。

A. 367　　　B. 204　　　　C. 179.82　　　D. 668.28

28. 液态环氧乙烷液体的密度 $\rho=0.887$kg/L，在标准情况下气态的密度为 $\gamma=1.795$kg/m³，一个装有 800L 液态环氧乙烷的气瓶爆炸后将会有（　C　）m³ 的气态环氧乙烷产生。

A. 370　　　　B. 204　　　　C. 395　　　　D. 668

十五、溶解乙炔操作判断题（正确填√、错误填×）

1. 无缝气瓶可以在无填料、无溶液情况下空筒充装乙炔。　　　　　　　（×）

2. 经拆装易熔合金塞后的乙炔气瓶不用经置换，就可直接充装。　　　（×）

3. 压力高的溶解乙炔气瓶一定比压力低的充装乙炔量多。　　　　　　（×）

4. 溶解乙炔气瓶中填料的作用是隔爆、均匀吸附、冷却气体。　　　　（√）

5. 乙炔气瓶充装时，不能稳固立于地面的，可以用人工扶着或靠墙充装。（×）

6. 瓶装乙炔的生产四个程序，即：粗乙炔气的发生、粗乙炔气的净化、压缩与干燥、乙炔气的充装。　　　　　　　　　　　　　　　　　　　　　　　　（√）

7. 颈圈松动不影响乙炔气瓶的充装。　　　　　　　　　　　　　　　（×）

8. 乙炔在充装过程中既称重又要测压力。　　　　　　　　　　　　　（√）

9. 乙炔瓶内无剩余压力也可以直接充装。　　　　　　　　　　　　　（×）

10. 乙炔瓶充装后，静置 8h 以上，之后测压力，压力如有超过规定的，应及时妥善处理，否则严禁出厂。　　　　　　　　　　　　　　　　　　　　　　　　（√）

11. 乙炔瓶中的水分不会造成气瓶的腐蚀。　　　　　　　　　　　　　（×）

12. 乙炔瓶充装后，静置 8h 以上，然后从同一批中抽取总瓶数的 10％（不少于两瓶）测压力。　　　　　　　　　　　　　　　　　　　　　　　　　　　（√）

13. 乙炔是由碳和氢组成的化合物。　　　　　　　　　　　　　　　　（√）

14. 乙炔瓶阀侧接嘴处有积有炭黑等物的气瓶不可以充装。　　　　　（√）

15. 环境温度越低乙炔在丙酮中的溶解度越低。　　　　　　　　　　　（×）

16. 压力越高乙炔在丙酮中的溶解度越低。　　　　　　　　　　　　　（×）

17. 基准温度为 40℃，乙炔瓶内充以规定充装量丙酮和最大乙炔量时的最大许可压力，为乙炔瓶的最大限定压力。　　　　　　　　　　　　　　　　　　　（×）

18. 乙炔气在温度低于 16℃时与水接触，能生成水合晶体，有堵塞管路的危险。（√）

19. 在相同的温度下气瓶中的压力越高气瓶中剩余的乙炔量就越少。　（×）

20. 乙炔爆炸事故，常以那两种形式出现：一种是乙炔-空气混合气体爆炸；另一种是高压乙炔的分解爆炸。　　　　　　　　　　　　　　　　　　　　　　　（√）

21. 乙炔对空气的密度是 0.906，以空气为 1。　　　　　　　　　　　（√）

22. 可以用无溶解液的气瓶中压缩或液化的方法充装乙炔。　　　　　（×）

23. 储存溶解乙炔气瓶的库房可配置和使用卤代烷灭火器。　　　　　（×）

24. 充装乙炔用压力表 12 个月必须校验 1 次。　　　　　　　　　　　（×）

25. 乙炔爆炸往往以两种形式出现：一种是混合气体爆炸；另一种是分解爆炸。（√）

26. 在相同的压力下，返回的气瓶温度越高气瓶中剩余的乙炔量就越多　（×）

27. 乙炔在一定的条件下也可变成固体。　　　　　　　　　　　　　　（√）

28. 乙炔气瓶内气体不得用尽。　　　　　　　　　　　　　　　　　　（√）

29. 乙炔充装气瓶过程的实质就是乙炔加压溶于丙酮的过程。　　　　（√）

30. 乙炔与氯气相遇，会发生剧烈的化学反应，在一定的条件下产生燃爆。（√）

31. 可以用压缩或液化的方法储存乙炔。　　　　　　　　　　　　　　（×）

32. 乙炔与铜、银、汞短时接触不影响安全。　　　　　　　　　　　　（×）

33. 乙炔溶于丙酮的程度与压力有关。　　　　　　　　　　　　　　　（√）

34. 乙炔易溶于丙酮是其化学性质之一。　　　　　　　　　　　　　（×）

35. 为了提高乙炔充装劳动效率，可以提高充装速度。　　　　　　　（×）

36. 乙炔气瓶吊装时可以使用电磁起重机。　　　　　　　　　　　　（×）

37. 溶液是由溶剂和溶质组成，乙炔是溶质，而丙酮是溶剂。　　　　（√）

38. 溶解乙炔充装场所必须有良好的通风条件或换气通风装置。　　　（√）

39. 乙炔瓶充装单位对固定在本单位充装的乙炔瓶，应逐只建立档案。档案内容包括：乙炔瓶编号，产品合格证，质量证明书，定期检验记录，充装记录等。　（√）

十六、溶解乙炔操作操作选择题（单选）

1. 乙炔在标准状态下的沸点为－（　C　）℃。

A. 42.6　　　　B. 51.7　　　　C. 82.4　　　　D. 62.5

2. 乙炔在标准状态下的密度为（　B　）kg/m³。

A. 2.6　　　　B. 1.17　　　　C. 1.8　　　　D. 2.9

3. 乙炔的分子量是（　A　）。

A. 26　　　　B. 37　　　　C. 28　　　　D. 19

4. 乙炔气体的临界温度为（　B　），但是瓶装乙炔不属于高压液化气体。

A. －35℃　　　B. 35.7℃　　　C. 120℃　　　D. 78℃

5. 乙炔在《瓶装压缩气体分类》中定为（　A　）。

A. 溶解气体　　B. 高压液化气体　　C. 低压液化气体　　D. 压缩气体

6. 乙炔气瓶的运输、储存、使用的环境温度一般不超过（　C　）。

A. 70℃　　B. 50℃　　C. 40℃　　D. 60℃

7. 所谓乙炔瓶内的炔酮比即（　B　）。

A. 乙炔与丙酮的体积比

B. 单位丙酮质量（kg）所充装乙炔的质量（kg）

C. 乙炔在丙酮中20℃，0.2MPa的溶解度

D. 乙炔在丙酮中40℃、0.4MPa的溶解度

8. 在任何情况下，乙炔的最高充装压力都不得超过（　B　）MPa。

A. 3　　　　B. 2.5　　　　C. 1.5　　　　D. 3.5

9. 乙炔第一次充装后，必须静置（　C　）h，才可第二次充装。

A. 2　　　　B. 4　　　　C. 8　　　　D. 12

10. 乙炔多孔填料空隙率为（　D　）。

A. 60%　　　B. 70%　　　C. 82%　　　D. 90%～92%

11. 乙炔瓶的"安全空间"率（V_s）是指瓶内气态乙炔所占空间的体积分数，一般为（　D　）。

A. 3%～5%　　B. 5%～7%　　C. 7%～10%　　D. 10%～14%

12. 乙炔的充装容积流速一般应小于（　D　）m³/（h·L）。

A. 0.035　　　B. 0.024　　　C. 0.15　　　D. 0.015

13. 乙炔瓶充装在用乙炔置换时，乙炔压力应小于（　D　）MPa。

A. 0.1　　　B. 0.8　　　C. 0.3　　　D. 0.2

14. 在确定乙炔充装的最大限定压力时的基准温度是（　D　）℃。

A. 30　　　B. 25　　　C. 20　　　D. 15

15. 乙炔充装时的瓶壁温度不得超过（　D　）℃。

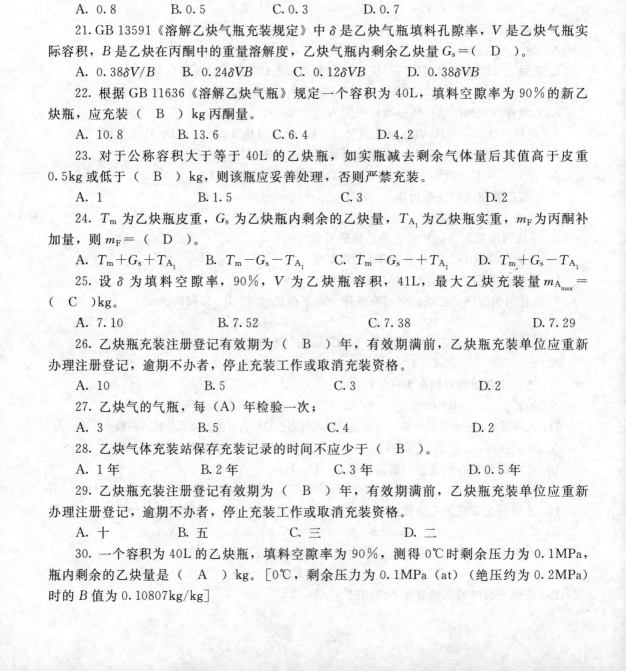

A. 30　　　B. 35　　C. 50　　　　D. 40

16. 溶解乙炔充装时（　C　）。

A. 只需要计压　B. 只需要计重　C. 既需要计压又需要计重　　D. 只需要计体积

17. 乙炔瓶充装丙酮时氮气的压力应小于（　D　）MPa。

A. 0. 1　　　　　　　B. 0. 2　　　　　C. 0. 3　　　　　D. 0. 8

18. 乙炔在空气中的爆炸范围是（　A　）。

A. 2. 5％～100％　　　　　B. 5％～28％　　　　C. 10％～28％　　　　D. 4％～75％

19. 根据 GB 11636《溶解乙炔气瓶》规定气瓶在 15℃时限定充装压力为（　B　）MPa。

A. 1. 4　　　B. 1. 52　　　　C. 1. 6　　　D. 4

20. 一个皮重为 57kg 乙炔瓶，测得余气重量为 1.7kg，测得实重为 58kg，该瓶需补加丙酮（　D　）kg。

A. 0. 8　　　B. 0. 5　　　　C. 0. 3　　　　D. 0. 7

21. GB 13591《溶解乙炔气瓶充装规定》中 δ 是乙炔气瓶填料孔隙率，V 是乙炔气瓶实际容积，B 是乙炔在丙酮中的重量溶解度，乙炔气瓶内剩余乙炔量 G_s＝（　D　）。

A. $0.38\delta V/B$　　B. $0.24\delta VB$　　C. $0.12\delta VB$　　　D. $0.38\delta VB$

22. 根据 GB 11636《溶解乙炔气瓶》规定一个容积为 40L，填料空隙率为 90％的新乙炔瓶，应充装（　B　）kg 丙酮量。

A. 10. 8　　　B. 13. 6　　　C. 6. 4　　　D. 4. 2

23. 对于公称容积大于等于 40L 的乙炔瓶，如实瓶减去剩余气体量后其值高于皮重 0.5kg 或低于（　B　）kg，则该瓶应妥善处理，否则严禁充装。

A. 1　　　　　　　B. 1. 5　　　　　C. 3　　　　　D. 2

24. T_m 为乙炔瓶皮重，G_s 为乙炔瓶内剩余的乙炔量，T_{A_1} 为乙炔瓶实重，m_F 为丙酮补加量，则 m_F＝（　D　）。

A. $T_m+G_s+T_{A_1}$　　B. $T_m-G_s-T_{A_1}$　　C. $T_m-G_s-+T_{A_1}$　　D. $T_m+G_s-T_{A_1}$

25. 设 δ 为填料空隙率，90％，V 为乙炔瓶容积，41L，最大乙炔充装量 $m_{A_{max}}$＝（　C　）kg。

A. 7. 10　　　　　B. 7. 52　　　　　C. 7. 38　　　　　　D. 7. 29

26. 乙炔瓶充装注册登记有效期为（　B　）年，有效期满前，乙炔瓶充装单位应重新办理注册登记，逾期不办者，停止充装工作或取消充装资格。

A. 10　　　　　　B. 5　　　　　　　C. 3　　　　　　D. 2

27. 乙炔气的气瓶，每（A）年检验一次；

A. 3　　　　　B. 5　　　　　C. 4　　　　　　D. 2

28. 乙炔气体充装站保存充装记录的时间不应少于（　B　）。

A. 1 年　　　　　　　B. 2 年　　　　　C. 3 年　　　　　　D. 0. 5 年

29. 乙炔瓶充装注册登记有效期为（　B　）年，有效期满前，乙炔瓶充装单位应重新办理注册登记，逾期不办者，停止充装工作或取消充装资格。

A. 十　　　　　B. 五　　　　　C. 三　　　　　D. 二

30. 一个容积为 40L 的乙炔瓶，填料空隙率为 90％，测得 0℃时剩余压力为 0.1MPa，瓶内剩余的乙炔量是（　A　）kg。[0℃，剩余压力为 0.1MPa（at）（绝压约为 0.2MPa）时的 B 值为 0.10807kg/kg]

A. 1.4   B. 2.4   C. 3   D. 6

31. 乙炔瓶皮重 57kg，经测温度及压力查表后得剩余乙炔质量为 1.7kg，测气瓶实重为 58kg，问应补加丙酮（ B ）kg。

A. 1.5   B. 0.7   C. 3   D. 0.2

32. 一个公称容积为 40L 的乙炔瓶，其钢印标志为 41L，填料孔隙率为 90%，该瓶的最大乙炔充装量为（ B ）kg。

A. 8   B. 7   C. 3   D. 5

33. 公称容积为 40L 的乙炔瓶，在正常充装条件下，乙炔的最小充装量为（ D ）kg。

A. 3.5   B. 2.7   C. 3   D. 4.8

十七、液化石油气操作判断题（正确填√、错误填×）

1. 压力容器使用登记证在压力容器使用期间有效。   (×)

2. 液化石油气气瓶充装后进行瓶阀泄漏检查最简易的手段是肥皂水检查法。   (√)

3. 气瓶的检验钢印标记包括检验单位标记和检验日期。   (×)

4. 液化气体气瓶过量充装，使瓶内气相空间减小，甚至"满液"，如果温度升高，压力会骤然增高，直至爆炸。   (√)

5. 液化石油气充装操作人员，应穿好防静电或不易产生火花的工作服。   (√)

6. 液化石油气瓶阀的手轮材料应具有阻燃性能。   (√)

7. 液化石油气的充装系数是按正丁烷 60℃时的液体饱和密度确定的。   (×)

8. 充装站内的充装设备、管道、阀门、管件等，不应选用与介质发生化学反应的材料，特别是能导致燃烧爆炸的材料。   (√)

9. 液化石油气用户及经销者，严禁将气瓶内的气体向其他气瓶倒装。   (√)

10. 液化石油气站生产区内严禁设置地下和半地下建、构筑物（地下储罐和寒冷地区的地下式消火栓及储罐区的排水管、沟除外）。生产区内的地下管（缆）沟必须填满砂子。   (√)

11. 液化石油气充装站应配备与其充装接头数量相等的计量衡器。复检与充装的计量衡器可共用。   (×)

12. 液化石油气钢瓶的重瓶与空瓶应上下码放，重瓶在下，空瓶在上。   (×)

13. 液化石油气残液必须密闭回收，严禁向江、河、地沟和下水道排放。   (√)

14. 石油液化气饱和蒸气压的大小只与液体的温度高低有关。   (×)

15. 液化石油气钢瓶的使用温度在 -40~80℃ 。   (×)

16. 灌瓶嘴接口通过密封圈紧紧顶在瓶阀阀口内使其严密无泄漏。   (√)

17. 液化石油气用户可自行处理气瓶内的残液。   (×)

18. 只要残液量不超过气瓶重量的一半就可以进行灌装。   (×)

19. 液化石油气只需气源、火种和助燃剂其中任意两个因素兼备就会着火。   (×)

20. 国家标准规定钢瓶护罩直接焊在钢瓶肩部。   (√)

21. 液化石油气当压力降低或温度升高后，从液态转变为气态。   (√)

22. YSP-50 型钢瓶灌装误差为（49±1）kg。   (√)

23. 瓶阀开启时，O 形密封圈和密封垫可以保证阀体与压母、阀杆部位密封无泄漏。   (√)

24. 液化气储罐压力接近最高工作压力时应采取喷淋降温措施。   (√)

25. 当气相管压力高于残液罐压力 0.2MPa 时，就可以开始倒残。　　　　　　（ √ ）

26. 《液化石油气钢瓶定期检验与评定》中规定 YSP-15 型钢瓶检验的周期为每 4 年检验一次。　　　　　　　　　　　　　　　　　　　　　　　　　　　　　　（ √ ）

27. 可燃液化气体的燃烧危险性和易燃液体的危险性一样大。　　　　　　　（ × ）

28. 液化石油气（简称 LPG）是以丙烷、丙烯、丁烷、丁烯为主要成分的混合物。（ √ ）

29. 允许从液化石油气罐车直接向气瓶充装气体。　　　　　　　　　　　　（ × ）

30. 气瓶充装人员只要取得技术监督行政部门颁发的气体充装资质就可以终身从事该种气体的充装操作。　　　　　　　　　　　　　　　　　　　　　　　　　　　（ × ）

31. 液化石油气钢瓶的瓶体颜色为棕色，其瓶体"液化石油气"字样为红色。　（ × ）

32. 气瓶档案一般包括：合格证、产品质量证明书、气瓶检验记录等。气瓶档案应保存到气瓶报废为止。　　　　　　　　　　　　　　　　　　　　　　　　　　　　（ √ ）

33. 液化气充装站内应配备与其充装接头数量相等的计量衡器，不要再配备复称衡器。　　　　　　　　　　　　　　　　　　　　　　　　　　　　　　　　　　（ × ）

十八、液化石油气操作选择题（单选）

1. 液化石油气液态密度比水（ B ）。

A 重　　　　　　B 轻　　　　　　C. 相同

2. 液化石油气气态密度比空气（ A ）。

A 重　　　　　　B 轻　　　　　　C. 相同

3. 液化石油气指（ B ）碳氢化合物，以液态形式储存和运输的石油气。

A. 一种　　　　　B. 多种　　　　　C. 低分子　　　　　D. 高分子

4. 对使用期超过（ B ）年的任何类型的液化石油气气瓶，按报废处理。

A. 4 年　　　B. 8 年　　　C. 15 年

5. 液化石油气储罐安全阀应设放空管，其管径应不小于安全阀的出口管径，放空管应高出平台（ A ）米以上并应高于地面（ C ）m。

A. 2　　　　　B. 3　　　　　C. 5

6. 目前我国广泛使用的液化石油气储罐普遍采用（ C ）储存方式。

A. 高温　　　B. 低温　　　C. 常温

7. 冬季为防止易存水部位冻堵所采取的措施是（ A ）。

A. 排污　　　B. 保温　　　C. 倒罐

8. 在灌装钢瓶时，应检查（ C ）处是否漏气。

A. 瓶阀锥螺纹　　B. 阀杆和压母　　C. 瓶阀出气口螺纹　　D. 活门

9. 重量灌瓶是利用（ A ），根据钢瓶的总重量值，按照规定的量值来确定灌装量的。

A. 灌装秤　　　　B. 检斤秤　　　　C. 速度　　　　　D. 流量

10. 灌装系统由（ B ）的动作发出控制信号，确定液化石油气阀的通与断。

A. 合体杠杆　　B. 计量系统　　C. 机械控制　　D. 气动控制

11. 瓶阀关闭时，（ C ）与阀座之间的密封起作用。

A. O 形密封圈　　B. 密封圈　　C. 活门垫　　D. 盘根

12. 民用液化石油气气瓶瓶色为（ B ）。

A 淡绿色　　B. 银灰色　　C. 黑色　　D. 白色

13. 液化石油气液体变成气体时要（ B ）热量。

A. 放出　　B. 吸收　　C. 相等　　D. 不符

14. 新液化石油气钢瓶或经检验第一次充装时，必须抽真空，真空度不低于（ A ）或用氮气置换处理。

A. 83kPa　B. 20kPa　C. 40 kPa　D. 60 kPa

15. 液化石油气钢瓶的公称工作压力为（ B ）MPa。

A. 1.6　　B. 2.1　　C. 3.2　　D. 0.6

16. 液化气体复称检查，超充部分气体应予（ C ）。

A. 放空　　B. 倒掉　　C. 处理　　D. 注意

17. （ A ）使用叉车、翻斗车或铲车搬运气瓶。

A. 严禁　B. 可以　C. 一定　D. 最好

18. 《气瓶安全监察规程》不适用于（ C ）的充装。

A. 压缩气体　　　　　　　B. 液化气体

C. 海上设施和船舶使用的气瓶。　　D. 永久气体和液化气体

19. 一般汽车罐车罐体外表面为（ C ）。

A. 铝白色　B. 红色　C. 银灰色　D. 绿色

20. 不属于气瓶制造钢印内容的是（ B ）。

A. 监督检验标记　B. 检验单位代号　C. 水压试验压力　D. 瓶体实际壁厚

21. 不能采用抽真空处理的气瓶是（ B ）。

A. 无缝气瓶　　　　　　B. 加装丙酮后的溶解乙炔气瓶

C. 焊接气瓶　　　　　　D. 有气相出口和液相出口的气瓶。

22. 低压液化气体充装系数的确定原则之一是：温度高于气瓶最高使用温度（ D ）℃时，瓶内不满液。

A. 20　B. 15　C. 10　D. 5

23. 若用密度较轻的气体对有气液两阀的气瓶进行置换，瓶阀位置和排出气口的位置是（ D ）。

A. 两阀连线水平，出气口在左侧　B. 两阀连线水平，出气口在右侧

C. 两阀连线铅直，出气口在上侧　D. 两阀连线铅直，出气口在下侧

24. 对压缩气瓶进行抽真空处理时瓶阀的位置为（ D ）。

A. 最下面　　　B. 中间　　　C. 最上面　　D. 在哪里都无所谓

25. $p=20$MPa 的氩气瓶涂（ C ）。

A. 不涂色环　B. 红色一道环　C. 白色单环　D. 白色双环

26. $p\geqslant30$MPa 的氩气瓶涂（ D ）。

A. 不涂色环　B. 红色一道　C. 白色单环　D. 白色双环

27. 气瓶的（ C ）是识别气瓶质量的重要依据。

A. 颜色　　B. 形状　　C. 钢印标志　D. 瓶阀

28. 外观检查发现瓶体存在明显损伤时应（ D ）。

A. 打磨　　B. 补焊

C. 根据具体状况打磨或补焊　　D. 先确定损伤程度，再决定是否要报废

29. 液化石油钢瓶内，残液的处理方法是在（ B ）的系统内将其回收到残液

罐内。

A. 敞开　　　　B. 密闭　　　　C. 防火　　　D. 防爆

30. 检验年份色标是由（ D ）组成。

A. 颜色　B. 形状　C. 检验年份　D. 颜色加形状

31. 液化石油气在常温常压下是以（ A ）存在。

A. 气体状态　B. 液体状态　C. 固体状态　D. 晶体状态

32. 液化石油气的充装系数是按丙烷（ C ）℃时的液体饱和密度确定的。

A. 40　　B. 50　　C. 60　　D. 70

33. 液化石油钢瓶内，残液的处理方法是在（ B ）的系统内将其回收到残液罐内。

A. 敞开　B. 密闭　C. 防火　D. 防爆

34. 液化石油钢瓶自重标记不清或明显不准时，必须重新准确称重，并按（ B ）重新标记。

A. 任意位置　B. 规定位置　C. 顶部位置　D. 底部位置

35. 目前国内液化石油气储罐站中普遍采用（ B ）储存。

A. 低温高压　B. 低温常压　C. 常温高压　D. 常温低压

36. 液化石油气储罐冬季应采取（ A ）措施，防止易存水部位冻堵。

A. 排污　　B. 倒罐　　C. 降温　　D. 保温

37. 液化石油气储罐压力接近最高工作压力时，应采取（ C ）措施。

A. 排污　　　B. 倒罐　　　C. 降温　　　D. 保温

38. 新液化石油气钢瓶或经检验第一次充装时，必须抽真空，真空度不低于（ A ）或用氮气置换处理。

A. 83kPa　　B. 20kPa　　C. 40kPa　　D. 60kPa

39. 在法定单位制的单位中，法定单位名称为"升"的单位符号应写作（ B ）。

A. 公升　B. L　C. 业升　D. 市升

40. 液化石油气泄漏，主要危险在于（ B ），容易达到爆炸浓度。

A. 无法回收　B. 气体密度大，不易扩散　C. 气体使人中毒　D. 冻伤人

41. 为保证可燃气体与助燃气体不混装，充装可燃气体应用（ B ）对余气进行定性鉴别。

A. 天平　　　　　B. 氧气检测议　　　C. 可燃气体探测仪　D. 压力表

42. 助燃气体充装企业要想避免可燃气体与助燃气体混装最经济的余气检测手段为（ C ）

A. 天平　　　　　B. 氧气检测议　　　C. 可燃气体探测仪　D. 色谱仪

43. 不属于气瓶制造钢印的内容是（ B ）。

A. 监督检验标记　　　B. 检验单位代号

C. 水压试验压力　　　D. 瓶体实际壁厚

44. 非可燃气体瓶阀，出口螺纹旋向是（ D ）的。

A. 公制　　　B. 英制　　　C. 左旋　　　D. 右旋

45. 石油液化气充装站生产区应敷设宽敞的回车场地，并应设有宽度不小于（ B ）m的环形消防车道。

A. 4.5　　　B. 3.5　　　C. 4　　　D. 5

十九、压力容器知识判断题（正确填√、错误填×）

1. 压力容器铭牌上标注的设计温度是指容器内介质的温度。　　　　　（×）

2. 压力容器常用的封头具有多种结构形式，其中最常用的是平板式封头。　（×）

3. 圆筒形压力容器本体是由筒体、封头、法兰、接管、支座等主要部件焊接组成的。
　　　　　　　　　　　　　　　　　　　　　　　　　　　　　　（√）

4. 按现行规定低压容器使用的压力表精度不低于 2.5 级；中压或高压容器使用的压力表精度不低于 1.6 级；安全阀定压和爆破片爆破压力验证时所用的压力表精度不低于 1 级。
　　　　　　　　　　　　　　　　　　　　　　　　　　　　　　（√）

5. 灭火的基本方法有隔离法、窒息法、冷却法、抑制法。　　　　　（√）

6. 按照《锅炉压力容器使用登记办法》的规定，每台压力容器在投用前或投入使用后半年内，使用单位都应向所在地登记机关申请办理使用登记，领取使用登记证。（×）

7. 物质自一种状态骤然转变到另一种状态，并在释放出大量能量的瞬间产生巨大声响及亮光的现象称为燃烧。　　　　　　　　　　　　　　　　　　（×）

8. 安全阀上的铅封不得擅自启封，其铭牌及其他标志不得擅自取下或更换。（√）

9. 可燃气体或蒸气与空气的混合物遇着火源能够发生爆炸燃烧的浓度范围称爆炸浓度极限。
　　　　　　　　　　　　　　　　　　　　　　　　　　　　　　（√）

10. 压力容器作业人员在工作中应对责任区域的压力容器，压力管道，安全附件，仪器仪表，使用工具进行巡视。发现异常应及时按规定程序报告　　　（√）

11. 压力容器系统中安装的压力表应在玻璃面板上画一条红线作为该处的警示标志（×）

12. 永久气体在充装的温度下储存使用均为为匀液态。　　　　　　　（×）

13. 物质自一种状态骤然转变到另一种状态，并在释放出大量能量的瞬间产生巨大声响及亮光的现象称为燃烧。　　　　　　　　　　　　　　　　　　（×）

14. 可燃气体或蒸气与空气的混合物遇着火源能够发生爆炸燃烧的浓度范围称爆炸浓度极限。
　　　　　　　　　　　　　　　　　　　　　　　　　　　　　　（√）

15. 工作压力为 0.1MPa 的容器不属于压力容器　　　　　　　　　（×）

16. 压力容器作业人员在工作中应对责任区域的压力容器、压力管道、安全附件、仪器仪表、使用工具进行巡视。发现异常应及时按规定程序报告　　　（√）

17. 压缩气体与液化气体的划分是以临界温度为依据的。　　　　　　（√）

18.《特种设备安全监察条例》规定的特种设备中不含气瓶。　　　　（×）

19.《特种设备安全监察条例》规定特种设备使用单位应当对在用特种设备的安全附件安全保护装置测量调控装置及有关附属仪表进行检修并做记录。　　　（×）

20. 气瓶充装单位负责向气瓶使用者宣传安全使用知识和危险性警示要求。（√）

21. 一定温度下的液体置于密闭容器中，当单位时间液态变为气态的分子数目与由气态变为液态的分子数目相等时，气液两相是处于动态平衡状态，此时饱和蒸气所呈现的压力称为饱和蒸气压。
　　　　　　　　　　　　　　　　　　　　　　　　　　　　　　（√）

22. 特种气体的定义是：为满足特定用途的单一气体或混合气。　　　（√）

23. 自然界中物质所呈现的形态通常有气态和固态两种。　　　　　　（×）

24. 燃烧和爆炸本质上都是可燃物质的氧化过程。　　　　　　　　　（√）

25. 特种设备气瓶是指盛装公称工作压力大于或者等于 0.1MPa（表压），且压力与容积的乘积大于或等于 1.0MPa·L 的气体液化气体和标准沸点等于或者高于 60℃ 液体的

气瓶。　　　　　　　　　　　　　　　　　　　　　　　　　（×）

26. 只有充装毒性气体的充装站，才设置相应的气体浓度报警装置。　（×）

27. 压力容器使用登记证在压力容器使用期间有效。　　　　　　　（×）

28. 盛装助燃气体气瓶的瓶阀出口连接螺纹必须为内螺纹。　　　　（×）

29. 液化气充装站内应配备与其充装接头数量相等的计量衡器，不要再配备复称衡器。
　　　　　　　　　　　　　　　　　　　　　　　　　　　　　　（×）

30. 容器的设计温度就是其内部介质可能达到的最高温度。　　　　（×）

31. 薄壁容器是指容器的壁厚比较薄。　　　　　　　　　　　　　（×）

32. 法兰连接有微量泄漏时，可以带压紧固。　　　　　　　　　　（×）

33. 移动式压力容器是钢制罐车的罐体保温有裸式、保温层、绝热层型式。（√）

34. 液氨卸液时可以用空气加压。　　　　　　　　　　　　　　　（×）

二十、压力容器知识选择题（单选）

1. 压力容器作业人员资格证的有效期为（　B　）
A. 1年　　　　B. 2年　　　　C. 3年

2. 压力容器按设计压力分类时共分四类，其中，中压压力容器的压力值为：（　A　）
A. 1.6MPa≤p<10MPa　　　　B. 0.1MPa≤p<1.6MPa
C. 10MPa≤p<100MPa　　　　D. 2.5MPa≤p<100MPa

3. 压力容器的设计压力为p，其中低压压力容器压力为（　B　）。
A. 1.6MPa≤p<10MPa　　　　B. 0.1MPa≤p<1.6MPa
C. p≥100MPa　　　　D. 10MPa≤p<100MPa

4. 压力容器的设计压力为p，其中中压压力容器压力为（　A　）。
A. 1.6MPa≤p<10MPa　　　　B. 0.1MPa≤p<1.6MPa
C. p≥100MPa　　　　D. 10MPa≤p<100MPa

5. 压力容器的设计压力为p，其中高压压力容器压力为（　D　）。
A. 1.6MPa≤p<10MPa　　　　B. 0.1MPa≤p<1.6MPa
C. p≥100MPa　　　　D. 10MPa≤p<100MPa

6. 常用于卧式容器的支座型式为（　C　）。
A. 耳座　　　B. 柱腿　　　C. 鞍座　　　D. 裙座

7. 材料抵抗外力和内力的作用不发生破坏的能力称作（　A　）。
A. 强度　　　B. 塑性　　　C. 韧性

8. 内压压力容器，其最高工作压力是指在正常使用过程中，（　C　）可能出现的最高压力。
A. 底部　　　B. 中部　　　C. 顶部

9. 安全阀一般至少（B）检验一次，包括：清理、研磨、零件更换、定压和气密性试验。
A. 半年　　　B. 一年　　　C. 两年

10. 安全阀的分类：按整体结构和加载机构不同，是（　A　）。
A. 弹簧式　　B. 封闭式　　C. 全启型　　D. 微启型　　E. 杠杆式　　F. 不封闭式

11. （D）的压力表还可以继续使用。
A. 超过校验有效期　　　B. 表盘玻璃破裂　　　C. 指针松动或断裂

D. 未设置存水弯

12. 压力表的表盘刻度极限值应为最高工作压力的（ B ），表盘直径不应小于100mm。

A. 1～2 倍　　　　　B. 1.5～3.0 倍　　　　C. 3～4 倍

13. 承受内压的压力容器，其最高工作压力是指在正常使用过程中，（ C ）可能出现的最高压力。

A. 底部　　　　　　B. 中部　　　　　　C. 顶部

14. 用于可拆卸部位的连接，如容器的端盖与筒体之间，容器接管与管道之间的连接通常采用的结构：（ D ）

A. 焊接　　　　B. 铆接　　　　　C. 螺纹连接　　　D. 法兰连接

15. 某容器表压力为 0.3MPa，绝对压力应（ B ）。

A. 0.3MPa　　　　B. 0.4MPa　　　　C. 1.3MPa　　　　D. 2.3MPa

16. 移动式压力容器灌装时，遇到（ A ）等危险情况，应当立即停止充装作业并采取相应的安全措施。

A. 雷雨天气、附近有明火、管道设备出现异常工况

B. 雷雨天气、管道设备出现异常工况

C. 雷雨天气、附近有明火

D. 雾天、附近有明火、管道设备出现异常工况、车辆证件不全

17. 压力容器中不允许存在的最危险的缺陷是（ A ）。

A. 裂纹　　B. 气孔　　　C. 咬边　　　　　D. 夹渣

18. 压力容器中最危险的腐蚀缺陷是（ D ）。

A. 斑点腐蚀　　B. 麻坑腐蚀　　　C. 晶间腐蚀　　　　D. 应力腐蚀

19. 按腐蚀过程的机理，可以把腐蚀分为两大类，正确的划分是（ C ）

A. 化学腐蚀和应力腐蚀　　　　　　　B. 应力腐蚀和电化学腐蚀

C. 化学腐蚀和电化学腐蚀　　　　　　D. 化学腐蚀和蠕变疲劳腐蚀

20. 进入容器只准使用（ B ）电压的行灯照明。

A. 24V　　　　　　B. 12V　　　　　　C. 36V　　　　　　D. 48V

21. 低温容器是指设计温度≤（ B ）℃的压力容器。

A. −10　　　　B. −20　　　　　C. −70　　　　　　D. −30

22. 移动式压力容器包括1铁路罐车；2汽车罐车；3长管拖车；4厢式货车；5罐式集装箱等产品。（ C ）

A. 1、2、3、4　　B. 1、3、4　　C. 1、2、3、5　　D. 1、2、3、4、5

问 答 题

一、综合

1.《特种设备安全监察条例》中所称的特种设备是什么？同时具备哪三条条件时才属于《压力容器安全监督规程》的适应范围？

答：(1)《特种设备安全监察条例》将锅炉、压力容器（含气瓶）、压力管道、电梯、起重机械、客运索道、大型游乐设施、厂内机动车，定为特种设备。(2)属于《压力容器安全监督规程》的适应范围同时具备三个条件是：①最高工作压力大于等于 0.1MPa（不含液体静压力，下同）；②内直径（非圆形截面指其最大尺寸）大于等于 0.15m，且容积（V）大

于等于 0.025m³；③盛装介质为气体、液化气体或最高工作温度等于标准沸点的液体。

2. 叙述 2003 年版《气瓶安全监察规定》适用温度、压力与容积和气瓶的种类。

答：2003 年版《气瓶安全监察规定》适用于正常环境温度（−40～60℃）下使用的、公称工作压力大于或等于 0.2MPa（表压）且压力与容积的乘积大于或等于 1.0MPa·L 的盛装气体、液化气体和标准沸点等于或低于 60℃ 的液体的气瓶。

3. 2011 年版《气瓶安全监察规程》适用的温度、压力及范围是什么？

答：2011 年版《气瓶安全监察规程》适用于正常环境温度（−40～60℃）下使用的、公称工作压力为 0.2～35MPa（表压，下同）且压力与容积的乘积大于或等于 1.0MPa·L、公称容积为 0.4～3000L，盛装压缩气体、高（低）压液化气体、低温液化气体、溶解气体、吸附气体、标准沸点等于或低于 60℃ 的液体以及人工混合气体（两种或两种以上气体，以下简称混合气体）的无缝气瓶、焊接气瓶、焊接绝热气瓶、纤维缠绕气瓶、内部装有填料的气瓶等及其附件。

4. 2011 年版《气瓶安全监察规程》瓶装气体介质有什么？

答：瓶装气体介质分为以下几种：（1）压缩气体，是指在 −50℃ 下加压时完全是气态的气体，包括临界温度（t_c）低于或者等于 −50℃ 的气体，亦称永久气体；（2）高（低）压液化气体，是指在温度高于 −50℃ 下加压时部分是液态的气体，临界温度（t_c）高于 −50℃，且低于或者等于 65℃ 的为高压液化气体，临界温度（t_c）高于 65℃ 的为低压液化气体，（3）低温液化气体是指在运输过程中由于温度低而部分呈液态的气体，临界温度（t_c）一般低于或者等于 −50℃，亦称为深冷液化气体或者冷冻液化气体；（4）溶解气体是指在压力下溶解于气瓶内溶剂中的气体；（5）吸附气体是指在压力下吸附于气瓶内吸附剂中的气体。

5. 2011 年版《气瓶安全监察规程》中按容积分气瓶分为几种？

答：气瓶分为小容积、中容积、大容积气瓶：（1）小容积气瓶，12L 以下（含 12L）；（2）中容积气瓶，12L 以上至 150L（含 150L）；（3）大容积气瓶，150L 以上。

6. 2011 年版《气瓶安全监察规程》中按公称工作压力分气瓶分为几种？高压气瓶中的公称工作压力有几种？

答：气瓶公称工作压力分为高压气瓶、低压气瓶，其压力分类如下：（1）高压气瓶，即公称工作压力大于或者等于 8MPa 的气瓶，有 35MPa、30MPa、20MPa、15MPa 和 8MPa 五种；（2）低压气瓶，即公称工作压力小于 8MPa 的气瓶。

7. 2011 年版《气瓶安全监察规程》中压缩气体及液化气体或两种以上（含两种）液化气体混合物的气瓶公称工作压力是如何确定的？

答：（1）盛装压缩气体的气瓶，是指在基准温度（20℃）下，瓶内气体达到完全均匀状态时的限定压力；（2）盛装液化气体或两种以上（含两种）液化气体混合物的气瓶，是指温度为 60℃ 时瓶内气体压力的上限值。

8. 2011 年版《气瓶安全监察规程》中溶解气体及焊接绝热气瓶公称工作压力是如何确定的？

答：（1）充装溶解气体的气瓶，是指瓶内气体达到化学、热量以及扩散平衡条件下的静置压力（15℃）；（2）焊接绝热气瓶，是指在气瓶正常工作状态下，内胆顶部气相空间可能达到的最高压力。

9. 2011 年版《气瓶安全监察规程》不适用范围是什么？

答：不适用于仅在灭火时承受瞬间压力而储存时不承受压力的消防灭火器用气瓶、机器设备上附属的瓶式压力容器、站用压缩天然气钢瓶以及军事装备、核设施、航空航天器、铁路机车、海上设施和船舶、民用机场专用设备使用的气瓶。

10. 充装单位应当制定哪些充装制度？

答：气瓶充装单位应当制定相应的安全管理制度和安全技术操作规程，严格按相应的气瓶充装国家标准、行业标准充装气瓶。对无相应气瓶充装国家标准、行业标准的气体，应当制定相应的企业标准。企业标准应当经过国家质检总局委托的国家气瓶专业标准化机构技术评审和备案。气瓶充装单位应当制定特种设备事故（特别是泄漏事故）应急预案和救援措施，并且定期演练。

11. 什么是固定充装制度？

答：气瓶实行固定充装单位充装制度（车用气瓶、非重复充装气瓶、呼吸器用气瓶、长管拖车用大容积气瓶以及当地质监部门同意的除外），气瓶充装单位只能充装本单位自有并且已办理使用登记的气瓶，不得为其他单位和个人充装气瓶。严禁充装超期未检气瓶、改装气瓶和使用期超过设计使用年限的气瓶。

被暂停充装或者因自身原因无法充装等有特殊情况的充装单位的气瓶，由所在地级市特种设备安全监督管理部门指定持有相应充装许可证的单位充装，并且报省级特种设备安全监督管理部门备案。

12. 气瓶充装单位应具备什么基本条件？

答：① 具有法定资格。

② 取得政府规划、消防等有关部门的批准。

③ 有与气瓶充装相适应的符合相关安全技术规范的管理人员、技术人员和作业人员。

④ 有与充装介质种类相适应的充装设备、检测手段、场地厂房、安全设施和一定的充装介质储存（生产）能力及足够数量的自由产权气瓶。

⑤ 有健全的质量管理体系和安全管理制度以及紧急处理措施，并且能够有效运转和执行。

⑥ 充装活动符合安全技术规范的要求，能够保证充装工作质量。

⑦ 能够对气瓶使用者安全使用气瓶进行指导、提供服务。具体的资源条件，包括人员和充装设施、质量管理体系要求、充装工作质量要求等。

13. 气瓶充装单位应具备什么充装设备可以满足要求？

答：① 保证液化气体（包括液化石油气）必须做到称重充装，并且有专用的复秤衡器。

② 对流水线作业的大型液化石油气充装站应当安装超装自动切断气源的灌装秤。

③ 对小型液化气体充装站必须安装超装自动报警装置。

④ 压缩气体充装必须配备防错装接头。

⑤ 氢、氧、氮气体充装必须配备抽真空装置。

⑥ 溶解乙炔充装必须有测量瓶内余压、剩余丙酮量和补加丙酮的装置，有冷却喷淋和紧急喷淋装置，并且有可靠水源。

14. 对气瓶充装单位的气瓶档案管理有何要求？

答：气瓶充装单位应当建立气瓶档案，气瓶档案包括气瓶编号，合格证、批量检验质量证明书等出厂资料、气瓶产品制造监督检验证书、气瓶使用登记资料、气瓶定期检验报告、充装记录等。

15. 气瓶充装单位充装前、充装后应进行那些检查和工作？

答：气瓶充装单位应当按照相应气瓶充装标准的规定，在气瓶充装前、充装后，由取得特种设备作业人员证的人员对气瓶逐个进行检查，并按气瓶充装标准的要求做好充装前、后检查记录和充装记录，相关标准对记录保存时间有规定的按标准规定执行，标准没有规定的保存时间不少于 3 个月。充装单位应当提供真实、可追踪的充装记录，可以采用手工或电子记录，鼓励充装单位采用电子标签等信息化手段对气瓶及其充装、使用进行安全管理。

16. 2011 年版《气瓶安全监察规程》对瓶帽有何要求？

答：（1）公称容积大于等于 5L 的钢质无缝气瓶及公称容积大于等于 10L 的钢质焊接气瓶（含溶解乙炔气瓶），应当配有瓶帽或保护罩，瓶帽一般应当为固定式结构，保护罩一般应当为不可拆卸结构；（2）瓶帽应当有良好的抗撞击性；（3）不得用灰口铸铁制造瓶帽。

17. 气瓶安全泄压装置有哪些？

答：气瓶的安全泄压装置有：易熔塞装置、爆破片装置、安全阀、爆破片-易熔塞复合装置、爆破片-安全阀复合装置。

18. 气瓶附件有哪些？分别有哪些作用？

答：气瓶附件包括气瓶瓶阀、安全泄压装置、液位计、紧急切断和充装限位及限流装置、瓶帽、防震圈、焊接绝热气瓶的调压阀等。（1）瓶阀：是控制气体进出气瓶的装置。（2）安全泄放装置：当气瓶内压力高于规定界限或气瓶瓶体超过一定温度而使瓶内气体介质自动泄放出气瓶的装置，通常有易熔合金塞式释放装置和爆破片式泄放装置等。（3）防震圈：保护气瓶免受直接冲击，保护气瓶漆色及标志。（4）瓶帽：其作用是保护瓶阀，防止瓶阀在搬运和使用过程中受到碰撞。（5）护罩：保护瓶阀等气瓶附件免受损伤，便于小气瓶手提或吊运。

19. 安全泄压装置的安装与维护有哪些要求？

答：（1）气瓶安全泄压装置与气瓶之间，以及泄压装置的出口侧不得装有截止阀，也不得装有妨碍装置正常动作的其他零件；（2）气瓶充气前，应当认真检查安全泄压装置有无腐蚀、破损或其他外部缺陷，通道有无被沙土、油漆或污物等堵塞，易熔塞有无松动或脱出现象，发现存在上述问题，可能导致装置不能正常动作时，不应充气；（3）应当定期对气瓶上的安全阀进行清洗、检验和校验；（4）爆破片装置（或爆破片）应定期更换，整套组装的爆破片装置应当成套更换，爆破片的使用期限由制造单位确定，但不应超过气瓶的定期检验周期；（5）应当由专业人员按相应标准的规定进行气瓶安全泄压装置的调整、更换或变动。

20. 瓶阀选材应当考虑哪些因素？

答：（1）在规定的操作条件下，任何与气体接触的金属或非金属瓶阀材料都应当与气瓶内所盛装气体的物理性和化学性相容；（2）黄铜材料通常可用于盛装非腐蚀性气体的瓶阀阀体或阀杆等；（3）盛装腐蚀性气体用瓶阀，应当选用耐腐蚀的材料；（4）凡与乙炔接触的瓶阀材料，严禁选用含铜量大于 70% 的铜合金以及银、锌、镉及其合金材料；（5）液化石油气瓶阀的手轮材料，应当具有阻燃性能；（6）氧气或强氧化性气体的瓶阀密封材料，应当采用无油的阻燃材料。

21. 气瓶安全泄压装置的选用原则是什么？

答：（1）盛装有毒气体的气瓶，不应当单独装设安全阀，其中盛装高压有毒气体的气瓶应当装设爆破片-易熔塞复合装置，不允许单独装设易熔塞装置，盛装低压有毒气体气瓶允许装设易熔塞装置。（2）盛装可燃气体的气瓶，应当装设安全阀或爆破片-安全阀复合装置。（3）盛装易于分解或聚合的可燃气体的气瓶，宜装设易熔塞装置；（4）盛装液化天然气的焊接绝热气瓶（含车用）应当装设两级安全阀，盛装其他低温液化气体的焊接绝热气瓶应当装设爆破片和安全阀。（5）机动车用液化石油气瓶，应装设带安全阀的组合阀或分立的安全阀；车用压缩天然气钢内胆纤维环缠绕气瓶应当装设爆破片-易熔塞串联复合装置；车用压缩天然气或氢气铝内胆碳纤维全缠绕气瓶可以采用爆破片-易熔合金塞并联复合装置。（6）工业用非重复充装焊接钢瓶及大容积无缝气瓶，应当装设爆破片装置。

22. 气瓶安全泄压装置的设置原则是什么？

答：（1）车用燃气气瓶、消防灭火器用气瓶、呼吸器用气瓶、盛装低温液化气体的焊接绝热气瓶、盛装压缩气体或液化气体的集束气瓶组，应当装设安全泄压装置；（2）盛装剧毒气体的气瓶，禁止装设安全泄压装置；（3）民用液化石油气钢瓶，原则上不应装设安全泄压装置。其他气瓶是否装设安全泄压装置由气瓶使用单位与制造单位协商确定。

23. 气瓶安全泄压装置的安装与维护的要求是什么？

答：（1）气瓶安全泄压装置与气瓶之间，以及泄压装置的出口侧不得装有截止阀，也不得装有妨碍装置正常动作的其他零件；（2）气瓶充气前，应当认真检查安全泄压装置有无腐蚀、破损或其他外部缺陷，通道有无被沙土、油漆或污物等堵塞，易熔塞有无松动或脱出现象，发现存在上述问题，可能导致装置不能正常动作时，不应充气；（3）应当定期对气瓶上的安全阀进行清洗、检验和校验；（4）爆破片装置（或爆破片）应定期更换，整套组装的爆破片装置应当成套更换。爆破片的使用期限由制造单位确定，但不应超过气瓶的定期检验周期；（5）应当由专业人员按相应标准的规定进行气瓶安全泄压装置的调整、更换或变动。

24. 气瓶易熔合金塞式泄放装置的工作原理是什么？易熔合金塞的要求是什么？

答：这种装置中浇铸的是易熔合金，当气瓶受到外界热源的影响，使瓶内气体压力骤然升高时，由于温度的影响，易熔合金被熔化，瓶内气体即可从泄放装置小孔排出瓶外，从而防止因超压而发生爆炸事故。易熔合金塞的要求是：①易熔合金塞与钢瓶塞连接的螺纹，必须与塞座内螺纹匹配，并保证密封性；②易熔合金塞的动作温度为（100±5）℃。易熔合金塞塞体应采用含铜量不大于70%的铜合金制造。

25. 气瓶安全的基本要求是什么？

答：气瓶安全的基本要求是：（1）能承受水压试验压力；（2）能保持气密性；（3）能承受连续加压和减压；（4）能承受正常环境温度；（5）能抵抗正常运输使用中的冲击；（6）在突然物理性破裂时呈韧性断裂；（7）与所承装的气体兼容。

26. 气瓶的安全使用有哪些内容？

答：气瓶充装单位应当向瓶装气体经销单位、使用单位和使用者提供符合安全技术规范及相应标准要求的气瓶，并落实安全培训责任，对瓶装气体经销单位、使用单位和使用者进行气瓶安全存放、使用等知识培训并如实记录。培训记录必须归档管理，培训内容除本规程规定的瓶装气体经销单位、使用单位和使用者应当遵守的内容外，还应包括如下事项：（1）气体使用单位应当建立相应的安全管理制度和操作规程，配备必要的防护用品，指派掌握相关知识和技能的人员使用气瓶，同时对相关人员进行安全教育和培训；（2）经销单位、使用单位和使用者应当经销、购买和使用有"气瓶充装许可证"的充装单位充装的合格瓶装气体，不允许使用超期未检验的气瓶；（3）使用前进行安全状况检查，同时对盛装气体进行确认，严格按照使用说明书的要求使用气瓶；（4）气瓶的放置地点，不得靠近热源和明火，严禁用任何热源对气瓶加热，夏季防止暴晒；（5）气瓶应当整齐放置，横放时，头部朝同一方向，立放时要妥善固定，采取防止气瓶倾倒的措施；（6）严禁在气瓶上进行电焊引弧，不得对瓶体进行挖补、焊接修理；（7）开启或关闭瓶阀的力矩不应超过相应标准的规定；（8）瓶内气体不得用尽，压缩气体、溶解乙炔气气瓶的剩余压力不小于 0.05MPa，液化气体、冷冻液化气体气瓶应当留有不少于 0.5%～1.0% 规定充装量的剩余气体；（9）在可能造成回流的使用场合，使用设备上应当配置防止倒灌的装置，如单向阀、止回阀、缓冲罐等；（10）配戴好瓶帽（有防护罩的气瓶除外）、防震圈（集装气瓶除外），轻装轻卸，严禁抛、滑、滚、碰、撞、敲击气瓶；（11）吊装时，严禁使用电磁起重机和金属链绳；（12）盛装易起聚合反应或分解反应气体的实瓶，应当根据气体的性质控制仓库内的最高温度、规定储存期限，并应当避开放射线源，储存乙炔实瓶的仓库室内温度不得超过 40℃，否则应当采用喷淋等冷却措施；（13）空瓶与实瓶应分开放置，并有明显标志，毒性气体实瓶和瓶内气体相互接触能引起燃烧、爆炸、产生毒物的实瓶，应当分室存放，并在附近设置防毒用具和灭火器材；（14）使用液化天然气气瓶的车辆，不得进入地下停车场及封闭建筑物内的停车场；（15）使用过程中发现气瓶出现异常情况时，应当立即与瓶装气体经销单位或者充装单位联系。

27. 气瓶阀为什么有时会结霜、冻结，应如何处理？

答：气瓶内压力比较高，当气体放出时，经过减压膨胀吸收热量，致使瓶阀降温，在温度低于 0℃ 时，空气中的水汽会在瓶阀上凝结、结霜或冻结。处理的方法是用温水冲浇瓶阀即可，严禁用火烤。因腐蚀锈死的瓶阀，应采用其他的方法处理。

28. 列举五种液化气体不可用铝合金气瓶。

答：（1）溴甲烷；（2）氯；（3）氯化氢；（4）氯甲烷；（5）溴化氢。

29. 气瓶阀出口螺纹与所装气体的规定不相符的气瓶、无剩余压力的气瓶应如何处理？

答：瓶阀出口螺纹与所装气体的规定不相符的气瓶，除不予充气外，还应查明原因，报告上级主管部门和当地质监部门，进行处理。无剩余压力的气瓶，充气前应将阀门卸下，进行内部检查，经确认瓶内无异物，并按有关规定处理后方可充气。

30. 检验期限已过的气瓶、外观检查发现有重大缺陷或对内部状况有怀疑的气瓶、新投入使用或经内部检查后首次充气的气瓶应如何处理？

答：检验期限已过的气瓶、外观检查发现有重大缺陷或对内部状况有怀疑的气瓶，应先送检验检测机构，按规定进行技术检验与评定。新投入使用或经内部检查后首次充气的气瓶，充气前应按规定先置换瓶内的空气，并经分析合格后方可充气。

31. 为什么《瓶规》建议煤气、一氧化碳气体一般应选用铝合金气瓶盛装？

答：用碳锰钢充装煤气、一氧化碳时，如果介质不纯，带有水分时，则会使气瓶金属基体上产生肉眼可见的微裂纹或穿透性裂纹，并伴有裂纹分枝现象，有典型的应力腐蚀开裂的特性。所以煤气、一氧化碳气体一般应选用铝合金气瓶盛装。

32. 列举强氧化性、自燃、易燃、有毒、腐蚀气体各两种。

答：强氧化性的气体有氯、一氧化二氮；自燃的气体有硅烷、磷烷；易燃的气体有氢气、乙炔；有毒的气体有一氧化碳、氯气；腐蚀性的气体有氯、氯化氢。

33. 什么叫气体的相容性？

答：所谓气体的相容性，对于混合气来说，就是在生产、运输和储存期间，在正常的温度下，混合气之间不会发生危及气瓶安全和改变各组分性质的任何反应，则称为混合气各组分之间是相容的。对于气瓶来说，相容性就是气体、气瓶和气瓶附件的组合是应令人满意的，要求所装介质对气瓶及其附件材料适用，不产生腐蚀及其他化学反应，以免气瓶或其附件受到损伤安全受到影响或气体的质量（纯度）受到影响。

34. 在什么情况下要更换压力表？

答：有以下的情况要更换压力表：（1）有限止钉的压力表，在无压力时，指针不能回到限止钉处；（2）表盘封面玻璃破裂或表盘刻度模糊不清；（3）封印损坏或超过校验有效期限；（4）表内弹簧管泄漏或压力表指针松动；（5）指针断裂或外壳腐蚀严重；（6）其他影响压力表准确指示的缺陷。

35. 在什么情况下要更换安全阀？

答：有下列情况之一的，应停止使用并更换：（1）安全阀选型错误；（2）超过校验有效期；（3）铅封损坏；（4）安全阀泄漏；（5）阀口粘住，起跳时不动作。

36. 临时进口境外的气瓶如何使用？

答：对境外制造并在境内充装后出口的气瓶，或境外充装后进口并在瓶内气体用完后再出境的气瓶，属于临时进口境外气瓶，应当符合如下规定。（1）办理临时进口境外气瓶的单位，应当向进口地特种设备安全监督管理部门及检验检测机构提供气瓶产权所在国家（或地区）官方授权检验机构出具的出厂检验合格证明文件。（2）由进口地的特种设备检验检测机构对临时进口的境外气瓶进行安全性能检验；如入境时无法实施安全性能检验，应当在气瓶内气体用尽后再对其进行安全性能检验，安全性能检验合格有效期为1年；因气体特性等原因无法进行内部检验的气瓶，进口单位应当提供气瓶产权所在国家（或地区）检验机构出具的定期检验合格证明文件（应在该气瓶所依据的相应标准或规范规定的定期检验周期内），经特种设备检验检测机构确认其有效后可只进行外观检查和壁厚测定，并出具单项检验报告；安全性能检验或外观检查和壁厚测定不合格的气瓶，不得再进口。（3）符合本条（1）、（2）要求的气瓶出境或再次进口时，只要具有有效的气瓶安全性能检验合格证明文件，可不再进行安全性能检验。对只进行外观检查和壁厚测定的气瓶，再次进口时应当按照本条（2）的要求重新进行检验。（4）各级特种设备安全监察机构应督促使用临时进口境外气瓶的企业，建立临时进口境外气瓶档案，并按照我国有关安全技术规范、国家标准的要求，制定和严格执行临时进口境外气瓶安全管理制度，确保临时进口的境外气瓶安全使用。

37. 气瓶在什么情况下提前检验？

答：（1）有严重腐蚀、损伤或对其安全可靠性有怀疑的；（2）纤维缠绕气瓶缠绕层有严重损伤的；（3）库存或停用时间超过一个检验周期的，启用前；（4）车用气瓶发生交通事故可能影响安全使用的，重新投用前；（5）车用气瓶移装前；（6）气瓶定期检验标准中规定需提前进行定期检验的情况发生时；（7）检验人员认为有必要提前检验的。

38. 气瓶检验前应如何处理？

答：（1）毒性、可燃气体气瓶内的残余气体应以环保的方式回收处理，不得向大气排放；（2）确认气瓶内压力降为零后，方可卸下瓶阀；（3）可燃气体气瓶必须经置换，液化石油气钢瓶需经蒸汽吹扫或采用其他不损伤瓶体材料、不降低瓶体材料性能的方法进行内部处理，达到规定的要求。否则，严禁用压缩空气进行气密性试验。

39. 气瓶如何报废处理？

答：报废的气瓶应当由气瓶检验机构进行破坏性处理，破坏性处理方式为压扁或将瓶体解体。气瓶检验机构应及时向所在地级市特种设备安全监督管理部门报告气瓶报废处理情况。

40. 气瓶检验钢印标志有哪些内容？

答：(1) 检验日期；(2) 检验机构代号；(3) 下次检验日期。

41. 国标 GB 7144《气瓶颜色标记》规定的内容是什么？作用是什么？

答：国标 GB 7144《气瓶颜色标记》规定，气瓶要有漆色，包括瓶色、字样、字色和色环。主要作用是：(1) 保护瓶体，防止腐蚀；(2) 反射阳光等热源，防止气瓶过度升温；(3) 气瓶色彩的标志，便于区别、辨认所盛装的介质，防止事故，利于安全。

42. 气瓶制造钢印标志有哪些内容？

答：(1) ABC，充装气体名称或化学分子式；(2) 12345，气瓶编码；(3) TP22.5，水压试验压力，MPa；(4) WP15，公称工作压力，MPa；(5) W52.3，实际重量，kg；(6) V40.2，实际容积，L；(7) S6.0，瓶体设计壁厚，mm；(8) Ma50，液化气体最大充装量，kg；(9) TS××××××××，气瓶制造许可证编号和监检钢印；(10) ×××××11.4，制造单位代号和制造年月；(11) GB ×××，产品标准号；(12) 15y，设计使用年限，y；(13) Ma50。

43. 为什么要用计算机管理气瓶？

答：用计算机管理气瓶的原因是：(1) 杜绝气体的错装、超装；(2) 杜绝充装站充装非自有产权气瓶和技术档案不在本充装站的气瓶；(3) 便于充装站自有产权气瓶打标记，技术档案输入计算机；(4) 杜绝充装过期瓶和报废瓶；(5) 解决由于气瓶数量较大，充装站和检验站管理混乱及丢失气瓶的现象；(6) 便于检验站、充装站及气瓶监察部门的沟通，杜绝过期瓶、报废瓶流入社会，能使气瓶管理走入正轨。

44. 充装操作人员具备那些条件才可上岗？

答：操作人员必须经过系统培训，熟悉气体的压力、温度的概念，熟悉永久及液化气体的特性和低温储槽的结构、工作原理。熟悉掌握安全技术和消防安全规程，操作时，能严格地按操作规程进行操作，能正确排除故障，并持证上岗。

45. 气瓶警示标签的底签上应有哪些内容？

答：气瓶警示标签的底签上应有：(1) 对单一气体，应有气体名称或化学分子式；(2) 对混合气体，应有导致危险性的主要成分的化学名称或化学分子式，如果主要成分的化学名称或分子式已被标识在气瓶的其他地方，也可在底签上印上通用术语或商品名称；(3) 气瓶及瓶内充装的气体在运输、储存及使用上应遵守的其他说明及警示；(4) 气瓶充装单位的名称、地址、邮政编码、电话号码。

46. 压力容器操作人员的职责是什么？

答：(1) 严格遵守各项规章制度，按照安全及工艺操作规程精心操作，确保生产安全和产品质量；(2) 发现压力容器有异常现象危及安全时应采取紧急措施并及时上报；(3) 应拒绝执行对压力容器安全运行不利的违章指挥；(4) 努力学习业务知识，不断提高操作技能。

47. 简述对压力容器的基本要求有哪些？

答：对压力容器最基本的要求是在确保安全的前提下有效运行，保证生产的持续和稳定。主要有以下几个方面：(1) 强度是指容器在限定点的压力条件下材料抵抗破裂或过量塑性变性的能力；(2) 刚度是指容器或容器的受压部件在限定的载荷条件下抵抗弹性变形的能力；(3) 稳定性是容器在外载荷的作用下保持其几何形状不发生改变的性能；(4) 耐久性是指容器的使用寿命；(5) 压力容器的密封不但指可拆连接处，如反应器搅拌轴密封处的密封，而且也包括各种母材和焊缝的致密程度。

二、压缩气体

1. 充装压缩气体的规定是什么？

答：（1）压缩气体的充装装置，必须防止可燃气体与助燃气体的错装或防止不相容气体的错装；（2）严格控制气瓶的充装量，充分考虑充装温度对最高充装压力的影响，气瓶充装后，在20℃时的压力不得超过气瓶的公称工作压力；（3）采用电解法制取氢、氧气的充装单位应当制定严格的定时测定氢、氧纯度的制度，设置自动测定氢、氧浓度和超标报警的装置，并应定期进行手动检测；当氢气中含氧或者氧气中含氢超过0.5%（体积分数）时，严禁充装，同时应当查明原因并妥善处置；（4）应当采用高压气瓶充装氟，每瓶最大充装量在2.7kg以下，20℃时的限定压力不得大于3MPa。

2. 充装深冷（低温）液化气体有什么注意事项？

答：（1）充装前，应检查深冷液体气化器气体出口温度、压力控制装置是否处于正常状态；（2）深冷液体泵开启前，要有冷泵过程（冷泵时间参照泵的使用说明书定）；（3）气瓶充装过程中，深冷液体气化器不得有严重结冰现象，气化器气体出口至汇流排管道温度不得低于−30℃，若出现上述现象应及时妥善处理；（4）深冷液体加压气化充瓶装置中，深冷泵排液量与气化器的换热面积及充装量应匹配，应使每瓶气的充装时间不得小于30min，气化器的出口温度低于0℃及超压时应有系统报警及联锁停泵装置；（5）深冷液体充装站的操作人员应配备可靠的防冻伤的劳保用品。

3. 充装氧气及可燃气体为什么要使用防错装接头？

答：氧气的瓶阀出口螺纹为右旋，可燃气体的瓶阀出口螺纹为左旋，目的是防止氧气与可燃气体的错装产生爆鸣气，发生气瓶的化学爆炸。如用充气卡子充装，则上述的左旋、右旋瓶阀全可使用，极易造成氧气与可燃气体的错装。如用防错装接头进行充装时，必须认扣，可检查确认瓶阀出气口的螺纹与所装气体的螺纹型式相符，从而可防止错装。

4. 在接触氮气、氩气时应注意什么安全？

答：氮、氩是无色、无臭、无味的惰性气体。它本身对人体无危害，但空气中氮、氩含量增高时，减少了空气中的氧含量，使人呼吸困难。时间长，氧浓度低，人会因严重缺氧而窒息致死。为了避免空气中氮含量增多，制在氧车间中，氮、氩气集聚区，要控制空气中氧浓度不低于18%，检修氮、氩设备、容器、管道时，需先用空气置换，在密闭场所氩弧焊时要注意空气中的氧含量，工作时，应有专人看护。

5. 在接触氧气时应注意什么安全？为什么要控制操作场所氧气浓度不超过23%？操作员衣服渗入了氧，注意什么？

答：氧是一种无色、无臭、无味的气体。它是一种助燃剂。它与可燃气体（如乙炔、氢、甲烷等）以一定比例混合，形成爆炸混合物。当空气中氧浓度达到25%时，已能激起活泼的燃烧，达到27%时，火星将发展到活泼的火焰。所以，在制氧车间或氧气在室内有集聚可能的车间，要控制空气中氧浓度不超过23%，在制氧车间及制氧机周围严禁烟火。当操作人员衣服渗入了氧，应在大气中吹除15～20min之后，方可恢复正常工作。

6. 压缩气体气瓶在充装前应检查哪些内容？

答：充装前的气瓶应由专人负责，逐个检查气瓶的瓶阀及各连接部位的密封是否良好，发现异常时应及时妥善处理，充气前必须确认气瓶是经过检查合格的（应有记录）；检查内容至少应包括：（1）国产气瓶是否是由具有"制造许可证"的单位生产的，并有监督检验标记，进口气瓶要经安全监察机构批准；（2）应检查充装的气体是否与气瓶制造钢印标记中充装气体名称或化学分子式相一致；（3）气瓶是否是本充装站的产权，在本充装站中是否有该气瓶的档案；（4）气瓶外表面的颜色标志是否与所装气体的规定标志相符；（5）气瓶剩余气体要进行检验，剩余气体是否与充装气体相同，无剩余压力的要进行置换、抽空、除油等处理；（6）气瓶的安全附件是否齐全和符合安全要求；（7）气瓶瓶阀的出气口螺纹型式是否符合 GB 15383 的规定，即可燃气体用的瓶阀，出口螺纹应是左旋，其他气体用的瓶阀，出口螺纹应是右旋；（8）防错装接头是否灵活好用；（9）新投入使用或经内部检验后首次充气的气瓶，充气前都应按规定置换，除去瓶内的空气及水分，经分析合格后方能充气。

7. 什么样的气瓶，禁止充装？

答：（1）钢印标志模糊不清的、无法辨认的；（2）颜色标志不符合 GB 7144《气瓶颜色标志的规定》，或者严重污损、脱落、难以辨认的；（3）气瓶外表面有裂纹、严重腐蚀、明显变形，有严重外部损伤缺陷的；（4）气瓶超过规定的检验期限，超过气瓶的设计使用年限的；（5）气瓶已经过改造的；（6）气瓶生产国的政府已宣布报废的；（7）盛装氧气、强氧化性气体的气瓶，其瓶体、瓶阀已沾染油脂或其他可燃物的。颜色或其他标志以及瓶阀出口螺纹与所装气体的规定不相符的气瓶，除不予充装外，还应查明原因，报告上级主管部门或当地质量技术监督部门，进行处理。

8. 压缩气体气瓶在充装中应检查哪些内容？

答：气瓶在充装中应检查：（1）开启瓶阀时应缓慢操作，并应注意监听瓶内有无异常音响，气瓶充装到 7MPa 时要摸温度，检查各瓶是否都进气；充装 10MPa 时要检查瓶阀螺纹及出口处是否漏气；（2）不可充气太快，每排气瓶的充装时间不可低于 30min，气瓶的充装流量不得大于 8m³/h（标准状态下）；（3）低温液态气体气化后的气瓶充装过程中，低温液体气化器不得有严重结冰现象，气化器气体出口至汇流排管道温度不可低于 −30℃，若出现上述现象应及时妥善处理；（4）用充气汇流排充装气瓶时，禁止在充装过程中插入空瓶进行充装；（5）充装气体的操作过程中，禁止用扳手等金属器具敲击瓶阀和管道。

9. 压缩气体气瓶在充装后应检查哪些内容？

答：充装后的气瓶，应有专人负责，逐个进行检查。不符合要求时，禁止出厂，应进行妥善处理，检查内容包括：（1）瓶内压力（充装量）及质量是否符合安全技术规范及相关标准的要求；（2）瓶阀及其与瓶口连接的密封是否良好；（3）气瓶充装后是否出现鼓包变形或泄漏等严重缺陷；（4）瓶体的温度是否有异常升高的迹象；（5）气瓶的瓶帽、防震圈、充装标签和警示标签是否完整。

10. 将无剩余压力的氧气瓶应怎样处理？

答：充装前应充入氮气置换后，抽空。之后，如发现瓶阀出口处有油渍，应卸下瓶阀，内部检查及脱脂。

11. 瓶装气体在出厂前，要检查的工作是什么？气瓶储、运还要注意什么？

答：瓶装气体在出厂前要检查以下几点。（1）检查气瓶的气体产品合格证、警示标签是否与充装气体及气瓶的标志的介质名称一致。（2）配戴瓶帽、防震圈。（3）气瓶运输车上，氧气瓶不可与可燃气体气瓶同车。（4）气瓶立放时车厢高度应在瓶高的 2/3 以上；卧放时，瓶阀端应朝向一方，垛高不得超过五层且不得超过车厢；立放时要妥善固定，采取防止气瓶倾倒的措施。（5）气瓶存放地点不可有热源和明火。（6）夏季时气瓶要防晒，储、运还要注意气瓶轻装轻卸，严禁抛、滑、滚、碰、撞、敲击气瓶，当人工将气瓶向高处举放或气瓶从高处落地时必须两人同时操作。（7）吊运气瓶应做到：①将散装瓶装入集装箱内，固定好气瓶，用机械起重设备吊运；②不得使用电磁起重机吊运气瓶；③不得使用金属链绳捆绑后吊运气瓶；④不得使用吊钩吊气瓶瓶帽吊运气瓶。（8）盛装易起聚合反应或分解反应气体的实瓶，应当根据气体的性质控制仓库内的最高温度、规定储存期限，并应当避开放射线源；（9）空瓶与实瓶应分开放置，并有明显标志，毒性气体实瓶和瓶内气体相互接触能引起燃烧、爆炸、产生毒物的实瓶，应当分室存放，并在附近设置防毒用具和灭火器材。

12. 什么样的气瓶爆炸是物理性的？

答：（1）因腐蚀或制造缺陷导致气瓶强度不足产生的爆炸；（2）瓶体断裂有延性的特征；（3）裂口有旧裂纹；（4）气瓶爆炸后多数没有碎块（一两块）。

13. 什么样的气瓶爆炸是化学性的爆炸？如何预防？

答：（1）化学性的爆炸特点是：①有化学反应，所以爆炸力强，能使气瓶瓶体粉碎性爆炸，有大量碎片；②有压力冲击的特征，房屋建筑损坏较大；③气瓶碎片飞出数百米甚至千米；④碎片断口没有延展特征，是平直的；⑤碎片上有高温烘烤的痕迹。（2）预防的措施是：①认真学习气体的性质；②按规程操作，识别气瓶，认真检查气瓶的剩余气体、瓶中是否含油和充入气瓶的管道中气体的含量；③使用防错装接头；④流程中加抽真空装置。

14. 压缩气体错装有什么危险？

答：错装会造成整汇流排的气体质量不合格，最主要的危险是造成爆炸。如氧气错装氢气，充气后瓶内形成爆鸣气，在受到剧烈震动或撞击的情况下、或气瓶受热情况下、或充装过程中或气瓶在运输中或气体在使用中，都可能点燃发生爆炸。

15. 为什么氧、氢汇流排上需安装抽真空装置？抽真空操作及泵的选择应注意什么？

答：在氧、氢汇流排上需安装抽真空装置的主要目的是为了防止由于气体的错装而造成的气瓶爆炸事故和气体质量事故。虽然在各种规范中都有一些防止气体的错装的措施，如气瓶的颜色、标志、瓶阀螺纹的方向、防错装接头、使用便携式检测仪器、检验剩余气体等的实施后，气瓶的爆炸事故还时有发生。如果汇流排上安装抽真空装置后，剩余气体被抽光，没有气体混合，可防止爆鸣气的产生，杜绝了气瓶爆炸。另外，如果原剩余气体中含油，经过抽空，瓶阀出气口可以发现油迹，气瓶必须要经脱脂处理，从而也可以避免由于氧气与油相混造成的气瓶爆炸事故。虽然要付出一些投资，不检余压，成本增高，但为了安全运行还是合算的。抽氧气气瓶时要用水环式泵或用氟化油润滑的真空泵，因为氟化油是不会与氧混合后发生爆炸的。如用一般油润滑的真空泵，则氧气放空后还要用氮气置换后才可抽空。另外也可采用价格较贵的无润滑真空泵。

16. 低温液体储罐给低温液体槽车或低温液体槽车给低温液体储罐放液应如何操作？注意事项是什么？

答：低温液体储罐给低温液体槽车或低温液体槽车给低温液体储罐放液的操作是：（1）接好软管，检查放液方的压力、液位情况；（2）打开放液方增压阀（或泵）增压，如接液方压力过高可打开放空阀泄压；（3）在确认软管连接操作无误后，微开放液方下出液阀，打开接液方上进液阀，开始排液；（4）随时检查放液方与接液方的压力与液面的变化，并保证双方的压差；（5）当接液方进液达 90% 液体时，接液方关闭上进液阀，打开下进液阀，放液方关小下出液阀，使接液方的压力稳定；（6）当接（进）液达 95% 液体及双方压力平衡时，关闭放液方增压阀，同时关闭双方出进阀门；（7）快速打开连接软放空排尽软管内残液，以防止管内残液快速气化增压引起爆炸；（8）接液方压力超过 200kPa 时，应放慢放液速度，开启放空阀；（9）放液全过程双方操作人员应不离现，场进行监护；（10）残液及冷气不得洒在地衡上；（11）操作人员应穿戴规定的防护用品，操作人员应配戴宽松的防护皮革或石棉橡胶手套、护目镜或面罩，裤腿要套在皮靴的外面，不得穿带钉鞋，衣着不得沾油脂，不得穿着能产生静电的工作服；（12）液氧罐的操作人员，要随时监测环境气氛中含氧不得大于23％，防止发生火灾；（13）操作人员接触液体冻伤时，切勿干加热，应及时将受伤的部位放入40～50℃温水中浸泡，严重者到医院治疗。

17. 压缩气瓶充装完毕后填写记录应有哪些内容？

答：充装单位应有专人负责填写气瓶充装记录，记录的内容至少应包括充气日期、瓶号、室温、充装压力、充装起至时间、充装人、气瓶充装前剩余气体是否与将充装的气体相同，不明剩余气体的气瓶是如何处理的、有无发现异常情况等。

18. 在生产医用氧时，产品除了分析氧纯度和水外还要分析什么杂质？

答：还要加测二氧化碳含量、一氧化碳含量、气态酸性物质和碱性物质含量、臭氧、其他气态氧化物及气味。

三、液化气体

1. 充装高（低）压液化气体的规定是什么？

答：（1）采用逐瓶称重、充装同时进行的方式，禁止无称重直接充装（车用瓶除外）；（2）配备与其充装接头数量相等的称重衡器；（3）称重衡器必须设有超装警报或自动切断气源的装置；（4）逐瓶复检（设复检用称重衡器），严禁过量充装，充装超量的气瓶不准出站并应及时处置；（5）称重衡器的最大称量值及检定周期应当符合 GB 14193《液化气体气瓶充装规定》的规定；（6）称重衡器的采用应符合相关规范及标准的规定。

2. 液化气体在液态的情况下的膨胀系数和压缩系数是否是一样的？各自的单位是什么？

答：液化气体在液态的情况下的膨胀系数和压缩系数不是一样的，膨胀系数是温度每升高1℃的膨胀值，单位为℃$^{-1}$，压缩系数是压力每升高1MPa的压缩值，单位为 MPa^{-1}。

3. 为什么碳酰二氯（光气）在60℃时的饱和蒸气压仅为0.43MPa，而《瓶规》中选用公称压力为5MPa的气瓶？氟化氢在60℃时的饱和蒸气压为0.28MPa，而《瓶规》中选用公称压力为1MPa的气瓶？

答：碳酰二氯（光气）在FTSC的编码上看是0303，是剧毒、能形成氢卤酸性腐蚀气体氟化氢在FTSC的编码上看是0203，是毒性、能形成氢卤酸性腐蚀气体，两者在充装、运输及使用上都应取较高的安全系数，所以是做到了宽打窄用，万无一失。

4. 发现充装过量的气瓶应如何处理？

答：液化气体的充装量必须严格控制，发现充装过量的气瓶，必须将超装的液体妥善排出。

5. 低压液化气体充装为什么不得使气瓶达到"满液"？

答：低压液化气体临界温度＞70℃，而气瓶最高使用温度为60℃，所以在气瓶中的低压液化气体基本上都是气液两相共存，气液两者之间有明显的界面，液体是饱和液体，气体是饱和蒸气。若过量充装甚至达到"满液"，在温度上升的情况下，无气体空间，只能是单一的液体膨胀，且液体的膨胀系数远大于压缩系数，膨胀后只能使压力升高，最后挤破气瓶发生爆炸。

6. 高压液化气体充装为什么也不得使气瓶达到"满液"？

答：高压液化气体充装时既要计压力也要计重量，高压液化气体临界温度≥－10℃，≤70℃，在气瓶最高使用温度为60℃时，绝大多数的高压液化气体都是气态，所以计压力；

而在较低的温度充装时，一些高压液化气体是液态，所以不可"满液"，如果"满液"，一样是温度每升高 1℃，气瓶内压力会升高 1MPa 以上，也会发生气瓶爆炸。所以高压液化气体充装也不得使气瓶达到"满液"。

7. 列举一些液化气体非法充装。

答：（1）气瓶集合充装，统一称重均分计量，或在一个汇流排中仅用一个衡器计量其中一瓶气体，其他气瓶参照该瓶数值计量；（2）按气瓶充装前后实测的重量差计量；（3）气瓶充装前后储罐存液量之差计量；（4）按气瓶容积装载率计量；（5）液化石油气储罐或罐车向气瓶直接灌装或瓶对瓶倒气。

8. 为什么液氯汽化器中的液氯不能装入气瓶？

答：液氯气化器中的液氯，经过一段时间的气化以后，里面可能聚积三氯化氮是易爆物质，三氯化氮应定期排放处理。三氯化氮如混入气瓶会造成气瓶爆炸的危险。

9. 液化气体充装前的气瓶应由专人负责对气瓶逐个检查，检查内容至少应包括什么？

答：（1）国产气瓶是否是由具有"气瓶制造许可证"单位生产，并有监督检验标记的；

（2）进口的气瓶是否经安全监察机构批准的；（3）将要充装的气体是否与气瓶制造钢印标记中充装气体名称和化学分子式相一致；（4）警示标签上所印的气体名称及化学分子式是否与气瓶制造钢印标记中的相一致；（5）气瓶是否是本充装站的自有气瓶；（6）气瓶外表面的颜色标记是否与所装气体的规定标记相符；（7）气瓶内有无剩余压力，如有剩余压力，应进行定性鉴别；（8）气瓶外表面有无裂纹、严重腐蚀、明显变形及其他严重外部损伤缺陷；（9）气瓶是否在规定的检验期限内；（10）气瓶的安全附件是否齐全和符合安全要求。

10. 液化气体气瓶充装中，应遵守哪些规定？

答：（1）用卡子连接代替螺纹连接进行充装时，必须认真检查确认瓶阀出气口螺纹；（2）充装易燃气体的操作过程中，应使用不产生火花的操作及检修工具；（3）在充装过程中，应随时检查气瓶各处的密封情况，瓶体温度是否正常。发现异常时应及时妥善处理；（4）液化石油气体的充装量不得大于所充气瓶型号中用数字表示的公称容量（以千克计）。其他液化气体的充装量不得大于气瓶的公称容积与充装系数的乘积。

11. 液化气体充装后的气瓶检查内容应包括哪些？

答：（1）充装量是否在规定范围内；（2）瓶阀及其与瓶口连接的密封是否良好；（3）瓶体是否出现鼓包变形或泄漏等严重缺陷；（4）瓶体的温度是否有异常升高的迹象；（5）气瓶是否粘贴警示标签和充装标签。

12. 液化气体的充装计量衡器最大和最小称量值应为多少？何时校验？衡器对防止气瓶超装应安装什么装置？

答：充装计量衡器应保持准确，其最大称量值不得大于气瓶实际重量（包括气瓶重量和充液重量）的 3 倍，也不得小于 1.5 倍。衡器应按有关规定定期进行校验，并且至少在每班使用前校验一次。衡器应有气瓶超装报警或自动切断气源的联锁装置。

13. 低压液化气体充装系数是如何的确定的？

答：（1）充装系数应不大于在气瓶最高使用温度下液体密度的 97%；（2）在温度高于气瓶最高使用温度 5℃时，瓶内不满液。

14. 高压液化气体的充装系数的确定原则是什么？

答：（1）瓶内气体在气瓶最高使用温度下所达到的压力不超过气瓶许用压力；（2）在温度高于最高温度 5℃时，瓶内气体压力不超过气瓶许用压力的 20%。

15. 液化气体的充装记录应包括哪些？

答：液化气体充装单位应由专人负责填写气瓶充装记录。记录内容至少应包括：充气日期、瓶号、室温、气瓶标记容积、重量、充气后总重量、有无发现异常情况、称重人、复称人和代号。

16. 低压液化气体的气瓶泄漏时，应如何处理？

答：应根据泄漏的部位和气体的性质，选择铜塞、铅塞、木塞或橡胶塞，用铜锤、木锤或橡胶锤打入泄漏孔。或用橡胶板或铅板盖在泄漏孔上，再用钢带卡箍将其紧压在泄漏孔处并固定在气瓶上。之后送至残液处理部门处理。

17. 什么是饱和蒸气压？它与什么因素有关？

答：在一定的温度下，密闭容器中的液体介质以气液两相并存，气相不断地液化，液相不断地气化。当单位时间内返回液体的分子和从液体逸出的分子相等时，液化和气化两过程达到动态平衡，此时液态的蒸气达到饱和状态，其密度不增加也不降低，维持恒定值，称为饱和蒸气，饱和蒸气的压强称为饱和蒸气压。饱和蒸气压随着温度的升高而升高，随温度的降低而下降。

四、乙炔

1. 充装溶解乙炔气体的规定是什么？：

答：（1）乙炔瓶的乙炔充装量及乙炔/溶剂质量比应当符合 GB 11638《溶解乙炔气瓶》的规定；（2）充装前，应当按 GB 13591《溶解乙炔气瓶充装规定》测定溶剂补加量，溶解乙炔气瓶补加溶剂后，应当对瓶内溶剂量进行复核；（3）充装容积流速应当小于 0.015m³/（h·L）；（4）充装过程，瓶壁温度不得超过 40℃；（5）一般分两次充装，中间的间隔时间不少于 8h；（6）称重衡器的最大称量值及校验期应当符合 GB 13591《溶解乙炔气瓶充装规定》的规定；（7）乙炔的充装量和静置 8h 后的瓶内压力应当符合 GB 13591《溶解乙炔气瓶充装规定》的规定。

2. 如果乙炔瓶充装静置后压力太低，而乙炔瓶的充装量是正确的，是什么原因造成的？

答：静置后压力太低的原因是：（1）溶剂量过多；（2）乙炔气被污染，例如被水取代。

3. 为什么要控制乙炔气中水分的含量？

答：（1）水分残留在填料中，减少规定的丙酮的充装量，从而影响乙炔的溶解度，降低乙炔的充装量；（2）水分会腐蚀气瓶；（3）影响金属焊接和切割质量；（4）乙炔在温度低于 16℃ 的任何压力下，都可以与水产生水合晶体堵塞管路造成危险。

4. 乙炔在充装过程中，安全操作要点是什么？

答：（1）防止乙炔泄漏；（2）杜绝激发能的产生；（3）预防事故扩大。

5. 乙炔分解爆炸的因素是什么？

答：（1）压力越高，爆炸危险性越大；（2）温度越高爆炸的危险性越大；（3）管道直径越大爆炸危险性越大；（4）乙炔气中混入其他物质开始燃烧温度越低危险性越大。

6. 静电对溶解乙炔生产过程中有什么危害？如何防止人体静电？

答：静电放电的发生是溶解乙炔生产过程中的重要事故源。静电火花引起事故的事例是很多的，因为静电火花放电的能量对乙炔而言只要高于 0.019mJ 就能引起着火爆炸。防止人体静电的方法是：（1）人体接地；（2）防止人体静电火花，入厂前，先导除身上的静电，人员穿防电服装，禁止穿带钉鞋入厂，遵守劳动纪律。

7. 乙炔瓶喷丙酮的原因是什么？

答：(1) 丙酮超装；(2) 填料质量不好；(3) 充丙酮或充气静置时间太短；(4) 放气速度太快。

8. 乙炔瓶的充装量是正确的，如果乙炔瓶充装静置后压力太高，是什么原因造成的？

答：(1) 溶剂量不足；(2) 溶剂被污染，例如被水取代；(3) 乙炔中惰性气体含量较高。

9. 乙炔瓶填料的作用是什么？

答：(1) 阻止乙炔分解爆炸与传播；(2) 使丙酮均匀吸收乙炔。

10. 简述易熔合金塞式泄放装置的工作原理。

答：这种装置中浇铸有易熔合金，当气瓶受到外界热源的影响，使瓶内气体压力骤然升高时，由于温度的影响，易熔合金被熔化，瓶内气体即可从泄放装置小孔排出瓶外，从而防止因超压而发生爆炸事故。

11. 叙述溶解乙炔充装时喷淋的作用，喷淋量应为多大？

答：喷淋水的目的除了冷却乙炔瓶防止充气超温引起乙炔分解外，还可以防止静电产生，提高了最小点火能量，加快乙炔在丙酮中的溶解速度。喷淋量约为 20L/（m² · min）。

12. 乙炔瓶充装前的保证条件是什么？

答：(1) 待充装的乙炔瓶在充装前应检查要符合充装要求；(2) 管路、阀门、安全装置及连接部位均处于无泄漏完好状态；(3) 充装管路中的乙炔质量应符合 GB 6819 的要求；(4) 充装中的安全事项应按《溶解乙炔充装规定》执行；(5) 确保乙炔瓶的充装容积流速小于 0.015m³/（h · L），（采用强制冷却充装的除外）。

13. 乙炔气瓶几年检验一次，使用中发现什么问题要提前送检？

答：乙炔气瓶每三年检验一次，使用中发现：(1) 瓶体外观有严重损坏，无法判别能否正常使用的；(2) 对瓶内填料、溶剂质量有怀疑的；(3) 充装时瓶壁温度异常的；(4) 皮重异常的；(5) 瓶阀出口处有回火痕迹的；(6) 检验人员认为有必要提前的要提前送检。

14. 乙炔瓶在充装前检查的项目有哪些？

答：(1) 外观检查：瓶体的损伤情况，瓶体撞伤坏损有烧伤的痕迹又涂覆油漆掩盖。(2) 易熔塞合金情况：易熔塞合金流失并加以伪装。(3) 剩余压力及丙酮量是否不足，剩余压力不符合要求的必须对瓶内气体进行分析，剩余气体纯度低于 98% 时，则应对气瓶抽空或置换。(4) 瓶阀是否有坏损，瓶阀出口有否炭黑和焦油；(5) 气瓶是否超过检验期限。

15. 补加丙酮时应注意什么？为什么？

答：(1) 按规定补加，不可多也不可少，因为丙酮少了则气态乙炔量增加，瓶内压力不正常，易发生乙炔分解，发生事故；丙酮多了安全空间少了，气瓶满液会产生液压现象，也易发生事故。(2) 严格控制丙酮内水分含量，丙酮中含水将影响乙炔在丙酮中的溶解度，降低乙炔的充气量，同时气瓶内有水将影响乙炔的质量并腐蚀气瓶、降低气瓶的使用寿命。(3) 补加丙酮要用氮气加压，并严格控制氮气的压力。(4) 丙酮补加后，应静置 8h 后方可充气，否则在使用过程中容易造成乙炔瓶喷丙酮。

16. 乙炔充气后的检查项目是什么？

答：在乙炔充装后，静置 24h 后检查的项目如下。(1) 逐个称重查乙炔充装量是否合格。超过最高充装量的应将多出的放至回收装置，少的应查明原因，再加以补充。假如乙炔瓶单位容积充装量小于 0.12kg 时，按不合格气瓶处理。(2) 纯度分析。(3) 压力测定，从同一汇流排只任取两瓶进行压力测定，如有一瓶不合格，则该排气瓶应逐只测定压力，压力测定不合格者不得出厂。(4) 气密性检验，用肥皂水在瓶阀与气瓶螺纹连接处、瓶阀出口处、易熔合金塞处进行检漏，如发现有泄漏必须妥善处理。（5）磷化氢、硫化氢检验，从一个汇流排只任取一瓶进行磷化氢、硫化氢测定，方法为在浸有10%硝酸银试纸试验，10s内不变色为合格，如此瓶不合格，则该汇流排的气瓶应进行逐瓶检验，不合格者不得出厂。

17. 乙炔瓶着火应如何处理？

答：（1）如果从瓶阀出口着火，在火势较弱的情况下，立即关闭瓶阀即可熄灭；（2）如果关闭瓶阀不能熄火，火势较强且从易熔塞处喷出火焰，应用湿石棉布蒙盖在气瓶上，或用干粉灭火器灭火，待火熄灭后，将气瓶搬出室外，投入水槽中冷却；（3）如火势很旺，说明气体泄漏量较大，暂不能对乙炔瓶灭火，此时应用冷却水冷却着火瓶，并将其他乙炔瓶、易燃易爆品移走。因为气体泄漏量大，周围温度高，可能会发生大的乙炔-空气混合爆炸或乙炔瓶内分解爆炸，应引起足够的注意。

18. 装卸、储存、运输乙炔瓶时，应有什么要求？

答：（1）运输工具上应有安全标志。（2）必须配戴好瓶帽，关严瓶阀，轻装轻卸，严禁抛、滑、滚、碰、撞、敲击气瓶。（3）吊装时，严禁使用电磁起重机和金属链绳。（4）严禁与氯气、氧气瓶及可燃、易燃、腐蚀性物品等同车。（5）乙炔瓶装在车上，应妥善固定。横放时，头部应朝向同一方，多垛放置时垛高不得超过车厢。立放时车厢高度应在瓶高的2/3以上；当人工将气瓶向高处举放或气瓶从高处落地时必须两人同时操作。（6）夏季运输应有遮阳设施，避免暴晒，炎热地区应避免白天运输。（7）严禁烟火，并备用干粉和二氧化碳灭火器（不可用卤代烷灭火器）。（8）运输乙炔的车船司机不得在繁华市区、重要机关附件停靠；车船停靠时，司机与押运人员不得同时离开。（9）装有乙炔的气瓶不宜长途运输。（10）乙炔的运输必须按照国家有关危险货物运输管理规定办理手续，并应严格遵守当地的交通和公安部门颁布的危险化学品条例的有关规定。（11）储存乙炔实瓶的仓库室内温度不得超过40℃，否则应当采用喷淋等冷却措施。

19. 溶解乙炔充装中的检查内容是什么？

答：（1）检查喷淋冷却水，水量均匀、稳定；（2）检查瓶壁壁温不得高于40℃，如有超过的气瓶应中断充装，移至安全地点检查；（3）至少每小时检查一次瓶阀及易熔合金塞是否漏气；（4）分次充装时，每次充装后的静止时间不得小于8h，其间应关闭瓶阀；（5）因故中断充装的乙炔需要继续充装时，必须保证充装主管内乙炔压力大于等于乙炔瓶内压力时，才可开启瓶阀和支管切换阀；（6）乙炔瓶的充装压力，在任何情况下都不得大于2.4MPa。

20. 乙炔在充装过程中，压力上升过快或过慢的原因是什么？

答：过快的原因是：（1）乙炔瓶阀未全开；（2）压力表后面的管线不畅（含充装支管有堵塞）；（3）有空气混入；（4）压力表失灵。过慢的原因是：（1）充装管漏气（含乙炔瓶漏气）；（2）压力表前面的管线不畅；（3）压力表失灵。

21. 造成乙炔瓶充装量失常的原因有哪些？

答：（1）丙酮流失，在补加丙酮时，由于计算和称重的误差，造成补加量增大或不足，使乙炔充装量发生相应的变化；（2）乙炔纯度下降，不溶性杂质会使静止后的平衡总压力升高，在规定的平衡压力下，乙炔充装量必然减少；（3）丙酮或乙炔充装前中含水量增加，造成瓶内溶解剂出现假象，致使乙炔充装量减少；（4）充入了氮气，使静止后的平衡总压力升高，在规定的平衡压力下，乙炔充装量必然减少。

22. 乙炔瓶分次充装，为什么在前一次充装后要静止8h再充装？

答：丙酮溶解乙炔是一个放热反应过程，尽管每次充装中喷淋冷却水将热量带走，但是效果不佳，尤其是在夏天，这种喷淋很难将温度降下来，所以要静止 8h 以上，以便将溶解热散发出来，即有利于安全操作，又有利于充装，最终达到最大充装量的要求。

23. 溶解乙炔的充装原理是什么？

答：因为乙炔是一种极不稳定的气体，为了便于安全充装、运输、储存、使用，必须将乙炔气体在加压的条件下，充装到有溶剂的多孔性填料的气瓶中，其主要的目的是利用填料的微孔结构去分散溶解于溶剂中的乙炔，避免发生分解爆炸，加压的作用在于增加乙炔的充装量。因加压下的乙炔溶解度比常压下溶解度大得多，所以乙炔的充装过程就是在加压条件下溶解于丙酮中的过程。

24. 什么是乙炔瓶的"液压"？如何防止？

答："液压"是指乙炔瓶有效容积被"丙酮/乙炔"溶液充满（满液），当温度继续上升时，由于溶液的体积膨胀而产生了压力。在充装过程中必须限定丙酮和乙炔的充装量，以防止一定容积的乙炔瓶，由于液压升高而发生破裂。应做到：（1）不要超压，特别是环境温度较高时，丙酮的超装，极易由于压力超高而产生液压；（2）丙酮和乙炔的充装量一定要严格控制。

25. 乙炔瓶内丙酮超装有什么危害？

答：（1）使炔酮比下降，乙炔充装量减少满足不了正常生产的要求；（2）使空间体积减小，不利于乙炔瓶的安全使用；（3）会使乙炔的充装量增加，使气相的空间量减少，当瓶内温度升高时，其压力也升高，使气瓶处于危险状态；（4）乙炔充装量正常时，在使用乙炔时，夹带丙酮多，不经济。

26. 乙炔瓶内的丙酮量得不到补充会造成什么后果？

答：乙炔瓶内的丙酮量损失后得不到及时补充会造成瓶内气体乙炔量增加，同时瓶内压力增高，但乙炔充装量却减少，气态乙炔稳定性差，遇到外来能量时，极易发生爆炸，因此，为了保证安全，应及时补充乙炔瓶内损失的丙酮。

27. 溶解乙炔的计量为什么用计重又计压双重计量？

答：由于乙炔的临界温度为 36.5℃，相当于高压液化气体，但是其化学结构极不稳定，极易发生聚合或分解反应而导致爆炸，必须用溶解的方法储存。乙炔溶于丙酮，溶解度（酮炔比）要严格控制，所以要严格控制乙炔充装重量，乙炔溶解度还和温度、压力密切相关，温度范围（不大于40℃）给定后，必须控制乙炔压力，所以，乙炔充装既要计压又要计重。

28. 酮炔比的含义是什么？我国国家标准中酮炔比是如何规定的？

答：酮炔比又称乙炔充装度、乙炔充装系数、乙炔浓度等，用符号 K 表示是单位质量（kg）丙酮所充装乙炔的量（kg）：K＝（溶于丙酮中的乙炔＋气相乙炔）/丙酮的充装量。按 GB 11638《溶解乙炔气瓶》规定，乙炔充装量 $m_A > 0.20\delta_V$（kg），丙酮规定充装量为 $m_s = 0.38\delta_V$（kg），式中 m_A 为乙炔限定充装量，kg；m_s 为丙酮规定的充装量，kg；δ 为乙炔瓶填料空隙率，%；V 为气瓶实际容积，L。乙炔充装规定的酮炔比 $K = m_A/m_s = 0.526$，这比同条件下的乙炔溶解度（0.546）要低。

29. 新、旧乙炔瓶加丙酮要如何操作？

答：（1）新瓶要：①将瓶内充入氮气并抽真空；②按 GB 13591 的规定，按公式 $m = 0.38\delta_V$ 计算出待装乙炔瓶的丙酮充装量；③充装丙酮后经复核无误后，在档案上做好丙酮补加数量的记录；④充装丙酮后的乙炔瓶静置 8h 后，用质量符合 GB 6819 的乙炔气置换，置换时乙炔的压力宜小于 0.2MPa，经置换后的乙炔气通过化验其纯度大于等于98%后，方可充装乙炔气。（2）旧瓶要：①量出乙炔瓶的剩余压力；②按 GB 13591 的规定确定丙酮的补加量；③补加丙酮后经复核无误后，在档案上做好丙酮补加数量的记录；④充装丙酮后的乙炔瓶静置 8h 后，方可充装乙炔气。（3）充装丙酮的氮气压力应小于 0.8MPa，氮气质量应符合 GB 3864 Ⅱ级。（4）称乙炔瓶的衡器最大称量值应为乙炔瓶充装后质量的 1.5～3.0 倍，衡器检验期应不超过三个月，且每天应用四等砝码效验一次。

30. 扑救乙炔火灾的要点是什么？

答：（1）及时自救并正确报警；（2）判断着火对象及着火部位，堵塞燃气气源，关闭燃气阀门或有效的补漏，切断电源，用水流冷却，灭火器喷射切断火焰；（3）有效组织人员冷静救火，临危不乱；（4）有效组织应急疏散措施；（5）注意燃烧中是否有毒物生成，如有应戴防毒面具；（6）乙炔着火禁用四氯化碳和泡沫灭火，电石库禁用水灭火，电器设备禁用二氧化碳和水灭火。

31. 乙炔气瓶制造钢印标志有哪些内容？

答：（1）C₂H₂，乙炔分子式；（2）12345，气瓶编号；（3）Ma7.0 最大乙炔量，kg；（4）TP5.2，瓶体水压试验压力，MPa；（5）WP15，公称工作压力，MPa；（6）W52.3，实际质量，kg；（7）V41.2，瓶体实际容积，L；（8）FP1.56，在基准温度 15℃时的限定压力，MPa；（9）A14.0，丙酮标志及丙酮规定充装量，kg；（10）TS××××××××气瓶制造许可证编号和监检钢印；（11）××××11.4制造单位代号和制造年月；（12）GB×××产品标准号；（13）TM56.2 皮重，kg。

五、混合气、天然气及石油液化气

1. 充装混合气体的规定是什么？

答：充装单一气体的气瓶必须专用，只允许充装与钢印标记（或相应标准规定的其他标记方法）一致的气体。不得擅自更改气瓶的用途、标记或者颜色，也不得擅自混装其他气体或加入添加剂。充装混合气体的气瓶必须按照钢印标记和颜色标志确定的气体性质充装相同性质的混合气体，不得改装单一气体或不同性质的混合气体。（1）混合气体的配制应当符合相关标准的规定；（2）充装混合气体的气瓶应当进行预处理；（3）气体充装前，必须掌握所要充入的每一组分性质及其混合物的性质，同时必须注意充入组分的先后顺序；（4）在气体充装过程中，充入每一种组分之前，都应当对配制系统管道用待充气体进行置换；（5）不得将气瓶内的气体直接向其他气瓶倒装或直接由罐车对气瓶进行充装；（6）禁止向液化石油气钢瓶中添加液化二甲醚；（7）混合气气瓶及其附件的选择要与气体相容。

2. 主要的配气方法有哪些？

答：（1）称重法：向气瓶内充入已知纯度的一定量气体组分后，再向气瓶充入的其他气体并称量质量，依次配制有各种气体组分的混合气体，设备是采用大载荷（20kg）、小感量（10mg）的高精密天平。混合气体中的质量浓度被定义为该组分的质量与混合气体所有组分总质量之比。此法规定配制的最低浓度限为 1%。当配制浓度低于 1%时多采用稀释方法。（2）分压法：根据理想气体在给定的容积下，混合气体的总压力等于混合气体中各组分分压之和的原理配制。要用高精度的压力表、配制过程中要恒温、配制时气体中任何一组分都不得变成液态、待几种气体完全混均后方可分析。（3）静态容量法：在给定的温度下，用已知的定体积管，充填压力接近或等于大气压力的组分气，然后将此定体积管内的组分毫无损失地转换至已知体积的配气瓶中（配气瓶应事先抽真空并用稀释气体清洗 2～3 次）。（4）流量比混合法：是动态配气方法之一，它是严格控制一定比例的组分气体和稀释气体的流量，并加以混合而制成的气体，与配制瓶装混合气相比，该法具有能够在同一配气装置上配制出满足需要的不同组分含量的各种标准气体。（5）体积比混合法。最简单的方法是注射器配制法，根据所配制定混合气体含量，按体积比计算，此法多用于实验室。（6）其他方法：渗透法、扩散法、饱和法等。

3. 配气前的书面说明应有什么内容？

答：说明书应由有中、高级称职的工作人员编写，说明书的内容应有：（1）混合组分及其各自浓度；（2）气瓶类型、容积及气瓶使用说明书；（3）气瓶阀门类型及出气口型式；（4）要求的特殊附件（如汲取管等）；（5）气瓶及阀门上要求的警示标签内容；（6）气瓶的试验（检验）周期；（7）气瓶充装前准备工作要求，以保证混合气的安全（如气瓶的干燥、抽空及吹除等）；（8）组分充入的数量及检测方法（如压力、重量和体积等）；（9）充装中及充装完成后专门分析和检验要求，以保证混合气制备期间和完成以后的安全等。

4. 什么是天然气汽车加气站？

答：天然气汽车加气站是指以压缩天然气（CNG）形式向天然气汽车（NGV）和大型CNG子站车提供燃料的场所。天然气管线中的气体一般先经过前置净化处理，除去气体中的硫分和水分，再由压缩机将压力由 $0.1\sim1.0MPa$ 压缩到 25MPa，最后通过售气机给车辆加气。

5. 按现场或附近是否有管线天然气，加气站是如何分类的？

答：有（1）常规站，是建在有管线天然气通过的地方，可直接从管道取气，经过脱硫、脱水等工艺，进入压缩机进行压缩，然后进入储气瓶组储存或通过加气机给子站车或车辆加气。（2）母站，是建临近天然气管线的地方，可直接从管道取气，经过脱硫、脱水等工艺，进入压缩机进行压缩，然后进入储气瓶组储存或通过加气机给子站车或车辆加气。母站与常规站流程基本类似，结构和所用设备大体相同，不同之处母站排气量比常规站大，加气量为 $2500\sim4000m^3/h$。（3）子站，是建在周围没有天然气通过的地方，通过子站转运车将天然气从母站运来给天然气汽车加气，相对母站而言，子站设备较少，一般需要配置小型增压器和地面瓶组，称为小气瓶组，但是操作繁琐。为了提高转运车的取气率，用增压器将转运车内的低压气体升压后，转存在地面瓶组内或直接给天然气加气。

6. 简述子站的流程和设备。

答：子站流程是将 CNG 转运车上的气经接气柱接收后，在子站配置的 PLC 自动控制系统指令下，经过调压阀到洗涤罐，经压缩机升压后到分配阀及地面瓶组，再经分配阀给车辆加气。子站设备有压缩机、接气柱、加气软管、地线、转运车、加气机、加气软管及地面瓶组。

7. 根据加气所需的时间，加气站是如何分类的？都有什么设备？

答：（1）快速充装型：用于轻型卡车或轿车在 $3\sim7min$ 完成充气。所需设备有天然气压缩机、高压气瓶组、控制阀门及加气机等。（2）慢速充装型：用于交通枢纽或大型停车场等有汽车过夜等停车时间较长情况的，有充分时间加气。慢速充装站的设备有天然气压缩机、控制面板及加气软管等。

8. 根据加气站储存装置容积，加气站是如何分类的？

答：低于 $1500m^3$ 为三级站，$1500\sim3000m^3$ 为二级站，$3000\sim4000m^3$ 为一级站。

9. 天然气加气站净化设备有哪些？净化方法和杂质是什么？

答：主要有脱硫、脱水设备，天然气中硫多以硫化氢和硫醇等硫化物形式存在。为减少它们对机械设备的危害需要对天然气进行处理，脱硫常用物理、化学方法；脱水常用固体干燥剂吸附法（干燥剂为活性炭、硅胶）、甘醇液吸收法、冷凝分离法。

10.天然气加气站用压缩机按其原理和结构是如何分类的？

答：有速度型（混流式、轴流式、离心式）和容积型（回转式、往复式）。其中往复式又分隔膜式和活塞式。

11.子站车由什么设备组成？作用是什么？

答：子站车是由存储容器、拖车底盘和牵引车三部分组成。其作用是将母站生产的压缩天然气运输到子站，并在子站给天然气汽车加气。管式拖车气瓶，即大容积钢质无缝气瓶，具有直径较大，长度较长的特点。常见的子站车管式拖车有七管式、八管式、十三管式。

12.拉断阀的作用是什么？

答：拉断阀是防止加气嘴未取下时，汽车拉断气管、拉倒气机等事故。

13.天然气加气机显示屏上显示单元是什么？

答：三个显示单元：总价、加气数量、单价。

14.在为CNG公交车加气时，如发生车上元件故障引起漏气时，应如何处理？

答：关加气机，拔下加气枪，摘下接地线，让事故车离开站区。

15.简述写出天然气加气站主要设备构成。

答：压缩机、地面储气组、加气机、CNG拖车、可燃气体报警系统、配电系统、道闸杆、防拉断装置、排污装置。

16.表述在天然气压缩机的装置。

答：油路系统：油位开关、油流开关。气路系统：压力传感器、浓度报警器。顺序控制器、压力开关。

17.天然气用什么方法储存？有哪些种气？

答：有（1）气态储存；（2）液态储存；（3）固态储存。天然气一般有：（1）气田气；（2）石油伴生气；（3）矿井气；（4）凝析气田气。

18.压缩天然气加气站主要由哪些设备组成？

答：（1）天然气净化系统；（2）天然气压缩系统；（3）压缩天然气的售气系统；（4）控制系统；（5）天然气加气站的储存系统。

19.天然气的性质是什么？毒性及安全防护是什么？

答：天然气是一种重要能源，也是制造、炭黑、合成氨、甲醇等有机化合物的原料。燃烧时有很高的热值，很小的环境污染。外观无色、无臭。与空气混合形成爆炸混合物，下限为3.6%～6.5%，上限13%～17%。在急性中毒时会使人头昏、头痛、呕吐、乏力直至昏迷。安全防护是工作场所应密闭操作，应有良好的自然通风条件，泄漏时应佩戴供气式呼吸器，穿防静电服和防护手套。

20.长管拖车灌装设备充装前应检查哪些内容？

答：充装用设备充装前应检查：（1）充装用压缩机、泵的润滑油液位是否在油窥视孔的1/2处；（2）检查设备的冷却水上下水阀门位置是否全开；（3）检查压缩机、泵的进出口阀门应处在关闭状态；（4）检查设备的仪器仪表是否灵敏可靠；（5）检查压缩机、泵的入口气源是否正常。

21.请简述液化石油气灌装车间和倒残车间内有哪些些工艺管线？

答：液化石油气气、液相管；残液石油气液相管；压缩空气管线。

22. 简述常见液化石油气储罐的装卸操作方式。

答：根据其输送方式不同，装卸的方式有所不同，常见的方式有：（1）压缩机装卸法；（2）烃泵装卸法；（3）加热装卸法；（4）静压差装卸法；（5）压缩气体装卸法。

23. 简述液化石油气的危害。

答：（1）吸入危害：对人体有轻度麻醉作用。大量吸入时，可使人产生头昏、头痛、恶心、四肢无力、酒醉状态。可有发绀、意识障碍，重症者出现昏迷。吸入高浓度时，立即有窒息感，并迅速昏迷。（2）接触危害：从容器中泄漏出来喷溅到人体上时，会造成皮肤冻伤。（3）其他伤害：是一种极易燃烧和爆炸的物质，当其浓度达到爆炸极限时，遇到有明火便会发生爆炸，造成人体生命伤害和财产损失。

24. 液化石油气的主要成分是什么？

答：是由多种烃类气体组成的混合物，其主要成分是：丙烷、正丁烷、异丁烷、丙烯、1-丁烯、（顺）2-丁烯、（反）2-丁烯、异丁烯等高碳化合物。另外还含有少量甲烷、乙烷、乙烯等低碳化合物。

25. 膜式压缩机由几部分组成？工作原理是什么？

答：膜压机主要由电机、曲轴、连杆、十字头、活塞、气盘、油盘、汽缸、进出气口及补偿泵等组成。工作原理就是电机的转动带动皮带轮，由圆周运动转变成直线往复运动。通过对油做功挤压膜片，建立正常工作压力。其间油路经过齿轮泵提升压力，带动膜片改变油盘的容积、进、出气阀在膜片作用下完成吸排气过程。常见的多为两级压缩。

26. 为什么高纯气体多采用膜压机充装？

答：因为高纯气体中对组分含量要求较高，而氧、氮气又极易超标。膜压机可有效地将气体与油路分开，保证气路不受污染。另外，膜压机具有体积小、压力高、易维护的优点，所以高纯气体多采用此方法充装。

27. 缠绕气瓶由几部分组成及作用是什么？

答：缠绕气瓶是内层筒体（亦称内胆、瓶胆）、外侧缠绕高强度纤维或高强度钢丝并以塑料固化作为加强层的气瓶。其组成有：（1）内胆，均为无缝结构的，材质有碳钢、不锈钢、铝合金、铜、镍及工程塑料等，对充装的气体起密封作用；（2）环向缠绕浸渍树脂纤维有玻璃纤维、芳纶纤维、碳纤维，缠绕方式有环向缠绕，即只有在筒体（内胆）部分缠绕，两端封头外露，纤维在筒体纵向方向不承载有效载荷，另外是全缠绕，塑料固化均采用双组分固化树脂；（3）瓶阀，开启或关闭使气体充装或使用；（4）易融塞、爆破片、颈圈、瓶帽等安全附件。缠绕气瓶的优点是比较轻，密度比低，内胆有预应力（由自紧力而来），是属于高压气瓶。

28. 简述液化石油气常见灌瓶操作方式。

答：目前常用的灌瓶方式有：用泵灌瓶、用压缩机灌瓶、用泵和压缩机灌瓶、用泵和气化器灌瓶、利用静压差灌瓶等。

29. 汇流排应包括哪些部件？

答：汇流排至少应有：进气总阀，充填分阀，压力表，放空阀、安全阀、连接软管，金属安全链，抽真空管线及接口、防错装接头。

30. 石油液化气气瓶充装人员负责做哪些工作？

答：石油液化气气瓶的充装人员负责全站液化石油气的接收、储存、钢瓶倒残液及残液处理、充装钢瓶及罐车、新瓶抽真空、运瓶气车装卸等工作。液化石油气的充装通常是通过压缩机和烃泵来实现的。

31. 什么样的石油液化气气瓶应先行处理，否则严禁充装？

答：（1）钢印标记、颜色标记不符合规定的；（2）附件不全、损坏或不符合规定的；（3）超过检验期限的；（4）经外观检查存在明显缺陷，需进一步进行检查的；（5）首次充装的新瓶，未经抽真空的。

32. 石油液化气充装站对充装秤有何要求？

答：石油液化气充装站应至少设置两台充装秤，应另设检斤秤。充装秤和检斤秤应采用自动切断秤。充装秤、检斤秤应为经过技术监督部门检验批准的合格产品并应在检定期限之内。充装秤、检斤秤的精度应符合规定：气瓶装液质量小于 15kg 的秤的最小刻度值不超过 0.1kg；气瓶装液质量大于 15kg 小于 50kg 的秤的最小刻度值不超过 0.2kg。不同气瓶的充装量及误差是：气瓶型号 YSP-2 为（1.9±0.1）kg；气瓶型号 YSP-5 为（4.8±0.2）kg；气瓶型号 YSP-10 为（9.5±0.3）kg；气瓶型号 YSP-15 为（14.5±0.5）kg；气瓶型号 YSP-50 为（49±1）kg。另外，秤的误差有外界因素，人为因素和计量器本身。

33. 石油液化气充装站残液回收方法有几种？各种气瓶型号残液标准是多少？

答：（1）加压（正压）回收残液供气工艺；（2）抽真空（负压）回收残液抽气工艺；（3）用泵和喷射器回收残液工艺。各种气瓶型号残液标准是：YSP-2 残液标准不大于 0.1kg；YSP-5 残液标准不大于 0.2kg；YSP-15 残液标准不大于 0.6kg；YSP-50 残液标准不大于 2.0kg。

34. 液化石油气倒罐的方法有几种？升压的方法有几种？

答：倒罐方法有：（1）利用压缩机倒罐；（2）利用烃泵倒罐。升压的方法有：（1）利用压缩机升压；（2）利用气化器升压。

35. 液化石油气储罐置换什么方法？新瓶抽空真空度是多少？

答：液化石油气储罐置换有惰性气体置换法、水置换或抽空等方法。新瓶抽至 −83.0kPa真空度以上。

36. 简述长管拖车（管式集装格）装卸工艺流程（以氢气为例）。

答：（1）氢气由固定式容器或纯化系统经压缩机通过止回阀和主截止阀进入氢气总管道；（2）待总管道压力建立后，打开通向阻火器放空阀，将分析阀门打开分析氧含量和纯度；（3）合格后，打开总管道的排出阀门；（4）待管道内的压力大于长管拖车内的压力后，依次打开拖车的进气总阀门和各容器的分阀门。

37. 液化石油气的性质、毒性及安全防护是什么？

答：液化石油气是一种重要能源和化工原料。丙烯和丁烯是可合成芳烃、醇类、醚类、酮类和胺类等有机化合物的原料。由于液化石油气主要是由丙烷、丁烷、丙烯和丁烯组成的混合气体，其性质与组成有很大的关系。与空气混合形成爆炸混合物，下限为 1.6%～2.3%，上限 8.4%～9.7%。在急性中毒时吸入过量会使人头昏、头痛、呕吐、缺氧直至死亡。应将患者移至良好的通风的新鲜空气处施行心肺复苏术，就医。皮肤接触液体会导致冻伤，不可干加热，不可擦揉，应在温水中浸泡或就医。液化石油气泄漏时，应有保证良好的自然通风条件，应配戴供气式呼吸器，穿防静电服和防护手套。

参 考 文 献

[1] 《气瓶安全监察规定》.
[2] 《气瓶安全监察规程》.
[3] GB 27550《气瓶充装站安全技术条件》.
[4] GB 16163《瓶装压缩气体分类》.
[5] GB 14194《压缩气体气瓶充装规定》.
[6] GB 14193《液化气体气瓶充装规定》.
[7] GB 13591《溶解乙炔气瓶充装规定》.
[8] GB 50030《氧气站设计规范》.
[9] GB 50177《氢气站设计规范》.
[10] GB 16912《深度冷冻法生产氧气及相关气体安全技术规程》.
[11] GB 50016《建筑设计防火规范》.
[12] GB 50160《石油化工企业设计防火规范》.
[13] GB 50031《乙炔站设计规范》.
[14] JB 6898《低温液体储运设备使用安全规则》.
[15] 《钢质无缝气瓶》GB 5099.
[16] 《钢质焊接气瓶》GB 5100.
[17] 《液化石油气钢瓶》GB 5842.
[18] 《气瓶颜色标志》GB 7144.
[19] 《溶解乙炔气瓶》GB 11638.
[20] 《气瓶阀出气口连接型式和尺寸》GB 15383.
[21] 《气瓶警示标签》GB 16804.
[22] 《工业用氧》GB/T 3863.
[23] 《氮》GB/T 3864；GB/T 8979～8980.
[24] 《氩气》GB/T 4842；GB/T 10624.
[25] 《氢气》GB/T 3634；GB/T 7445.
[26] 《氦气》GB/T 4844.1～4844.3.
[27] 《固定式压力容器安全技术监察规程》(TSG R0004).
[28] 《移动式压力容器安全技术监察规程》(TSG R0005).
[29] 陈保仪编著. 气瓶内容物-气体性质及行为. 大连：大连理工大学出版社，1996.
[30] 李文洙主编. 气体安全手册. 北京：北京中国科学技术出版社，1991.
[31] 黄建彬主编. 工业气体手册. 北京：化学工业出版社，2002.
[32] TSG R4001《气瓶充装许可规则》.
[33] TSG R5001《气瓶使用登记管理规则》.
[34] 《危险化学品建设项目安全许可实施办法》(国家安全生产监督管理总局令第 8 号)